通信光缆线路设计手册

张曜晖 甘 泉◎编著

人民邮电出版社

北 京

图书在版编目（CIP）数据

通信光缆线路设计手册 / 张曜晖，甘泉编著.
北京 ：人民邮电出版社，2024. -- ISBN 978-7-115
-65406-9

Ⅰ．TN913.33-62

中国国家版本馆 CIP 数据核字第 20246P4S03 号

内 容 提 要

光缆网是通信行业最重要的基础设施之一，是所有传输业务的物理承载实体，是各大运营商网络发展的"定海神针"。本书全面总结了我国光缆线路设计行业近 40 年所积累的技术经验，论述了光缆线路的规划方法、设计流程、设计要求和设计内容，对光纤光缆的结构特性、光缆线路的路由选择、敷设方式、通信管道、工程投资等相关技术要求进行了详细说明。本书是一本光缆线路设计从业者的入门速查手册，适合通信光缆线路规划、设计、建设、运维工作的从业人员及相关专业高校学生学习、使用。

◆ 编　　著　张曜晖　甘　泉
　　责任编辑　张　迪
　　责任印制　马振武

◆ 人民邮电出版社出版发行　　北京市丰台区成寿寺路 11 号
　　邮编　100164　　电子邮件　315@ptpress.com.cn
　　网址　https://www.ptpress.com.cn
　　固安县铭成印刷有限公司印刷

◆ 开本：800×1000　1/16
　　印张：26.5　　　　　　　　　2024 年 12 月第 1 版
　　字数：563 千字　　　　　　　2024 年 12 月河北第 1 次印刷

定价：149.90 元
读者服务热线：(010)53913866　印装质量热线：(010)81055316
反盗版热线：(010)81055315
广告经营许可证：京东市监广登字 20170147 号

自 20 世纪 80 年代原邮电部启动"八纵八横"骨干光缆网建设，到如今中国联通开始建设"新八纵八横"骨干光缆网，历史走过了一个轮回。

原"八纵八横"骨干光缆网开始建设时，我国正处于改革开放初期，光纤通信完全空白，全国尚无一千米光缆，是一个无从业者、无产业链、无建设经验的"三无"开局。老一代光缆线路设计工作者在大量工程实践的基础上，针对架空、管道、直埋等各种光缆敷设方式，编制完成如今体系完善的光缆线路设计规范，支撑了中国光通信网络的发展壮大。截至 2023 年年底，我国光纤通信产值已达数千亿元，光纤光缆生产及应用量已连续 10 余年全球占比超过 50%。我国光纤通信已成为覆盖人口最多、产业链最完整、技术最先进且完全自主化的优势产业之一，走在世界前列。

随着"网络强国""东数西算""数字中国"等国家战略的实施，在固网和移动"双千兆"业务不断发展的同时，以人工智能为代表的智算业务推动了网络带宽和网络性能的进一步升级，推动着全网带宽剧增，传输容量的需求持续扩大，也对光缆线路提出高稳定性、低故障率、多节点接入、多路由传送、多保护方式、低时延等新要求，光缆网面临全新的挑战。与此同时，原"八纵八横"骨干光缆网建设时期的光缆运营已超 30 年，陆续进入生命终期，面临规模性更新换代。因此，在"新基建"提速数字经济发展的关键时期，光缆网已经不能仅靠对既有线路的修补或是架构的逐步演进来满足信息网络的发展需求，重构已经刻不容缓。

在新的时代和形势下，重构运营商的光缆网既要满足当前需求，又要面向未来发展，应满足以下原则。

一是建设架构稳定完善、技术先进的网络。满足国家和运营商自身业务的运力需求，覆盖国家八大算力枢纽节点，适配"东数西算"工程，提供高效直达的运力，促进东西部数据流通。

二是建设低时延、高安全的网络。新建光缆网主要利用高速公路管道、高铁槽道敷设光缆。持续优化光缆路由，线路采用鱼骨形、大站快车方式建设，中继站设在高速公路、高铁旁，减少引接长度，降低时延，充分利用封闭道路的高安全性来提升骨干光缆网的安全性。

三是建设广覆盖、高品质、低成本的网络。从网络和系统构建的角度选择新型光纤，长途光缆网大量使用模场直径更大、衰减系数更小的全新 G.654.E 光纤光缆，建设大容量的高速直达网络；通过一二干光缆统筹，实现业务的快速接入，充分发挥共建共享机制，低成本建网。

四是施行优化存量、平战结合策略。对现有光缆进行持续优化和充分挖潜，通过整改实现新老光缆协同互补。

目前，各运营商光缆网的重构已全面铺开，对光缆建设的方方面面提出了更高的要求，而规划设计作为其中最重要的一环，其关键还是要落在"人"的身上。光缆线路设计是一个实践性和专业性极强的工作，从业人员不仅要了解光通信网的架构和组网技术，还要了解光缆线路路由的地质地貌、人文经济、交通设施等，且对人员自身的专业技术能力具有较高的要求，称得上"上知天文，下知地理"。

本书编著者一直奋斗在长途光缆线路规划设计一线，对线路规划设计工作具有许多独到的见解，也有着丰富的光缆网建设管理经验。他们根据自身多年的工作经验和知识积累，总结完成《通信光缆线路设计手册》，该书全面覆盖光缆线路设计的方方面面，是几代光缆线路设计工作者智慧的结晶，具有较高的参考价值。希望本书能够为我国运营商新一代光缆网的规划建设出一份力，并成为光缆线路设计、建设、运维等领域的必备图书。

王光全

2024 年 6 月

通信的本质是信息的传递，需要将传输介质作为信息传递的载体。光纤自 20 世纪 80 年代在我国投入应用以来，以其大带宽、低成本、高可靠性迅速成为最主要的传输介质，获得极大的发展。在当今建设信息社会的新形势下，光缆网已成为通信行业最重要的基础设施，是所有传输业务的物理承载实体，是各大运营商网络发展的"定海神针"。

我国光纤光缆行业发展迅速，产业链完善，已经成为全球最重要的通信光纤光缆制造基地，也是全球最重要的通信光纤光缆消费市场。自 2007 年以来，我国已连续 16 年成为世界最大的光纤光缆应用市场，自 2018 年起，需求量更是占全球份额的 58% 以上。随着 5G、数据中心、云计算、智慧城市和物联网等新的应用场景带来需求激增，以及早期建设的干线光缆陆续来到寿命终期，光缆网的建设仍是通信基础设施建设的重要环节。

为适应这种形势，满足从事光缆线路设计专业人员的需要，我们编写了《通信光缆线路设计手册》。它全面总结了我国光缆线路设计行业近 40 年所积累的技术经验，归纳了从业人员所需要的专业知识，收集整理了光缆线路设计及相关工作中所需要的主要资料、常用图表、计算公式及有关数据。这些资料、图表、公式和数据，是根据编著者的工作实践和现行的国家标准、行业标准、规范和规定编写的，是在工程实践中使用过，并被证明是有效和可行的。

本书全面论述了光缆线路的规划方法、设计流程、设计要求及设计内容，对光纤光缆的结构特性、光缆线路的路由选择、敷设方式、通信管道、工程投资等相关技术要求进行详细说明，是一本光缆线路设计从业者的入门速查手册。

本书特邀光缆线路建设专家常瑞林、陆壮同志为顾问。两位同志对本书给予技术上的指导和大力支持，编著者在此表示衷心的感谢。

由于本书内容广泛，加之编写仓促、编著者水平有限，错漏在所难免，希望读者提出宝贵意见，以便今后改正。

编著者

2024 年 6 月

第一章　光缆线路设计概论

第二章　骨干光缆网规划

第三章　光纤光缆与接头盒

第四章　直埋光缆敷设安装

第五章　管道光缆敷设安装

第六章　架空光缆敷设安装

第七章　局内光缆敷设安装

第八章　通信管道

第九章　光缆线路概预算分析

光缆线路设计概论

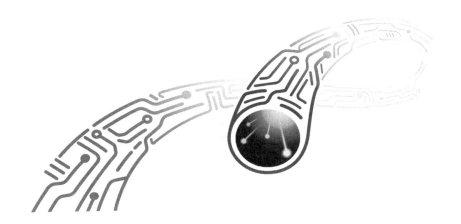

第一节 光缆网概论

一、光缆网的结构

通信的本质是信息的传输，用户 A 发出的信息需要经传输系统传输至用户 B。目前，主要的传输介质是光纤，而脆弱的光纤不可能直接布放在室外，需要制造成光缆后敷设安装。根据我国通信网络的组织方式，光缆网应包括长途光缆网、本地光缆网和接入光缆网。通信光缆网参考模型如图 1-1 所示。

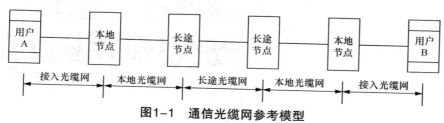

图1-1 通信光缆网参考模型

其中，接入端原本以电缆为主，随着近年来各运营商大力推进光进铜退和光纤入户，光缆已向下逐步延伸至通信业务最终用户。

1. 长途光缆网

长途光缆网又被称作干线光缆网或骨干光缆网，包括省际干线光缆网和省内干线光缆网 2 个部分。省际干线光缆是指承载省际传输节点间传输系统的光缆，负责承载全国范围内的省际长途传输业务以及国际传输业务。通常情况下，一个省有 1～2 个省际传输节点，是该省出省电路的主要出口。省内干线光缆是指承载省内各地市至该省省际传输节点的光缆，主要解决本省内各本地光缆网间的电路承载，包括省内所有的地市级城市，具有业务汇聚功能。

目前，随着传输网的区域化、扁平化和去行政化，省际干线光缆与省内干线光缆相互融合，例如京津冀、长三角、粤港澳等区域的区域网可视为省际干线光缆和省内干线光缆在局部区域的融合。

2. 本地光缆网

本地光缆网主要承载本地各业务网节点间的中继传输，并按城市的地理分布分区汇聚，收敛来自用户接入层的传输电路。一般一个地市为一个本地光缆网。本地光缆网建设应按照层次化、区域化的原则组织。

本地光缆网通常采用分层结构，分为核心层、汇聚层和接入层。核心节点间的光缆为核心层光缆，汇聚节点连接至核心节点的光缆为汇聚层光缆，接入层节点连接至汇聚层节点的光缆为接入层光缆。核心层、汇聚层光缆主要用于核心节点、汇聚节点间衔接，应按高效、直达的模式建设，一般与接入层光缆分开建设，应考虑未来业务发展，预留一定的纤芯容量。

本地光缆网还应考虑按区域化的原则组织，可根据地理状况、行政区划、业务分布等，从网络组网的合理性和管理维护的便利性出发，将本地光缆网划分为多个汇聚区，汇聚区内保持一定的网络独立性。一个汇聚区又可划分为数个综合业务区，实现区域内的业务收敛，以接入主干光缆为其核心，一般采用环形不递减的方式建设。接入主干光缆是以汇聚节点为中心，与综合业务点、主干光交接箱共同组织的主干光缆环/链路，接入层设备可通过配线光缆接至综合业务点或光交接箱。

核心节点所在的机房应具备光缆网络资源丰富、满足组网需求等条件。汇聚节点可用于汇聚接入层业务的节点，主要设立在基站接入层业务汇聚节点、公共交换电话网络（Public Switched Telephone Network，PSTN）端局、核心网设备所在机房、无线网络控制器（Radio Network Controller，RNC）所在机房等。接入层节点包括基站、室内微蜂窝、模块局等业务接入点。本地光缆网结构如图1-2所示。

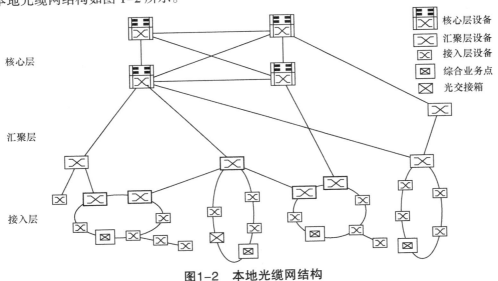

图1-2　本地光缆网结构

3. 接入光缆网

接入光缆网是指从综合业务点或接入层光交接箱引出至最终用户的光缆。综合业务点作为接入层的一个节点，可设置室内基带处理单元（Building Base Band Unit，BBU）、光线路终端（Optical Line Terminal，OLT）等设备，是区域内传输汇聚节点的延伸，也是汇聚节点与末端接入点之间的衔接节点，用作连接最终用户的区域核心。以综合业务点为中心建设的接入光缆也可采用主干光缆环／链的形式，成为第二级主干光缆环／链。接入光缆网结构如图 1-3 所示。

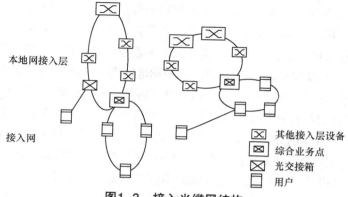

图1-3 接入光缆网结构

4. 光缆网在通信系统中所处的位置

光缆网是通信的基础，属于通信系统的物理层。光缆网与传输网是相互依存的关系，也可看作传输网的一部分。光缆网在通信系统中的位置如图 1-4 所示。

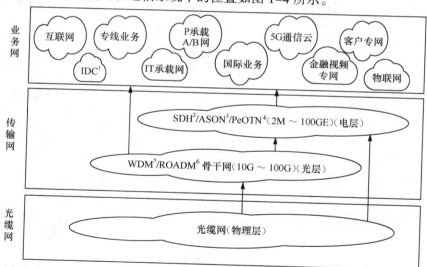

注：1. IDC（Internet Data Center，互联网数据中心）。
　　2. SDH（Synchronous Digital Hierarchy，同步数字体系）。
　　3. ASON（Automatic Switched Optical Network，自动交换光网络）。
　　4. PeOTN（Packet Enhanced All Optical Transport Network，分组增强型全光传送网）。
　　5. WDM（Wave-Division Multiplexing，波分复用）。
　　6. ROADM（Reconfigurable Optical Add/Drop Multiplexer，可重构光分插复用器）。

图1-4 光缆网在通信系统中的位置

传输网络示例模型如图 1-5 所示，我们可以看到通信网络的总体结构及光缆网在其中的位置。

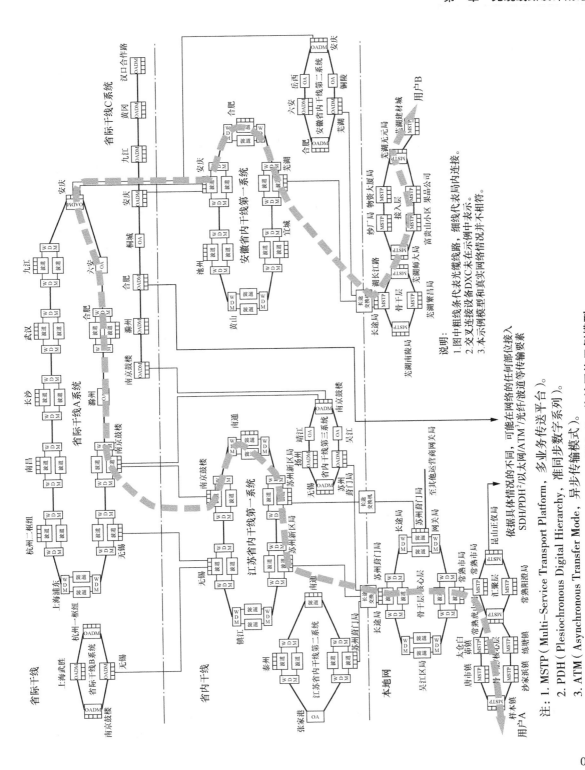

图1-5　传输网络示例模型

注：1. MSTP（Multi-Service Transport Platform，多业务传送平台）。
　　2. PDH（Plesiochronous Digital Hierarchy，准同步数字系列）。
　　3. ATM（Asynchronous Transfer Mode，异步传输模式）。

二、建设有生命力的光缆网

1. 光缆寿命

光缆的寿命周期是制约现网光缆是否可以继续使用的重要因素。国内外关于光缆寿命的研究分析较多，但由于光缆在实际使用过程中受到的外部环境、内部质量等因素影响差异较大，因此，光缆的寿命问题比较复杂。据分析，影响光缆寿命的主要因素包括材料自然老化（纤芯、油膏、聚乙烯护套）、光缆制造工艺的缺陷、光缆敷设中的损伤、运营过程中的外力破坏、路由迁改、光缆割接、光缆线路的路权等。YD/T 901—2018、YD/T 769—2018、YD/T 981 系列标准先后取消了有关光缆寿命要求的描述，目前各运营商在光缆招标中的寿命要求一般是 25 年。

光缆拉伸性能随时间变化曲线如图 1-6 所示。

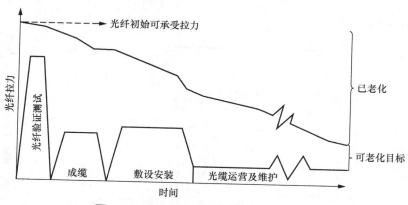

图1-6　光缆拉伸性能随时间变化曲线

2012—2019 年，中讯邮电咨询设计院有限公司对运行约 20 年的省际干线光缆样品进行回收和测试，发现以下问题。

① 渗水性能不合格光缆较多。

② 较多光纤的着色层很容易被酒精擦掉。

③ 个别光纤的涂覆层出现水解和气泡，甚至可以被酒精擦掉。

④ 较多光纤的动态疲劳参数 Nd 不合格。

⑤ 光缆变脆变硬，熔接困难。

⑥ 光缆衰减增大。

根据测试结果初步判断，光缆在运行 20 年后，其光纤的主要指标（衰耗）处于临界状态。虽然传输性能依然可以满足系统要求，但割接、盘整、启闭接头盒等可维护性能严重下降，受力性的操作受限，且熔接困难，熔接损耗大。

因此，可以得出的初步结论是，对于运行时间超过 20 年的光缆，应逐步考虑降级使用或退网。

我国从 1992 年前后开始大规模建设光缆干线，至 1999 年原"八纵八横"省际干线光缆网建成，约 5.4 万皮长公里。这些光缆的使用已超过 20 年，均面临寿命终期，应逐步退网更替。

2. 光缆的生命周期

一条光缆线路的生命周期是指从规划到退网的全过程，主要包括工程建设和运行维护两个阶段。其中，工程建设阶段包括光缆线路网络的总体规划、工程立项、可行性研究、工程设计（两阶段设计或一阶段设计）、光缆施工、竣工验收等，通过竣工验收的光缆线路交由维护部门进行日常维护管理，承载传输系统，发挥自身效益。

随着早期建设的光缆陆续进入寿命终期，存在指标下降、接续困难、路由迁改频繁等问题，其运维成本不断增大。加大维护力度虽然可以延长光缆使用寿命，但每年的维护成本也在不断增加，单纯修补不能从根本上解决问题。光缆线路本身是有生命周期的，是一个从诞生（建设）、成长（使用率增加）、衰老（受使用年限、传输性能、指标等限制）到死亡（退网）的过程，光缆网应是一个动态发展的网络。或者可以把长途光缆网、本地光缆网、接入光缆网分别看作一个个有机生命体，光缆网中的单条光缆是生命体的细胞组织，其生命周期为 25 年左右。细胞在接近寿命终期时会衰败、死亡，继而影响整个生命体的健康；而整个生命体的寿命远大于单个细胞的寿命，应及时对衰败、死亡的细胞进行更替，保持生命体的活力。

光缆的生命周期如图 1-7 所示。

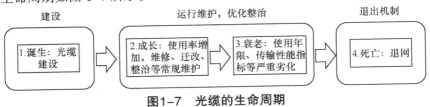

图1-7　光缆的生命周期

引入光缆生命周期的概念，那么光缆的建设、运行维护、退网就是一个完整的过程，要处理好建设、运行维护、优化整治和退网的关系，使整个网络有序发展，保持网络的先进性和整个网络的活力。

3. 建设光缆网

要建设有生命力的光缆网，既要考虑光缆应满足所承载传输系统性能指标的要求，又要遵循光缆网自身生命周期规律进行有序更新，还要面向未来，使光缆网不断满足技术的发展及需求的变化。因此，光缆网必然是一个动态发展的网络。

（1）光缆网的总体发展策略

光缆网的发展应从全网出发，既有相对固定的远期目标，又有逐年演化的路线，以达到既能够满足未来网络发展，又可以在满足现实需求的基础上，尽量节省投资，提高投资的有效性和产出率，提升传输网业务支撑和市场竞争能力。

（2）加强规划研究，有序发展光缆网

互联网对骨干传输网的带宽、时延要求越来越高。且传输网已经不仅仅是业务网的配套，目前已有三分之一的骨干传输网建设内容和业务直接相关，传输网已经走向市场，直接面向客户。客户需要低时延、高可靠的传输网。光缆网是传输网的基础，其组织结构直接影响业务时延，其路由的安全性和丰富性更是直接关系到业务质量和业务安全。由于光缆网的规模大、结构复杂、建设周期长，因此必须提前规划布局，既要有近期计划以满足当下需求，又要有中长期规划满足长远发展。

因此，光缆网规划是光缆网健康发展的重要一环，是光缆网发展的前提和基础。在规划过程中，还应注意光缆网的发展规划与传输系统的发展计划及优化相配合，深入研究，步调一致，以打造结构合理、安全高效的光缆网和传输网。

（3）引入退出机制，降本增效

目前，光缆网建设层面从"覆盖全"转向"路由安全且时延低、查漏补缺、满足系统需求"，而运维所面对的实际情况是需要维护的光缆日益增多，考核及维护指标依旧严格。

随着光缆网运行时间的增加，接近寿命终期的光缆逐步增多。这些老旧光缆的维护难度日益增大、维护成本持续增高，而且多为冗余光缆。因此，引入退出机制是光缆网优化的重要手段和方向，可以达到提升光缆网的管理水平及光缆网降本增效的目的。

光缆的退出与建设同样重要，适时引入光缆退出机制，与光缆的建设相互配合、统一规划，是优化光缆网、保持光缆网生命力的重要保证。

第二节　通信工程建设流程概述

通信工程建设流程是指建设项目从规划、项目建议、可行性研究、评估、设计、施工到竣工验收、交付使用的整个建设过程，是各项工作必须遵循的先后顺序和规则。这个规则是建设项目科学决策和顺利进行的重要保证，是多年来建设管理经验的总结，不可随意颠倒和变动，否则将会给工程建设带来巨大风险甚至重大损失。

在我国，一般通信项目从建设前期工作到投产，要经过滚动规划、可行性研究、设计（两阶段设计或一阶段设计）、施工与监理招标、施工、初步验收、试运行、最终验收等环节。通信工程建设流程如图1-8所示。

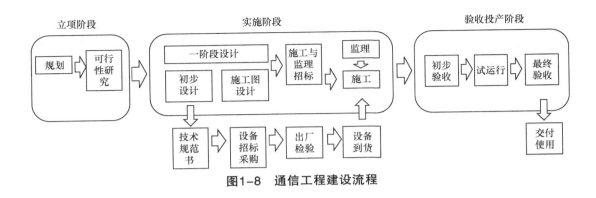

图1-8　通信工程建设流程

1. 立项阶段

（1）规划

规划是运营商根据网络现状、技术路线及企业发展方向制订的网络发展目标，一般为三年滚动规划，规划中会制订下一年的工程建设项目。

（2）可行性研究（项目建议书）

建设项目的可行性研究是对拟建项目在决策前进行方案比较、技术经济论证的一种科学分析方法，是基本建设前期工作的重要组成部分。根据主管部门的相关规定，凡是达到国家规定的大中型建设规模的项目，以及利用外资的项目、技术引进项目、主要设备引进项目、重大技术改造项目等，都需要进行可行性研究。小型通信建设项目进行可行性研究时，也要求参照其相关规定进行技术经济论证。

可行性研究报告的内容可根据行业的不同而各有侧重，光缆线路建设工程一般为大中型建设项目，其可行性研究报告一般应包括以下9项内容。

① **总论**。包括项目提出的背景、拟建项目的构成范围、工程拟建规模容量，以及可行性研究的依据和简要结论等。

② **需求分析与建设必要性**。包括沿线光缆现状、光缆网总体规划要求分析和建设必要性分析。

③ **工程建设方案**。是可行性研究报告的核心内容，包括考虑总体路由方案、局（站）设置方案、进出城光缆建设方案、光纤光缆选型、敷设方式和方案比较等主要建设标准等。

④ **建设可行性条件**。包括资金来源、设备供应、外部协作条件、共建共享、安全生产，以及环境保护与节能等。

⑤ **配套及协调建设项目的建议**。例如，进出城管道、机房土建、市电引入、空调及配套工程项目的提出等。

⑥ **建设进度安排的建议**。

⑦ **维护组织、劳动定员与人员培训**。

⑧ **主要工程量与投资估算**。包括主要工程量、投资估算、配套工程投资估算、单位造价指

标分析等。

⑨ **经济评价与风险评估**。经济评价包括财务评价和国民经济评价。财务评价是从通信企业或通信行业的角度考察项目的可行性，财务指标包括内部收益率和静态投资回收期等。国民经济评价是从国家角度考察项目对整个国民经济的净效益，论证项目的经济合理性，主要计算指标是经济的内部收益率等。风险评估应指明项目的风险点及应对措施，做好风险管控。

2. 实施阶段

（1）初步设计

初步设计是根据批准的可行性研究报告，以及相关的设计标准、设计规范，并通过现场勘察工作取得可靠的设计基础资料后编制的。初步设计的主要任务是确定项目的建设方案和编制项目的总概算。其中，初步设计中的主要设计方案和重大技术措施等应通过技术经济分析，进行多方案比选论证，未采用方案的简要情况和采用方案的选定原因应写入设计文件。

每个建设项目都应编制总体设计部分的总体设计文件（即综合册）和各单项工程设计文件。

初步设计文件一般由文字说明、图纸和概算 3 个部分组成，主要内容包括概述、设计分册、建设方案、方案比较、主要设计标准和技术措施，还有主要设备选型与配置、配套建设项目、安全生产、生产组织和劳动定员、主要工程量及概算、主要经济指标分析、需要说明的其他问题等。

（2）施工图设计

施工图设计文件应根据批准的初步设计文件和主要设备（光缆、接头盒等）订货合同进行编制，并绘制 1∶2000 的施工详图，标明光缆路由定位及光缆敷设安装的技术措施和施工要求，提供设备、材料明细表，并编制施工图预算。

施工图设计文件一般由文字说明、图纸和预算 3 个部分组成。由于施工图纸较多，图纸部分一般按中继段单独成册。各单项工程施工图设计说明应简要说明批准的初步设计方案的主要内容并对修改部分进行论述，注明有关批准文件的日期、文号和文件标题，提供详细的工程量表，测绘完整的线路施工图纸。施工图设计文件是初步设计的完善和补充，是施工单位的施工依据。施工图设计应满足设备、材料的订货、光缆敷设安装的要求及其他施工技术要求，编制施工图预算。

（3）一阶段设计

为简化设计流程，各运营商的光缆线路工程一般将初步设计和施工图设计合并为一阶段设计。一阶段设计的内容应包含初步设计和施工图设计的全部内容。

（4）施工与监理招标

施工招标是建设单位将建设工程发包，鼓励施工企业投标竞争，并从中评定出技术和管理水平高、信誉可靠且报价合理的中标企业。推行施工招标对于择优选择施工企业，确保工程质量和工期具有重要意义。

监理招标是通过招标程序，选出合格的工程监理单位，保证工程的质量与进度。

施工和监理招标依照《中华人民共和国招投标法》规定，可采用公开招标和邀请招标两种形式。

（5）施工

光缆线路项目的施工应由持有相关资质证书的中标单位承担。施工单位应按照批准的施工图设计进行施工。在施工过程中，隐蔽工程需要在每一道工序完成后由监理单位验收，验收合格后才能进行下一道工序。

（6）监理

工程监理单位是受建设单位委托，根据法律法规、工程建设标准、勘察设计文件及合同，在施工阶段控制建设工程质量、造价、进度，管理合同、信息，协调工程建设相关方的关系，并履行建设工程安全生产管理法定职责的服务活动。

3. 验收投产阶段

（1）初步验收

初步验收通常指单项工程完工后，检验单项工程各技术指标是否达到设计要求。初步验收一般由施工单位完成施工承包合同工程量后，依据合同条款向建设单位申请项目完工验收，提交竣工验收报告，由建设单位或由其委托监理单位组织相关设计、施工、维护、档案及质量管理等部门参加。

初步验收工作包括检查工程质量、审查竣工资料、对发现的问题提出处理意见，并组织相关责任单位落实解决。光缆线路工程初步验收流程如图1-9所示。

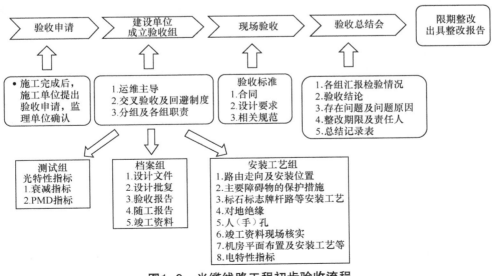

图1-9　光缆线路工程初步验收流程

（2）试运行

试运行由建设单位负责组织，供货厂商、设计、施工和维护部门参加，对光缆线路各项指标及设计和施工质量等进行全面考核。经过试运行，如果发现质量问题，相关责任单位负责免费返修。

（3）最终验收

最终验收是工程建设的最后一个环节，是全面考核建设成果、检验设计和工程质量是否符合要求，审查投资使用是否合理的重要步骤。最终验收对保证工程质量、促进建设项目及时投产、发挥投资效益、总结经验教训具有重要作用。

最终验收前，建设单位应向主管部门提交竣工验收报告，编制项目工程总决算，并整理出相关技术资料（包括竣工图纸、测试资料、重大障碍和事故处理记录），厘清所有财产和物资等，报送上级主管部门审查。竣工项目经过验收交接后，应迅速办理固定资产交付使用的转账手续，技术档案移交维护单位统一保管。

第三节　光缆线路工程设计内容

一、光缆线路工程设计流程

光缆线路工程项目是按照运营商总体光缆网规划的要求立项的，是根据光缆网的现状，从光缆网的发展需求出发而建设的，是保证光缆网健康运行的重要一环。与前文的通信工程建设流程基本相同，从设计角度看，光缆线路工程的建设同样可分为 3 个阶段，其划分方法略有不同，可分为工程建设前期、施工期和竣工投产期。

因建设单位一般委托同一个设计单位完成可行性研究和设计，可将这两个阶段合并为工程建设前期。设计单位接受光缆线路工程设计任务后，开展可行性研究，编写可行性研究报告，确定工程建设方案和投资估算，通过建设单位组织的会审并批复后开始工程设计。与前述内容相同，设计阶段可根据工程情况及建设单位对工程管理的要求，进行一阶段设计或两阶段设计，其中两阶段设计包含初步设计和施工图设计。

设计完成并通过会审和批复后进入施工期，由施工单位按照设计要求建设光缆及相关配套设施。施工完成后，建设单位组织相关方对施工质量进行初步验收，通过后进入试运行阶段，一般为 3 ~ 6 个月。试运行期间由施工单位处理施工遗留问题，并与维护部门共同解决故障，确保工程不留隐患。试运行完成后进行最终验收，通过后交付运维部门进行常规运营管理。光缆线路设计在工程建设中的流程如图 1-10 所示。

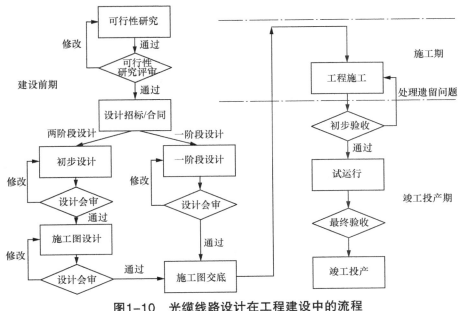

图1-10　光缆线路设计在工程建设中的流程

二、光缆线路的设计内容及与传输系统的分工界面

完整的光缆线路设计一般应包括以下内容。

① 光缆的敷设安装与防护设计。

② 新建管道及杆路安装设计。

③ 光纤配线架（Optical Distribution Frame，ODF）的安装设计。

④ 中继机房及相关配套设施。

⑤ 工程验收标准。

⑥ 建设进度安排。

⑦ 概（预）算取费及投资。

⑧ 维护组织及维护机构设置建议。

其中，光缆的敷设安装与防护设计是光缆线路设计的主要内容，包括光缆路由、敷设安装方式（直埋、管道、架空及局内安装）、光缆预留、光缆接头、防机械损伤、防雷、防强电、防鼠等技术措施。

光缆线路专业与设备专业设计的分工以终端光缆的ODF为界，ODF及其以外部分由光缆线路专业设计负责；ODF以内部分由设备安装专业负责设计。

光缆线路敷设安装的主要内容如图1-11所示。

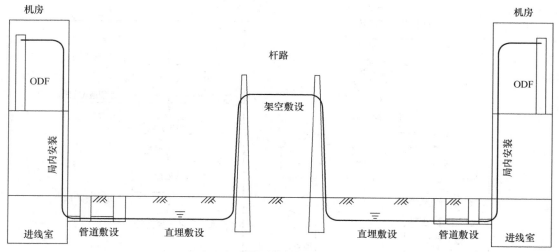

图1-11　光缆线路敷设安装的主要内容

第四节　编制可行性研究报告

一、可行性研究报告的编制要点与主要内容

1. 编制要点

光缆线路工程的主要建设方案是可行性研究报告的主要内容，编制初步设计或一阶段设计文件时，若建设条件发生变化则方案也可随之变更。确定光缆线路建设方案时主要考虑以下原则。

（1）线路安全性第一

光缆线路的安全性是确定建设方案时应重点考虑的内容。光缆线路是连续的，对于有重大安全隐患的障碍，应提出特殊的技术措施，若障碍无法克服，则该方案不予成立。

线路安全性应从以下3个方面考虑。

① 路由选择。

② 敷设方式。

③ 主要障碍及技术方案。

（2）加强对外协作

光缆线路建设方案中涉及的对外协作问题，成为制约线路建设的主要因素，协作方包括公路、铁路、河流、城市规划等。例如，如果希望利用高速公路管道建设光缆，则需要了解高速公路管道资源情况和高速公路管理方的合作条件。此外，积极推进共建共享，广泛开展社会化合作以降低协调难度和工程投资，也是光缆线路建设方案的重要考虑因素。

（3）传输长度尽可能短

光缆线路建设方案应遵循传输长度最短原则。较短的光缆线路可降低传输时延，提高网络竞争力，并能够有效减少投资。

（4）尽量节省投资

投资是光缆线路建设方案的重要制约因素，应考虑尽量以更低的投资建设安全性高、时延低的光缆网。

2. 主要内容

可行性研究报告的主要功能是确定工程建设方案及投资估算。

（1）工程建设方案

工程建设方案主要包括光缆总体路由方案、光缆总体敷设方式、局（站）设置和站段距离；进出各局（站）的路由方案及敷设方式；沿线所利用高速公路管道、城区新建管道、城区利旧管道、架空杆路的长度等。

工程建设方案应提供的表格至少包括建设方案一览表（见表1-1）、局（站）设置表（见表1-2）及进出局管道统计表（见表1-3）。工程建设方案应提供的图纸至少包括总体路由图（如图1-12所示）、局（站）设置图（如图1-13所示）及进出城路由图（如图1-14所示）。

表1-1 建设方案一览

序号	省份	投资/万元	线路长度/km	管道/km			杆路/km		直埋敷设光缆/km	管道敷设光缆/km	架空敷设光缆/km
				新建管道	租用高速公路管道	利旧管道	新建杆路	利旧杆路			
1											
2											
3											
合计											

表1-2 局（站）设置

序号	中继段	线路长度/km	敷设方式	光缆芯数	备注
1					
2					
3					
4					
合计					

表 1-3 进出局管道统计

序号	局（站）	方向	管道 /km		合计 /km
			新建	利旧	
1					
2					
3					
4					
5					

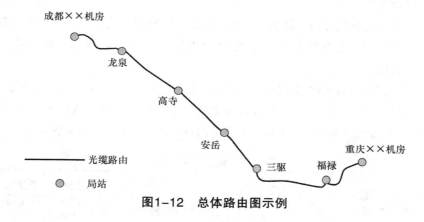

图 1-12 总体路由图示例

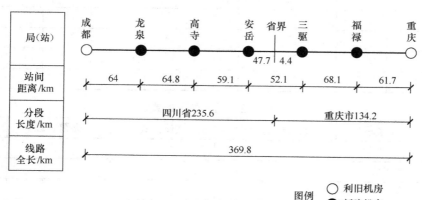

图 1-13 局（站）设置图示例

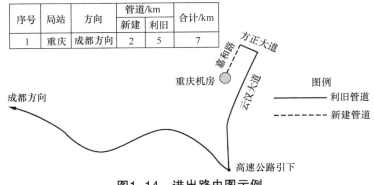

序号	局站	方向	管道/km		合计/km
			新建	利旧	
1	重庆	成都方向	2	5	7

图1-14　进出路由图示例

确定工程建设方案时，应论述所有可行性方案，进行多方案比较。方案可从线路长度、局（站）数量、安全性、经济性等方面进行对比，并将最优方案作为推荐方案。

方案比较见表1-4。

表1-4　方案比较

序号	内容	方案一（××方案）	方案二（××方案）
1	方案描述		
2	光缆路由长度		
3	局（站）设置		
4	光缆敷设方式		
5	沿途地形条件		
6	沿途交通条件		
7	路由主要障碍		
8	路由安全性		
9	施工及维护条件		
10	协作配合条件		
11	投资比较		
12	主要优缺点		

（2）投资估算

工程投资估算的主要依据为信息通信建设工程的概算和预算定额。目前依据的是《工业和信息化部关于印发信息通信建设工程预算定额、工程费用定额及工程概预算编制规程的通知》（工信部通信〔2016〕451号）。

可行性研究编制人员根据可行性研究方案确定可行性研究工程量，列出工程量表。可行性研究主要工程量表示例见表1-5。

表 1-5　可行性研究主要工程量表示例

序号	项目名称	单位	数量	备注
1	敷设 48 芯管道光缆	km		
2	敷设 96 芯架空光缆	km		
3	敷设 144 芯直埋光缆	km		
4	新建 1 孔管道	km		
5	新建 2 孔管道	km		
6	租用高速公路管道	km		
7	租用 ×× 大桥管道	km		
8	新建机房	个		
9	ODF	架		

根据工程量表中的工程量，计列该项目的投资估算。投资估算是该光缆线路工程的全部建设费用，包含光缆敷设安装、新建进出城管道、购置及租用管道、ODF 安装、新建机房等费用。

估算方法采用工程量乘以综合费用单价计算。投资估算表示例见表 1-6。

表 1-6　投资估算表示例

	项目名称	单位	单价/万元	数量	除税价/万元	增值税/万元	备注
主设备费	48 芯架空光缆及接头盒	km					
	96 芯阻燃架空光缆及接头盒	km					
	96 芯架空光缆及接头盒	km					
	96 芯双钢带直埋光缆及接头盒	km					
	144 芯直埋光缆及接头盒	km					
	ODF	架					
	开挖方式，新建 1 孔管道	km					
	开挖方式，新建 2 孔管道	km					
	非开挖方式，新建 2 孔管道	km					
	高速公路管道购置费	km					
	×× 大桥过桥费	处					
	新建机房	站					
	小计 1						
安装工程费	管道光缆安装费	km					
	子管安装费（1 子孔）	km					
	高速公路管道修复费	处					
	小计 2						
工程建设其他费	高速公路施工安全措施费	km					
	高速公路管道引出施工综合赔补费	处					
	可行性研究费						

续表

项目名称		单位	单价/万元	数量	除税价/万元	增值税/万元	备注
工程建设其他费	勘察设计费						
	建设工程监理费						
	安全生产费						
	审计费						
	小计3						
预备费							
利息资本化							
总计							

二、可行性研究报告查勘流程与查勘内容

可行性研究报告查勘是工程可行性研究的主要阶段，其主要目的是通过调查和收集相关基础资料，初步确定工程的路由方案、局（站）设置方案，并提供工程建设工程量，为可行性研究报告的说明、投资估算和图纸设计提供所需要的资料。

可行性研究报告查勘应在相应的可行性研究文件编制之前进行。它是确定工程建设方案、编制可行性研究报告的基础，是决定可行性研究报告质量优劣的重要环节。因此，查勘时应做到严肃认真，调查资料齐全，数据准确可靠。为保证查勘质量，要求查勘人员到现场进行查勘。可行性研究查勘流程如图 1-15 所示。

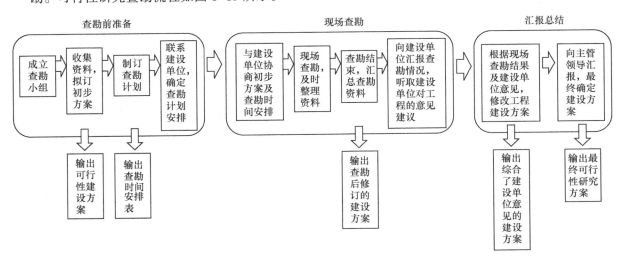

图1-15 可行性研究查勘流程

1. 查勘前准备

（1）成立查勘小组

接收到可行性研究任务后，应成立工程项目组。项目组成员应包括主管领导、设计总负责人、单项负责人、设计人和审核人等。

针对具体工程，查勘小组的数量可根据工程规模、时间要求而定，一般情况下大型工程需要根据区域划分多个工作组，小型工程有一个小组即可。

查勘小组一般由工程项目组人员组成，组长一般是该项目的单项负责人，具备传输线路查勘和设计经验，成员为掌握工程设计查勘程序和流程的设计人员。

查勘小组各成员应有具体分工，对需要查勘的内容承担责任。

（2）收集资料，拟订初步方案

查勘小组应了解工程项目背景，清楚用户对工程项目的要求，包括工程范围、进度要求、规模容量、技术装备、投资及设计要求等。

查勘小组总负责人负责编制查勘事前指导报告，查勘小组成员要认真阅读查勘事前指导报告，要明确工程查勘内容、要求完成时间，以及查勘注意事项等，并积极准备与查勘相关的地图等资料、查勘装备等。

查勘小组应先根据任务要求进行图上作业，拟订初步的路由方案和局（站）设置方案，存在多方案可能性时需要拟订备选方案。

（3）制订查勘计划

查勘小组可按照总体查勘进度安排，拟订查勘计划，并准备需要征求建设单位意见及需要现场协商的主要问题。

查勘计划中的时间安排应与工期要求相适应，查勘计划应精确到天，明确开始日期、结束日期、查勘工程量等。

（4）联系建设单位确定查勘计划安排

出发前，各查勘小组组长应提前联系建设单位的项目经理，以传真或电子邮件的形式将现场查勘计划告知对方，并征求项目经理对时间安排的建议，落实配合现场查勘事宜。

2. 现场查勘

（1）与建设单位协商初步方案及查勘时间安排

查勘小组需要征求建设单位对工程路由方案的意见、要求及建议，了解线路工程的共建共享需求。还需要调查与本项目相关的现有光缆名称、光纤及系统容量、路由走向、敷设方式、局（站）设置、现有维护组织，将其路由标于地图上。尽量了解本工程路由上的其他运营商光缆路由走向、敷设方式等建设情况。

（2）现场查勘，及时整理资料

现场查勘时应做到以下 6 个方面。

① 按照查勘内容要求，逐项查勘，确保无遗漏。

② 查勘结果应作记录，记录内容应与现场实际情况一致。

③ 相关资料应进行现场核对。

④ 应及时整理资料，原则上每天查勘的内容应在当天整理完毕。

⑤ 遗漏内容应及时补查，发现问题及时与建设单位沟通。

⑥ 待定事项应请示主管领导和总负责人。

在确定本工程总体路由方案时，还要考虑其他相关部门对本工程光缆敷设的要求及影响，查勘过程中应根据工程实际情况对涉及外部、外单位的问题，做到技术方案落实，处理方法稳妥，尽量不遗留问题。

查勘小组对光缆路由进行实地勘查，初选出可行的多个路由方案、进局路由方案、穿越主要障碍（例如较大河流、铁路等）方案，并草拟局（站）设置图，初订局（站）设置地点及站间距离。

查勘小组在查勘期间应走访城建、交通、铁路、水利等部门，了解其建设情况和对光缆线路的要求，在路由方案设计时予以充分考虑。

查勘小组应调查其他运营商是否有共建共享意向及共建共享方式等。

可行性研究查勘内容见表 1-7。

表 1-7 可行性研究查勘内容

项目	内容	描述
现状了解	现有光缆的路由、段落、芯数、纤芯类型、敷设方式，占用纤芯数及一干占用纤芯数，空余纤芯数，中继情况，线路问题	
主要路由方案	地形地貌	
	气候特点	
	交通	例如，利用高速公路应描述高速公路的情况，包括投产时间、编号、公路本身情况、管道规格、管孔资源等
	地质	
	线路长度	线路总长度及中继段长度表
比较路由方案	敷设方式、线路长度和局（站）设置等	
光缆芯数	一干芯数	
	省内加芯	
敷设方式	敷设方式选择	
	主要技术要求	架空光缆的电杆规格、杆高、负荷区直埋光缆的埋深，以及是否采用硅芯管；利旧管道的管距、管材、占用，以及是否加子管

项目	内容	描述
局（站）设置	设置局（站）的名称	注意局（站）位置要有照片、GPS 定位
	是否有安装位置	
	是否有可用的电源	
	进出局方式	
	机架高度	
	上走线 / 下走线 / 加固方式	
新建局（站）	局（站）位置	注意局（站）位置要有照片、GPS 定位
高速公路需要了解的情况	高速公路通车时间，是否有管道，管道是否有问题	
	产权单位、租期、费用标准	
	管材规格、管孔数量、占用情况	
	管道段长	
	人（手）孔规格	
进出城方式	进出城路由	
	利旧管道长度、管材、段长、占用情况	
	新建管道长度、管材、段长	
主要障碍	大江、大河、大桥名称，主要铁路	
	过主要障碍的费用标准	
主要费用	赔补费标准	
	新建管道费用标准	
	新建机房费用标准	
	高速公路管道租用标准	
	电杆 / 钢绞线 / 塑料管材单价	
建设单位联系人	建设单位联系人的电话和电子邮箱	
与建设单位沟通内容	路由方案	
	光缆芯数	
	敷设方式	
	局（站）设置	
	进出城路由方案	
	新建管道与新建机房	
	向合作共建方了解情况	
	过主要障碍的方案与费用	
	主要取费标准	
主要图纸	总体路由图	
	局（站）设置图	
	进出城路由图	
	详细路由图	由 GPS 轨迹整理的详细路由

查勘时应注意安全，杜绝发生安全事故。安全包括人身安全和通信系统安全。查勘前，项目总负责人应向查勘小组成员强调查勘时的安全注意事项，主要包括以下 9 点。

① 保证车辆安全，不坐"带病"车辆，提醒司机遵守交通规则。

② 管道查勘需要下至人井内时，应注意保护井内光（电）缆，不得损坏井内设施。井盖打开后应等待一段时间，排出井内有害空气后再下井。下井前注意观察井内情况，如水太深则需要排水。下井时最好使用梯子并携带手电筒，同时井上应有人员看护并摆放警示标志，以保证人身安全。

③ 高速公路管道查勘时，查勘人员应穿橘红色反光背心，车辆在高速公路停车时应按交通运输部门要求摆放反光标志，保证查勘人员和车辆的安全。

④ 杆路查勘时，若需要查勘人员上杆，上杆时要做好安全保护和防触电措施，在身体不适时或恶劣自然条件下不可登高作业。

⑤ 野外查勘时，应注意观察周围情况，有放炮炸石或大型机械施工作业等可能对人身安全造成威胁的情况发生时要注意避让。

⑥ 雷雨天气，不要在孤立突出物（例如电杆、大树等）附近逗留。

⑦ 机房查勘时不得随意触碰机房内的设施，机房设施包括光缆、光纤、通信电缆、电源线等线缆，以及 ODF/DDF[1] 端子板、传输设备、电源设备等各种机房设备。如果确实有必要触碰机房设施时，应征得机房人员的同意，在机房人员的指导下进行，避免对现网通信系统造成影响。

⑧ 机房查勘时严禁将易燃、易爆物品带入查勘现场。

⑨ 查勘人员在现场查勘期间应注意个人人身安全及财产安全。

（3）查勘结束，汇总查勘资料

现场查勘结束后应整理汇总查勘资料，归纳问题，准备需要向建设单位汇报的问题。汇总资料需要关注的要点如下。

① 查勘内容是否完善，有无遗漏。

② 核实资料内容是否冲突。

③ 与原资料有出入的地方是否可信，勘察中发现的新问题及其解决方法。

④ 难点问题是否已有解决方案。

⑤ 需要强调说明的事项。

⑥ 归纳尚待解决的事项（按甲方、乙方职责分类）。

⑦ 可行性研究阶段应整理出初步建设方案建议（一个或多个方案，方案应细致合理）。

（4）向建设单位汇报查勘情况，听取建设单位对工程的意见建议

现场查勘完毕，应向建设单位进行汇报，主要内容如下。

① 汇报初步方案包括路由走向、敷设方式、光缆芯数、敷设长度及进出局路由方案等，并征求建设单位意见。

② 征求和收集建设单位关于投资估算方面的意见和建议，包括征地费、赔补费、管道的每

---

1. DDF（Digital Distribution Frame，数字配线架）。

孔千米综合造价、地材单价、费率及其他费用的取定。

③ 征求和收集建设单位对本工程的意见和建议。

3. 汇报总结

（1）根据现场查勘结果及建设单位意见，修改工程建设方案

查勘小组离开现场回到单位后，应根据现场查勘情况和建设单位建议，整合所有资料，修改建设方案。

（2）向主管领导汇报，最终确定建设方案

查勘小组向主管领导和总负责人汇报查勘情况和建设方案，内容应包括建设单位意见、重点问题、难点问题、待定问题等。综合建设单位及主管领导、总负责人的意见，最终确定建设方案。

查勘小组成员应整理查勘资料，为编制设计文件做准备。查勘资料主要包括本章表 1-1、表 1-2 和表 1-3，以及图 1-12、图 1-13 和图 1-14 的内容。

第五节　编制设计文件

一、两阶段设计和一阶段设计

光缆线路工程的设计根据工程复杂程度的不同，可以是两阶段设计，也可以是一阶段设计。分为两阶段设计的目的，一是优化设计方案，二是便于进行项目的估算和概预算。而一阶段设计是直接进行施工图设计的模式，并且整合了初步设计方案论证的内容。

此外，还有三阶段设计，是进行初步设计、技术设计和施工图设计 3 个阶段设计的模式。一般线路工程中不采用。

目前，光缆线路工程以一阶段设计为主，特殊情况下，如有重要技术方案需要反复查勘论证的，可以选择两阶段设计。本书主要讨论一阶段设计。

二、一阶段设计的主要内容

一阶段设计是可行性研究报告的实现过程，一般应按可行性研究报告的方案和投资框架进行设计。同时，由于一阶段设计包含了初步设计和施工图设计的功能，因此可以对局部方案进行论证和修订。一阶段设计需要绘制施工图纸，并提出具体的技术措施，以指导光缆线路工程的施工建设。

一个光缆线路单项工程的一阶段设计，应包括总册和图纸分册。总册内容包括设计说明、预算、总体图纸和通用图纸，图纸分册为各中继段的工程量和施工图纸。一阶段设计内容要求如下。

1. 设计依据

设计依据包括可行性研究报告及批复、设计委托、相关国家标准和行业标准。

整个工程项目的所有设计文件编册方式，一般可按汇总册、分省册和图纸分册来编册。

① ×× 光缆线路工程一阶段设计汇总册

② 第 1 册 ×× 省光缆线路一阶段设计

③ 第 1.1 分册 ××–×× 段光缆线路施工图

④ 第 1.2 分册 ××–×× 省界段光缆线路施工图

⑤ 第 2 册 ×× 省光缆线路一阶段设计

⑥ 第 2.1 分册 ××–×× 段光缆线路施工图

……

2. 工程建设的必要性

工程建设的必要性应从网络总体规划目标、规划项目、工程沿线光缆现状、存在问题分析、解决问题方案等方面论述。

3. 工程建设内容和主要工作量

主要包括工程建设的范围、主要建设内容和工作量的描述。

4. 与可行性研究报告的主要差异

主要是建设方案的变更及投资的变化。其中，建设方案变更包括光缆路由、线路长度、光缆纤数、敷设方式、局（站）设置、新建机房、新建管道的变更等。

5. 工程建设方案

工程建设方案是对整个光缆线路工程的全面概括，包括沿线地理气候条件、光缆路由的具体位置、主要障碍处理方式、局（站）设置、中继段长度、光缆芯数、敷设方式、进出城路由、新建机房要求、新建管道要求、光缆分歧方式等。

6. 对工程建设的总体要求

主要有安全生产、环境保护、共建共享、节能等方面的要求，应符合国家及行业相关规定。

7. 主要设备、材料的技术要求

明确光纤、光缆的技术指标及要求，论述光缆结构图和纤序表，说明接头盒、ODF、尾纤等设备及主要材料的主要技术指标。

8. 光缆线路敷设安装要求

① 明确光缆敷设方向的 A/B 端。

② 明确光缆配盘要求，高速公路管道光缆要求有配盘表。

③ 明确光缆接续要求，包括接头盒内金属构件的处理和光纤盘留、熔接损耗等要求。

④ 明确光缆预留要求，指光缆在接头、过河、过桥、架空及特殊地段的预留方式及长度。

⑤ 明确 GPS 定位要求，一般要求在光缆线路的机房、接头、标石、人（手）孔、电杆处做 GPS 定位，并标注在竣工图上。

⑥ 明确光缆敷设安装要求，应针对光缆的不同敷设方式，对施工做出明确的敷设安装及防护措施的技术要求，并以此作为施工验收时的工艺检查标准。

9. 施工验收指标

不同运营商对光缆线路的施工及验收指标可能有所不同，见表 1-8。

表 1-8 光缆线路施工及验收指标

序号	项目	指标
一	工厂验收和工地到货检测	
1	光缆外观检查	光缆盘包装完整，光缆外皮、光缆端头封装应完好，各种随盘资料齐全，光缆 A/B 端标志应正确、清晰
2	单盘光纤衰减系数	G.652.D 光纤光缆 在 1310nm 波长上的最大衰减值为 0.35dB/km 在 1550nm 波长上的最大衰减值为 0.20dB/km G.654.E 光纤光缆 在 1550nm 波长上的最大衰减值为 0.18dB/km 在 1625nm 波长上的最大衰减值为 0.21dB/km
3	1550nm 偏振模色散单盘值	$\leq 0.15\text{ps}/\sqrt{\text{km}}$
二	施工验收	
1	光缆熔接衰耗	中继段内所有新熔接接头损耗的平均值 $\leq 0.04\text{dB}/$ 个，单个新熔接接头损耗的最大值不大于 0.08dB
2	中继段新敷设光缆最大衰减系数	G.652.D 光纤光缆 在 1310nm 波长上的最大衰减值为 0.38dB/km 在 1550nm 波长上的最大衰减值为 0.22dB/km G.654.E 光纤光缆 在 1550nm 波长上的最大衰减值为 0.20dB/km 在 1625nm 波长上的最大衰减值为 0.24dB/km
3	1550nm 偏振模色散链路值（≥20 盘）	$\leq 0.10\text{ps}/\sqrt{\text{km}}$
4	单盘直埋光缆金属护套对地绝缘电阻	$\geq 10\text{M}\Omega \cdot \text{km}$（500V DC），其中允许 10% 不低于 2MΩ

10. 维护管理、劳动定员和人员培训

论述本工程项目的维护管理机构、人员及培训、维护车辆、仪表等相关事宜。

11. 进度安排

应对本工程项目从一阶段设计批复至竣工验收的全程进度进行安排。

12. 建设成果、遗留问题及其他需要说明的问题

对工程项目的建设成果、遗留问题、配套项目、对外联系、施工注意事项和其他未尽事宜进行说明。

13. 工程预算

（1）预算编制依据

说明本工程项目预算编制的依据，其中最主要的是工程定额及编制办法，还应包括其他费用的计取，例如设计费、监理费、安全生产费及其他影响工程预算取费用的文件。

（2）单价、费率及特殊取费的说明

说明本工程项目主要设备、材料的单价及来源，根据施工调遣距离确定的施工调遣费，根据主要材料运输距离确定的主要材料费率，以及过桥、过河、过路、青苗赔补、管道租赁、管道购置费、机房购置费、新建机房费、审计费、安全生产费、贷款利率、估算定额等费用。

（3）预算表

按照工业和信息化部颁布的《通信建设工程概算、预算编制办法》的规定，根据工程量及定额、特殊取费等计算的工程预算表。

14. 施工图纸分册

施工图纸一般按中继段分册，包括机房 A 至机房 B 间所有光缆的敷设安装图纸，不得缺漏。施工图纸还应包括本中继段的工程量表、光缆配盘表、光纤分配图等内容。

三、光缆线路工程设计要点

1. 路由选择

① 总体路由选择应满足规划及对本工程总体路由走向的要求。

② 线路路由应尽量避免与现有其他省际干线光缆同路由。

③ 将光缆线路的安全可靠放在首位，光缆线路路由应充分考虑铁路、公路、水利、长输管

道等有关部门发展规划的影响。

④ 光缆线路应选择地质稳固、地形平坦、高差较小、土质较好、石方量较小、不易塌陷和被冲刷的地段，避开地形起伏大的山区，并避开可能因自然或人为因素造成危害的地段。

⑤ 路由选择应充分考虑线路稳固、运行安全、施工及维护方便，以及投资经济的原则。

⑥ 光缆路由宜沿靠现有（或规划）公路敷设，并顺路取直。与公路保持一定隔距，避开公路升级、改道、取直、扩宽和路边规划的影响。

⑦ 当沿途有已建、合建、购买、租用管道可供使用时，尽量考虑在管道内敷设光缆，并尽可能预留冗余管孔。

2. 敷设方式

光缆敷设方式有埋式敷设、架空敷设和管道敷设3类。光缆敷设方式比较见表1-9。

表1-9 光缆敷设方式比较

序号	敷设方式	特点	适用范围
1	埋式敷设	① 直接开挖光缆沟，敷设光缆 ② 受环境温度变化影响小，传输性能稳定 ③ 对外界景观及人为干扰小 ④ 投资较高，施工难度较大 ⑤ 易受建设开发影响	适用于长途干线光缆线路
2	架空敷设	① 光缆架挂在电杆上 ② 受环境温度影响较大 ③ 对外界景观影响较大 ④ 施工难度较小 ⑤ 投资效益高，杆路可重复利用，可附挂多条光缆	可用于长途干线光缆线路，适用于本地光缆网
3	管道敷设	① 管道一般建设在城区街道边或高速公路隔离带 ② 城区管道建设的投资大，施工难度大，需要城建规划部门审批 ③ 高速公路管道租赁费用高，施工安全措施要求高 ④ 管道容量大，可重复利用 ⑤ 管道内穿放光缆安全性高	城区管道适用于长途干线光缆进出城及本地光缆网，高速公路管道适用于长途干线光缆

埋式敷设分为直埋敷设、管道敷设两类。架空敷设分为吊挂式敷设和自承式敷设两类，其中，因吊挂式敷设在安装完成后光缆无纵向拉力，这种敷设方式下光缆的安全性、施工的方便性和扩容性均有较大优势。因此，架空敷设以吊挂式为主。管道敷设分为高速公路管道和普通道路管道两类，均是目前工程中常用的光缆敷设方式。

（1）埋式敷设与架空敷设比较

埋式敷设和架空敷设分别有以下特点。

① 埋式敷设光缆线路传输性能稳定

光纤衰减的温度特性是影响光缆传输性能、系统中继距离和光缆使用寿命的主要因素之一。当光缆长度、中继距离、光纤及激光器特性一定时，光缆传输系统所引入的漂移损伤与光缆所处的环境温度变化成正比。统计我国近年来的气象资料，表明直埋光缆埋深（1.2m）处的日地温变化量最大为 1℃，月地温变化量最大为 7.9℃，年地温变化量最大为 16.5℃；对应地上架空光缆的日环境气温变化量约为 19℃，极值月环境气温变化量最大为 58.2℃，极值年环境气温变化量最大为 85.7℃。由此可见，直埋光缆系统因环境温度变化而引起的极值日漂移损伤较架空光缆小 19 倍左右，极值月漂移损伤较架空光缆小 7.4 倍左右，极值年漂移损伤较架空光缆小 5.2 倍左右。对于温度急剧变化的地区，更适宜采用直埋敷设。

② **埋式光缆线路是干线光缆建设的主要方式之一。**

直埋敷设比架空敷设隐蔽，对外界景观及人为干扰小。直埋光缆具有适于大容量、长距离传输的特点，是国内干线光缆中普遍采用的敷设方式。我国直埋线路的维护和施工从 20 世纪 50 年代的 101 对称电缆起，至今已有 70 多年的历史，后来又发展为直埋光缆。其间不仅创造和革新了众多的施工操作方法和规程，同时也积累了大量宝贵的维护管理制度和经验，使得直埋敷设成为国内干线光缆常用的敷设方式之一。

③ **架空光缆投资小，施工及维护更方便。**

与架空光缆相比，直埋光缆易受各地开发用地、改扩建公路等人为活动的影响，山区则易受洪水、泥石流等自然灾害的影响。

架空光缆立于地面以上，可以直观地看到其运行状况，在各种人为活动中便于避让和迁改，施工及维护方便。但个别地区也存在盗割光缆及故意损害的情况。

与埋式光缆相比，架空杆路可额外附挂光缆，投资效益高。

埋式敷设与架空敷设均为长途干线光缆适宜的敷设方式，应根据工程现场情况和维护习惯选择适宜的敷设方式。

（2）直埋敷设与管道敷设比较

直埋敷设方式是光缆直接埋于地下敷设，管道敷设采用管道光缆穿放在地下塑料管（高密度聚乙烯塑料管）内敷设，塑料管内壁可以加硅芯层以减少光缆的摩擦力。管道光缆敷设可采用气流法敷设。

气流法敷设利用机械推缆器把通信光缆推进管道，同时空气压缩机把强大的气流打进管道，这种高速气流在光缆的表面形成一种拖曳力，促使光缆前进。因此，光缆不是被拉而是被气流推动前进。光缆在管道里顺着地势起伏或方向的改变顺利前进，因为光缆顶端不受力或受力很小，所以与传统牵引敷缆相反，光缆基本没有应力。敷缆完毕后，光缆松弛地停在管道的底部，有助于延长光缆的使用寿命。气流机的使用对光缆无应力，加上管道提供的有效保护作用，用户可采用无铠装的管道光缆以节约成本。

管道敷设与直埋敷设相比，主要优点如下。

① 管道敷设不受管道施工时间的限制，能够有效地避免直埋光缆施工与开挖光缆沟施工不同步时人为造成的断缆等影响工程质量的问题。

② 管道敷设能够提高光缆的抗腐蚀、抗压力和抗拉伸能力，应对地质沉降能力较直埋敷设更优，延长光缆的使用寿命。

③ 管道敷设抵御外界破坏的能力更强，能够有效地防止老鼠和白蚁等对光缆的侵害。

④ 管道可重复利用，可大幅降低扩容成本及日后光缆维修更换的建设费用。

⑤ 采用管道敷设可以在定型公路路界范围内敷设，只需要与公路部门协调即可，能够减少挖沟协调难度。

主要缺点如下。

① 光缆被挖掘机等大型机械损坏或发生其他故障时抢修不便。

② 若需要变更路由时，变更部分同沟敷设的塑料管同时作废，会产生较大损失。

③ 投资较直埋敷设大。

管道敷设与直埋敷设均为长途干线光缆适宜的敷设方式。在定型道路范围内宜采用管道敷设，定型道路范围外宜采用直埋敷设。

（3）高速公路管道敷设光缆

我国已基本建成覆盖全国的高速公路网，具备了依托国家高速公路网建设高速公路管道光缆的条件。

传统埋式敷设、架空敷设光缆的建设和维护面临越来越严峻的挑战，主要问题如下。

① **工程建设期间。**

✓ 工程建设期间需要协调公路、铁路、水利、林业、国土、环保等部门，以及县乡村政府、村民等各方关系，协调难度大。

✓ 赔补费用上涨较快且不可控，经常发生多次赔补现象。

✓ 直埋开挖需要注意各种地下管线，易发生施工事故。

✓ 山区、林区建设困难。

✓ 各种各样的开发征地严重影响光缆建设，甚至在某些经济发达地区采用直埋架空方式建设已不可行。

✓ 控制工期困难。

② **工程维护期间。**

✓ 光缆易受道路扩建、改道影响。各种开发区、建房、水利设施建设、河道疏浚等人为活动严重影响光缆安全。

✓ 山区易受洪水、泥石流等自然灾害影响。

✓ 林区易遭受火灾、鼠害等事故影响。

（4）光缆巡查困难，对维护队伍和维护人员的要求较高

当前形势下，活跃地区的光缆建设不宜采用埋式敷设或架空敷设。已有高速公路或有高速公路建设规划的地区宜采用高速公路管道敷设方式。

利用高速公路管道敷设光缆已成为长途干线光缆敷设的主要方式，有以下优点。

① **安全性高。**

✓ 网络安全：建设高速公路管道光缆可与现有的直埋光缆或架空光缆物理路由分离、互为

保护，提高全网安全性。

　　✓ 线路安全：线路安全稳固，不会发生频繁的改迁，且高速公路管道光缆发生事故率低。

　　② **低时延**。一般来说，高速公路比国道、省道等非封闭道路更顺直，距离短 15% 左右。建设高速公路管道光缆有明显的时延优势。

　　③ **建设周期短**。与高速公路管理方签订合同后即可施工，施工期较短。

　　④ **传输指标稳定**。

　　✓ 避免了架空及野外直埋光缆在施工阶段，以及在日后的改迁变更等维修作业中造成的传输指标下降及外护层损伤所带来的光缆金属结构部件绝缘不良等问题。

　　✓ 降低了架空光缆在特殊地理环境（例如狂风、暴雪）下性能受到的影响。

　　⑤ **维护便利**。

　　✓ 减少了维护人员日常对外宣传联系的工作量，尤其是埋式光缆和架空光缆受水利、道路、建房及农田治理等施工因素影响频繁，维护人员需要进行大量的外联宣传工作，便于提前预防。

　　✓ 光缆在高速公路管道内敷设，可以有效地减少地面标识设施，大幅缩短了维护人员线路操作的工作量。

　　✓ 光缆发生故障时可快速定位。

　　因此，利用高速公路管道敷设光缆已成为长途干线光缆的主要敷设方式。

　　架空、埋式（包括直埋敷设和直埋管道敷设）、高速公路管道敷设各有其特点，均可作为干线光缆建设选择的方式。工程建设时应根据建设条件、建设目标、维护习惯、投资限制等选择合适的敷设方式。

3. 设计长度

　　在光缆路由方案和敷设方式确定的情况下，光缆线路设计长度是设计中应重点关注的方面，最主要工程量都与设计长度相关。

　　施工图设计测量长度为线路地面长度，应略小于设计长度。设计阶段的设计长度也可称作传输长度、敷设长度、光缆长度。可行性研究阶段的设计长度应精确到千米，初步设计及施工图设计（含一阶段设计）的设计长度应精确到百米。

　　A/B 两局（站）间的设计长度应包括两局（站）ODF 间的所有光缆长度，包括局内光缆、管道光缆、直埋光缆、架空光缆、水底光缆等。

　　可行性研究阶段的设计长度可用车程距离进行估算，对于直埋及架空光缆，根据不同地形，一般平原地区加 3% ～ 5% 的系数；浅丘陵地区一般加 8% 左右的系数；对于深丘陵地区或山区，公路一般为盘山公路，光缆裁弯取直时，线路估算长度可不增加甚至可以减少；沿公路边沟敷设的，可增加 5% 左右的系数。高速公路管道光缆长度可在车程距离的基础上增加 5% 左右。若没有进行现场查勘，仅在图纸上作业时，可将现有图纸上的测量距离增加 10% 的系数。

　　施工图测量后，设计长度计算方法如下。

（1）局内光缆设计长度

局内光缆长度 = 局内测量长度 + 盘留长度。

（2）管道光缆设计长度

管道光缆长度 = 管道测量长度 ×1.005+ 人孔数 ×2m+ 接头数 × 接头预留（12m）+ 其他预留。

高速公路管道光缆长度 = 高速公路管道光缆测量长度 ×1.04。

（3）直埋光缆设计长度

直埋光缆长度 = 测量长度 ×1.007+ 接头数 × 接头预留（12m）+ 其他预留。

（4）架空光缆设计长度

架空光缆长度 = 杆路长度 ×1.01+ 接头数 × 接头预留（18m）+ 其他预留。

（5）水底光缆设计长度

水线光缆长度 =（$L1+L2+L3+L4+L5+L6$）×（$1+a$）。

其中，$L1$：水陆光缆接头点间测量长度。

　　　$L2$：爬堤增加长度。

　　　$L3$："S"弯敷设、锚固、接头预留等增加长度。

　　　$L4$：平面弧形增加长度，取值按表 1–10 取定。

　　　$L5$：立面弧形增加长度，取值按表 1–11 取定。

　　　$L6$：施工余量（拖轮布放，取水面宽度的 8% ～ 10%；抛锚布放，取水面宽度的 3% ～ 5%，人工抬放时一般不增加余量）。

　　　a：自然弯曲增长率（根据地形情况取 1% ～ 1.5%）。

表 1–10　布放平面弧形增加长度比例

顶点至弦高度 / 弦长	6/100	8/100	10/100	13/100	15/100
增长比例	0.011	0.0171	0.0271	0.0451	0.061

表 1–11　布放立面弧形增加长度比例

河流情况	为两终点间丈量长度的倍数
河宽小于 200m，水深、岸陡、流急、河床变化大	1.15
河宽小于 200m，水较浅、流缓，河床平坦变化小	1.12
河宽 200 ～ 500m，流急，河床变化大	1.12
河宽大于 500m，流急，河床变化大	1.10
河宽大于 500m，流缓，河床变化小	1.06 ～ 1.08

各型光缆敷设长度之和为设计长度，工程量表中"施工测量长度"也应等于设计长度。

4. 工程量统计

（1）根据设计长度可以确定的最关键工程量

① 敷设各型光缆的长度，且敷设各型光缆长度相加应等于设计长度。

② 根据直埋光缆的挖沟长度，可以计算挖沟土方量。

③ 直埋光缆的标石及监测标石的数量。

④ 直埋光缆的对地绝缘检查及对地绝缘装置工程量。

⑤ 根据架空光缆的杆路长度，可以计算立杆数量和吊线数量，可以估算拉线数量。

⑥ 根据利旧管道和新建管道数量，可以核对管道光缆工程量。

⑦ 根据盘长，可以计算光缆接续和光缆接头盒的数量。

（2）统计线路防护的工程量

① 直埋光缆的顶管穿管、护坡护坎、铺水泥砂浆袋、盖板、铺砖、宣传警示、防雷。

② 架空光缆电力防护、机械防护穿管、宣传警示、防雷、杆根加固方式。

③ 管道光缆工程量不计列防护措施。

（3）与光缆敷设相关的其他工程量

① 直埋光缆的截流挖沟、水泵冲槽等敷设水底光缆工程量。

② 直埋管道光缆的手孔。

③ 架空光缆的盘留架。

④ 管道光缆的管道内穿放子管，以及人（手）孔抽水。

⑤ 光缆的引上引下及相关的钢管及子管。

⑥ 桥上敷设的相关措施。

（4）其他固定的工程量

① 局（站）内敷设光缆。

② 安装光缆线路 ODF 及布放防雷线。

③ 光缆的成端接头。

④ 光缆的中继段测试。

5. 预算编制

预算编制应按预算编制办法的规定执行，目前最新版的规定是《工业和信息化部关于印发信息通信建设工程预算定额、工程费用定额及工程概预算编制规程的通知》（工信部通信〔2016〕451 号）。

编制预算时需要明确以下 6 个方面的内容。

① 施工折扣率。

② 施工单位及调遣距离。

③ 施工安装主要工程量。

④ 主要材料、设备价格及相关费率。

⑤ 其他取费标准，例如管道购（租）费、赔补费、安全措施费、可行性研究费、设计费、监理费、安全生产费、审计费等。

⑥ 新建机房费。

四、一阶段设计查勘/施工图测量

光缆线路的一阶段设计查勘也被称作施工图测量，是光缆线路设计阶段工作量最大的部分之一，也是保证工程质量的重要环节，其输出的是施工图纸。施工图测量时，设计人员需要到达工程现场，确定光缆线路安装的路由位置、线路长度、敷设方式、防护手段、配套设施等技术措施。

1. 测量总体要求

① 光缆线路的寿命不少于 25 年，且面临复杂的野外环境，安全问题突出。在施工图测量时，一定要把光缆线路的路由安全放在首位。

② 施工图测量是编制施工图设计的基础，是决定施工图设计质量优劣的重要环节，因此线路测量工作必须严肃认真，要求光缆路由选择合理，测量数据准确，保护防护措施得当。图纸绘制要求清楚、完整，格式统一，路由定标清楚，测防数据齐全，不得遗漏。

③ 施工图测量一般是在初步设计（或可行性研究）中所确定的路由基础上进行具体定线，因此在测量环节应以初步设计（或可行性研究）预选方案为基础，对建设单位配合人员等提出的意见予以适当考虑，例如，路由的具体位置、线路的保护防护措施，穿越河流位置、方式和桥上敷设的具体方式，以及各种光缆的配置等。

④ 在测量过程中要求全队团结一致，相互配合、协作，确保测量质量和人身安全。同时应与建设单位配合人员密切协作，使测量工作顺利进行。

⑤ 在测量过程中应定期进行小结、检查，发现差错和遗漏应及时补测和纠正。在每一中继段测量完毕后应对资料进行分类整理，全部测量结束后应向建设单位汇报，并且返院后还应向处领导汇报测量中的重点和难点问题。

⑥ 测量方向无严格限制，一般与项目立项名称一致。立项时的 A/B 端通常与铁路上行 / 下行方向一致，出京方向为下行，进京方向为上行。东西向时，京汉广以东为从西向东，京汉广以西为从西向东。

⑦ 为便于施工图预算的编制，在测量过程中，应请相关建设单位提供当地主要材料的单价。

2. 测量前准备

① **人员准备**。测量出发前，应明确测量队的人员及分工，测量人员应根据其职责进行充分准备，要求测量队长和测量人员仔细阅读工程任务书和已经审定的设计方案，明确建设单位对工程项目的要求，包括工程范围、进度要求、规模容量、技术装备、投资及设计要求等。全体

测量人员还应详细了解测量细则，掌握施工图测量的技术要求和熟悉各种测量工器具的使用方法，例如电阻仪、指北针、测远仪等。

总之，测量人员一定要了解本次测量的技术措施要求、图纸要求，避免出现测量完成后发现与要求不符而大范围修改图纸的情况。

② **工器具准备**。测量前，应将测量工器具和材料准备齐全、充足，工器具的品种、数量可参照施工图测量细则中的要求进行准备。

③ **车辆准备**。测量用车的驾驶员应保养、检修好汽车，以保证测量顺利进行。

3. 施工图测量的主要内容

（1）光缆路由选择原则

施工图测量应按照审定的初步设计（或可行性研究）光缆路由进行，具体定线时应考虑以下原则。

① 总体路由应满足可行性研究报告确定的对本工程总体路由走向的要求。

② 线路路由应尽量与现有其他干线光缆路由分开。

③ 将光缆线路的安全可靠放在首位，光缆线路路由应充分考虑铁路、公路、水利、长输管道等有关部门发展规划的影响。

④ 光缆线路应选择地质稳固、地形平坦、高差较小、土质较好、石方量较小、不易塌陷和冲刷的地段，避开地形起伏很大的地区，并避开可能因自然或人为因素造成危害的地段。

⑤ 路由选择应充分考虑线路稳固、运行安全、施工及维护方便，以及投资经济的原则。

⑥ 光缆路由宜沿靠现有（或规划）公路敷设，并顺路取直。与公路保持一定隔距，避开公路升级、改道、取直、扩宽和路边规划的影响地段。路由选择时应尽量减少穿越公路、铁路的次数。

⑦ 沿途有已建、合建、购买、租用管道可供使用时，尽量考虑在管道内敷设光缆，并尽可能预留冗余管孔。

（2）光缆线路局（站）设置原则

① 新建中继段长度以 $60 \sim 70km$ 为宜，原则上不得超过 80km。

② 利用高速公路管道敷设光缆的省际干线，新建中继机房宜选择在高速公路附近、利于光缆进站及外电引接的位置，减少进站光缆的安全隐患。

③ 新建中继机房应有利于引入光缆安全，减少引接长度。干线中继机房可为无人值守机房。

④ 对于地市级局（站），应根据该局（站）的自身条件及进局光缆的安全性，综合考虑复用段设置情况，以确定利旧该局（站）机房或在高速公路附近新建机房的方案。

（3）测距要求

① 光缆测距是指两端站间 ODF 至 ODF 的光缆长度。包括局内光缆、管道光缆、直埋敷设光缆、架空敷设光缆、水线敷设光缆及桥上敷设光缆等的距离。

② 测量务必保证测距的准确性，测量长度不得有负偏差。

③ 城区内管道或高速公路管道测量时可用测距仪或测距推车，并做 GPS 定位。野外测量时宜用地链方式。测量时应准确记录，不得错号和遗漏。绘图、定标、障碍登记和后链应经常核对相关数据，发现错误必须及时纠正。

④ 高速公路测量首选测距推车，但要注意以下 3 点。

✓ 测距推车的计数器易坏，要时刻注意。要注意每两个孔距间的长度与高速公路的里程核对，有异常要查找原因，并及时更换。

✓ 每天测量前一定要校准测距推车的精度，可与地链或其他知道长度的段比较，有异常要及时处理。

✓ 结合 GPS 轨迹核算测量距离。

（4）定标要求

① 测量的起始点、转角点、整千米点、水线终端点、上 / 下公路点，以及过公路、铁路等应定三角标。三角定标点应尽量利用固定物体。定标时从测量前进方向顺时针旋转来确定标号。顺时针旋转至第一定标点为 A 标，第二定标点为 B 标，中心标为定标点。标桩编号为 # ××（km）+ ×××（m）。

② 标桩顶部应涂红漆以使其醒目，并应将其 2/3 打入地下，以保证其不易被拔走。

③ 现场定标数字应与绘图数字一致。标桩零点应为直埋测量的始点。

④ 直埋光缆施工图纸应对以下位置做 GPS 定位。

✓ 需要三角定标的点，例如直埋起终点、转角位置等。

✓ 整千米点。

✓ 特殊位置，例如水线接头（200m 以上河流）、上下桥位置（500m 以上桥梁）、局部架空的引上 / 引下杆。

✓ 跨越公路（省道以上）、铁路两端的位置。

✓ 海拔高程 2000m、3000m、3500m、4000m 起止位置。

⑤ 架空光缆施工图纸应对以下位置做 GPS 定位。

✓ 架空起点、终点的终端杆，以及角杆位置。

✓ 每千米增加一处 GPS 定标点。

✓ 穿越公路（省道以上）、铁路两端位置。

✓ 飞线杆。

✓ 海拔高程 2000m、3000m、3500m、4000m 起止位置。

⑥ 高速公路管道光缆施工图纸应对以下位置做 GPS 定位。

✓ 大长距高速公路管道的管孔位置均用 GPS 定位。

✓ 短距高速公路管道每隔 1000m 左右定位。

✓ 对于特殊点，例如 500m 以上的桥梁隧道的起止点、光缆拐点等路由变化点需要 GPS 定位。

⑦ 城区管道及机房应对以下位置做 GPS 定位。

✓ 城区新建管道管孔位置、末端人孔、与高速公路管道的连接点、管道的拐点。

✓ 城区利旧管道每个管孔位置。

✓ 现有局（站）和新建局（站）位置。

（5）绘图要求

① 局内测量应绘制局内进线图（包括进线室及进线室至机房装机位置间光缆路由平面图和立面图），确定光缆的具体安装位置和安装方式，标明距离和保护措施。

② 市内管道光缆测量可在管道图的基础上添加相应数据，若无完整管道路由图，还应根据测量数据绘制管道路由图。在管道图中应画出每个人孔管道断面图及现有光（电）缆占用情况，确定本工程光缆敷设管孔位置。

③ 高速公路管道、长途塑料管道、直埋光缆、架空光缆测量应现场绘制草图，图面自左向右为测量前进方向。绘图纵向（前进方向）比例为 1：2000。

④ 按绘图要求绘制路由及其两侧 50m 范围内的地形、地物和建筑设施。路由纵向按比例绘制，横向可根据目测距离绘制，但 50m 外重要的目标应在图纸上画出（例如公路、铁路、河流及桥梁等），并标明其与路由间的距离。

⑤ 线路穿越公路、铁路、河流和大型水塘等障碍物时，除了绘制平面图，还应绘制断面图，并按要求标明该处公路、铁路的里程及线路保护措施。

⑥ 光缆沿公路排水沟或路肩敷设地段，应在图纸上注明光缆上 / 下公路点位置，例如"公路里程 K×××+×××……K×××+××× 段光缆沿公路排水沟或路肩敷设"。在图纸上应画出公路的大致走向和光缆路由。公路上的明显目标应在图纸上表示，例如公路里程碑、桥梁、涵洞等路边重要参照物。光缆沿公路排水沟或路肩敷设时，原则上应转角定标，但在弯道多、转弯急的盘山公路上可不转角定标，但光缆上公路和下公路（离开公路）地点应定标且在图纸上标明其转角。

⑦ 利用桥梁敷设时应绘制出桥梁的平面、立面及断面结构草图，并标出相关尺寸及光缆具体安装位置和安装、保护方式。

⑧ 应在水底光缆平面图中绘制水面宽度、堤岸位置，标明"S"弯位置、弧形弦高、标牌位置、水 / 陆缆连接点、光缆预留位置和长度等。断面图上应标绘水位（常年、最高）、岸滩高程或相对高度、光缆埋设位置等。应在断面图的始端或末端绘制表示高度的标尺。水底光缆测量时，应调查河床土质等河流情况，在图纸上标注水底光缆施工方式。

⑨ 现场绘图中，应每 1.5km 左右标一指北方向。

⑩ 草图绘制应清晰无误，每天完成后应按绘图格式整理图纸并输入计算机，绘制成计算机图纸。

（6）障碍登记要求

① 障碍登记应记录障碍详情及其位置，并提出保护及处理措施。遇到较大障碍时应同维护

人员及其他技术人员协商处理。

②测量转角、记录转角绝对值并记录转角位置，协助定标。

③以中继段为单位，分段确定土质分类，必要时应开展现场调查。

④协助现场测量及绘制障碍断面图及桥梁结构图。针对穿越公路、铁路点应查明该点的公路、铁路里程。

⑤应分别统计各种公路排水沟的长度（例如石质排水沟、水泥排水沟、毛沟等），并注明该段落起止公路里程。

⑥顺沿公路地段，应对每个公路里程碑进行登记。

⑦整理当天测量资料并与绘图人员核对、整理图纸。

⑧应根据计算机制图的实际需要，精确完整地记录，一次到位地落实障碍处理措施。

（7）测防要求

①测试路由沿线的 $\rho 10$ 值，一般每千米测一点。当地形、土质变化时，应加测一点。

②调查沿线雷击、白蚁及鼠害情况，确定防蚁、防鼠段落。

③绘制 $\rho 10$ 值曲线图。

4. 向建设单位汇报

现场查勘完毕，应向建设单位进行汇报，主要汇报内容如下。

①汇报建设方案，包括局（站）设置、光缆、杆路、管道的路由和长度，以及主要障碍等，并征求建设单位意见。

②征求和收集建设单位关于预算方面的意见和建议，包括征地费、赔补费、管道的每孔千米综合造价、当地主要材料的单价、费率及其他费用的取定。

③征求和收集建设单位对本工程的意见和建议。

5. 测量资料

施工图测量应提供的查勘资料包括以下内容。

①施工图纸。

测量队应按中继段（局内光纤分配架之间）提供现场绘制的施工图纸，图纸应按以下方式命名。

××-××段光缆线路施工图。

××进局管道光缆施工图。

××出局管道光缆施工图。

××局内光缆路由及安装方式图。

××桥上光缆安装施工图。

××河（江）水线光缆安装施工图。

×× – × × 段飞线安装施工图。

×× – × × 段大地导电率曲线及排流线布放图。

② 按中继段统计的主要工程量表。

③ 关于中继段的线路情况的说明，包括线路长度、光缆路由、进出城光缆路由，以及其他需要特殊说明的问题。

第六节　可行性研究及设计中的图纸

一、光缆线路工程制图要求

1. 总体要求

① 工程制图应根据表述对象的性质，论述的目的与内容，选取适宜的图纸及表达手段，以便完整地表述主题内容。当几种手段均可达到目的时，应采用简单的方式。

② 图面应布局合理，排列均匀，轮廓清晰且便于识别，避免布局过疏或过密。

③ 应选用合适的图线宽度，避免图纸中的线条过粗、过细。

④ 正确使用国家标准和行业标准规定的图形符号。当派生新的符号时，应符合国家标准符号的派生规律，还应在合适的地方加以说明。

⑤ 在保证图面布局紧凑和使用方便的前提下，应选择合适的图纸幅面，使原图大小适中。

⑥ 应按规定准确地标注各种必要的技术数据和注释，并按规定进行书写或打印。

⑦ 工程图纸应按规定设置图衔，并按规定的责任范围签字。各种图纸应按规定顺序编号。

2. 图幅尺寸

① 根据表述对象的规模大小、复杂程度、所要表达的详细程度、有无图衔及注释的数量来选择较小的合适幅面。

② 可选择的图幅尺寸一般为 A3 幅面和 A4 幅面，在特殊情况下（例如尺寸较大的平面图）可将 A3 图框适当拉长。图形结构应尽量紧凑，当上述幅面不能满足要求时，可分成若干张图绘制。相邻的图纸应以接图线分割，被分割的图纸应能准确连接。

③ 极特殊情况下也可采用非标准图幅尺寸。

3. 图纸线型

光缆线路图纸的线型按图线种类和宽度一般分为 4 种，见表 1–12。

表 1-12　光缆线路图纸的常用线型

图线名称	图线形式	适用场合
细实线	——————	基本线型：图纸主要内容用线，可见轮廓线，用于表示现有光缆
细虚线	- - - - - - - - - -	辅助线型：不可见轮廓线，用于表示计划使用范围线
粗实线	——————	线路用基本线型：用于表示光缆路由，施工图设计中为新建光缆
粗虚线	▬ ▬ ▬ ▬ ▬ ▬ ・	线路用辅助线型：线路图中一般用于表示新建管道

粗线宽度（一般为 0.7mm）应为细线宽度（一般为 0.35mm）的 2 倍。同一张图纸上，不同比例图形的图线宽度也应保持一致。线路图中，细实线为最常用的线型之一，粗实线主要表示光缆路由、管道路由等需要突出的部分。指引线、标注线等均应使用细实线。

局（站）图中，新安装设备（例如 ODF）宜用粗线表示，细线为原有设施，虚线表示预留部分。原机架内扩容（例如增加 ODF 子框）宜用粗虚线表达。

平行线之间的最小间距不宜小于粗线宽度的 2 倍。

4. 比例

（1）一般要求

对于建筑平面图、平面布置图、管道及光（电）缆线路图等图纸，一般按比例绘制；方案示意图、系统图、原理图等可不按比例绘制，但应按工作顺序、线路走向、信息流向排列。

（2）推荐比例

对于平面布置图、线路图和区域规划性质的图纸，推荐比例如下。

① 平面布置图，比例为 1:50 或 1:100，以可否能放入 A3 图框为准。

② 线路施工图，包括直埋光缆施工图、管道光缆施工图、架空光缆施工图，比例为 1:2000。

③ 其他线路图纸，例如光缆线路总体路由图、进出城示意图、进出局（站）光缆路由图等可不采用比例图纸。

④ 局部光缆施工图，若采用 1:2000 图纸过小时，可采用 1:200、1:500、1:1000 等特殊比例图纸。

⑤ 对于设备加固图及零件加工图等图纸推荐的比例为 1:2、1:4 等。

（3）其他要求

① 对于通信线路及管道类的图纸，为了更方便地表达周围环境情况，可采用沿线路方向按一种比例，而周围环境的横向距离采用另一种比例，或采用示意性绘制。

② 对于有比例的图纸，应在图衔中注明。

5. 尺寸标注

一个完整的尺寸标注应由尺寸数字、尺寸界线、尺寸线及其终端组成。

图纸中的尺寸数字，应注写在尺寸线的上方或左侧，也可注写在尺寸线的中断处，同一张图样上的注法应一致。尺寸数字单位除标高、总平面和线路长度以米为单位，其他尺寸均应以毫米为单位，按以上原则标注尺寸时可不加单位。当采用其他单位时，应在尺寸数字后加注计量单位的文字符号。同一张图中，不宜混用两种计量单位。

6. 字体及写法

图纸中的文字均应字体工整、笔画清晰、排列整齐、间隔均匀有度。书写位置应根据图面妥善安排，文字多时宜放在图纸的下方或右侧。中文应采用国家正式颁布的规范标准的汉字，一般情况下字体应采用宋体。线路图中对某一地域范围的地名标注，文字可采用黑体。

图纸中所涉及的数字，均应用阿拉伯数字表示。计量单位应使用国家颁布的法定计量单位。

图纸中的"技术说明""说明"或"注"等字样，宜写在具体文字的右上方，并使用比文字内容大一号的字体书写，具体内容多于一项以上，应按以下顺序排列。

1、2、3……

①、②、③……

（1）、（2）、（3）……

7. 图衔

光缆线路工程图纸应有图衔，图衔位于图面的右下角。常用标准图衔为长方形，大小应为 30mm×180mm。图衔应包括图纸名称、图纸编号、单位名称、单位主管、部门主管、总负责人、单项负责人、设计人、审校核人、制图日期等。

设计及施工图纸编号的编排应尽量简洁，应符合以下要求。

① 设计及施工图纸编号的组成应按以下规定执行。

$$\boxed{工程项目编号}\ \boxed{设计阶段代号}\ —\ \boxed{专业代号}\ —\ \boxed{图纸编号}$$

当同工程项目编号、同设计阶段代号、同专业代号而多册出版时，为避免编号重复，可按以下规则执行。

$$\boxed{工程项目编号}\ \boxed{设计阶段代号}（A）\ —\ \boxed{专业代号}（B）\ —\ \boxed{图纸编号}$$

A、B 为数字或字母，可用于区分不同册的编号。用数字时，可采用 1、2、3……排序方式，采用字母时，可用拼音字母的字头等。线路工程一般用数字排序方式。

② 工程项目编号应由工程建设方或设计单位根据工程建设方的任务委托，统一给定。

③ 设计阶段代号应符合表 1–13 的要求。

表 1-13 设计阶段代号

项目阶段	代号	设计阶段	代号	工程阶段	代号
可行性研究	K	初步设计	C	技术设计	J
规划设计	G	方案设计	F		
勘察报告	KC	初步设计阶段的技术规范书	CJ	设计投标书	T
		施工图设计—阶段设计	S		
咨询	ZX		Y	修改设计	X
		竣工图	JG		

④ 常用专业代号应符合表 1-14 的要求。

表 1-14 常用专业代号

专业	代号	专业	代号
光缆线路	GL	电缆线路	DL
海底光缆	HGL	通信管道	GD
传输系统	CS	移动通信	YD
无线接入	WJ	核心网	HX
数据通信	SJ	业务支撑系统	YZ
网管系统	WG	微波通信	WB
卫星系统	WD	铁塔	TT
同步网	TB	信令网	XL
通信电源	DY	监控	JK
有线接入	YJ	业务网	YW

　　如果某光缆线路工程涉及多个省，则第 1 个省的第 2 个中继段有多张施工图纸，其中编号 5 的施工图纸有 20 张，第 8 张施工图纸编号如图 1-16 所示。

8. 光缆线路工程常用图纸名称

光缆线路工程常用图纸名称规范具体如下。

① ×××××××工程总体路由示意图。

② ×××××××工程局（站）设置图。

③ ××市（县）进出城光缆路由示意图。

④ ××-××段直埋光缆施工图（以直埋敷设为主的段落）。

⑤ ××-××段架空光缆施工图（以架空敷设为主的段落）。

⑥ ××-××段高速公路管道光缆施工图（以高速公路管道敷设为主的段落）。

⑦ ××市（县）进（出）城管道光缆施工图。

⑧ ××站机房 ODF 布置平面图。

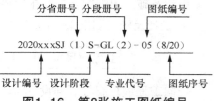

图 1-16 第 8 张施工图纸编号

⑨ ×× 站局内光缆路由及安装方式图。

⑩ ×× 桥桥上光缆安装方式图。

⑪ ×× 河水线光缆安装方式图。

⑫ ××–×× 段大地电阻率及排流线布放图。

二、光缆线路工程常用图形符号

1. 光缆敷设安装方式

光缆敷设安装方式图形符号见表 1–15。

表 1–15　光缆敷设安装方式图形符号

图例	说明	画法
#2+000	新建直埋光缆路由	线宽 0.7mm，在整千米处、转角处增加累计长度标识，标识圆半径 1.5mm
	光缆 "S" 形敷设	"S" 形为半圆，半径 5mm
	光缆预留	小圈半径 5mm，大图半径 6mm
	光缆穿管防护	管上下间距 2mm
铺m、n米	埋式光缆上方防护标注	标注虚线在光缆上方，平行光缆 1mm（m 为保护材质种类，n 为保护段长度）
电杆 B10 #1+970 20° A3 树	转角放大图	放大圆半径 13mm，内圆半径 1mm
0032	新建架空杆路及光缆	电杆用半径 2mm 的圆表示
0191	利旧架空杆路新建光缆	
22号	新建圆形人（手）孔管道及光缆	圆形管孔用半径 2.5mm 的圆表示
22号	利旧圆形人（手）孔管道新建光缆	
25号	利旧双页手孔管道新建光缆	手孔 8mm×4mm
28号	利旧单页手孔管道新建光缆	

续表

图例	说明	画法
	吊线式墙壁架挂光缆	光缆平行墙壁间距 2mm
	钉固式墙壁架挂光缆	
	水泥管道断面及光缆所占管孔位置	管孔用半径 1.8mm 的圆表示，子管半径 0.5mm
	塑料管道断面穿放子管及光缆所占子管位置	
	7 孔梅花管穿放光缆断面	子管半径 0.5mm
	栅格管穿放光缆断面	每栅格 3.6mm × 3.6mm

2. 线路设施及其他

线路设施图形符号见表 1–16。

表 1–16　线路设施图形符号

图例	说明
	局（站）
	水线房
	水线标牌
	光缆（适用于拓扑图）
	直埋线路（适用于路由图）
	水底线路（适用于路由图）
	架空线路（适用于路由图）
	管道线路（适用于路由图）
	架空线缆交接箱
	落地线缆交接箱
	壁龛线缆交接箱
	接图线
	指北针

3. 行政区及地理分界线

行政区及地理分界线图形符号见表 1–17。

表 1–17 行政区及地理分界线图形符号

图例	说明
 ◎	省会级城市
 ◉	地市级城市
○	县级城市
●	乡镇
 ├─•─├─•─┤	国境线
 ───··───·· ───	省界线
 ── · ── · ── · ──	地级市界线

4. 道路

道路图形符号见表 1–18。

表 1–18 道路图形符号

图例	说明
 ▬▭▬▭▬	铁路（平行线相距 1.5mm）
 ╪▬╪▭╪▬╪	铁路桥
 ─── ───	一般公路（按比例绘制）
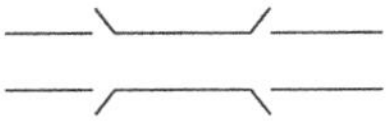 ─── ───	公路桥
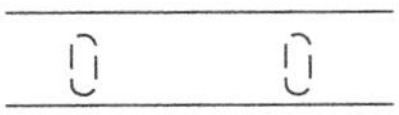 ─ ∅ ─ ∅ ─	高架路
─ ─ ─ ─ ─	建设中的公路
 ━ ━ ━ ━ ━	大车道、机耕路
 ─ ─ ─ ─ ─	乡间小路

5. 杆路设施

杆路设施图形符号见表 1–19。

表 1-19　杆路设施图形符号

图例	说明
	H 杆
	带撑杆的电杆
	电杆引上
	电杆直埋式地线（避雷针）
	电杆延伸式地线（避雷针）
	电杆围桩保护
	电杆石笼保护
	电杆水泥墩保护
	横木或卡盘
	单方拉线
	单方双拉线
	高桩拉线
	双方拉线
	四方拉线

6. 地形地貌

地形地貌图形符号见表 1-20。

表 1-20 地形地貌图形符号

图例	说明
	房屋
	窑洞
	蒙古包
	建筑物地下通道
	围墙及大门
	长城及砖石城堡
	栅栏、栏杆
	篱笆
	铁丝网
	矿井
石	露天采石场
	水塔
	粮仓
谷(球)	打谷场(球场)
水 水	高于地面的水池
	雷达站、卫星地面接收站
体育场	体育场
	假山石

图例	说明
△TV	电视发射塔
⇧	亭
⬆	庙宇
●	教堂
●	清真寺
⊥ ⊥ ⊥	坟
←←⊠→→	架空电力线及电力塔（可标注电压等级）
---←←→→---	埋式输电系统
	电力线及变压器
→	河流（标注流向）
青湖	湖泊
	池塘
⊞	水井
----⊞←--⊞----	坎儿井
	坎
	隧道、路堑与路堤

图例	说明
	沙地
	砂砾土、戈壁
	盐碱地
	沼泽地
	水田
	旱田
	菜地
	果园
	茶园
	灌木林
	竹林
	草地
	行列树
	独立大树

三、光缆线路工程各类图纸要求及示例

1. 总体路由示意图

总体路由示意图要求如下。

① 应做成有比例的地图形式。

② 对于省际干线，行政区应明确至省界；对于省内干线，行政区应明确至地市界。

③ 应包括主要公路、河流（例如长江、黄河、淮河、珠江等）。铁路、湖泊及其他主要地形视图形比例和重要程度而定。

④ 应注明地图范围内的省名、其他国国名，注明地市级城市的名称，应根据县级及乡镇与工程的关系而决定是否需要注明。

⑤ 光缆路由及地图指北。

总体路由示意如图 1-17 所示。

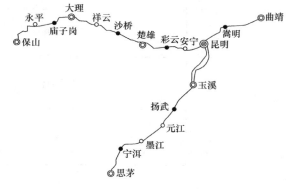

图例

◎ 省会城市

◎ 地级行政中心

○ 县级行政中心

● 乡镇

—— 新建光缆路由

院主管		审核		×××××××××××设计院
处主管		校核		保山-昆明-思茅省内干线光缆工程
设计总负责人		制(描)图		总体路由示意图
单项负责人		单位、比例		
设计		日期		图号 2020SJ×××S-GL-01

图1-17 总体路由示意

2. 局（站）设置图

局（站）设置图应包含以下内容。

① 局（站）设置图应至少包括局（站）、站间距离、线路总长；对于省际干线，还应包括分省长度；对于省内干线，还应根据建设单位要求画出分地市长度或分段长度；对于本地网，还应包括各孤立段长度。

② 若有不能包含在主图中的分支段落，应作为独立段画出。若有利旧段落的，应注明，并

在总长统计中分别注明新建段落及利旧段落的长度。

③ 各段光缆芯数及敷设方式不同的，应在图纸中分别标注。

④ 若有共建光缆及其他与光缆长度相关的需要说明的问题，均应在说明中明确。

⑤ 在可行性研究及初步设计阶段，站间距离精确到千米；在施工图设计及一阶段设计时，站间距离精确到百米。

局（站）设置示意如图1-18所示。

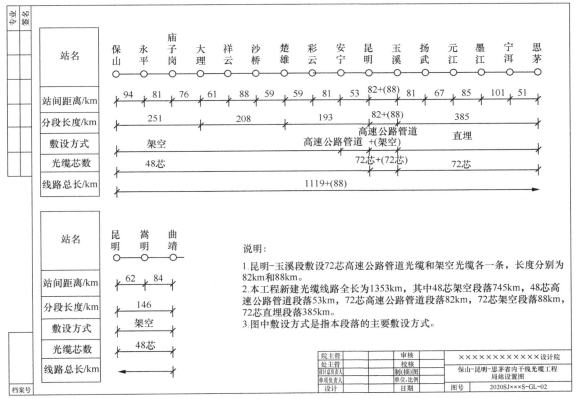

图1-18　局（站）设置示意

3. 进（出）城光缆路由示意

进（出）城光缆路由示意要求如下。

① 应做成有比例的地图形式并标注指北。作图范围不要求包括整个城市，只需要包括光缆路由所经过的区域即可。

② 进（出）城光缆路由的终端应尽量在末端人孔处，若末端人孔距城过远，应画至城市边缘并标注说明。

③ 应包含主要街道及标识性建筑、铁路、河流、桥梁等。

④ 应明确局（站）位置及名称。

⑤ 光缆路由应清晰准确。利旧管道宜用粗实线表示，新建管道可用粗虚线表示。

⑥ 每张图上应标注指北。

进（出）城光缆路由示意如图1-19所示。

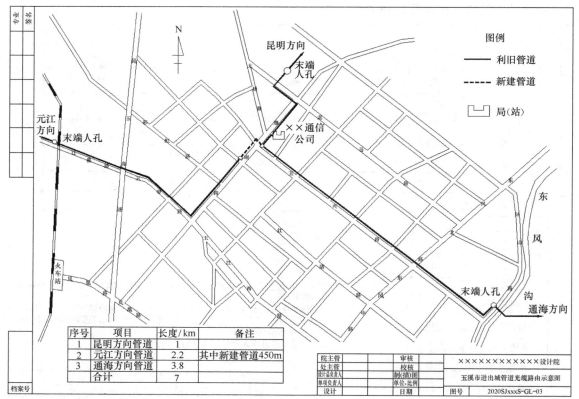

图1-19　进（出）城光缆路由示意

4. 直埋光缆施工图

直埋光缆施工图的要求如下。

① 直埋光缆施工图按 1∶2000 比例绘制，光缆路由为粗实线。线路长度为累计长度，标注方式为 #21+489，表示距光缆起点在 21km 489m 的位置。

② 直埋光缆施工图应包括光缆路由、路由跨越的障碍、沿线主要标识物（例如房屋、路、河渠、湖泊、线缆等）、转角及定标标识等。光缆起点、终点、转角点及其他定标点应标注该点的经纬度。

③ 施工图中应注明障碍处理方式、缆型变换等。

④ 施工图应能反映沿线地形地貌，例如丘陵山区等高线，以及水田、旱田、果园等地方。

⑤ 施工图应标注国界、省界、地区界等行政分界线。

⑥ 施工图应标注与主要固定标识物的隔距，每张图至少标注一处。

⑦ 施工图应画出跨越河、渠、公路、铁路、水塘等障碍物的断面图。

⑧ 每张施工图上应有指北。

直埋光缆施工图示例如图 1-20 所示。

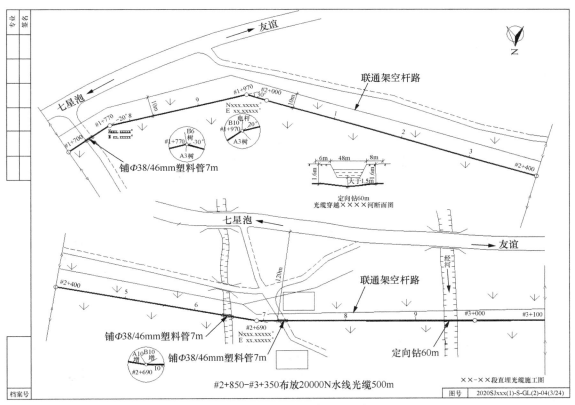

图1-20 直埋光缆施工图示例

5. 架空光缆施工图

架空光缆施工图的要求如下。

① 架空光缆施工图按 1∶2000 比例绘制，光缆路由为粗实线。施工图中应明确每根电杆的位置，标注电杆间的距离。

② 施工图中标注每根电杆的设施，例如拉线、撑杆、地线、加固方式、引上光缆、特殊盘留等障碍处理方式，还应标明敷设方式变换、缆型变换等处置信息。

③ 施工图中应包括光缆路由、路由跨越的障碍、沿线主要标识物（例如房屋、路、河渠、湖泊和线缆等）、转角及定标等。光缆终端杆、转角杆及其他特殊杆点应标注其经纬度。

④ 施工图应表现沿线地形地貌，例如丘陵山区等高线，以及水田、旱田、果园等地方。

⑤ 施工图应标注国界、省界、地区界等行政分界线。

⑥ 施工图应标注与主要固定标识物的隔距，每张图至少标注一处。

⑦ 每张施工图应附该图的主要工程量表，包括长度、立杆、拉线和保护方式，第一张图应有主要工程量汇总表。

⑧ 每张施工图上应标注指北。

架空光缆施工图示例如图 1-21 所示。

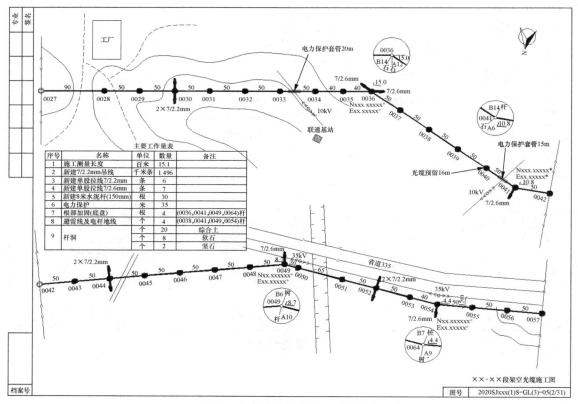

图1-21 架空光缆施工图示例

6. 高速公路管道光缆施工图

高速公路管道光缆施工图的要求如下。

① 管道光缆施工图按 1:2000 的比例绘制，光缆路由为粗实线，施工图中应明确每个人

（手）孔的位置并标注其经纬度。

②施工图上应完全绘出高速公路基础设施，包含以下内容。

✓人（手）孔及孔间距。

✓管道断面，要标明本工程占用的管位。

✓整千米里程。

✓桥梁、隧道及名称，以及与该桥梁相关的公路、河流等。

✓涵洞及监控设施。

✓立交桥名称及方向。

✓服务区和收费站及其相关的辅道。

✓对于跨越高速公路的高压线、通信线等也应在施工图上反映。

③每张施工图应写上该图线路长度和人孔数量，以便汇总。第一张施工图上应有该段高速公路管道总长及人孔总数。若有其他敷设方式应在第一张施工图上注明。

④每张施工图上应标注指北。

高速公路管道光缆施工图示例如图1-22所示。

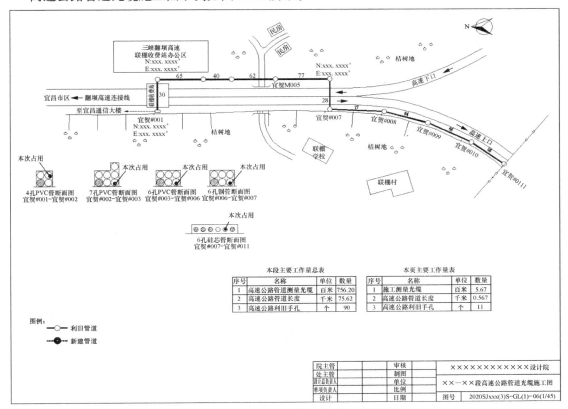

图1-22　高速公路管道光缆施工图示例

7. 进（出）城管道光缆施工图

进（出）城管道光缆施工图要求如下。

① 管道光缆施工图按 1∶2000 比例绘制，利旧管道的光缆用粗实线表示，新建管道的光缆用粗虚线表示。明确每个人（手）孔位置并标注人（手）孔的间距。转角人（手）孔应标注经纬度。

② 管道光缆施工图应包括光缆路由和沿线主要标识物（例如单位名称、广场、绿化等），应尽可能详细地反映在施工图上。

③ 应标注管道光缆路由所沿靠及跨越的城市街道名称及河流、桥梁等。

④ 应画出管道断面及新建光缆所占人孔（或子管）的位置。

⑤ 每张施工图上应标注指北。

进（出）城管道光缆施工图示例如图 1-23 所示。

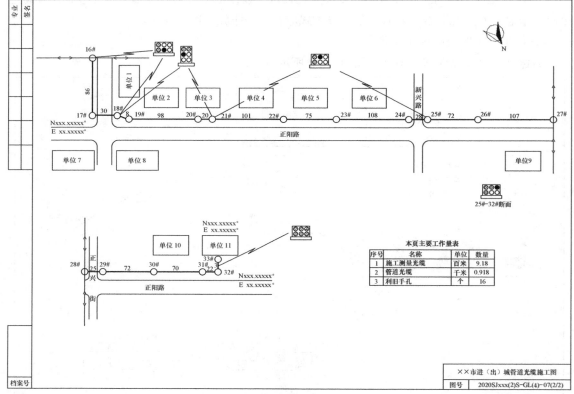

图1-23　进（出）城管道光缆施工图示例

8. 机房 ODF 布置平面图

机房 ODF 布置平面图要求如下。

① 机房 ODF 布置平面图按 1∶100 或 1∶50 绘制。

② 用粗实线画出 ODF 安装位置及进（出）局光缆路由。ODF 布置平面图与局内光缆路由及安装方式图应无缝相连，完整表示光缆在局内的路由及安装方式。

③ 明确 ODF 防雷地线的规格及长度。

④ 应有设备表，明确 ODF 规格及容量。

机房 ODF 布置平面图示例如图 1-24 所示。

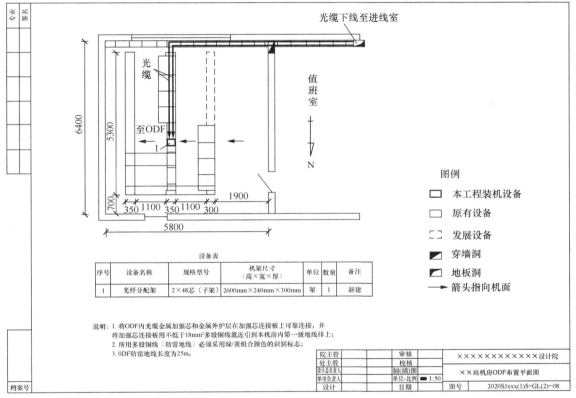

图1-24　机房ODF布置平面图示例

9. 局内光缆路由及安装方式图

局内光缆路由及安装方式图要求如下。

① 局内光缆路由及安装方式图与 ODF 布置平面图应无缝相连，完整表示光缆在局内的路由及安装方式。

② 应包含进线管道断面图及所占管孔位置、上线立面图、局内光缆路由所经各层名称、尺寸、光缆预留位置及长度等信息。

③ 注明从光缆进入局内至 ODF 终端的安装光缆总长度及敷设安装要求。

局内光缆路由及安装方式图示例如图 1-25 所示。

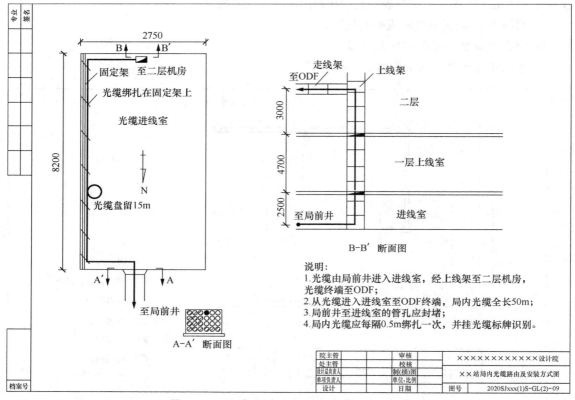

图1-25　局内光缆路由及安装方式图示例

10. 桥上光缆安装方式图

桥上光缆安装方式图要求如下。

① 光缆过桥时，若无可用管道，需要安装支架、钢管、塑料管、吊线、钢槽等技术措施时，应画桥上光缆安装方式图。

② 桥上光缆安装方式图比例自定，也可以是无比例的示意图。

③ 应包括安装侧面图及立面安装方式图。

④ 应包括安装机件加工图。

⑤ 应给出过桥技术措施所需材料表。

⑥ 光缆两侧应画箭头并注明方向。

桥上光缆安装方式图示例如图 1-26 所示。

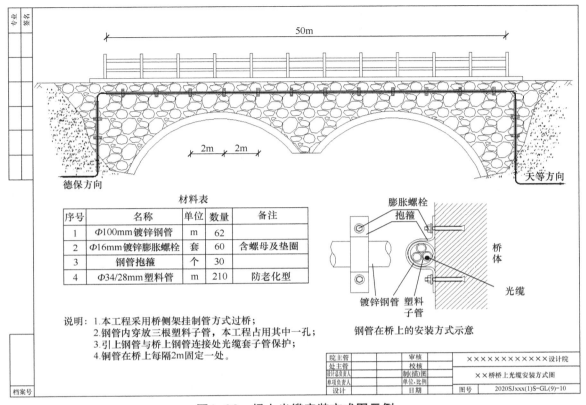

材料表

序号	名称	单位	数量	备注
1	Φ100mm镀锌钢管	m	62	
2	Φ16mm镀锌膨胀螺栓	套	60	含螺母及垫圈
3	钢管抱箍	个	30	
4	Φ34/28mm塑料管	m	210	防老化型

说明：1.本工程采用桥侧架挂制管方式过桥；
　　　2.钢管内穿放三根塑料子管，本工程占用其中一孔；
　　　3.引上钢管与桥上钢管连接处光缆套子管保护；
　　　4.铜管在桥上每隔2m固定一处。

钢管在桥上的安装方式示意

院主管		审核		××××××××××××设计院
处主管		校核		
设计总负责人		制(描)图		××桥桥上光缆安装方式图
单项负责人		单位:比例		
设计		日期		图号 2020SJxxx(1)S-GL(9)-10

图1-26　桥上光缆安装方式图示例

11. 水线光缆安装方式图

水线光缆安装方式图要求如下。

① 过河水线光缆安装方式图比例一般为1∶2000或比例自定。

② 过河水线光缆安装方式图视河流大小可不单独成图，可放入1∶2000的施工图中。

③ 光缆通过较大河流时首选安全稳固桥梁，若无桥梁可用时可采取架空飞线、水线光缆或微控地下定向钻孔敷管方式过河，具体过河方式需要与建设单位商议并征得河道管理部门同意。

④ 采用定向钻孔方式过河时，画法可仿照图1-27要求。

⑤ 水线光缆穿堤一般采用爬堤方式，不可顶管或埋管。

⑥ 水线光缆安装方式图应包括水线平面图及剖面图。

⑦ 水线光缆安装方式图应包括固定方式图（若需要锚固时）。

⑧ 水线光缆安装方式图应包括水线标牌及其他主要材料。

⑨ 水线光缆安装方式图应包括需要加以说明的其他问题。

⑩ 水线光缆安装方式图应包括指北、河水流向等。

⑪ 水线应向水流上游方向弧形敷设，弧顶点距弦为弦长的 10% 且应在图中注明。

水线光缆安装方式图示例如图 1-27 所示。

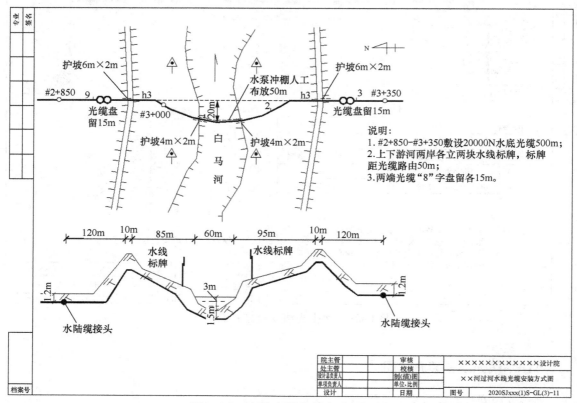

图1-27　水线光缆安装方式图示例

12. 大地电阻率及排流线布放图

大地电阻率及排流线布放图要求如下。

① 横轴每格大小及每格代表的线路长度根据中继段长度确定。

② 用直线间代表电阻率的点连接成折线，代表大地电阻率曲线。

③ 排流线布放位置及规格画法如图 1-28 所示。

④ 注明排流线布放长度。

大地电阻率及排流线布放图示例如图 1-28 所示。

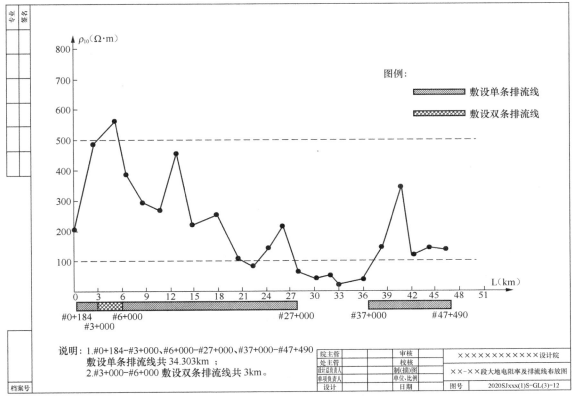

说明：1.#0+184-#3+000、#6+000-#27+000、#37+000-#47+490
　　　　敷设单条排流线共34.303km；
　　　2.#3+000-#6+000敷设双条排流线共3km。

院主管		审核		×××××××××××设计院
处主管		校核		
设计总负责人		制(描)图		××-××段大地电阻率及排流线布放图
单项负责人		单位、比例		
设计		日期		图号　2020SJxxx(1)S-GL(3)-12

图1-28　大地电阻率及排流线布放图示例

四、施工图纸注意事项

① 线路施工图纸一般用A3标准图，按1∶2000的比例绘制，新建光缆路由一般用粗实线表示，每张施工图纸必须有一个指北。

② 为便于施工单位定位光缆路由，施工图纸应在转角处标注明确的定位，不仅标注三角定标，还应标注经纬度。应在施工图上标注光缆路由沿线的易识别的固定标志物，例如，村庄、工厂、房屋、公路、铁路、里程碑、涵洞、隧道、桥梁和河流等。

③ 要求线路施工图纸完整，即一个完整中继段间的施工图纸必须能接得上，施工图纸间的连接应清晰准确，不得有遗漏。图形元素务必画在接图线以内，不得超出接图纸。

④ 每张施工图纸上应有该图的主要工程量表，第一张施工图纸上应有总工程量。施工图纸上的工程量表反映画在该图纸中的工程量，非图纸上的工程量（例如接头数量、标石、人孔抽水等），可不在工程量表中标注。

第七节　光缆线路的主要技术规范和技术标准

一、光缆线路相关技术规范和技术标准

与光缆线路相关的技术规范和技术标准如下。

✓ 国家标准 GB 50373—2019《通信管道与通道工程设计标准》。

✓ 国家标准 GB/T 50374—2018《通信管道工程施工及验收标准》。

✓ 国家标准 GB 51158—2015《通信线路工程设计规范》。

✓ 国家标准 GB 51171—2016《通信线路工程验收规范》。

✓ 国家标准 GB/T 51421—2020《架空光（电）缆通信杆路工程技术标准》。

✓ 国家标准 GB 50689—2011《通信局（站）防雷与接地工程设计规范》。

✓ 国家标准 GB 50011—2016《建筑抗震设计规范》。

✓ 国家标准 GB/T 51369—2019《通信设备安装工程抗震设计标准》。

✓ 国家标准 GB 50016—2018《建筑设计防火规范》。

✓ 国家标准 GB 55037—2022《建筑防火通用规范》。

✓ 国家标准 GB 8702—2014《电磁环境控制限值》。

✓ 国家标准 GB/T 51391—2019《通信工程建设环境保护技术标准》。

✓ 国家标准 GB 55037—2022《建筑防火通用规范》。

✓ 国家标准 GB/T 22239—2019《信息安全技术　网络安全等级保护基本要求》。

✓ 国家标准 GB/T 25070—2019《信息安全技术　网络安全等级保护安全设计技术要求》。

✓ 通信行业标准 YD/T 5060—2019《通信设备安装抗震设计图集》。

✓ 通信行业标准 YD/T 5054—2019《通信建筑抗震设防分类标准》。

✓ 通信行业标准 YD/T 5026—2021《信息通信机房槽架安装设计规范》。

✓ 通信行业标准 YD 5148—2007《架空光（电）缆通信杆路工程设计规范》。

✓ 通信行业标准 YD/T 5151—2007《光缆进线室设计规定》。

✓ 通信行业标准 YD 5003—2014《通信建筑工程设计规范》。

✓ 通信行业标准 YD 5191—2009《电信基础设施共建共享工程技术暂行规定》。

✓ 通信行业标准 YD/T 2164.3—2011《电信基础设施共建共享技术要求 第 3 部分：传输线路》。

✓ 通信行业标准 YD 5201—2014《通信建设工程安全生产操作规范》。

✓ 通信行业标准 YD 5102—2010《通信线路工程设计规范》。

✓ 通信行业标准 YD 5121—2010《通信线路工程验收规范》。

✓ 通信行业标准 YD/T 1728—2008《电信网和互联网安全防护管理指南》。

✓ 通信行业标准 YD/T 1756—2008《电信网和互联网管理安全等级保护要求》。

✓ 通信行业标准 YD/T 1754—2008《电信网和互联网物理环境安全等级保护要求》。

✓ 通信行业标准 YD/T 1744—2009《传送网安全防护要求》。

✓ 通信行业标准 YD/T 1729—2008《电信网和互联网安全等级保护实施指南》。

✓ 通信行业标准 YD/T 3799—2020《电信网和互联网网络安全防护定级备案实施指南》。

✓ 通信行业标准 YD/T 5184—2018《通信局（站）节能设计规范》。

二、强制性条文的应用

本工程建设方案符合相关标准规范的"强制性条文"要求，强制性条文汇编见表 1–21。具体应用详见抗震加固、防雷接地、共建共享、安全生产等章节。

表 1–21　强制性条文汇编

序号	强制性条款	条文要求
一		GB 50689—2011《通信局（站）防雷与接地工程设计规范》
1	第 3.1.1 条	通信局（站）的接地系统必须采用联合接地的方式
2	第 3.1.2 条	大（中）型通信局（站）必须采用 TN–S 或 TN–C–S 供电方式
3	第 3.6.8 条	接地线中严禁加装开关或熔断器
4	第 3.9.1 条	接地线与设备及接地排连接时必须加装铜接线端子，并必须压（焊）接牢固
5	第 3.10.3 条	计算机控制中心或控制单元必须设置在建筑物的中部位置，并必须避开雷电浪涌集中的雷电流分布通道，且计算机严禁直接使用建筑物外墙体的电源插孔
6	第 3.11.2 条	通信局（站）范围内，室外严禁采用架空走线
7	第 3.13.6 条	局（站）机房内配电设备的正常不带电部分均应接地，严禁作接零保护
8	第 3.14.1 条	室内的走线架及各类金属构件必须接地，各段走线架之间必须采用电气连接
9	第 6.4.3 条	接地排严禁连接到铁塔塔角
10	第 7.4.6 条	缆线严禁系挂在避雷网或避雷带上
二		GB 51194—2016《通信电源设备安装工程设计规范》
	第 7.0.2 条	通信局（站）应采用联合接地方式
三		YD 5003—2014《通信建筑工程设计规范》
1	第 3.2.2 条	通信建筑的结构安全等级应符合下列规定。 ①特别重要的及重要的通信建筑结构的安全等级为一级。 ②其他通信建筑结构的安全等级为二级
2	第 4.0.3 条	局（站）址应有安全环境，不应选择在生产及存储易燃、易爆、有毒物质的建筑物和堆积场附近

序号	强制性条款	条文要求
3	第 4.0.4 条	局（站）址应避开断层、土坡边缘、古河道，以及有可能塌方、滑坡、泥石流及含氡土壤的威胁和有开采价值的地下矿藏或古迹遗址的地段，不利地段应采取可靠措施
4	第 4.0.5 条	局（站）址不应选择在易受洪水淹灌的地区；无法避开时，可选在场地高程高于计算洪水水位 0.5m 以上的地方；仍达不到上述要求时，应符合 GB 50201—2014《防洪标准》的要求。 ① 城市已有防洪设施，并能保证建筑物的安全时，可不采取防洪措施，但应防止内涝对生产的影响。 ② 城市没有设防时，通信建筑应采取防洪措施，洪水计算水位应将浪高及其他原因的壅水增高考虑在内。 ③ 洪水频率应按通信建筑的等级确定：特别重要的及重要的通信建筑防洪标准等级为 I 级，重现期（年）为 100 年；其余的通信建筑为 II 级，重现期（年）为 50 年
5	第 4.0.9 条	局（站）址选择时应符合通信安全保密、国防、人防、消防等要求
6	第 6.3.3 条	局址内禁止设置公众停车场
7	第 8.3.2 条	在地震区，通信建筑应避开抗震不利地段；当条件不允许避开不利地段时，应采取有效措施；对危险地段，严禁建造特殊设防类（甲类）、重点设防类（乙类）通信建筑，不应建造标准设防类（丙类）通信建筑
四		YD 5201—2014《通信建设工程安全生产操作规范》
1	第 3.2.1 条	在公路、铁路、桥梁、通航的河道等特殊地段和城镇交通繁忙、人员密集处施工时必须设置有关部门规定的警示标志，必要时派专人警戒看守
2	第 3.2.8 条	从事高处作业的施工人员，必须正确使用安全带、安全帽
3	第 3.3.1 条	临时搭建的员工宿舍、办公室等设施必须安全、牢固，符合消防安全规定，严禁使用易燃材料搭建临时设施。临时设施严禁靠近电力设施，与高压架空电线的水平距离必须符合相关规定
4	第 3.4.7 条	严禁在有塌方、山洪、泥石流危害的地方搭建住房或搭设帐篷
5	第 3.4.10 条	在江河、湖泊及水库等水面上作业时，必须携带必要的救生用具，作业人员必须穿好救生衣，听从统一指挥
6	第 3.6.6 条	在光（电）缆进线室、水线房、机房、无（有）人站、木工场地、仓库、林区、草原等处施工时，严禁烟火。施工车辆进入禁火区必须加装排气管防火装置
7	第 3.6.8 条	电缆等各种贯穿物穿越墙壁或楼板时，必须按要求用防火封堵材料封堵洞口
8	第 3.6.9 条	电气设备着火时，必须先切断电源
9	第 4.3.9 条	伸缩梯的伸缩长度严禁超过其规定值。在电力线、电力设备下方或危险范围内，严禁使用金属伸缩梯
10	第 4.4.1 条	配发的安全带必须符合国家标准。严禁用一般绳索、电线等代替安全带
11	第 4.6.4 条	在易燃、易爆场所，必须使用防爆式用电工具
12	第 4.7.1 条	焊接现场必须有防火措施，严禁存放易燃、易爆物品及其他杂物。禁火区内严禁焊接、切割作业，需要焊接、切割时，必须把工件移到指定的安全区内进行。当必须在禁火区内焊接、切割作业时，必须报请有关部门批准，办理许可证，具备可靠防护措施后，方可作业

续表

序号	强制性条款	条文要求
13	第 4.7.5 条	焊接带电的设备时必须先断电。焊接贮存过易燃、易爆、有毒物质的容器或管道，必须清洗干净，并将所有孔口打开。严禁在带压力的容器或管道上施焊
14	第 4.7.7 条	使用氧气瓶应符合以下要求。 ① 严禁接触或靠近油脂物和其他易燃品。严禁氧气瓶的瓶阀及其附件粘附油脂。手臂或手套上粘附油污后，严禁操作氧气瓶。 ② 严禁与乙炔等可燃气体的气瓶放在一起或同车运输。 ③ 瓶体必须安装防震圈，轻装轻卸，严禁剧烈震动和撞击；储运时，瓶阀必须戴安全帽。 ④ 严禁手掌满握手柄开启瓶阀，且开启速度应缓慢。开启瓶阀时，人应在瓶体一侧，且人体和面部应避开出气口及减压阀的表盘。 ⑤ 严禁使用气压表指示不正常的氧气瓶。严禁用尽氧气瓶内气体。 ⑥ 氧气瓶必须直立存放和使用。 ⑦ 检查压缩气瓶有无漏气时，应用浓肥皂水，严禁使用明火。 ⑧ 氧气瓶严禁靠近热源或在阳光下长时间曝晒
15	第 4.7.8 条	使用乙炔瓶应符合以下要求。 ① 检查有无漏气应用浓肥皂水，严禁使用明火。 ② 乙炔瓶必须直立存放和使用。 ③ 焊接时，距离乙炔瓶 5m 内严禁存放易燃、易爆物质
16	第 4.8.1 条	严禁使用汽油、煤油洗刷空气压缩机曲轴箱、滤清器或空气通路的零部件。严禁曝晒、烧烤储气罐
17	第 4.8.4 条	严禁发电机的排气口直对易燃物品。严禁在发电机周围吸烟或使用明火。作业人员必须远离发电机排出的热废气。严禁在密闭环境下使用发电机
18	第 4.8.7 条	潜水泵保护接地及漏电保护装置必须完好
19	第 4.8.10 条	检修或清洗搅拌机时，必须先切断电源，并把料斗固定好。进入滚筒内检查、清洗，必须设专人监护
20	第 4.8.12 条	使用砂轮切割机时，严禁在砂轮切割片侧面磨削
21	第 4.8.14 条	严禁用挖掘机运输器材
22	第 4.8.17 条	推土机在行驶和作业过程中严禁上下人，停车或在坡道上熄火时必须将刀铲落地
23	第 4.8.19 条	使用吊车吊装物件时，严禁有人在吊臂下停留或走动，严禁在吊具上或被吊物上站人，严禁用人在吊装物上配重、找平衡。严禁用吊车拖拉物件或车辆。严禁吊拉固定在地面或设备上的物件
24	第 5.5.6 条	易燃、易爆化学危险品和压缩可燃气体容器等必须按其性质分类放置并保持安全距离。易燃、易爆物必须远离火源和高温。严禁将危险品存放在职工宿舍或办公室内。废弃的易燃、易爆化学危险品必须按照相关部门的有关规定及时清除
25	第 6.2.1 条	在供电线路附近架空作业时，作业人员必须戴安全帽、绝缘手套，穿绝缘鞋和使用绝缘工具
26	第 6.2.5 条	在高压线附近架空作业时，离开高压线最小距离必须保证：35kV 以下为 2.5m，35kV 以上为 4m
27	第 6.2.6 条	光（电）缆通过供电线路上方时，必须事先通知供电部门停止送电，确认停电后方可作业，在作业结束前严禁恢复送电。确实不能停电时，必须采用安全架设通过措施，严禁抛掷线缆通过供电线上方

序号	强制性条款	条文要求
28	第6.2.8条	当通信线与电力线接触或电力线落在地面上时，必须立即停止一切有关作业活动，保护现场，立即报告施工项目负责人和指定专业人员排除事故，事故未排除前严禁行人步入危险地带，严禁擅自恢复作业
29	第6.3.7条	严禁在电力线路正下方（尤其是高压线路下）立杆作业
30	第6.5.3条	更换拉线前，必须制作不低于原拉线规格程式的临时拉线
31	第6.6.6条	如钢绞线在低压电力线之上，必须设专人用绝缘棒托住钢绞线，严禁在电力线上拖拉
32	第6.7.3条	拆除吊线前，必须将杆路上的吊线夹板松开。拆除时，如遇角杆，操作人员必须站在电杆转向角的背面
33	第6.8.4条	在跨越铁路、公路杆档安装光（电）缆挂钩和拆除吊线滑轮时严禁使用吊板
34	第6.9.7条	跨越街巷、居民区院内通道地段时，严禁使用吊线坐板方式在墙壁间的吊线上作业
35	第6.11.1条	在桥梁侧体施工必须得到相关管理部门批准，并按指定的位置安装铁架、钢管、塑料管或光（电）缆。严禁擅自改变安装位置损伤桥体主钢筋
36	第6.14.4条	进入地下室、地下通道、管道人孔前，必须使用专用气体检测仪器进行气体检测，确认无易燃、易爆、有毒、有害气体并通风后方可进入。作业期间，必须保证通风良好，必须使用专用气体检测仪器进行气体监测
37	第6.14.5条	上下人孔时必须使用梯子，严禁把梯子搭在人孔内的线缆上，严禁踩踏线缆或线缆托架。进入人孔的人员必须正确佩戴全身式安全带、安全帽并系好安全绳。在人孔内作业时，人孔上面必须有人监护
38	第6.14.7条	在地下室、地下通道、管道人孔作业中，若感觉呼吸困难或身体不适，或发现易燃、易爆或有毒、有害气体或其他异常情况时，必须立即呼救并迅速撤离，待查明原因并处理后方可恢复作业。人孔内人员无法自行撤离时，井上监护人员应使用安全绳将人员拉出，未查明原因严禁下井施救
39	第6.14.8条	严禁将易燃、易爆物品带入地下室、地下通道、管道人孔。严禁在地下室、地下通道、管道人孔吸烟、生火取暖、点燃喷灯。在地下室、地下通道、管道人孔内作业时，使用的照明灯具及用电工具必须是防爆灯具及用电工具，必须使用安全电压
40	第7.2.6条	对地下管线进行开挖验证时，严禁损坏管线。严禁使用金属杆直接钎插探测地下输电线和光缆。在地下输电线路的地面或在高压输电线下测量时，严禁使用金属标杆、塔尺
41	第8.1.3条	严禁擅自关断运行设备的电源开关
五		GB 51158—2015《通信线路工程设计规范》
1	第6.4.8条	架空线路与其他设施接近或交越时，其间隔距离应符合下列规定
2	第7.4.12条	架空电缆线路与其他设施接近或交越时，其间隔距离应符合本规范第6.4.8条的有关规定
3	第8.3.1条	年平均雷暴日数大于20的地区及有雷击历史的地段，光（电）缆线路应采取防雷措施
4	第8.3.5条	在局（站）内或交接箱处线路终端时，光（电）缆内的金属构件必须做防雷接地
六		GB 51158—2015《通信线路工程设计规范》
1	第6.2.2条	光缆埋深应符合表6.2.2的规定

序号	强制性条款	条文要求
2	第 6.2.14 条	直埋光（电）缆与其他建筑设施间的最小净距应符合表 6.2.14 要求
3	第 6.4.8 条	架空线路与其他设施接近或交越时，其间隔距离应符合下列规定
4	第 6.5.12 条	应保证光缆和河堤的安全，并严格符合相关堤防管理部门的技术要求
5	第 6.7.3 条	硅芯塑料管道与其他地下管线或建筑物间的隔距应符合表 6.2.14 条的规定，埋深应根据铺设地段的土质和环境条件等因素按表 6.7.2 分段确认，且应符合表 6.7.3 的规定。特殊困难地点可根据铺设硅芯塑料管道要求，提出方案，呈主管部门审定
6	第 7.2.4 条	埋式电缆与其他地下设施间的净距不应小于表 6.2.14 的规定
7	第 7.4.12 条	架空电缆线路与其他设施接近或交越时，其间隔距离应符合表 6.4.8–1、表 6.4.8–2 和表 6.4.8–3 的规定
8	第 8.3.1 条	年平均雷暴日数大于 20 的地区及有雷击历史的地段，光（电）缆线路应采取防雷保护措施
9	第 8.3.5 条	光（电）缆内的金属构件，在局（站）内或交接箱处线路终端时必须做防雷接地
七		YD 5148—2007《架空光（电）缆通信杆路工程设计规范》
1	第 2.1.4 条	杆路与电力线交越应符合下列要求。 ① 杆路与 35kV 以上电力线应垂直交越，不能垂直交越时，其最小交越角度不得小于 45°。 ② 光（电）缆应在电力线下方通过，光（电）缆的第一层吊线与电力杆最下层电力线的间距应符合附录 B 表 B.3 架空光（电）缆交越其他电气实施的最小垂直净距要求
2	第 3.3.1 条	新建杆路应首选水泥电杆，木杆或撑杆应采用注油杆或根部经防腐处理的木杆
3	第 3.3.2 条	电杆规格必须考虑设计安全系数 K，水泥电杆 $K \geq 2.0$，注油木电杆 $K \geq 2.2$
4	第 3.4.2 条	在人行道上应尽量避免使用拉线。如需要安装拉线，拉线及地锚位于人行道或人车经常通行的地点，应在离地面高 2.0m 以下的部位用塑料管或毛竹筒包封，在塑料管或毛竹筒外面用红白相间色作告警标志
八		GB 50373—2019《通信管道与通道工程设计标准》
	第 4.0.4 条	通信管道、通道与其他地下管线及建设物同侧建设时，通信管道、通道与其他地下管线及建筑物间的最小净距应符合表 4.0.4 的规定

第二章

骨干光缆网规划

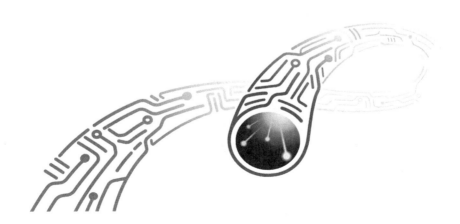

第一节　骨干光缆网规划目标与总体架构

一、中国通信史上的辉煌："八纵八横"光缆网架构

　　"八纵八横"光缆网是改革开放以来我国通信事业发展的重要组成部分。它的建成不但彻底改变了我国长途通信的落后局面，而且为我国通信迈向现代化打下了坚实的基础。

1."八纵八横"光缆概况

　　"八纵八横"光缆网是指直埋光缆工程，长度大约 56000km，分别由以下光缆干线项目构成。

（1）八条纵向光缆干线

第一纵：牡丹江—上海—广州，线路全长 5241km。

第二纵：齐齐哈尔—北京—三亚，线路全长 5584km。

第三纵：呼和浩特—太原—北海，线路全长 3969km。

第四纵：哈尔滨—天津—上海，线路全长 3207km。

第五纵：北京—九江—广州，线路全长 3147km。

第六纵：呼和浩特—西安—昆明，线路全长 3944km。

第七纵：兰州—西宁—拉萨，线路全长 2754km。

第八纵：兰州—贵阳—南宁，线路全长 3228km。

（2）八条横向光缆干线

第一横：天津—呼和浩特—兰州，线路全长 2218km。

第二横：青岛—石家庄—银川，线路全长 2214km。

第三横：上海—南京—西安，线路全长 1969km。

第四横：连云港—乌鲁木齐—伊宁，线路全长 5056km。

第五横：上海—武汉—重庆—成都，线路全长 3213km。

第六横：杭州—长沙—成都，线路全长 3499km。

第七横：上海—广州—昆明，线路全长 4788km。

第八横：广州—南宁—昆明，线路全长 1860km。

　　除此之外，同期还建设了一些项目，没有列入"八纵八横"光缆网，其光缆长度大约 23000km，主要包括以下内容。

　　① **与干线配套的支线光缆。**例如，沈阳—大连、惠州—深圳、九江—南昌、楚雄—大理、天

峻—德令哈等专线光缆。

② **各业务量较大的相邻城市间的连接光缆**。例如，沪宁杭三点间的环状网、西成渝三点的连接线、北京的外环线等连接光缆。

③ **因为位置和走向特殊需要干线光缆**。格尔木—乌鲁木齐的光缆、北海—海口的光缆、京太西光缆和西安—武汉的光缆等，由于走向特殊，这些光缆不是横平竖直设计的，就没有被划入"八纵八横"光缆网，但是在光缆网上的作用是同等重要的。

④ **架空光缆**。建设初期，为了解决通信的紧急需要，敷设了一批架空光缆，例如，京汉广、长沙—南宁、成都—昆明、广州—南宁的架空光缆。后来，沿同路由都重新敷设了直埋光缆。因此，这部分架空光缆就没有被列入"八纵八横"干线网。

2. "八纵八横"光缆网的特点

（1）建设时间长

"八纵八横"光缆网是由 48 个工程组成的，始于 1986 年的宁汉光缆工程，终于 2000 年 10 月建成的广昆成光缆工程，历时 15 年，累计投资约 170 亿元人民币。

（2）规模庞大，覆盖全国

"八纵八横"光缆网覆盖全国所有的省会级城市，其中，除拉萨只有一个出口，其他的省会级城市都有两个以上的路由对外连通。除了主干光缆，还敷设了配套的支线光缆、连接光缆，长度总计约 80000km，使得光缆网可以迂回连通、灵活调度，具有很强的可靠性。

（3）技术先进

20 世纪 80 年代末，光缆技术刚刚成熟，我国引进了单模长波长光纤光缆，安装了 140Mbit/s 的准同步数字系列（Plesiochronous Digital Hierarchy，PDH）光传输设备；20 世纪 90 年代初，当 SDH 技术成熟后，我国引进了 SDH 光传输设备；20 世纪 90 年代末又引进了波分复用（Wavelength Division Multiplexing，WDM）光传输设备，一直保持与世界同步的技术水平。

（4）项目归属国家级

"八纵八横"光缆网的 48 个工程项目，基本都是由原国家计划委员会批准、原邮电部组织实施的。"兰西拉"光缆被称作"世界通信史上施工条件最艰苦的工程"，是纵贯我国西北至西南的一条通信大动脉，也是全国最后一个连通省会级城市——拉萨的进藏光缆干线。

（5）机线合一，可运营，经济效益显著

在敷设的光缆中，光纤的芯数 12 芯～ 48 芯。初期设备安装 3 ～ 5 个系统，其中既考虑了干线传输的需要，也考虑了区段通信的需要。光缆工程一旦完工，就立即开通电路、投入使用，产生社会效益和经济效益。

（6）配置齐全，可维护

"八纵八横"光缆网配套建设了维护用的巡房、段房，配备了维护用的机具、仪表和车辆，储备了维护用的光缆和机盘，使得工程一旦投产就处于可监视、可控制和可维护的状态。

3. 典型工程简介

（一）宁汉光缆（我国第一条干线光缆）

（1）上光缆，还是上电缆？

20 世纪 80 年代初，邮电部设计院专家展开实地勘察，并于 1983 年 5 月提出了一个沿长江建设从武汉至南京的 1800 路中同轴大通路的方案，线路全长达 979km。1983 年 5 月 20 日，该方案由邮电部上报国家计划委员会。但建这么长的同轴电缆，铜的问题怎么解决？正当决策者们为这条大通路苦心筹谋的时候，通信行业传来了光通信商用势头迅猛增长的信息。能不能用光缆代替电缆？这个新的思路在商谈宁汉工程计划时被提出。

被众人期望的宁汉光缆工程在压力和机遇之间，选择了一条依靠技术进步加速我国通信发展的道路。

（2）邮电部设计院面对的挑战

1983 年 3 月，邮电部设计院刚刚完成宁汉中同轴电缆工程的初步设计。假如宁汉工程不上电缆而改建光缆，这意味着要把几十年来一点一滴用心血积累起来的电缆设计技术搁置在一边，而开始重新学习光缆通信技术；还意味着用几年心血和汗水绘制而成的宁汉中同轴电缆工程图将被束之高阁，而换上一张不知从何处落笔的空白图纸。最终，设计师们考虑的不是个人的得失，而是国家的需要，他们以积极的态度支持改建光缆。

有关领导在听取大家意见的基础上，坚定信心，果断做出决定，一定要率先掌握光纤通信技术。于是立即着手成立攻坚克难小组，加强队伍培训，开展技术交流，尽快提交光缆设计技术方案供邮电部决策。

（3）提出中国第一条干线光缆设计

作为宁汉光缆工程的"主帅"，邮电部设计院副总工程师徐松茂立即登上了南去的列车，他必须沿线进行实地勘察，掌握工程的第一手资料。

高级工程师范军是工程总负责人之一，他负责工程施工图设计的审核把关。所有设计师的图纸、方案说明都要经过他校对审核，纠正差错，几十万字的设计说明和近千张图纸经过他审核修改进一步把住了质量关。

1986 年 1 月 5 日，宁汉光缆初步设计在南昌市江西宾馆顺利通过了邮电部及专家们的会审。邮电部计划局的领导在会审总结会上宣布：宁汉光缆工程能够按时列入国家"七五"计划，邮电部设计院在设计中考虑了各种重大方案的问题，设计质量是好的。

当宁汉光缆工程建成开通时，在邮电部设计院的档案柜中，仅工程归档的设计文件就有 136 册，摞在一起有 3 米多高。这些设计文件中的每个字符、每根线条，无一不饱含着曾经为之付出艰苦努力的每一位设计师的心血和汗水。

1990 年，宁汉光缆工程经过 3 年苦战，终于全线完工，进入试运行阶段。宁汉光缆开创了我国长途通信干线的新纪元。

（二）"兰西拉"光缆（挑战不可能）

（1）"兰西拉"光缆工程的意义

1996 年开始建设的兰州—西宁—拉萨光缆通信干线（简称"兰西拉"通信干线），由兰州经西宁、格尔木、唐古拉山口、那曲至拉萨，全长 2580km，于 1998 年 10 月完成工程初验。本工程解决了高原冻土地段建设直埋光缆的一系列技术问题，也是我国通信网建设史上，乃至世界通信网建设史上难度最大的通信干线工程之一。

（2）困难与挑战

"兰西拉"通信干线是我国 20 世纪末期兴建的"八纵八横"光缆网的重要干线。它爬上了世界屋脊，在海拔 4100～5300m 高的青藏高原穿越六七百千米，通过上千千米的无人区。这里城镇难寻、村庄稀少、空少飞鸟、路无行人；地理环境异常复杂，气候条件极为恶劣；这里空气稀薄，天气寒冷而又干旱；气候一天之内多变，一年之内四季不分。一年中冻结期达 7～8 个月，多年冻土区占 82.5%，最大季节冻深达到 3.0～3.5m，多年冻结（永冻）深度达到 128m。但是青藏高原上各类矿藏丰富，各种盐类分布很广，积聚成盐湖，都等待着开采和提炼。由于青藏高原上独特的气候条件和生存环境，这里的植物和动物都与平原、山区，尤其与中部、东部地区迥然不同。

由于"兰西拉"通信干线与已建的其他光缆干线在地理位置、生态环境和气象条件存在着极大的差别，面临的困难和挑战有以下 5 个方面。

① 在建设过程中遇到的技术课题既特殊又艰难，对设计和施工都是很大的考验，例如，高海拔造成的缺氧，不仅对通信电源设备造成影响，而且对设计、施工和维护人员的身体也造成危害。

② 高寒出现的季节性和永冻性冻土，不仅给光缆线路施工造成困难，也给光缆线路安全带来隐患。

③ 无人区人烟稀少，不宜建中继站，因此要求大幅延长中继段的长度。

④ 生态环境的特点也使高原鼠类动物活动频繁，这也给今后光缆线路的维护和管理造成困难。

⑤ 高原的人文风情的差别，都给"兰西拉"通信干线工程的建设工作（包括设计、施工和管理）带来特别的挑战。

（3）邮电部设计院勇挑重担，开创永冻性冻土地带建设直埋光缆的先河

针对面临的世界级技术难题，邮电部设计院成立攻坚小组，小组人员多次深入现场勘察，翻越了昆仑山、可可西里山、风火山、开心岭和唐古拉山等高山，穿越了黄河和长江河源水系的斜水河、楚玛尔河、北麓河、沱沱河、通天河、布曲河、桑曲河和扎加藏布等河流，工程全线都留下了他们艰难跋涉的身影。

　　攻坚小组通过调研走访中国科学院兰州冰川冻土研究所，获得对方的积极支持，开展合作研究，确定直埋光缆的埋深；通过调查沿线冻土、冻胀丘、冰椎、热融滑塌等地质灾害，针对鼠害、盐碱腐蚀等光缆危害提出了符合本工程要求的技术规范及施工要求。设计技术方案很好地解决了光缆敷设安装方式、光缆缆芯结构、光缆选型、护套老化、松套管收缩、冻土地段直埋光缆的安全等问题，为保证本工程光缆线路的安全、可靠打下了很好的技术基础，开创永冻性冻土地带建设直埋光缆的先河。

　　"兰西拉"通信干线工程曾获邮电部优秀设计一等奖、邮电部优质工程一等奖、国家优秀设计金奖等荣誉。

二、骨干光缆网规划的总体目标

1. 总体思路

　　规划光缆网需要紧密围绕运营商业务发展的方向和技术演进的需要，剖析资源现状，论证重大关键问题，聚焦资源投放的方向、节奏和结构，确定总体及分专业资源配置的分年度目标和安排。

　　（1）坚持传送网的建设和发展以业务需求为导向

　　聚焦重点区域、局向和客户，进一步提升骨干传送网的竞争力。满足"东数西算"工程要求，聚焦京沪穗、DC 间等重点区域、局向，以及头部互联网企业、政企等重要客户进行网络建设，优化网络，降低传输时延，提升电路可靠性。

　　（2）建设高品质的骨干光缆网

　　推进传输网向低时延、大带宽、高可靠性、灵活智能的网络演进，增强网络的竞争力。

　　（3）网络简化，推进国外、国内一张网，打造全球端到端的传输网

　　按照国外、国内一张网的总体原则，发挥协同优势，提升资源效率，降低建设成本。按照扁平化区域组网思路，统筹各层面网络资源及传输需求，简化网络，持续推进骨干网融合建设，推进寿命终期光缆的退网及降级使用。

　　（4）共建共享、持续推动老旧光缆降级和系统退网，降本增效

　　持续推进与运营商间的共建共享，推动与高速公路、铁路等基础设施的合作，利用高速公路管道、高铁槽道等设施敷设骨干光缆。

　　骨干光缆网规划要做到 5 个联接、4 个需要和 3 个特点。

　　① 5 个联接。

　　✓ 联接运营商 DC、头部互联网企业 DC，形成以 DC 为中心的光缆网。

　　✓ 联接省会级城市，形成保障运营商业务安全的基础光缆网。

　　✓ 联接各大经济区，形成支撑业务发展的省际光缆网。

✓ 联接大中城市，形成路由丰富的综合光缆网。

✓ 联接周边国家，形成连通国际的对外光缆网。

② 4 个需要。

✓ 聚焦重点局向，降低时延需要，提高网络品质。

✓ 基于业务电路需要，确定目标光缆网的基础架构。

✓ 满足省际电路安全需要，每节点出省两个方向以上。

✓ 基于投资效益最优需要，实现相邻节点间的光缆直达。

③ 3 个特点。

✓ 建设结构完善、高安全性、低时延的光缆网络。

✓ 基础架构相对稳定。

✓ 根据业务发展和建设条件的变化而动态调整（例如雄安、贵安 IDC 等）。

2. 建设超低时延骨干光缆网

（1）时延组成分析

从 A 到 B 全程的传输系统时延由光缆线路时延（即光在光纤中传播的时延）和传输设备时延两部分组成。光缆线路时延约占传输系统时延的 95%，是传输系统时延的决定性因素，优化时延一般是通过缩短线路长度实现的。2000km 典型场景下传输系统时延的组成见表 2-1。

表 2-1　2000km 典型场景下传输系统时延的组成

组成	时延 /ms	占比
光缆线路时延	10	94.3%
传输设备时延	0.6	5.7%

（2）低时延建网方案

① 新建光缆选取低时延路由方案。使用最短路由：分析对比不同建设方式的路由长度，确定合适的路由方案，首选高速公路与高铁路由。

② 新建光缆线路采用鱼骨形、大站快车的方式，优化设站方式和光缆进局。

✓ **设站方式优化**：中继机房可选择在主路由附近，减少光缆引接的长度。高速公路光缆中继机房设置方式示意如图 2-1 所示。

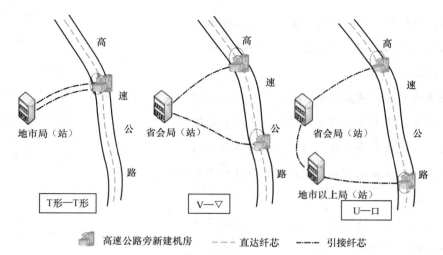

图2-1　高速公路光缆中继机房设置方式示意

　✓ **光缆进局优化：**引入骨干光缆调度机房，非落地业务直通，减少不必要的光缆进出城。骨干光缆调度机房的设置方式示意如图 2-2 所示。

（3）时延优化工程实例

　　采用这种方式建设干线光缆，可以最大程度地降低时延，比传统直埋光缆降低时延 15% 以上。京汉广湖南段骨干光缆示意如图 2-3 所示，京汉广湖南段骨干光缆线路时延比较见表 2-2。

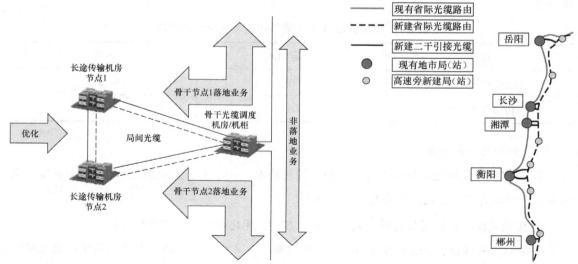

图2-2　骨干光缆调度机房的设置方式示意　　　　**图2-3　京汉广湖南段骨干光缆示意**

表 2-2　京汉广湖南段骨干光缆线路时延比较

现有光缆名称	现有光缆 长度 /km	现有光缆双向 时延 /ms	新建光缆 长度 /km	新建光缆 时延 /ms	时延优化度
京汉广三号光缆	708	7.08			19.35%
新京汉广直埋光缆	732	7.32	571	5.71	21.99%
沪宁汉穗光缆	725	7.25			21.24%

3. 打造高健壮性的骨干光缆网

提升骨干光缆网的健壮性，打造安全的骨干网，是我们的不懈追求。主要从以下两个方面提升网络健壮性。

（1）从整体架构层面提升网络健壮性

核心节点间实现物理双路由，主要核心节点间的所有局向按照物理双路由分离来规划建设，保障网络的安全、可靠，有效提升骨干光缆网的抗断纤能力，配合系统层面提升主动安全的能力。

双路由中第一路由和第二路由的平均路由差为 220km，在保证安全的大前提下，实现业务分担与时延差异化管理。

重点区域内应尽可能实现相邻地市两两互联，区域网内形成网格状结构，利用可重构光分插复用器（Reconfigurable Optical Add/Drop Multiplexer，ROADM）技术实现电层保护。要优先保障跨省互通的部分，根据传输系统优化需求加密区域光缆网格，将区域网内的省内干线光缆纳入骨干光缆网统筹考虑建设。

非重点区域的所有地市维持 3 个主要及以上物理路由出口，利用替换、置换和共建等方式增强现网的能力。

（2）从建设、优化整治层面提升网络健壮性

① 选用更高安全性的建设方式。

根据工程实施时的条件，选取最优的敷设方式，可增强可靠性，降低隐患。路由上选择以高速公路管道或高铁槽道为主要方式敷设光缆，可显著提升光缆的安全性，保障光缆安全稳定运营。根据某年高速公路管道光缆与其他敷设方式光缆故障率的对比，高速公路管道光缆故障率约为其他敷设方式光缆故障率的 13%，详见表 2-3。利用高铁槽道敷设的光缆故障率更低。

表 2-3　高速公路管道光缆故障率与其他敷设方式光缆故障率的对比

月份	高速公路管道 光缆故障数	高速公路管道光缆 故障比（次 /100km）	其他光缆故障	其他光缆故障比 （次 /100km）	高速公路管道 光缆故障率 占比
1	0	0.000	31	0.021	0

月份	高速公路管道光缆故障数	高速公路管道光缆故障比（次/100km）	其他光缆故障	其他光缆故障比（次/100km）	高速公路管道光缆故障率占比
2	2	0.009	26	0.017	53%
3	1	0.004	47	0.031	13%
4	3	0.013	73	0.049	27%
5	1	0.004	62	0.041	10%
6	1	0.004	75	0.050	8%
7	1	0.004	60	0.040	10%
8	1	0.004	77	0.051	8%
9	1	0.004	64	0.043	9%
10	1	0.004	52	0.035	11%
11	1	0.004	74	0.049	8%
12	1	0.004	52	0.035	11%
总计	14	0.058	693	0.462	13%

② 与友商置换必要的备用纤芯。

运营商与友商在集团、省份各层面开展纤芯置换，换取异路由纤芯资源，可提升网络的整体安全性。

纤芯置换的主要特点及优缺点如下。

✓ 主要特点：友商与运营商在光缆资源、业务需求方面极具互补性。

✓ 主要优点：快速投产，及时具备满足使用需求的资源。

✓ 主要缺点：双方按界面分段划分责任，提高了维护的要求，增加了后续维护的难度。

因此，光缆建设时应选择合适的纤芯芯数，面向未来，提高能力，便于纤芯置换。

综合考虑业务发展、施工维护等因素，共建光缆自有芯数应不小于72芯，自建光缆纤芯数应不小于96芯。对于京沪穗及京汉广以东地区的重点局向头部互联网企业等大客户业务需求大、业务量大的方向，光纤数消耗较快，可以适当增加芯数。

③ 进出局、进出城光缆优化。

进出局光缆优化：地市级以上城市骨干传输机房光缆需要两个及以上的进出局物理路由。应调查研究骨干机房光缆进出局物理路由，摸清现状，提前发现安全隐患。暂不具备整改条件的机房详细制订维护保障预案，一旦具备条件便立即优化。

进出城光缆优化：以支撑传输网向双平面、双节点架构演进为目标，对可用光缆进行优化，各个方向的光缆依据骨干核心机房所在地理环境位置就近接入。若具备条件，重点城市的双节点机房应建设多路由局间光缆。若有需要，可建设骨干调度机房汇聚各局向光缆，在骨干调度机房与骨干核心机房之间建设双路由局间光缆。西安进出城优化方案示意如图2-4所示。

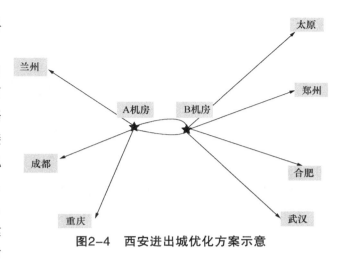

图2-4 西安进出城优化方案示意

④ 引入中继站智能建维。

中继站可引入室外一体柜，通过室外一体柜监控管理平台和在线光纤智能检测系统，实现对相关信息的实时监控收集，助力骨干传输网工程的快速实施、远程运维、勘察和信息的实时监控管理。中继机房监控管理系统如图2-5所示。

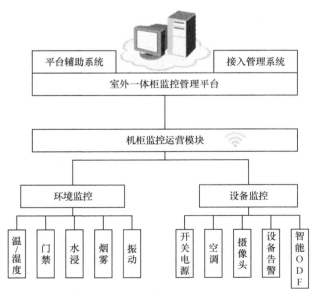

图2-5 中继机房监控管理系统

第二节　骨干光缆网规划方法

　　骨干光缆网的建设目标是满足运营商长远发展的需要。要做好整个光缆网的规划，要从政策要求、发展趋势、技术能力、友商竞争等方面做好宏观分析，并且应从满足传输系统流量流向、安全要求、时延要求等方面全面考虑，以确定骨干光缆网的目标架构，提出骨干光缆目标网。这个目标网独立于网络现状，是一个理想的网络，需要一步步落实。

　　在目标网的指引下，通过分析光缆网的现状，确定现有光缆中尚不满足目标网的段落，将这些段落放入待建的光缆资源池内，再根据资源池中光缆需求的迫切性、可行性、经济性等确定其建设计划。

　　因此，目标网及其落实方案为骨干光缆网规划的核心。

一、需求分析

1. 宏观要求

　　（1）看宏观：国家政策层面布局"东数西算"工程

　　网络强国成为国家战略，"东数西算"工程全面启动，打造高质量的算力网络成为基础电信企业战略布局的重中之重，骨干光缆网是构建算力输送能力最基础的承载设施之一。

　　八大国家算力枢纽节点起步区分别是：一是京津冀，包括张家口（河北怀来）；二是成渝，包括成都天府、重庆水土；三是长三角，包括青浦、吴江、嘉善和芜湖；四是粤港澳，包括韶关；五是贵州贵安；六是宁夏中卫；七是甘肃庆阳；八是内蒙古和林格尔。

　　其建设可分为 3 个阶段：2021—2023 年为第一阶段，是枢纽的建设阶段，主要进行数据中心的建设，核心理念为绿色先进、东数西存；2024—2025 年为第二阶段，是枢纽的联网阶段，建设东、西部直联网络，核心理念为"东数西算"、一体化调度；2026 年之后为第三阶段，数据要素高效流通，形成数据交易市场。

　　数据中心要达到的目标有：推进数字基础设施建设；落实"双碳"要求，实现绿色发展和区域协调发展战略；打造东西畅通的数据大动脉，主动构建算力结构新格局；实现东西部协调发展，追求国家利益最大化，实现经济技术最优化。

　　面对"东数西算"工程大格局，中国电信、中国移动和中国联通提出了各自的发展战略。中国电信结合"东数西算"，持续推进云网，形成云网一体化的融合技术架构，实现简洁、敏捷、开放、融合、安全、智能的新型基础设施的资源供给。中国移动面向"东数西算"，完善算力网络布局，构建"算网大脑"，实现一体化服务，面向技术创新打造原创技术策源地，将算力网络定位为核心战略。中国联通落实"东数西算"，聚焦算力中心，基于承载网络能力升级，打造基于算网融合设计的服务型算力网络，构建云、网、边一体化的能力开放智能调度体系，形成网络与计算深度融合的算网一体化格局，赋能算力产业发展。

　　国家"东数西算"工程为骨干光缆网规划提出了全新需求，应在规划中重点考虑。

　　（2）看趋势：大带宽增长需求驱动光纤提速

　　工业和信息化部印发的《"双千兆"网络协同发展行动计划（2021—2023年）》明确提出，推动基础电信企业持续扩容骨干传输网络，按需部署骨干网200Gbit/s、400Gbit/s的超高速、超大容量传输系统，提升骨干传输网络综合承载能力。同时加快推动灵活全光交叉、智能管控等技术发展应用，提升网络调度能力和服务效能，引导100Gbit/s及以上超高速光传输系统向城域网下沉，鼓励在新建干线中采用新型超低损耗光纤。

　　光传输系统将快速步入400Gbit/s时代，对新型光纤的快速布局提出了新要求。400Gbit/s传输系统发展趋势如图2-6所示。

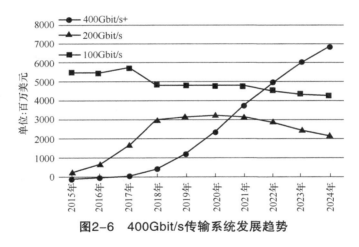

图2-6　400Gbit/s传输系统发展趋势

　　与流量增长的需求相比，骨干光缆部署速度远远落后，对单纤系统的容量提出了更高的要求。为了提高光缆部署速度，采用传输容量更大的新型光纤成为骨干光缆网建设的不懈追求。流量增长与光缆部署速度趋势如图2-7所示。

　　（3）看趋势：低时延已成为争取客户、驱动网络优化的重要因素

　　客户追求极致低时延的需求越发强烈，网络价值由提供带宽资源转向提升用户体验，光缆线路是传输时延优化的关键。互联网、金融、医疗等高价值客户对传输网络的性能需求主要是能够提供大带宽、低时延和优质服务，其中，低时延是骨干光缆网设计的要点。高价值客户的主要需求见表2-4，各种场景对时延的需求如图2-8所示。

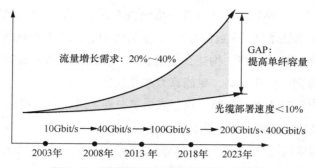

图2-7 流量增长与光缆部署速度趋势

表 2-4 高价值客户的主要需求

客户类型	主要需求
互联网企业	A 公司租用运营商 IDC，要求跨地市 IDC 时延＜2ms J 公司宿迁 IDC 与北京 IDC 流量绕行，期望时延＜10ms
金融机构	上海电信为 ×× 期货公司打造低时延专线，时延从 4.6ms 降至 0.63ms，售价提升 8 倍
政府	接入专线服务指标：5 个工作日内开通，2h 快速修复，重要局委办一般采用 2×10Gbit/s 专线入云
医疗机构	院区互联，带宽 GE 级，时延＜10ms；医疗影像云，带宽 GE 级，时延＜20ms
工业企业	钱江 ×× 公司要求 4GE 带宽专线支持云端仿真计算，典型制造执行系统要求网络时延＜10ms

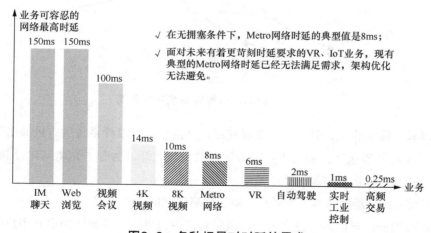

图2-8 各种场景对时延的需求

（4）看趋势：高安全是基础电信企业发展的关键底牌

没有网络安全就没有国家安全，就没有经济社会稳定运行，广大人民群众利益也难以得到保障。基础通信关系国计民生，光缆线路的安全性及极端情况下的光缆网容灾能力作为网络安全的压舱石作用进一步凸显。

提高网络架构安全的基本要求，是提升光传输网的安全性、可靠性，以及推动双平面架构落地的具体措施。基本消除光传输网中单路由、单节点及单系统失效等重大风险隐患，确保光传输网的安全、可靠。光传输网的双平面架构对骨干光缆网架构提出了更高的要求，应在架构规划中重点考虑。

（5）看技术：G.654.E 光纤作为骨干传输主用光纤已成共识

现网中使用的 G.652.D 光纤，已经无法满足未来光传输网超高速率、超大容量、超长距离的传输需要，提前部署支持 200Gbit/s、400Gbit/s 系统的光纤光缆产品是建设高速信息网络的基础。光网络技术向高速率系统稳定演进如图 2-9 所示。

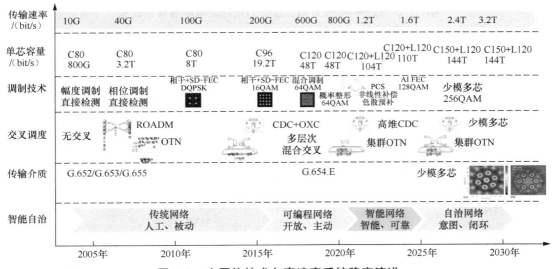

图2-9　光网络技术向高速率系统稳定演进

对于下一代光网络，更低的衰减系数和更大的光纤有效面积有利于超高速、超大容量和超长距离的数据传输，G.654.E 光纤以其独有的技术优势，成为运营商应对高速率系统组网的主流选择。相较于 G.652.D 光纤，G.654.E 光纤无电中继长度提高了 60%，且我国 G.654.E 光纤产业链已完全成熟，供需环境已稳定发展。G.654.E 光纤与 G.652.D 光纤无电中继长度比较如图 2-10 所示。

（6）看竞争：各大运营商争相在关键局向光缆资源布局，市场竞争日趋激烈

各大运营商大力推进骨干光缆网的建设，京沪穗间的光缆布局成为竞争的焦点，市场竞争压力陡增，光缆建设已刻不容缓。例如，中国电信在 2021 年 4 月建成的上海—金华—南平—广州 G.654.E 光缆，全程线路长度 1970km。而其他运营商金融专网上海—东莞的电路时延遭遇

了挑战，因此启动建设了上海—鹰潭—赣州—广州的光缆，线路全长由原有的 2220km 缩短至 1800km。日益白热化的竞争使得各大运营商加快了骨干光缆网的布局。

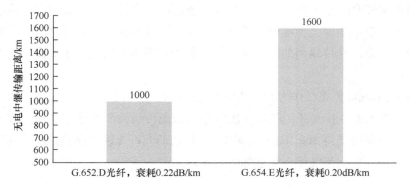

图2-10　G.654.E光纤与G.652.D光纤无电中继长度比较

（7）小结

在网络强国和数字经济的背景下，算力作为新型生产力，是支撑数字经济蓬勃发展的重要底座，三大基础运营商均在加快推进以数据中心、算力网络为代表的算力基础设施建设，而全光网络被行业认为是打造高品质算力网络的关键一环，迫切需要打造以超大带宽、超低时延、超高可靠为核心的全光传送底座，以支撑各类需求。

骨干光缆网作为网络最基础的承载主体之一，是构建全光底座目标的基石，也应聚焦新需求、新变化和新特点进行演进、重塑，适配新的发展需求。

2. 传输需求

打造超大容量、超低时延、超高安全的骨干光缆网是光缆网建设的宏观需求，同时，作为传输系统的载体，骨干光缆网是直接服务传输系统的，其架构及路由规划应满足传输需求。传输需求主要包括以下 3 个方面。

（1）满足业务流向发展，建立骨干光缆网的核心框架

通过分析骨干光缆网传输的带宽配置，得出建设围绕"北京、上海、广州、沈阳、西安、武汉、成都、兰州"等主要传输核心节点进行布局的总体架构。该架可覆盖所有的数据网核心节点，满足骨干光缆网传输 85% 的带宽配置系统的承载诉求。

现网 100Gbit/s 波道配置量是高度集中的，以京汉广、京九广、京沪、京沈、沪汉为代表的局向建设的 100Gbit/s 波道数量特别大。大部分波道集中布置在沈阳—北京—西安—成都—广州以东的地区，占比达 85%。

围绕主要传输核心节点组网，聚焦重点局向最具性价比。需要认真分析网络的核心节点，

例如，北京、上海、广州落地业务量大；沈阳、西安、武汉转接业务量大；成都是西南地区的业务核心，是疏导西南区域流量的重要枢纽节点；兰州是疏导西北区域流量和国际中欧、南亚等国际流量的重要枢纽节点。

聚焦核心节点，以其为中心作为网络组织的抓手，可快速搭建起骨干光缆网的核心框架。

（2）满足"东数西算"工程要求，补充完善算力枢纽光缆连接

"东数西算"工程全面启动，积极打造算力网络，促使骨干光缆网架构进行适配。

国家"东数西算"工程正式启动建设八大国家算力枢纽节点，即京津冀、长三角、粤港澳大湾区、成渝及蒙贵甘宁等。为应对算力网络的发展需求，需要积极落实国家战略，构建算力网络，对骨干光缆网提出了"加快建设低时延、高可靠、高安全的骨干光缆网，打造光网络承载坚实底座"的要求。

但同时，八大国家算力枢纽节点间现有骨干光缆老旧占比高、质量劣化，无法高效支撑超100Gbit/s算力网络建设。"东数西算"八大国家算力部分枢纽节点与主要传输核心节点在区位上契合，但尚有部分枢纽节点骨干光缆未能覆盖，需要对尚未覆盖的节点进行补点建设，将中卫、庆阳、和林格尔、贵安等国家核心算力节点纳入骨干光缆网。总体目标是在主要核心节点网络框架的基础上，补充八大国家算力枢纽节点的光缆连接，丰富骨干光缆网。

（3）满足区域城市群时延要求

以现有一二干光缆为基础，聚焦京津冀、长三角、粤港澳大湾区、成渝区域内时延要求，持续优化政企关切的重要路由时延，保持市场竞争力。

打造区域内、重点城市间低时延圈，实现京津冀区域环京核心1ms，京石、京秦4ms时延圈；长三角区域内8ms、环沪3ms时延圈；粤港澳大湾区内主要城市间2ms时延圈；成渝区域内4ms，主要城市间3ms时延圈。

以构建四大城市群低时延圈为抓手，结合现有的光缆资源，在区域网层面加密网格，打通跨省互联光缆，实现区域网内相邻地市两两直连，配合系统组网，减少网络的迂回绕转，满足时延圈的要求。

二、目标网络架构

1. 核心架构：主要核心节点间双路由规划

主要核心节点间双路由规划的主要内容为：北京、上海、广州、武汉、沈阳、兰州、西安、成都等作为主要传输核心节点，节点间两两互联，构建互为保护的双路由直达光缆，满足低时延、高安全的网络要求。主要核心节点双路由直达光缆规划方案见表2-5。

表 2-5　主要核心节点间双路由直达光缆规划方案

序号	局向	路由	线路长度/km	途经主要节点	路由差	路由差率
1	北京—上海	第一路由	1417	北京—天津—滨州—淄博—临沂—连云港—上海	230	14.00%
		第二路由	1647	北京—沧州—济南—南京—上海		
2	北京—广州	第一路由	2592	北京—石家庄—郑州—武汉—长沙—广州	310	10.70%
		第二路由	2902	北京—沧州—济南—合肥—九江—南昌—广州		
3	北京—沈阳	第一路由	836	北京—唐山—秦皇岛—沈阳	124	12.90%
		第二路由	960	北京—承德—阜新—沈阳		
4	北京—武汉	第一路由	1424	北京—石家庄—郑州—武汉	394	21.70%
		第二路由	1818	北京—沧州—济南—合肥—武汉		
5	北京—西安	第一路由	1403	北京—太原—临汾—西安	75	5.10%
		第二路由	1478	北京—石家庄—郑州—西安		
6	北京—成都	第一路由	2244	北京—太原—临汾—西安—汉中—广元—成都	187	7.70%
		第二路由	2431	北京—石家庄—郑州—西安—达州—成都		
7	北京—兰州	第一路由	2030	北京—太原—临汾—庆阳—平凉—兰州	95	4.50%
		第二路由	2125	北京—张家口—呼和浩特—银川—兰州		
8	上海—广州	第一路由	1714	上海—杭州—鹰潭—赣州—惠州—广州	301	14.90%
		第二路由	2015	上海—嘉兴—宁波—福州—厦门—广州		
9	上海—沈阳	第一路由	1825	上海—连云港—青岛—蓬莱—大连—沈阳	271	12.90%
		第二路由	2096	上海—南京—济南—天津—唐山—秦皇岛—沈阳		
10	上海—武汉	第一路由	1022	上海—宣城—安庆—黄梅—武汉	14	1.40%
		第二路由	1036	上海—南京—合肥—武汉		
11	上海—西安	第一路由	1539	上海—南京—合肥—西安	398	20.50%
		第二路由	1937	上海—宣城—安庆—黄梅—武汉—西安		
12	上海—成都	第一路由	2443	上海—宣城—安庆—黄梅—武汉—荆门—达州—成都	144	5.60%
		第二路由	2587	上海—南京—合肥—武汉—重庆—成都		
13	上海—兰州	第一路由	2279	上海—南京—合肥—西安—平凉—兰州	285	11.10%
		第二路由	2564	上海—宣城—安庆—黄梅—武汉—西安—天水—兰州		
14	广州—沈阳	第一路由	3540	广州—南昌—九江—合肥—济南—潍坊—蓬莱—大连—沈阳	10	0.30%
		第二路由	3550	广州—长沙—武汉—郑州—石家庄—天津—唐山—秦皇岛—沈阳		
15	广州—武汉	第一路由	1168	武汉—长沙—广州	335	22.30%
		第二路由	1503	武汉—黄梅—九江—南昌—广州		

续表

序号	局向	路由	线路长度 / km	途经主要节点	路由差	路由差率
16	广州—西安	第一路由	2083	广州—长沙—武汉—西安	388	15.70%
		第二路由	2471	广州—贵阳—重庆—达州—西安		
17	广州—成都	第一路由	1898	广州—桂林—贵阳—成都	375	16.50%
		第二路由	2273	广州—长沙—重庆—成都		
18	广州—兰州	第一路由	2823	广州—武汉—西安—兰州	145	4.90%
		第二路由	2968	广州—桂林—贵阳—成都—兰州		
19	沈阳—武汉	第一路由	2351	沈阳—天津—济南—郑州—武汉	39	1.60%
		第二路由	2390	沈阳—大连—蓬莱—济南—徐州—合肥—武汉		
20	沈阳—西安	第一路由	2239	沈阳—北京—太原—西安	1	0.00%
		第二路由	2240	沈阳—大连—蓬莱—郑州—西安		
21	沈阳—成都	第一路由	3080	沈阳—北京—太原—西安—成都	113	3.50%
		第二路由	3193	沈阳—大连—蓬莱—郑州—西安—成都		
22	沈阳—兰州	第一路由	2831	沈阳—唐山—北京—太原—庆阳—兰州	275	8.90%
		第二路由	3106	沈阳—承德—北京—呼和浩特—银川—兰州		
23	武汉—西安	第一路由	915	西安—十堰—武汉	71	7.20%
		第二路由	986	西安—信阳—武汉		
24	武汉—成都	第一路由	1421	武汉—达州—成都	130	8.40%
		第二路由	1551	武汉—重庆—成都		
25	武汉—兰州	第一路由	1655	武汉—十堰—西安—平凉—兰州	120	6.80%
		第二路由	1775	武汉—信阳—西安—宝鸡—兰州		
26	西安—成都	第一路由	841	西安—汉中—广元—成都	112	11.80%
		第二路由	953	西安—达州—南充—成都		
27	西安—兰州	第一路由	740	西安—平凉—兰州	49	6.20%
		第二路由	789	西安—宝鸡—兰州		
28	成都—兰州	第一路由	1070	成都—陇南—兰州	59	5.20%
		第二路由	1129	成都—西宁—兰州		

2. 架构完善：八大国家算力枢纽节点直达光缆

结合八大国家算力枢纽与主要传输核心节点的匹配度进行"东数""西算"互联，骨干光缆补点建设，实现全面覆盖。主要核心节点间双路由直达光缆规划方案见表2-6。

表 2-6　主要核心节点间双路由直达光缆规划方案

序号	局向	路由	线路长度/km	途经主要节点	路由差	路由差率
1	内蒙古—京津冀	第一路由	652	和林格尔—乌兰察布—张家口—怀来	82	11%
		第二路由	734	和林格尔—大同—保定—北京—怀来		
2	内蒙古—长三角	第一路由	2069	和林格尔—乌兰察布—张家口—北京—天津—滨州—淄博—临沂—连云港—上海	39	2%
		第二路由	2108	和林格尔—大同—保定—沧州—济南—徐州—淮安—南京—上海		
3	内蒙古—粤港澳大湾区	第一路由	2595	和林格尔—太原—洛阳—郑州—武汉—长沙—韶关	418	14%
		第二路由	3013	和林格尔—大同—石家庄—济南—合肥—南昌—赣州—韶关		
4	内蒙古—成渝	第一路由	2008	和林格尔—太原—临汾—西安—汉中—广元—成都	636	24%
		第二路由	2644	和林格尔—呼和浩特—银川—西安—达州—成都		
5	宁夏—京津冀	第一路由	1501	中卫—银川—呼和浩特—张家口—怀来	24	2%
		第二路由	1525	中卫—太原—大同—怀安—张家口—怀来		
6	宁夏—长三角	第一路由	2311	中卫—平凉—西安—合肥—南京—上海	505	18%
		第二路由	2816	中卫—庆阳—西安—武汉—黄梅—安庆—宣城—上海		
7	宁夏—粤港澳大湾区	第一路由	2436	中卫—平凉—西安—武汉—长沙—韶关	629	21%
		第二路由	3065	中卫—庆阳—临汾—郑州—武汉—九江—南昌—赣州—韶关		
8	宁夏—成渝	第一路由	1336	中卫—平凉—宝鸡—汉中—广元—成都	117	8%
		第二路由	1453	中卫—兰州—西宁—成都		
9	甘肃—京津冀	第一路由	1459	庆阳—临汾—太原—大同—怀安—张家口—怀来	281	16%
		第二路由	1740	庆阳—银川—呼和浩特—张家口—怀来		
10	甘肃—长三角	第一路由	1838	庆阳—西安—合肥—南京—上海	326	15%
		第二路由	2164	庆阳—临汾—晋城—郑州—徐州—淮安—盐城—上海		
11	甘肃—粤港澳大湾区	第一路由	2105	庆阳—西安—武汉—长沙—韶关	377	15%
		第二路由	2482	庆阳—临汾—郑州—武汉—九江—南昌—赣州—韶关		
12	甘肃—成渝	第一路由	1140	庆阳—西安—汉中—广元—成都	744	39%
		第二路由	1884	庆阳—临汾—西安—达州—成都		
13	贵州—京津冀	第一路由	2504	贵安—重庆—西安—太原—大同—怀安—张家口—怀来	278	10%
		第二路由	2782	贵安—长沙—武汉—郑州—石家庄—北京—怀来		
14	贵州—长三角	第一路由	2172	贵安—长沙—南昌—鹰潭—衢州—杭州—上海	355	14%
		第二路由	2527	贵安—重庆—武汉—黄梅—安庆—宣城—上海		

序号	局向	路由	线路长度 / km	途经主要节点	路由差	路由差率
15	贵州—粤港澳大湾区	第一路由	1155	贵安—桂林—怀集—韶关	273	19%
		第二路由	1428	贵安—长沙—韶关		
16	贵州—成渝	第一路由	761	贵安—成都	79	9%
		第二路由	840	贵安—重庆—成都		

3. 架构补充：四大城市群区域网

规划的主要内容为：京津冀、长三角、粤港澳大湾区、成渝四大城市群光缆网低时延建设。一二干光缆统筹考虑，打破行政区划，加快建设跨省互联光缆，聚焦优化京津冀、长三角、粤港澳大湾区和成渝四大城市群，加密区域光缆网网格，持续优化政企关切的重要路由时延，实现区域网内相邻地市两两直连，减少网络迂回绕转。

① **京津冀地区时延需求**：环京核心 1ms（含北京—廊坊）时延圈；京津 / 京雄 2ms 时延圈；京张 / 京唐 3ms 时延圈；京石 / 京秦 4ms 时延圈。

② **长三角地区时延需求**：环沪 3ms 时延圈，以上海为中心，覆盖苏州、南通、无锡、宁波等节点；都市圈内 2ms 时延圈，以南京、杭州、苏州、无锡、常州、合肥、宁波为副中心，覆盖周边地市节点；都市圈内 8ms 时延圈，以上海—杭州—南京—合肥为核心，打造重点城市间 8ms 时延圈。

③ **粤港澳大湾区时延需求**：相邻城市 2ms 时延圈。

④ **成渝地区时延需求**：成渝区域内 4ms 时延圈，双核至周边重要地市 3 ～ 4ms 时延圈。

4. 非核心区域：边缘省会节点至核心架构的双路由双方向光缆

目前，位于主核心架构区域外的网络节点包括乌鲁木齐、拉萨、昆明、海口、哈尔滨和长春 6 个，均地处边境，业务流量相对较小，与国际站国内延伸段光缆组合共同承载国际业务的疏导和转接。

乌鲁木齐：乌鲁木齐—嘉峪关—兰州和乌鲁木齐—临河—呼和浩特—北京完全分离的双物理路由。

拉萨：拉萨—西宁—兰州和拉萨—林芝—成都完全分离的双物理路由。

昆明：昆明—攀枝花—成都和昆明—南宁—广州完全分离的双物理路由。

海口：海口—徐闻—湛江—广州和海口—北海—南宁—广州完全分离的双物理路由。

哈尔滨：哈尔滨—长春—沈阳和哈尔滨—齐齐哈尔—承德—北京完全分离的双物理路由。

长春：长春—沈阳和长春—白城—承德—北京完全分离的双物理路由。

5. 目标网络架构分析

目标网络架构可根据网络需求分为多个层次，但其核心架构是关键，是为满足主要业务的流量流向而制订的。再根据新的形势发展、新的业务需求，在核心架构的基础上增强相应的线路方向，丰富光缆路由，满足网络低时延、高安全的总体需求，打造骨干光缆网的目标网络。

三、现状分析

1. 总体原则：复用段分析法

结合传输局向，按照系统复用段对全网的每条光缆进行多维度、逐条分析。

① **光缆年限**：对于达到或接近寿命终期的光缆，分析其线路维护的情况及系统承载的情况，决定是否降级及整治。

② **光纤类型**：对于 G.655 光缆，因其有效面积小，不适合超 100Gbit/s 系统的合理部署，整体安排以维持现状或降级使用为主。

③ **历史来源**：对于拆分光缆，应作为降级的重点。将未承载一干系统的光缆降级；对于承载系统的光缆，配合系统的退网进度，再安排降级。

④ **运营组网**：对于同路由有多条光缆的，应保留两条可用光缆互为主备，其他光缆应视光缆的运行维护情况酌情处理。

部分局向多条光缆，看似资源丰富，实际可用度低，局部段落资源匮乏，制约系统建设。例如，某运营商京沪局向济南—南京段，虽然拥有 4 条光缆，但新京津宁光缆共 18 芯已全部用完，济宁光缆和济宁沪光缆沿铁路同沟同路由敷设，不便于维护且同路由安全隐患大，京津宁沪 2 号光缆山东与江苏南北跨省段仅有 12 芯，严重制约了系统的建设。

2. 具体方法：单条单段光缆评估法

（1）对光缆的应用建议

深入调查光缆系统的承载情况及光纤的传输性能，提出对现有光缆的应用建议。应用建议分为可用、维持现状和降级 3 类。

① 使用状况良好且有空余纤芯的光缆，为可用光缆。

② 对于接近使用寿命终期（超过 20 年）的光缆，应维持光缆传输系统的正常使用，但不再新增系统。

③ 对于达到或接近寿命终期的光缆，应分析其线路维护情况及系统承载情况，决定是否降级。

④ 对于 G.655 光缆，因其有效面积小，不适合超 100Gbit/s 系统的合理部署，整体安排以维

持现状或降级使用为主。

⑤ 对于同路由有多条光缆的，应保留两条可用光缆，其他光缆应视光缆运行维护的情况降级使用。

⑥ 对于拆分光缆，应作为降级的重点。将未承载一干系统的光缆降级。对于承载系统的光缆，配合系统退网，再安排降级。

（2）可用光缆的整治

同一方向的光缆总体目标按一主一备考虑，应根据光缆状况分为主备用光缆。对于光缆状况较差的可用光缆需要优化整治，分析其存在的问题，提出以下整改建议。

① 基站接入占用纤芯，退纤。

② 本地网市县间占用纤芯，根据需要退纤。

③ 断纤，分析原因进行整治。

④ 光纤衰减大于 0.30dB/km 的，进行整治。

⑤ 光纤衰减小于 0.30dB/km 而大于 0.25dB/km 的，分析原因，确定是否整治。

⑥ 光缆路由是否有不安全地段，若有则应整段整治。

（3）光缆的降级策略

① 应综合考虑旧光缆的降级与新光缆的建设，有序衔接替换。对于建议降级的光缆，应分析同路由光缆的情况，需要新建光缆的应提前规划。

② 光缆的降级应与传输系统专业统筹布置，有序配合。超过 20 年的省际干线光缆以承载 10Gbit/s 波分系统为主，而 10Gbit/s 波分系统也将陆续退出现网。制订光缆降级计划应与系统的退网相结合，对于不退网的系统，也应考虑转移至同路由其他光缆，以保证网络安全。

通过以上策略和方法对骨干光缆的所有段落进行详细分析，建立省际干线光缆的资源情况库，并形成骨干光缆优化路线图，以使骨干光缆网优化工作切实落地。

3. 示例：北京—石家庄段光缆现状分析

（1）北京—石家庄段光缆现状

为切实把握省际干线光缆的详细情况和问题，以联通北京—石家庄段干线光缆情况为例，通过深入分析，找出解决方案。

联通北京—石家庄段现有 5 条光缆，具体情况见表 2-7，联通北京—石家庄段光缆线路示意如图 2-11 所示。

表 2-7　联通北京—石家庄段光缆现状

光缆	历史沿革	建设年限	光纤类型	路由	敷设方式	长度/km	备注
京汉广光缆	电信拆分光缆，36 芯光缆，联通占 36 芯	1994 年	G.652	沿 107 国道	直埋	324	—

续表

光缆	历史沿革	建设年限	光纤类型	路由	敷设方式	长度/km	备注
新京汉广光缆	电信拆分光缆，96芯光缆，联通占28芯	2002年	G.655	沿县乡公路	硅芯管直埋	335	—
京汉一号光缆	原控股建设，48芯	2000年	G.655	沿京广铁路	硅芯管直埋	310	—
京汉二号光缆	原控股建设，32芯	2000年	G.652	沿京广铁路	硅芯管直埋	314	—
京汉广三号光缆	联通建设，48芯	2015年	G.652	沿京港、京石高速公路	高速公路管道	388	原为2004年建设，2015年沿高速公路管道优化整治改建

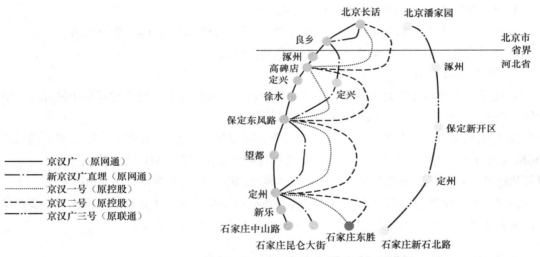

图2-11 联通北京—石家庄段光缆线路示意

（2）联通北京—石家庄段光缆分析

京汉广光缆长度为324km，使用G.652光纤布设，共设置11个局（站），站距35～45km。光缆路由沿107国道直埋敷设，该光缆建设年代较远，光缆指标劣化严重，新建系统工程均不会考虑使用。

新京汉广光缆长度为335km，使用G.655光纤布设，共设置6个局（站），站距51～82km。光缆路由沿县乡公路，硅芯管直埋敷设，运维反映该光缆的质量现状较好，近期新建系统工程均被推荐为备用路由。

京汉一号光缆长度为310km，使用G.655光纤布设，共设置5个局（站），站距68～91km，光缆路由沿京广铁路硅芯管直埋敷设，受外界干扰较小。京汉二号光缆长度为382km，使用

G.652 光纤布设，共设置 5 个局（站），站距 69 ～ 92km，光缆为沿京广铁路硅芯管直埋敷设，受外界干扰较小。

京汉一号、二号光缆，为同路由光缆，由代维方代维，维护水平较低，协调工作不易开展，出现故障时，抢修时间受铁路部门维护窗口期影响，维护部门压力大，一般不作为推荐光缆使用。

京汉广三号光缆长度为388km，使用 G.652 光纤布设，共设置 5 个局（站），站距 90 ～ 106km。早期光缆是在高速公路旁硅芯管直埋，后期高速公路路面扩建，目前已经改为高速公路管道中敷设，这是全新的光缆，受外界干扰较小，光缆质量好，近期新建系统均被推荐为主用路由。

关于联通北京—石家庄段 5 条光缆应用分析如下。

① 北京—石家庄段现有光缆设站，站距能基本满足系统开通的要求，虽然光缆众多，但是在系统实际建设过程中，可使用的光缆并不多。

② 京汉广光缆由于光缆指标劣化，无法满足系统开通的要求，不考虑新建传输系统。

③ 京汉一号、二号光缆受铁路部门的影响，不便于日常维护，一般不考虑新建传输系统。

④ 京汉广三号光缆由于高速公路扩建，在北京—石家庄段沿高速公路管道重新敷设了一条光缆，质量好，安全性高。

⑤ 新京汉广光缆，沿县乡公路硅芯管直埋，光缆质量好。

（3）结论

综合以上情况，可以得出以下结论。

① 京汉广光缆，建议降级使用。

② 京汉一号、二号光缆现有系统保持不变，原则上不新建系统，维持现状，作为容灾备份资源。

③ 新京汉广直埋光缆纤芯不足，加快腾退老旧系统，作为备用。

④ 京汉广三号光缆作为主用光缆。

⑤ 利用新京汉广直埋光缆原有空闲的硅芯管资源，建设北京—石家庄段光缆，与京汉广三号光缆互为主备光缆。

（4）全网分析与结论

通过对全网各个局向的骨干光缆以上述的原则和方法一一分析，省际干线光缆可用度汇总见表 2-8。

表 2-8　省际干线光缆可用度汇总

按照可用度分类	长度 / 万皮长公里	备注
降级	××.××	可作为容灾备份资源，降级使用
维持现状	××.××	待现有系统退网后，可降级使用
可用	××.××	系统建设主选资源
合计	××.××	—

分析后的可用光缆，对标目标网络后，作为已建成光缆纳入骨干光缆网规划中。

第三节　骨干光缆网规划内容

一、规划的主要内容

1. 主要建设段落

在确定目标网络和现有骨干光缆网中的可用光缆后，目标网络中无现有光缆可用的段落即为应在规划中列入的光缆，这些光缆可以形成一个规划光缆池。再根据光缆需求的迫切性、年度投资状况、光缆建设可行性等条件，按年度制订骨干光缆网的建设计划，即可得到骨干光缆网的年度建设计划，即规划的主体内容，以指导光缆网总体发展。光缆网规划建设段落示意如图 2–12 所示。

已建成段落

序号	段落	建设方式	线路长度 /km
1	北京 — 太原	高速公路管道	652
2	太原 — 临汾	高速公路管道	314
3	汉中 — 西安	高速公路管道	288
4	重庆 — 成都	高速公路管道	375
5	贵阳 — 重庆	高速公路管道	465
6	六安 — 武汉	高速公路管道	370
7	武汉 — 荆门	高速公路管道	265
8	上海 — 南京	高速公路管道	360
9	上海 — 宣城	高速公路管道	341
10	青岛 — 连云港	高速公路管道	303
11	连云港 — 上海	高速公路管道	531
12	青岛 — 潍坊	高速公路管道	211
13	潍坊 — 济南	高速公路管道	228
14	济南 — 郑州	高速公路管道	564
15	徐州 — 淮安	高速公路管道	282
合计			5549

图2–12　光缆网规划建设段落示意

在建设段落

序号	年份	段落	建设方式	光纤类型	线路长度 /km
1	2017	天津 — 淄博、临沂 — 连云港	高速公路管道	G.654.E+G.652	535
2	2018	鹰潭 — 赣州	高速公路管道	G.654.E+G.652	508
3	2018	赣州 — 惠州	高速公路管道	G.654.E+G.652	373
4	2018	惠州 — 东莞	高速公路管道	G.654.E+G.652	102
5	2020	京汉广湖南段	高速公路管道	G.654.E+G.652	583
6	2020	北京 — 廊坊	高速公路管道	G.652	62
7	2020	京汉广北京段	管道	G.654.E+G.652	85
8	2020	京汉广河北段	硅芯管道	G.654.E+G.652	575
9	2020	京汉广河南段	高速公路管道	G.654.E+G.652	630
10	2020	京汉广湖北段	高速公路管道	G.654.E+G.652	408
11	2020	京汉广广东段	高速公路管道	G654.E+G.652	480
12	2020	青岛 — 蓬莱	高速公路管道	G.652	225
13	2020	蓬莱 — 大连	海缆	G.652	210
14	2020	成都 — 南充 — 营山	高速公路管道	G.652	344
15	2020	黄梅 — 安庆	高速公路管道	G.652	204
16	2021	淄博 — 临沂	高速公路管道	G.654.E+G.652	260
17	2021	上海 — 鹰潭	高速公路管道	G.654.E+G.652	746
18	2021	郑州 — 开封 — 徐州	高速公路管道	G.652	376
19	2021	淮安 — 盐城	高速公路管道	G.652	147
20	2021	广州 — 贵阳	高速公路管道	G.652	1137
合计					7990

规划待建段落

序号	年份	段落	建设方式	线路长度 /km	规划投资 / 万元
1	2022	北京 — 秦皇岛	高速公路管道	445	4895
2	2022	达州 — 荆门	高速公路管道	707	7777
3	2023	蓬莱 — 潍坊	高速公路管道	222	2442
4	2024	秦皇岛 — 盘山	高速公路管道	320	3520
5	2023	盘山 — 营口	高速公路管道	140	1540
6	2023	营口 — 大连（大连 — 沈阳）	高速公路管道	224	2464
7	2024	武汉 — 黄梅	高速公路管道	217	2387
8	2023	临汾 — 西安	高速公路管道	437	4807
9	2024	汉中 — 广元、营山 — 大竹	高速公路管道	553	6083
10	2024	安庆 — 宣城	高速公路管道	247	2717
合计				3512	38632

图2-12 光缆网规划建设段落示意（续）

2. 光缆芯数配置策略

光缆芯数配置策略以按需配置、适度超前、兼顾省内、统筹建设为总体原则。核心架构内及"东数西算"工程的光缆，以打造高效直达的 96 芯光缆资源，配置 G.654.E 光纤资源，以适应传输系统更大容量、更长传输距离的发展方向。而区域光缆，主要是结合存量光缆的实际情况，打造加密区域网络的 72 ～ 96 芯光缆资源，其中对于短距离的、仅用于区域内邻省互联的光缆建设段落考虑部署 G.652.D 光纤。

目前，骨干光缆共建共享的情况较多，对于随建方，如共建情况下无法满足 96 芯光缆资源需求，共建共享项目涉及的新建骨干光缆核心架构光纤芯数最低要求可降为 72 芯，区域可降为 48 芯。

3. 敷设方式

光缆敷设方式的总体原则是根据外界环境条件，选择合适的建设方式，以增强安全性、降低时延。

优先选用高速公路管道 / 高铁槽道，可极大降低光缆的故障率。不具备条件的中部、东部地区，也可自建长途直埋硅芯管，或通过社会合作方式购置长途管道。对于西部及偏远地区，可首选架空方式敷设，其次选择直埋方式敷设。

新建光缆线路采用鱼骨形、大站快车的方式，优化设站方式和光缆进局。优化设站方式，中继机房选择在主路由附近，减少光缆引接长度；优化光缆进局，引入骨干光缆调度机房，非落地业务直通，减少不必要的光缆进出城。

4. 站段配置

站段配置的总体原则是提升系统无电中继传输近距离，尽量等距离设站，调整站间距离。

短距设站可有效提升系统无电中继传输距离。根据行标进行系统模型测算，相同条件下按（62±5）km 距离进行等距设站，相对传统（80±5）km 站距的系统，可以进一步提升 100Gbit/s 系统中无电中继传输距离。新站距与传统站距 100Gbit/s 系统无电中继传输距离的比较如图 2-13 所示。

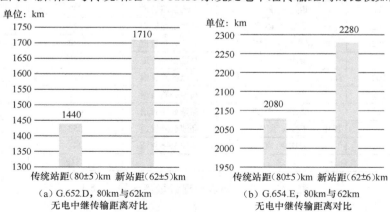

（a）G.652.D，80km 与 62km 无电中继传输距离对比　（b）G.654.E，80km 与 62km 无电中继传输距离对比

图2-13　新站距与传统站距100Gbit/s系统无电中继传输距离的比较

在短站距情况下，可进一步提升 G.654.E 光纤的传输优势。根据行标进行系统模型测算，

在 200Gbit/s 传输系统下，短距离（62±5）km 均匀设站，G.654.E 光纤相对 G.652.D 光纤无电中继传输距离可以进一步提升 23%。新站距下 G.654.E 光纤与 G.652.D 光纤 200Gbit/s 系统无电中继传输距离的比较如图 2-14 所示。

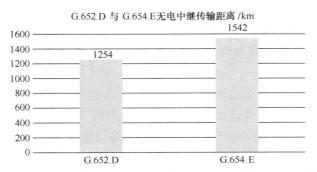

图2-14　新站距下G.654.E光纤与G.652.D光纤200Gbit/s系统无电中继传输距离的比较

5. 现有光缆的优化策略

（1）优化整治

针对现网光缆持续开展优化整治、进出局优化，同时开展网络精简，推进老旧光缆降级，促使骨干光缆动态更新，焕发活力。

（2）进出局优化

根据传输专业反馈的系统设站问题，以适配传输网络双平面、双节点的架构演进为目标。

根据业务局向和光缆成端情况，优化可用光缆，各个方向光缆依据骨干核心机房所在地理位置就近接入，避免迂回。

如果城区路由复杂迂回、安全性差，无法做到各局向光缆路由分离，通过建设骨干光缆调度机房汇聚各局向光缆，在骨干光缆调度机房与骨干核心机房之间建设双路由局间光缆。具备条件的重点城市双节点机房之间应建设大芯数、多路由局间光缆。

（3）网络精简

重点关注拆分光缆。日常运营还涉及大量运营商的协调工作，建议现有传输系统退网后，同步降级为二干或本地，作为系统容灾资源使用。

同一复用段间有多条光缆，应对其光纤指标、故障率、投产时间、敷设方式等参数进行综合分析，建议保留两条不同路由的可用光缆，用于主备系统开通，其余的光缆结合维护意见酌情降级。

对于降级干线光缆，只涉及资产属性变更，需要同步更新各运营商集团公司统一资源库、通信能力等相关数据。对于退服干线光缆，进行残余价值评估，按照资产处置流程进行报废处理。

6. 共建共享原则

在国家政策要求和建设环境恶劣的情况下，针对干线光缆采用共建共享方式将是一项长期性、持续性的工作，需要在竞争中谋发展。

共建共享方式有助于降低工程建设的难度，节省建设投资，提升国有资产运营的效率。但多方参与共建共享会增加后续运营管理的难度，共建共享段落的资源竞争力趋于同质化且多方共建会造成纤芯资源受限。

共建共享的总体原则是动态调整。积极对接友商项目，规划外项目中有需求的部分及时同步启动，低成本共建。同时，扩大合作范围，广泛开展社会合作，利用第三方资源，降低建维成本。

共建共享时，还要注意关键局向不能落后。根据业务需求与光缆现状，在关键局向（例如京、沪、穗等）积极响应运营商立项项目，在设站方式、局（站）引接、数字化运营方面保持差异化竞争力，尤其对涉及金融机构等高价值客户的光缆布局，无法达成共建共享时应及时采用自建方式。

二、规划实例分析

1. 规划实例

根据以上原则和结论，下面着重分析一个包含西安、成都、重庆、武汉的规划实例，进一步说明规划的原则与方法。按照前述规划原则，以西安、成都、武汉为主要传输核心节点，加上该区域内的重庆，西安、成都、重庆、武汉双路由直达光缆路由方案见表2-9。

表2-9 西安、成都、重庆、武汉双路由直达光缆路由方案

序号	局向	路由	途经主要节点
1	西安—成都	第一路由	西安—汉中—广元—成都
		第二路由	西安—达州—南充—成都
2	西安—武汉	第一路由	西安—十堰—武汉
		第二路由	西安—信阳—武汉
3	成都—武汉	第一路由	武汉—红花湾—南充—成都
		第二路由	武汉—重庆—成都
4	西安—重庆	第一路由	西安—汉中—巴中—重庆
		第二路由	西安—安康—达州—重庆
5	成都—重庆	第一路由	成都—安岳—重庆
		第二路由	成都—南充—重庆
6	武汉—重庆	第一路由	武汉—宜昌—重庆
		第二路由	武汉—红花湾—重庆

　　该区域以山区为主，传输直埋或架空方式安全性差，因此，本段以高速公路管道为主。将该区域的重庆纳入双路由直达光缆路由方案，根据高速公路管道进行光缆建设可行性分析，西安、成都、重庆、武汉双路由直达光缆路由方案如图 2-15 所示。

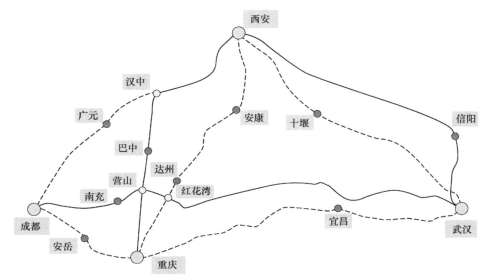

图2-15　西安、成都、重庆、武汉双路由直达光缆路由方案

2. 五点原则

针对上述实例，可看出骨干光缆网规划应考虑以下 5 点原则。

① 两个主要传输核心节点间遵循双完全分离的直达路由原则，这是最核心的原则。

② 两个直达路由中，第一路由应为最短路由，第二路由可以考虑与其他方向的光缆共缆，以提高投资效益。

③ 不同局向的光缆可以共缆，同局向光缆必须分缆。

④ 不同局向光缆的交叉位置，例如图 2-15 中红花湾和营山，需要设置中继机房，方便各方向局间光缆调度，增强网络灵活性。

⑤ 根据一二干协同发展的要求，骨干光缆网应考虑省内干线光纤需求，光缆路由及局（站）设置需要考虑经过的地市级城市。

第三章

光纤光缆与接头盒

第一节　光纤

一、中国的光纤产业史

1. 光纤发展简史

光通信是利用光波作为载波来传递信息的通信方式。广义地说，用光传递信息古已有之。早在 2000 多年前，我们的祖先就已经用烽火来传递信息。

1966 年，科学家高锟发表论文《光频率介质纤维表面波导》，低损耗光导纤维（简称"光纤"）的概念产生。高锟提出利用光导纤维进行信息传输的可能性和技术途径，奠定了光纤通信的基础。

高锟发现玻璃能够应用于通信领域之后，玻璃科学领域的专家们前仆后继，致力于将这一目标变为现实。1970 年，康宁公司成功研制了损耗小于 20dB/km（633nm）的石英单模光纤，该光纤和人的头发丝直径相近，且柔软可绕。1972 年，康宁公司又把光纤损耗降到 7dB/km。1973 年，贝尔实验室发明 MCVD 法制造光纤，使光纤损耗降到 2.5dB/km。1976 年，美国首先在亚特兰大成功地进行了 44.736Mbit/s 传输 10km 的光纤通信系统现场试验，使光纤通信向实用化迈出了第一步。1977 年，美国在芝加哥两个电话局之间开通世界上第一个使用多模光纤的商用光纤通信系统（距离 7km，波长 850nm，速率 44.736Mbit/s）。之后日本、德国、英国也先后建起了光缆线路。1979 年，单模光纤通信系统进入现场试验阶段。此后光纤通信在全世界飞速发展起来。

2. 中国光纤产业的发展

1977 年，赵梓森院士研制出我国第一根实用型光纤，采用石英光纤作为传输介质、半导体激光器作为光源、脉冲编码调制作为通信制式的方案，建立了中国光纤通信技术体系。赵梓森院士倡议并支持建立武汉·中国光谷。目前，武汉·中国光谷已成为全球最大的光纤光缆研制基地、全国最大的光器件研发生产基地、国内最大的激光产业基地之一。武汉·中国光谷生产的光纤光缆占全国市场的 66%、国际市场的 25%，培育出中国信科、长飞光纤、华工科技、华工激光等全球知名的行业领先企业。

我国光纤光缆产业的发展主要经历了以下 4 个阶段：启动阶段、开始实用化与产业化阶段、干线大建设与产业跟进阶段、成为全球光纤制造大国阶段。

（1）启动阶段（1978—1982年）

1978年，全国科学大会将光纤通信列为优先发展的几大新技术之一。同年，邮电部、上海市政府、电子工业部先后成立光纤通信会战领导小组。

在这一阶段，上海硅酸盐研究所成功研制 GeO_2–P_2O_5–SiO_2 系梯度型多模光纤；上海科技大学、上海石英玻璃厂研制出单模光纤；武汉邮电科学研究院研制出多模光纤。除此之外，上海、北京、天津、武汉先后建成市内电话中继光缆试验段。

（2）开展实用化和产业化阶段（1983—1988年）

邮电部在广州、石家庄、哈尔滨建成市话中继光缆工程，以及华南、华中、华北、东北四大区的实用化成功，表明我国光纤光缆系统整体技术达到商用化水平。同期，我国也建设了一些其他的短距离光缆工程。

1987年，国家光纤光缆工业性实验项目（武汉邮电科学研究院光纤生产线、邮电部侯马电缆厂光缆生产线）通过国家级验收，标志着我国光纤光缆的科技成果已开始形成生产力。1988年5月，长飞光纤光缆有限公司（以下简称"长飞"）成立，合资方为武汉光通信技术公司、武汉市信托投资公司与飞利浦公司，赵梓森院士长期为其提供技术指导。

（3）干线大建设与产业跟进阶段（1988—1998年）

1988—1990年，邮电部建设"八纵八横"骨干光缆网，早期多使用进口光缆，中期国产光缆逐渐替代进口光缆，后期全部使用国产光缆。国产光缆质量逐渐提升，达到世界先进水平。在此期间，全国新建了250多家光缆厂，生产能力大幅提升。

20世纪90年代，我国光纤产业虽然经历了一些波折，但在"八纵八横"等光缆干线工程强劲需求的刺激下，技术不断进步，逐步站稳脚跟。1985—1991年，我国引进34套MCVD光纤预制棒生产线和17台拉丝机，由于力量分散，消化吸收能力差，没有形成规模生产力，最后大都停产。在此期间，我国主要使用康宁公司的光纤。直到1998年，长飞和朗讯两家合资公司生产的光纤达到了100万千米，技术水平也接近世界先进水平，我国光纤事业迎来转机。

（4）成为全球光纤制造大国（1999年至今）

2005年，长飞已形成用PCVD+套管工艺制造G.651、G.652、G.655等光纤的大规模生产能力。法尔胜的MCVD+OVD、富通的VAD+OVD都已形成年产100万芯千米光纤的能力。在光纤拉丝方面，各企业都已形成可观的规模化生产能力，且技术水平和产品质量已达到国际先进水平。

2006年，光纤生产方面，长飞已达950万芯千米，富通达350万芯千米，亨通、烽火、中天、上海光纤、华信藤仓5家达250万芯千米，特发、法尔胜、中住3家达100万芯千米。全国生产光纤2700万芯千米以上，出口光纤425万芯千米，进口光纤250万芯千米，我国光纤产业规模开始逐步领先全球。

2022 年，我国光纤光缆产量达到 3.5 亿芯千米，占全球产量的 62.5%。其中，长飞、亨通、中天、烽火 4 家企业的产量合计达到 1.7 亿芯千米，占全国产量的 48.6%，占全球产量的 30.4%。这 4 家企业也分别位列全球光纤光缆产量前 4。

从技术创新来看，2022 年我国光纤光缆行业在新型光纤、高速光模块、特种光缆等领域取得了一系列重要突破。2022 年，我国光模块供应商的全球市场份额占比超过 50%，其中光纤行业已经不存在明显的技术弱项，并且某些细分技术方面处于优势地位。

二、光通信的波段

1. 光通信波长范围

在从 5～10nm 波长的 γ 射线到 103m 波长的长波间，电磁波序列中可见光的范围是 400～700nm 波长，而通信用波段主要分为红外光波段、可见光波段和紫外光波段，光通信波长范围示意如图 3-1 所示，其传输特性及应用场景如下。

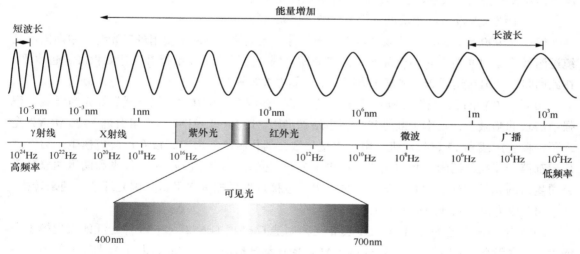

图3-1　光通信波长范围示意

（1）红外光波段

红外光波段是光纤通信最常用的波段之一，其频率范围是 1×10^{13} ～ 1×10^{14}Hz。红外光波段具有较低的损耗和较大的带宽，适用于长距离高速数据传输，可广泛应用于长途传输、跨洋海缆等场景。此外，红外光波段能更好地穿透大气层，因此，在卫星通信、无线通信和军事通信等方面有着广泛的应用。

（2）可见光波段

可见光波段是光纤通信中用于短距离传输的波段，其频率范围是 $3 \times 10^{14} \sim 7.5 \times 10^{14}$Hz。由于可见光的波长较短，用于单模传输时，其纤芯尺寸比红外光波段的纤芯尺寸小，制造困难，而多模光纤的纤芯尺寸较大，更适用于多模传输。可见光波段具有较高的频率和较简单的器件制造条件，适用于短距离高速通信，是数据中心光纤通信的常用波段，还可用于局域网，例如办公室、家庭网络等。

（3）紫外光波段

紫外光波段是光纤通信中相对较少使用的波段，其频率范围是 $7.5 \times 10^{14} \sim 3 \times 10^{16}$Hz。紫外光波段具有很高的频率和带宽，但其传输距离短，并且受到大气层吸收的影响较大。主要用于医疗中的光治疗、皮肤检测、光学显微镜等方面，也适用于光刻和实验室研究等领域。

因此，不同的应用场景应选择不同的光波段。红外光波用于长距离高速通信，是骨干传输及本地传输的主用光波段，可见光波主要用于数据中心或机房内的短距离传输，紫外光波主要用于医疗及实验室研究等领域。

2. 传输网光通信波段划分

传输网光通信波长范围主要集中在 1260 ~ 1675nm 波长的近红外区域。在适用于长途通信的 1260 ~ 1675nm 波长范围内，国际电信联盟电信标准化部门（ITU-T）提出了 6 个波段的划分，ITU-T 光通信波段划分见表 3-1。

表 3-1　ITU-T 光通信波段划分

波段	描述	波长范围 /nm
O 波段	初始（Original）	1260 ~ 1360
E 波段	拓展（Extended）	1360 ~ 1460
S 波段	短波长（Short wavelength）	1460 ~ 1530
C 波段	基本（Conventional）	1530 ~ 1565
L 波段	长波长（Long wavelength）	1565 ~ 1625
U 波段	超长波长（Ultra-long wavelength）	1625 ~ 1675

通过长期研究，最初发现波长为 850nm 的光可以作为光纤通信所使用的光，这一波段称为 850nm 波段。但是，850nm 波段的波长地区传输耗损大，且也没有匹配的光纤放大器，因此，850nm 波段仅适用于近程传输。之后又发现"低损耗波长地区"光波段，即波长为 1260 ~ 1625nm 的光适合在光纤中传输。传输损耗与光波段关联如图 3-2 所示。

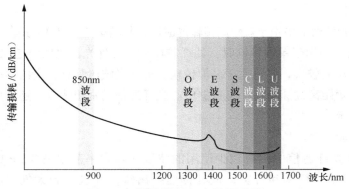

图3-2　传输损耗与光波段关联

各波段特性如下。

（1）O波段

O波段波长范围为1260～1360nm。此波段因光散射所导致的信号失真最少，耗损最少，为早期的光纤通信波段。

（2）E波段

E波段波长范围为1360～1460nm，E波段是5个波段里最不常见的波段。从上述传输耗损与光波段关联中，可以看出E波段有一个显著的不规则传输耗损突点。这一传输耗损突点的形成是1370～1410nm波长的光被氢氧根离子（OH-）消化吸收，从而导致传输耗损大幅增加，这一突点又被称为"水峰"。

由于受到初期光纤加工工艺限定，在光纤玻纤中，常常残余存水（OH基）残渣，造成E波段的光在光纤中的传输损耗最大，不能正常用于传输通信应用。随着光纤制作工艺的提升，出现ITU-T G.652.D光纤，促使E波段光的传输损耗与O波段相比越来越低，克服了E波段光的水峰难题。

（3）S波段

S波段波长范围为1460～1530nm。S波段光的传输损耗比O波段要低一些，常被用作无源光网络（Passive Optical Network，PON）的扩展波段。

（4）C波段

C波段波长范围为1530～1565nm。C波段光的传输耗损最少，被广泛运用于本地传输、长途传输、超长途海缆系统等。

（5）L波段

L波段波长范围为1565～1625nm。L波段光的传输耗损仅次于C波段。当C波段光不能达到网络带宽需求的情况下，L波段会作为C波段的扩展波段。

（6）U波段

除了上述5个波段，还有另外一个波段可以被使用，即U波段。U波段的波长范围是1625～

1675nm，主要应用于网络视频监控。

三、光纤的工作原理及光纤的结构

1. 折射与反射

光在均匀介质中是沿直线传播的，其传播速度如下。

$$v=c/n$$

式中：$c=2.997 \times 10^5$km/s，是光在真空中的传播速度；n 是介质的折射率。

主要物质折射率见表 3-2。

表 3-2　主要物质折射率

物质	真空	空气	水	光纤包层	光纤芯层	普通玻璃	钻石
折射率	1.0	1.0003	1.33	1.450～1.460	1.463～1.467	1.470～1.700	2.42

折射率较大的媒介称为光密媒介，反之称为光疏媒介。光在不同的介质中传输速度不同。

（1）玻璃的折射率

不同类型玻璃的折射率不同，下面将分别介绍 3 种常规玻璃的折射率及其特点。

① **普通玻璃**。普通玻璃是指常见的透明玻璃，其折射率一般为 1.470～1.700，通常约为 1.5。普通玻璃具有良好的透明性和光学性能，适用于建筑物的窗户、门等。由于折射率较高，透过普通玻璃的光线会发生明显的折射现象，使得室内外的景色产生畸变。

② **高折射率玻璃**。高折射率玻璃是指折射率大于普通玻璃的玻璃材料。例如，钠玻璃的折射率约为 1.6，铅玻璃的折射率可达到 2.0 左右。高折射率玻璃具有更高的光折射能力，可以在光学仪器、摄影镜头等领域发挥重要作用。

③ **低折射率玻璃**。低折射率玻璃是指折射率小于普通玻璃的玻璃材料。例如，硼硅玻璃的折射率约为 1.45，石英玻璃的折射率约为 1.46。低折射率玻璃具有更低的光折射能力，可以减少光线的反射和折射，提高光学设备的透光性能。

光纤玻璃是一种特殊的低折射率玻璃材料，具有良好的光导性能，可以将光信号传输到较远的地方。光纤玻璃的芯层和包层有一定的折射率差。

（2）光的反射

当一束光线以某一角度射向平面镜时，它会从镜面按另一角度反弹出去。光的这种反弹现象叫作光的反射，射向镜面的光为入射光，从镜面反弹出去的光为反射光。反射光线位于入射光线和法线所决定的平面内，反射光线和入射光线处于法线的两侧，且反射角等于入射角。

（3）光纤的折射与全反射

光从一种物质射向另一种物质时，在两种物质的交界面会产生折射和反射。当入射光的角度达到或超过某一角度时，折射光会消失，入射光全部被反射回来，这就是光的全反射。光的折射示意如图 3-3 所示，光在纤芯中的全反射示意如图 3-4 所示。图 3-4 中，光线 2 和光线 3 在芯层和包层界面上发生了全反射。

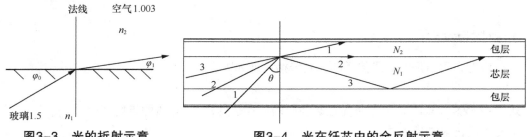

图3-3　光的折射示意　　　　　　图3-4　光在纤芯中的全反射示意

光纤的芯层与包层有一定的折射率差，芯层折射率 N_1 为 1.464，包层折射率 N_2 为 1.460，光在其中传播时，发生全反射的角度如下。

$$Sin\theta = \frac{N_2}{N_1} = 1.460/1.464 \quad \theta = 85.8°$$

即光纤的传播角度为 85.8°～90°，接近直角（亦即光在光纤中接近直线传播）。90° 减去 θ 所得的结果即为光纤的入射角。所有以小于最小入射角的角度投射到光纤端面的光线都将进入纤芯，并在纤芯包层界面上被内全反射。

2. 光纤的结构

光纤就是用来导光的透明介质纤维，一根实用化的光纤是由多层透明介质构成的，一般可以分为 3 个部分：折射率较高的纤芯（芯层）、折射率较低的包层和外面的涂层。光纤结构如图 3-5 所示。

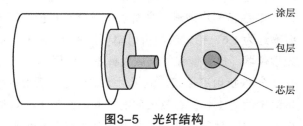

图3-5　光纤结构

光纤各层主要特性见表 3-3。

表 3-3　光纤各层主要特性

各层名称	直径 /μm	材料	作用
芯层	8～9	SiO_2+GeO_2（高折射率）	光传导，折射率 n_1
包层	125	SiO_2（低折射率）	与芯层形成反射界面，折射率 n_2
涂层（双层涂覆）	内层：190 外层：245	内层：软质聚丙烯酸酯 外层：硬质聚丙烯酸酯	保护光纤，增加柔韧性，防止裂纹扩散

3. 光纤的折射率分布

按照截面上折射率分布的不同，可以将光纤分为阶跃型光纤和渐变型光纤，光纤折射率分布类型如图 3-6 所示。

阶跃型光纤是由直径为 a、折射率为常数 n_1 的纤芯和折射率为常数 n_2 的包层组成，并且 $n_1 > n_2$，$n_1=1.463 \sim 1.467$，$n_2=1.450 \sim 1.460$，一般用于单模光纤。渐变型光纤与阶跃型光纤的区别在于其纤芯的折射率不是常数，其

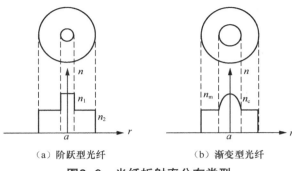

（a）阶跃型光纤　　　　（b）渐变型光纤

图3-6　光纤折射率分布类型

折射率随纤芯半径的增加而递减直到等于包层的折射率，其主要特点是降低了模间色散，一般用于多模光纤。

四、光纤的指标体系

光纤的技术指标可以分为几何尺寸、传输指标、机械性能和环境特性 4 类。

1. 几何尺寸

光纤的几何尺寸主要包括模场直径、包层直径、包层不圆度、同心度误差等，其性能参数直接影响接续和系统传输性能。

（1）模场直径与有效面积

模场直径是描述单模光纤中光能集中程度的参量。有效面积与模场直径的物理意义相同，通过模场直径可以利用圆面积公式计算出有效面积。

模场直径越小，通过光纤横截面的能量密度就越大。当通过光纤的能量密度过大时，会引起光纤的非线性效应，造成光纤通信系统的光信噪比降低，影响系统性能。因此，对于传输光纤而言，模场直径（或有效面积）越大越好。

光信号的能量在光纤截面中呈高斯分布。单模光纤中的场，并不完全集中在纤芯中传输，有一部分光信号的能量在包层中传输。模场直径（Mode Field Diameter，MFD）一般会大于纤芯直径，因此工程上通常只考量模场直径，即光斑的大小。模场直径示意如图 3-7 所示。

（2）截止波长

光纤中传播的模式的数量取决于光的波长：波长越短，可以

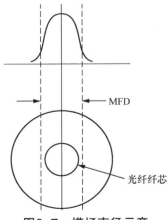

图3-7　模场直径示意

传播的模式越多。当一个特定模式在高于某一波长时便不再存在，则该波长就是其截止波长。对于光纤，LP11 模式的截止波长会限制其单模区间，因为低于该波长至少会有 LP01 和 LP11 两个模式。

当低于截止波长时，各个传播模式的性质会有很大的差异。通常模式半径（以及有效模式面积）在截止波长附近会显著变大，在纤芯中传播的能量也就大幅变小，因此，低于截止波长的光波在单模光纤中被认为是不可用的。

ITU-T 在 ITU-T G.650 中将实际测量的截止波长分为 3 类并制定相应标准，根据测试条件和测试样式不同分为：光缆截止波长、光纤截止波长和跳线光缆截止波长。

① 光缆截止波长 λ_{cc}。

预先将 22m 光缆平直安放，剥去被测光缆端护套等保护层，两端各裸露出 1m 长的预涂覆光纤，并在两端裸露光纤各打一个 40mm 的小圈，在此条件下测的成缆截止波长即为光缆截止波长。实践证明，工作波长经过 22m 成缆光纤后，LP11 模式不能继续传播。因此，光缆截止波长是确保光缆中光纤单模工作最为直接有效的参数之一。

② 光纤截止波长 λ_c。

光纤截止波长是指光纤在保持一个 140mm 的松绕大圈、其他部分平直、长度为 2m 条件下测得的截止波长。

③ 跳线光缆截止波长 λ_{cj}。

跳线光缆截止波长是指跳线光缆包含一个 76mm 的松套小圈、长度为 2m 条件下测得的截止波长。由于跳线光缆在实际应用中可能长度很短，所以 ITU-T 专门对跳线光缆和普通光缆规定了不同的测试条件和标准。

如上所述，λ_{cc}、λ_c、λ_{cj} 是由于光纤种类、光缆结构和试验条件不同而得到的，但不管怎样的定义，λ_{cc}、λ_c 和 λ_{cj} 就是规定的条件下 LP11 模式截止对应的波长。在实际应用中，虽然这 3 种对应关系不易确定，但对于不同光纤、光缆结构及试验条件，应确保在最短工作波长、两点连续的最短光缆段长处于单模传输。为了降低光纤模式噪声和色散对光纤系统的影响，规定 λ_{cc} 即最短光缆段长的截止波长小于系统波长是非常有必要的。

对于同一类型的光纤 λ_{cc}、λ_c、λ_{cj}，一般有如下关系：$\lambda_c > \lambda_{cj} > \lambda_{cc}$。

（3）其他主要几何参数

① 包层直径：即裸纤直径，通信用光纤的外径统一规定标称值为 125.0μm。

② 包层不圆度：一般不大于 1.0%，而研究表明包层不圆度越小越有利于生产出具有较低偏振模色散（Polarization Mode Dispersion，PMD）的光纤。

③ 同心度偏差：指纤芯的中心与包层的中心之间的距离，主要是对接头损耗有影响，ITU-T 规定不大于 0.6μm。

④ 光纤翘曲度：是指剥除涂层后的裸光纤自然弯曲的曲率半径。光纤翘曲率偏小的话会引

起轴向偏差，对接续产生不利影响，通常要求曲率半径 ≥ 4m。

光纤几何尺寸示意如图 3-8 所示。

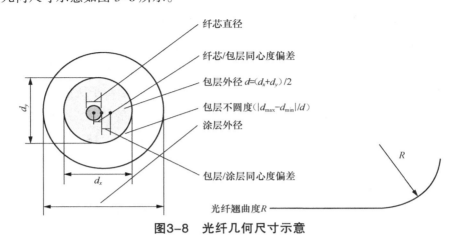

纤芯直径

纤芯/包层同心度偏差

包层外径 $d=(d_x+d_y)/2$

包层不圆度（$|d_{max}-d_{min}|/d$）

涂层外径

包层/涂层同心度偏差

光纤翘曲度 R

图3-8　光纤几何尺寸示意

2. 传输指标

最主要的传输指标有光纤的衰减、光色散（Chromatic dispersion，CD）和 PMD。

（1）光纤损耗与衰减系数

实现光纤通信，一个重要的问题是要尽可能地降低光纤损耗（衰减），单位为 dB。光纤每单位长度上的衰减称为衰减系数，单位为 dB/km。

光信号经光纤传输后，由于吸收、散射等原因引起光功率的减小称为光纤损耗。光纤损耗是光纤传输的重要指标，对光纤通信的传输距离有决定性影响。

光纤损耗分为吸收损耗、散射损耗、结构不规则损耗和弯曲损耗四大类。

① **光纤的吸收损耗。**

这是由于光纤材料和杂质对光能的吸收而引起的，它们把光能以热能的形式消耗于光纤中，是光纤损耗中的重要损耗，包括物质本征吸收损耗、不纯物质吸收损耗等。其中物质本征吸收损耗是纤芯物质本身带来的固有损耗，是不可降低的。而不纯物质吸收损耗，主要是光纤材料中含有铁、铜、铬等离子，还有 OH-（氢氧根离子）。金属离子含量越多，造成的损耗就越大，只要严格控制这些金属离子的含量，就可以使它们造成的损耗迅速下降。OH- 在 1383nm、950nm 两个波长上有吸收损耗峰，其中 1383nm 波长上的吸收最严重。如果把 OH- 含量降到十亿分之一以下，在 1383nm 波长上的吸收损耗可以忽略不计。

② **光纤的散射损耗。**

本征散射是材料散射中最重要的散射，其损耗功率与传播模式的功率成线性关系。它是由于材料原子或分子，以及材料结构的不均匀性，使得材料的折射率产生微观的不均匀性而引起传输光波的散射。这种散射是材料固有的，不能消除，是光纤损耗的最低极限，瑞利散射即属于这一类。另一类本征散射是掺杂不均匀引起的，在光纤制造中，为了改变玻璃的折射率，需要掺杂某种氧化物，当氧化物浓度不均匀或起伏时就会引起这种散射。

非线性散射有受激布里渊散射和受激拉曼散射。介质在强光功率密度的作用下，入射光子与介质分子发生非弹性碰撞时会产生声子，当光是被传播的声学声子所散射时，称为受激布里渊散射；当光是被分子振动或光学声子所散射时，称为受激拉曼散射。这两种受激散射都有一个功率阈值，只有超过阈值时才会发生。在通常的光通信系统中，输入光纤的光功率一般较低，通常不产生非线性散射。

③ 光纤的结构不规则损耗。

结构不规则损耗是由于纤芯包层界面上存在着微小结构波动和光纤内部波导结构不均匀而引起的那部分损耗。光纤结构不规则时会发生模变换，将部分传输能量射出纤芯外而变成辐射模，使损耗增加。这种损耗可以通过提高制造技术来降低。

④ 光纤的弯曲损耗。

弯曲损耗是光纤轴弯曲所引起的损耗。任何肉眼可见的光纤轴线对于直线的偏移称作弯曲或宏弯曲。光纤弯曲将引起光纤内各模式间的耦合，当传播模的能量耦合入辐射模或漏泄模时，即产生弯曲损耗。这种损耗随曲率半径的减小按指数规律增大。另一类损耗是光纤轴产生随机的微米级的横向位移状态所造成的，被称为微弯损耗。产生微弯的原因是光纤在被覆、成缆、挤护套、安装等过程中，光纤受到过大的不均匀侧压力或纵向应力，或光纤制造后涂层或外套的温度膨胀系数与光纤的不一致等造成的。

衰减系数是衡量光纤损耗性能的主要指标，公式如下。

$$\alpha = -10\lg(P_{out}/P_{in})/L$$

式中：

P_{out}——经过 L 长度光纤后的输出光功率；

P_{in}——输入光功率；

L——传输距离。

衰减系数是与波长有关的参数，是评定光纤质量最重要的指标之一，决定了光纤通信系统的中继距离。

对于 SiO_2 材质而言，其在不同波长上的衰减系数，虽然因掺杂纯度及制造工艺不同，具体值有所不同，但其变化有规律可循，衰减谱曲线走势是确定的，衰减最低值在 1550nm 波长附近。光纤衰减谱如图 3-9 所示。

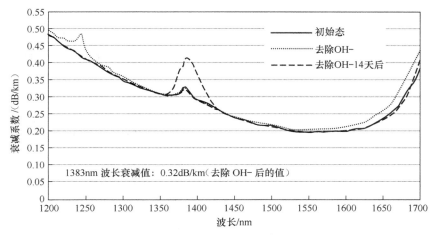

图3-9 光纤衰减谱

（2）色度色散与色散系数

材料的折射率是随入射光频率的改变而改变的性质，称为"色散"。一般而言，光频率升高会造成介质的折射率增大，例如一细束阳光可被棱镜分为红、橙、黄、绿、蓝、靛、紫7种颜色光，这是由于复色光中不同频率的各种色光的折射率不同。当它们通过棱镜时，传播方向有不同程度的偏折，因而在离开棱镜时便各自分散。

对光纤而言，当光纤的输入端光脉冲信号经过长距离传输以后，在光纤输出端，光信号中的不同波长光的传输速度不同引起光脉冲波形发生了时域上的展宽，这种现象称为"光纤的色度色散"。色度色散示意如图3-10所示。

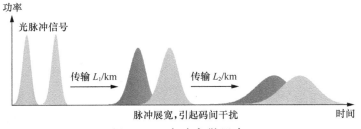

图3-10 色度色散示意

脉冲展宽是光纤色散对系统性能影响的最主要表现。当传输距离超过光纤的色散长度时，脉冲展宽过大，系统将产生严重的码间干扰和误码。光纤色散不仅使脉冲展宽，还使脉冲产生了相位调制。这种相位调制使脉冲的不同部位对中心频率产生了不同的偏离量，具有不同的频率，即脉冲的啁啾效应（Chirp）。

对单模光纤而言，光纤色散系数指的是每千米的光纤由于单位谱宽引起的脉冲展宽值，与长度呈线性关系。色散主要用色散系数 D（λ）表示。单模光纤色散系数一般在 20ps/（nm·km）

以下，光纤长度越长，则引起的色散总值就越大。

光纤色散值与波长相关，其曲线是一个斜向上的近似直线的弧线。使用截止波长位移工艺可使曲线向右移动。不同的有效面积影响色散的曲线斜率，有效面积越小，曲线越平。色散系数与衰减系数曲线如图3-11所示，虚线为衰减系数曲线，实线为色散系数曲线。

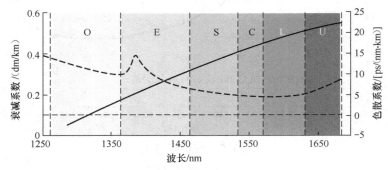

图3-11 色散系数与衰减系数曲线

（3）PMD与PMD系数

PMD是存在于光纤和光器件领域的一种物理现象。单模光纤中的基模存在两个相互正交的偏振模式，理想状态下，两种偏振模式应当具有相同的特性曲线和传输性质，但是由于几何和压力的不对称导致两种偏振模式具有不同的传输速度，产生时延，形成PMD，偏振膜色散示意如图3-12所示。

在光纤传输系统，PMD将导致脉冲分离和脉冲展宽，对传输信号造成降级，并限制载波的传输速率。PMD无法被完全消除，只能从光器件上使之最小化。由于传输设备的进步，目前在光纤传输系统中，PMD已不是主要的限制因素。

PMD与纤芯的材质均匀度及是否有受到应力影响有关。出厂检验合格的光纤，敷设后PMD值偏大的，一般是因为光纤敷设后未

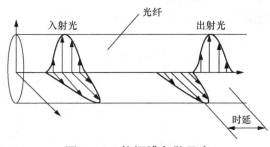

图3-12 偏振膜色散示意

能释放应力。多盘光缆接续后，由于不同偏振态的光缆可相互中和，其光纤的PMD值比单盘光缆的光纤PMD值小。

3. 机械性能

当光纤在成缆过程中和用于实际环境中时，会经受一定机械应力和化学环境的侵蚀。在光缆施工过程中，光纤需要熔融连接，剥离光纤涂层后的裸纤的翘曲度都会影响光纤的熔接难易

度和损耗大小，这些都属于光纤机械性能和操作性能的范畴。

（1）光纤机械强度

石英光纤必须具有足够的强度来经受机械环境，例如光纤的二次被覆，以及光缆敷设和运行期间受到的张力、宏弯和微弯。在通常的使用条件下，光纤都会受到张力（例如在光缆中）、均匀弯曲（例如在圆筒上）或平行表面的两点弯曲（例如在熔接情况中）的影响。在这些机械环境中，光纤经受了环境构成的所特有的应力。最普通的机械环境是单轴向张力。

衡量光纤机械强度的主要指标是光纤的筛选强度，一般在 0.69GPa 以上。

（2）涂层剥离力

光纤的机械强度由表面存在的裂纹和杂质决定，涂层也起着至关重要的作用。涂层的粘附力越强，对裂纹的保护作用就越明显，光纤强度就越高。

光纤涂层应具有可剥性，粘附力不宜过小也不宜过大，按照国家标准规定，涂层的剥离力在 1.3 ～ 8.9N。

（3）翘曲性能

当剥去涂层后，一根未支撑的光纤有自然弯曲的趋势，即翘曲性能。例如，一根从 V 形槽的端面出来的悬空光纤可以向上、向下或者向左、向右弯曲。虽然翘曲对连接器、机械连接或使用有源校准的熔融连接没有不好的影响，但翘曲可以在光纤是无源熔融连接时或许多光纤同时熔接（光纤带的批量熔接）时产生偏离。光纤翘曲度曲率半径要求不得小于 4m。

（4）动态疲劳参数与光纤寿命

光纤动态疲劳参数 n_d 反映了光纤的力学性能及光纤的寿命，其值越大表明光纤的抗断裂性能越好，规范要求 $n_d \geqslant 20$。n_d 的测试方法主要包括轴向张力法和两点弯曲法。

轴向张力法的测试是将光纤以轴向力拉伸，通过不同的速度下光纤的不同断裂力计算出 n_d。两点弯曲法是将光纤弯曲成 U 形夹在两压板之间，两压板以一定的速率相向运动挤压 U 形光纤直至光纤断裂，记录断裂时两压板的距离，计算出断裂时的应力值，再计算出 n_d。总之，n_d 是通过拉伸或挤压光纤使之发生断裂而计算出来的。光纤的寿命公式如下。

$$F = 1 - \exp\left\{ -N_p L \left[\frac{1}{1+C} \left(1 + \frac{\delta_s^n t_s}{\delta_p^n t_p} \right)^{\frac{m}{n-2}} - 1 \right] \right\}$$

式中：

t_s ——预期寿命；

t_p ——筛选试验时间；

N_p ——筛选试验中每千米光纤的断裂次数；

L ——光纤总长度；

F ——光纤断裂概率；

n——光纤疲劳系数（即 n_d）；

m——韦伯尔曲线斜率；

δ_p——筛选试验中施加的应力；

δ_s——静态负载施加的应力；

C——材料和环境的常数。

当光纤处于真空环境时，由于没有水分子存在，所以不会发生应力浸蚀，其疲劳参数 n_d 为最大值，光纤也具有最高的强度，这时的强度就是光纤的惰性强度，称之为 Si。光纤在使用环境中所具有的使用寿命 t_s 与它所承受的应力 σ 和纤维的惰性强度 Si 之间有如下关系。

$$\lg t_s = -n_d \lg \sigma + \lg B + (n_d - 2)\lg Si$$

上式中，B 与 Si 两项皆为常数，所以当承受到的应力 σ 恒定时，光纤的使用寿命 t_s 只与光纤的动态疲劳参数 n_d 有关。n_d 越大，光纤的使用寿命 t_s 也越长。因此，提高光纤的使用寿命有以下两种方法。

第一，当疲劳参数 n_d 一定时，光纤的使用寿命 t_s 只与所承受的应力 σ 有关，因此，减小光纤承受到的应力是提高光纤使用寿命的一种方法。制造光纤时，在光纤表面通过双层涂覆形成一种压缩应力，以对抗所承受到的张应力，使张应力减到尽可能小的程度。

第二，提高光纤疲劳参数 n_d 来提高光纤的使用寿命。因此，在制造光纤时，设法把石英纤维本身与大气环境隔绝开，使之不受大气环境的影响，尽可能地把 n_d 由环境材料参数转变为光纤材料本身的参数，就可以提升 n_d。

4. 环境特性

温度循环、高温高湿、温度时延漂移、浸水、核辐射等均影响着光纤的使用寿命，相关规范中的光纤环境特性主要有恒定湿热、干热、温度特性、浸水四大项。光纤的环境性能要求包括光衰减变化和环境试验后的机械性能要求。环境试验后光衰减变化要求见表 3-4。

表 3-4　环境试验后光衰减变化要求

试验项目	试验条件	波长 /nm	允许的衰减变化 /（dB/km）
恒定湿热	温度为（85±2）℃，相对湿度不低于 85%，放置 30 天	1550、1625	≤ 0.05
干热	温度为（85±2）℃，放置 30 天	1550、1625	≤ 0.05
温度特性	温度范围为 −60℃～85℃，两个循环周期	1550、1625	≤ 0.05
浸水	浸泡在温度为（23±5）℃水中 30 天	1550、1625	≤ 0.05

环境试验后的机械性能见表 3-5。

表 3-5　环境试验后的机械性能

试验项目	剥离力平均值 /N	剥离力峰值 /N	疲劳系数 n
恒定湿热	1.0～5.0	1.0～8.9	≥ n_d
浸水	1.0～5.0	1.0～8.9	—

五、光纤的分类

1. 光纤分类概览

光纤主要分为单模光纤和多模光纤两大类。按照 ITU-T，国际电工委员会（IEC）和中国国家标准的建议，主要光纤分类见表 3-6。

表 3-6　主要光纤分类

类别	ITU-T	IEC/ 中国国家标准	定义	优点	缺点	备注
多模光纤	G.651	A1.a	50/125μm 多模光纤	连接损耗低，耦合效率高	损耗较大，只能短距离使用	—
		A1.b	62.5/125μm 多模光纤			
单模光纤	G.652.B	B1.1	非色散位移光纤	技术成熟，价格低	在 1550nm 窗口色散较大	—
	G.652.D	B1.3	波长段扩展的非色散位移光纤	技术成熟，价格低	在 1550nm 窗口色散较大	—
	G.653	B2	色散位移光纤	1550nm 窗口零色散	四波混频严重，已淘汰	细分为 A、B 两类
	G.654	B1.2	截止波长位移光纤	有效面积大，1550nm 窗口衰耗最低	制造工艺难度大、价格高	细分为 A、B、C、D、E 五类
	G.655	B4	非零色散位移光纤	1550nm 窗口低色散	不同厂商指标差异大、成本高	细分为 C、D、E 三类
	G.656	B5	宽波长段光传输用非零色散光纤	全波段（S、C、L）	成本高、普及率低	—
	G.657	B6	接入网用弯曲不敏感光纤	用于室内布线、FTTH	—	细分为 A1、A2、B2、B3 四类

注：1. FTTH（Fiber To The Home，光纤到户）。

2. 单模光纤与多模光纤

当光纤的纤芯直径远大于光波长时，光在光纤中会有几十种乃至上百种传输模式，这种光纤称作多模光纤，其纤芯直径通常为 50μm。与多模光纤相对应的，当光纤的纤芯直径缩小到一定程度后，光在光纤中只允许一种模式（基模）传输，其余高次模全部截止，这种光纤就称作单模光纤，其纤芯直径通常为 8 ～ 10μm。单模光纤与多模光纤传输方式示意如图 3-13 所示。

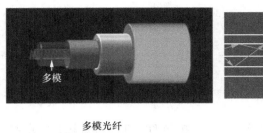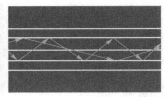

多模光纤

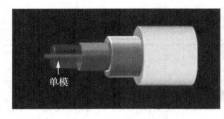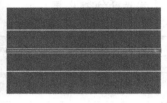

单模光纤

图3-13 单模光纤与多模光纤传输方式示意

相比单模光纤，多模光纤有更大的数值孔径和芯径，更容易与光源耦合，降低了光纤连接器的公差要求，在速率和传输距离要求不高的场合下成本更低，更易于实现。单模光纤与多模光纤的主要区别见表3-7。

表 3-7 单模光纤与多模光纤的主要区别

项目	单模光纤	多模光纤
纤芯直径	8 ～ 10μm	50μm
使用波长	1310nm/1550nm	850nm
使用光源	激光光源	LED 光源
带宽	带宽大	带宽小
光纤衰减	1550nm 处衰减 0.22dB/km 以下	850nm 处衰减 2.5dB/km
传输长度	可传上百千米	一般只能传几千米
成本	光纤成本低，设备成本高，长距离传输时综合成本低	光纤成本高，设备成本低，短距离传输时综合成本低
应用场景	大带宽，长距离，可用于本地传输网及长途传输	传输距离小于 5km，一般用于机房内

3. 各型单模光纤的折射率分布

各型单模光纤因应用场景和设计理念不同，在光纤的折射率分布上有显著差异。各型单模光纤折射率分布示意如图 3-14 所示。

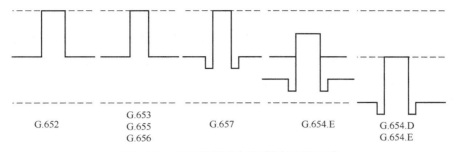

图3-14　各型单模光纤折射率分布示意

① G.652 光纤的芯层通过掺入锗离子，使芯层折射率大于包层。

② G.653、G.655、G.656 光纤的折射率分布与 G.652 光纤接近，有效面积略小。

③ G.654.D 光纤的芯层采用纯度极高的 SiO_2 材料降低损耗，包层通过掺氟降低折射率，保证与芯层的折射率差。

④ 与 G.654.D 光纤相比，G.654.E 光纤芯层是一种低掺锗的 SiO_2 材料，包层为低掺氟的 SiO_2 材料，保证芯层与包层的折射率差。

⑤ G.654.D 及 G.654.E 光纤的有效面积较大。

⑥ G.657 光纤的折射率分布与 G.652 光纤接近，有效面积略小。

为改善光纤的弯曲性能，G.654 和 G.657 光纤一般采用下陷包层技术，即通过增加一层掺氟的低折射率厚度较小的包层以提高芯层和包层的折射率差，并提高全反射角度，从而增加弯曲半径。

4. 单模光纤的演进历程

（1）单模光纤的基础型号：G.652 光纤

20 世纪 70 年代末，人们试图用研制长寿命半导体激光器来代替发光二极管光源，以获得更长的通信距离和更大的通信容量，而激光器在多模光纤中传输时会发生模式噪声。为克服模式噪声，1980 年零色散点在 1310nm 波长的单模光纤（非色散位移单模光纤，简称标准单模光纤）被成功研制，ITU-T 建议将这种单模光纤定义为 G.652 光纤。

G.652 光纤建议是 ITU-T 第 15 组（1981—1984 年研究期）创建的第一个版本 V1.0（10/1984）。后来，经过 1988 年、1993 年、1997 年、2000 年的 4 次修改，形成 V5.0 版本，在 V5.0 版本中 G.652 光纤的基本种类细分为 G.652.A 和 G.652.B 两类。在 2003 年日内瓦召开的 ITU-T 第 15 组会议上［V6.0（03/2003）］又增加了 G.652.C、G.652.D 两个种类，同时明确了 L 波段上限定波长为 1625nm。2005 年，ITU-T 又进一步对这些参数进行修订，形成 V7.0（05/2005）版本。这次主要修改的内容包括：MFD 容差减小，减小了最大色散斜率、同心度误差、包层不圆度、微弯损耗，增加了支持粗波分复用光接口 G.695。

G.652 光纤为基础型光纤，其他所有类型的光纤都是其衍生型号。G.652 光纤最初诞生时，主要用于传输 PDH 34Mbit/s、140Mbit/s 信号。

对基础型 G.652 光纤进行优化，降低衰减，使其能够满足 10Gbit/s 传输需求，最终演进为 G.652.A 光纤。G.652.A 光纤降低 PMD 以满足 40Gbit/s 传输需求光纤，演进为 G.652.B 光纤。G.652.A 光纤消除水峰以满足本地网粗波分需求，演进为 G.652.C 光纤。G.652.A 光纤同时降低 PMD 和消除水峰的版本，演进为目前广泛采用的 G.652.D 光纤。

G.652 光纤的演进如图 3-15 所示。

（2）低色散衍生型号：G.653、G.655、G.656 光纤

对于早期的 SDH 传输系统，G.652 光纤 1550nm 窗口的色散是一个重要的限制条件，为减少色散影响，开发出 G.653 色散位移光纤，能够将零色散点从 1310nm 移到 1550nm。

传输技术从 SDH 发展到密集波分复用（Dense Wavelength Division Multiplexing，DWDM），发现 G.653 光纤有严重的四波混频等非线性效应，人们认识到 DWDM 系统需要一定的色散以抑制非线性效应，这就催生出 G.655 非零色散位移光纤。

G.655 光纤有效面积小且未统一产品标准，在更高速率更多波道的 DWDM 系统及线路维护方便性等方面表现出越来越明显的劣势。G.656 宽带光传输用非零色散光纤是 G.655 光纤的进阶版，即在宽阔的工作波长 1460～1625nm 内色散非零且色散平坦。但自从 G.656 问世以来，由于价格、兼容性等原因，特别是由于设备的进步，G.652 光纤可以满足传输的需求，使得 G.656 光纤几乎无应用。G.653、G.655、G.656 光纤演进方式如图 3-16 所示。

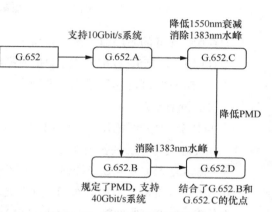

图3-15　G.652光纤的演进

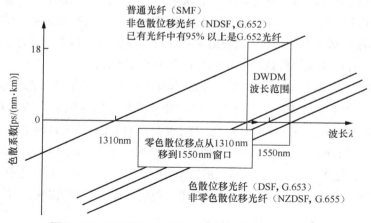

图3-16　G.653、G.655、G.656光纤演进方式

（3）适用于室内布放的弯曲不敏感光纤：G.657 光纤

随着光纤更广泛地进入家庭、办公室等室内场所，需要一种弯曲特性更好的光纤，G.657 光纤应运而生。它是基于传统 G.652 光纤通过降低有效面积、改进折射率分布（例如增加折射率下陷包层）等手段，生产出改善弯曲特性的新型光纤。

根据适用场景不同，G.657 光纤又分为兼容 G.652 光纤和不兼容 G.652 光纤两类，分别为 A 类和 B 类。G.657.A 类光纤的模场直径与 G.652 光纤相近，可直接熔接使用。为达到极致抗弯曲效果，G.657.B 类光纤进一步缩小有效面积，其与 G.652 光纤熔接时会有较大的熔接损耗，一般不混合使用。

由于有效面积较小，长距离传输时非线性效应较大，G.657 光纤一般不适用于"一干""二干"等长途传输场景。G.657 光纤演进示意如图 3-17 所示。

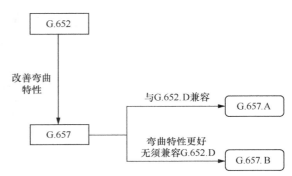

图3-17 G.657光纤演进示意

G.657 光纤的 A 类和 B 类的主要指标区别是弯曲半径不同，G.657 光纤宏弯特性比较见表 3-8。

表 3-8 G.657 光纤宏弯特性比较

条件		技术指标			
		G.657.A		G.657.B	
弯曲半径 /mm	圈数	1550nm 宏弯损耗最大值 /dB	1625nm 宏弯损耗最大值 /dB	1550nm 宏弯损耗最大值 /dB	1625nm 宏弯损耗最大值 /dB
15	10	0.25	1.0	0.03	0.1
10	1	0.75	1.5	0.1	0.2
7.5	1	—	—	0.5	1.0

G.652 光纤的最小弯曲半径为 30mm，与 G.652 光纤相比，G.657 光纤的弯曲半径有了极大的改善，适用于室内狭小空间内的布放要求，不同的弯曲半径比较如图 3-18 所示。

（4）适用于下一代骨干光缆网的光纤：G.654.E 光纤

非线性和链路损耗成为 400Gbit/s 以及更高速系统传输能力的主要限制因素。增大有效面积和降低损耗是提升系统传输能力、延长传输距离的主要手段，也是当前光纤技术发展的趋势。因此，"大有效面积 + 超低损耗"的 G.654 光纤成为长距离、大容量光缆干线传输系统的发展方向。

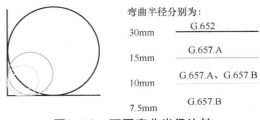

图3-18 不同弯曲半径比较

降低损耗的主要手段是采用纯度更高的 SiO₂ 作为纤芯，通过掺氟等手段降低包层折射率形成折射率差。增大有效面积会带来更差的弯曲特性，可通过下陷包层等工艺改善弯曲特性。

G.654 光纤中的 A、B、C 3 个版本为早期海缆用光纤，主要特点是损耗较低。G.652.D 光纤为当前主用海缆光纤，其特点是损耗更低，有效面积更大。G.654.E 光纤适用于陆地的衰耗较低、有效面积较大、抗弯曲性能较好的光纤。G.654.E 光纤演进如图 3-19 所示。

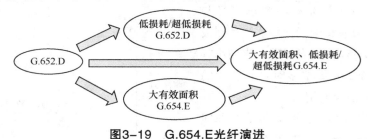

图3-19 G.654.E光纤演进

G.654.E 是骨干光缆网的下一代光缆，将逐步取代现有的 G.652.D 光纤，G.654.E 光纤与 G.652.D 光纤主要性能比较见表 3-9。

表 3-9 G.654.E 光纤与 G.652.D 光纤主要性能比较

项目	G.652.D	G.654.E
模场直径 / 有效面积	8.8 ～（9.2±0.4）μm，约 80μm²	11.5 ～（12.5±0.7）μm，110 ～ 130μm²，约增加 40% ～ 60%
衰减系数	持续降低中	
宏弯特性	相同，R30mm，100 圈，＜ 0.1dB@1550nm	
色散	13.3 ～ 18.6	17 ～ 23，约增加 20%
PMD_Q	相同，0.2ps/$\sqrt{km}$ （M=20，Q=0.01）	

5. 各型主要光纤的技术指标

（1）主要光纤技术指标比较

在工程中得到广泛应用的光纤主要有 G.652.D、G.654.E、G.655.C 和 G.657.A2 共 4 类，以目前各大运营商广泛采用的指标为基准，主要光纤技术指标比较（工程用）见表 3-10。

表 3-10 主要光纤技术指标比较（工程用）

项目	G.652.D	G.654.E	G.655.C	G.657.A2
模场直径 / 有效面积	（9.2±0.4）μm，约 80μm²	（12.5±0.5）μm，约 130μm²	（9.0±0.5μm），72μm²（康宁纤）	（9.0±0.5）μm，约 75μm²
截止波长 λ_{cc}/nm	≤ 1260	≤ 1530	＜ 1450	≤ 1260

续表

项目	G.652.D	G.654.E	G.655.C	G.657.A2
衰减系数（1550nm 波长）/（dB/km）	0.20	0.174	0.22	0.22
宏弯特性	R30mm，100 圈，< 0.1dB@1550nm	R30mm，100 圈，< 0.1dB@1550nm	R30mm，100 圈，< 0.1dB@1550nm	R15mm，10 圈，< 0.25dB@1550nm，< 1.0dB@1625nm
色散系数（1550nm 波长）/［ps/（nm·km）］	$D < 18$	$17 < D < 23$	$2 \leqslant D \leqslant 10$，$D_{max} - D_{min} \leqslant 5.0$	$D < 18$
PMD	$0.10ps/\sqrt{km}$（20 盘链路）			

（2）G.652.D 光纤

① 模场直径（1310nm 波长，PETERMAN Ⅱ定义）。

标称值：9.2μm。偏差：不超过 ±0.4μm。

② 包层直径。

标称值：125.0μm。偏差：不超过 ±1μm。

③ 芯/包同心度偏差：不大于 0.6μm。

④ 包层不圆度：小于 1.0%。

⑤ 光纤翘曲度：曲率半径 ≥ 4.0m。

⑥ 光缆截止波长。

截止波长应满足 λ_{cc} 的要求：λ_{cc}（在 20m 光缆 + 2m 光纤上测试）≤ 1260nm。

⑦ 光纤衰减系数。

✓ 在 1310nm 波长上的最大衰减系数为 0.35dB/km，平均衰减系数不超过 0.34dB/km。

✓ 在 1285 ～ 1330nm 波长范围内，任一波长上光纤的衰减系数与 1310nm 波长上的衰减系数相比，其差值不超过 0.03dB/km。

✓ 在（1383 ±3）nm 波长上的最大衰减值小于 1310nm 波长上的最大衰减值。

✓ 在 1550nm 波长上的最大衰减值为 0.20dB/km，其中在 1550nm 波长上光纤的衰减小于衰减值 0.19dB/km 的光纤不得少于 85%。

✓ 在 1480 ～ 1580nm 波长范围内，任一波长上光纤的衰减系数与 1550nm 波长上的衰减系数相比，其差值不超过 0.03dB/km。

✓ 1625nm 波长上的最大衰减系数 ≤ 0.24dB/km。

✓ 在 1310 ～ 1625nm 波长范围内的最大衰减值为 0.35dB/km。

✓ 光纤衰减曲线应有良好的线性并且无明显台阶。用光时域反射仪（Optical Time Domain Reflectometer，OTDR）检测任意一根光纤时，在 1310nm 和 1550nm 处任意 500m 光纤的衰减值应不大于（α_{mean}+0.10dB）/2，α_{mean} 是光纤的平均衰减系数。

⑧ 光纤在 1550nm、1625nm 波长上的弯曲衰减特性应满足：以 30mm 的弯曲半径松绕 100 圈后，衰减增加值应小于 0.05dB。

⑨ 色散。

✓ 零色散波长范围为 1300 ~ 1324nm。

✓ 最大零色散点斜率不大于 0.092ps/（nm²·km）。

✓ 1288 ~ 1339nm 波长范围内色散系数不大于 3.5ps/（nm·km）。

✓ 1271 ~ 1360nm 波长范围内色散系数不大于 5.3ps/（nm·km）。

✓ 1550nm 波长的色散系数不大于 18ps/（nm·km）。

✓ 1480 ~ 1580nm 范围内色散系数不大于 20ps/（nm·km）。

⑩ 偏振模色散。

✓ 在 1550nm 波长光缆单盘偏振模色散系数 ≤ $0.15ps/\sqrt{km}$。

✓ 光缆链路（≥ 20 盘光缆）偏振模色散系数 ≤ $0.10ps/\sqrt{km}$。

⑪ 拉力筛选试验。成缆前的一次涂覆光纤必须全部经过拉力筛选试验，试验拉力不小于 0.69GPa，光纤应变不小于 1.0%。

⑫ 光纤着色应优先采用 UV 处理法。其颜色应不迁染、不褪色（用丙酮或酒精擦拭也应如此）。在光纤光缆使用寿命内，光纤应不褪色、涂覆层不粉化。

⑬ 光纤接头损耗。所供光缆中的任意两根光纤在工厂条件下 1310nm 和 1550nm 波长的熔接损耗应满足：20 盘光缆链路接头双向平均值 ≤ 0.03dB；单接头双向平均值的最大值 ≤ 0.05dB。

（3）G.654.E 光纤

① 模场直径（1550nm 波长，PETERMAN Ⅱ 定义）。

标称值：12.5μm。偏差：不超过 ± 0.5μm。

② 包层直径。

标称值：125.0μm。偏差：不超过 ± 1μm。

③ 芯 / 包同心度偏差：小于 0.6μm。

④ 包层不圆度：小于 1.0%。

⑤ 光纤翘曲度：曲率半径 ≥ 4.0m。

⑥ 光缆截止波长。

截止波长应满足 λcc 的要求：λcc（在 20m 光缆 + 2m 光纤上测试）≤ 1530nm。

⑦ 光纤衰减系数（成缆后）。

✓ 在 1550nm 波长上的最大衰减系数 ≤ 0.174dB/km。

✓ 在 1530 ~ 1575nm 波长范围内，任一波长上光纤的衰减系数与 1550nm 波长上的衰减系数相比，其差值不超过 0.03dB/km。

✓ 在 1625nm 波长上的最大衰减系数 ≤ 0.194dB/km。

✓ 光纤衰减曲线应有良好的线性并且无明显台阶。用 OTDR 检测任意一根光纤时，在 1550nm 和 1625nm 处任意 500m 光纤的衰减值应不大于（α_{mean} + 0.10dB）/2，α_{mean} 是光纤的平均衰减系数。

⑧ 光纤在 1550nm、1625nm 波长上的弯曲衰减特性应满足：以 30mm 的弯曲半径松绕 100 圈后，衰减增加值小于 0.05dB。

⑨ 色散。

✓ 1550nm 波长的色散系数不大于 23ps/（nm·km），不小于 17ps/（nm·km）。

✓ 1550nm 波长的色散斜率不大于 0.07ps/（nm²·km），不小于 0.05ps/（nm²·km）。

✓ 提供最新 1550nm 波长的色散系数分布特性直方图。

✓ 1530 ～ 1625nm 波长的色散参数（D）需要满足：

$$17 + 0.05(\lambda - 1550) \leqslant D \leqslant 23 + 0.07(\lambda - 1550)$$

⑩ 偏振模色散。

✓ 在 1550nm 波长光缆单盘偏振模色散系数 ≤ 0.15ps/$\sqrt{km}$。

✓ 光缆链路（≥ 20 盘光缆）偏振模色散系数 ≤ 0.10ps/$\sqrt{km}$。

⑪ 拉力筛选试验。成缆前的一次涂覆光纤必须全部经过拉力筛选试验，试验拉力不小于 0.69GPa，光纤应变不小于 1.0%。

⑫ 光纤着色应优先采用 UV 处理法。其颜色应不迁染、不褪色（用丙酮或酒精擦拭也应如此）。在光纤光缆使用寿命内，光纤应不褪色、涂覆层不粉化。

⑬ 光纤接头损耗。所供光缆中的任意两根光纤在工厂条件下 1550nm 和 1625nm 波长的熔接损耗应满足：20 盘光缆链路接头双向平均值 ≤ 0.03dB；单接头双向平均值的最大值 ≤ 0.05dB。

（4）G.655.C 光纤

① 模场直径（1550nm 波长，PETERMAN Ⅱ 定义）。

标称值：8.0 ～ 11.0μm 中取定一个值。偏差：不超过 ± 0.5μm。

② 包层直径。

标称值：125μm。偏差：不超过 ±1μm。

③ 芯同心度误差：≤ 0.7μm。

④ 包层不圆度：≤ 1%。

⑤ 光纤翘曲度：曲率半径 ≥ 4.0m。

⑥ 光纤截止波长。

截止波长应满足 λ_{cc} 的要求：λ_{cc}（在 20m 光缆 + 2m 光纤上测试）< 1450nm。

⑦ 光纤衰减系数。

✓ 在 1550nm 波长上的最大衰减值为 ≤ 0.22dB/km

✓ 在 1525 ～ 1575nm 波长范围内，任一波长上光纤的衰减系数与 1550nm 波长上的衰减系数相比，其差值不超过 0.02dB/km。

✓ 在 1625nm 波长上的最大衰减系数为 0.27dB/km。

✓ 光纤衰减曲线应有良好的线性并且无明显台阶。用 OTDR 检测任意一根光纤时，在 1550nm 处任意 500m 光纤的衰减值不大于（α_{mean} +0.10dB）/2，α_{mean} 是光纤的平均衰减系数。

✓ 用 OTDR 测试任意一盘光缆中光纤的衰减系数时，两端衰减系数的差值 ≤ 0.05dB/km。

⑧ 光纤在 1550nm、1625nm 波长上的弯曲衰减特性应满足：以 30mm 的弯曲半径松绕 100 圈后，在 1550nm 衰减增加值小于 0.05dB，在 1625nm 衰减增加值小于 0.05dB。

⑨ 色散。

✓ 最大零色散点斜率 < 0.10ps/（nm^2 · km）。

✓ 非零色散波长区 1530 ～ 1565nm 范围内，任何波长处的色散系数都应满足：

$$2.0 \leq D \leq 10.0ps/（nm · km）$$

$$D_{max} - D_{min} \leq 5.0ps/（nm · km）$$

⑩ 偏振模色散。

✓ 光纤成缆后必须满足在 1550nm 波长光缆链路（≥ 20 盘光缆）偏振模色散系数 ≤ 0.10ps/$\sqrt{km}$。

✓ 在 1550nm 波长光缆单盘偏振模色散系数 ≤ 0.15ps/$\sqrt{km}$。

⑪ 拉力筛选试验。成缆前的一次涂覆光纤必须全部经过拉力筛选试验，试验拉力不小于 8.2N（约为 0.69GPa、100kpsi，光纤应变约为 1.0%），加力时间不小于 1s。

⑫ 光纤着色应优先采用 UV 处理法。其颜色应不迁染、不褪色（用丙酮或酒精擦拭也应如此）。在光纤光缆使用寿命内，光纤应不褪色、涂覆层不粉化。

⑬ 光纤接头损耗。所供光缆中的任意两根光纤在工厂条件下 1310nm 和 1550nm 波长的熔接损耗应满足：双向平均值 ≤ 0.05dB；双向最大值（2σ）≤ 0.1dB。

（5）G.657.A2 光纤

① 模场直径（1310nm 波长，PETERMAN II 定义）。

标称值：9.0μm。偏差：不超过 ± 0.4μm。

② 包层直径。

标称值：125.0μm。偏差：不超过 ±1μm。

③ 芯 / 包同心度偏差：≤ 0.6μm。

④ 包层不圆度：小于 1.0%。

⑤ 光纤翘曲度：曲率半径 ≥ 4.0m。

⑥ 光缆截止波长。

截止波长应满足 λ_{cc} 的要求：λ_{cc}（在 20m 光缆 + 2m 光纤上测试）≤ 1260nm。

⑦ 光纤衰减系数。

✓ 在 1310nm 波长上的最大衰减系数为 0.36dB/km。

✓ 在 1285 ～ 1330nm 波长范围内，任一波长上光纤的衰减系数与 1310nm 波长上的衰减系数相比，其差值不超过 0.03dB/km。

✓ 在（1383±3）nm 波长上的最大衰减值小于 1310nm 波长上的最大衰减值。

✓ 在 1550nm 波长上的最大衰减值为 0.22dB/km。

✓ 在 1480～1580nm 波长范围内，任一波长上光纤的衰减系数与 1550nm 波长上的衰减系数相比，其差值不超过 0.03dB/km。

✓ 在 1625nm 波长上的最大衰减系数 ≤ 0.26dB/km。

✓ 在 1310～1625nm 波长范围内的最大衰减值为 0.36dB/km。

✓ 光纤衰减曲线应有良好的线性并且无明显显台阶。用 OTDR 检测任意一根光纤时，在 1310nm 和 1550nm 处任意 500m 光纤的衰减值应不大于（α_{mean} +0.10dB）/2，α_{mean} 是光纤的平均衰减系数。

⑧ 光纤在 1550nm、1625nm 波长上的弯曲衰减特性应满足：以 15mm 的弯曲半径松绕 10 圈后，1550nm 波长衰减增加值应小于 0.25dB，1625nm 波长衰减增加值应小于 1.0dB。

⑨ 色散。

✓ 零色散波长范围为 1300～1324nm。

✓ 最大零色散点斜率不大于 0.092ps/（nm² · km）。

✓ 1288～1339nm 波长范围内色散系数不大于 3.5ps/（nm · km）。

✓ 1271～1360nm 波长范围内色散系数不大于 5.3ps/（nm · km）。

✓ 1550nm 波长的色散系数不大于 18ps/（nm · km）。

✓ 1480～1580nm 波长范围内色散系数不大于 20ps/（nm · km）。

⑩ 偏振模色散。

✓ 在 1550nm 波长光缆单盘偏振模色散系数 ≤ 0.15ps/$\sqrt{km}$。

✓ 光缆链路（≥ 20 盘光缆）偏振模色散系数 ≤ 0.10ps/$\sqrt{km}$。

⑪ 拉力筛选试验。成缆前的一次涂覆光纤必须全部经过拉力筛选试验，试验拉力不小于 0.69GPa，光纤应变不小于 1.0%。

⑫ 光纤着色应优先采用 UV 处理法。其颜色应不迁染、不褪色（用丙酮或酒精擦拭也应如此）。在光纤光缆使用寿命内，光纤应不褪色、涂覆层不粉化。

⑬ 光纤接头损耗。所供光缆中的任意两根光纤在工厂条件下 1310nm 和 1550nm 波长的熔接损耗应满足：20 盘光缆链路接头双向平均值 ≤ 0.03dB；单接头双向平均值的最大值 ≤ 0.05dB。

6. 新型光纤展望

（1）新型光纤的发展方向

根据香农极限公式：

$$C = M \times B \times \log2（1+S/N）$$

其中，C 为光纤系统容量；M 为复用数量；B 为通信波段宽度（C+L 波段 96nm）；S 为入纤光功率；N 为噪声系数。

提升光纤通信的传输容量，应从提升复用数量、通信波段宽度、入纤光功率及减少噪声系数入手。从光纤手段来看，主要通过提升光纤有效面积（可提升入纤光功率）、降低光纤衰减（可降低噪声系数）。而目前，以 G.654.E 光纤为代表的传统光纤在这两条路上均已趋近发展极限。光纤发展技术应另辟蹊径，走与传统光纤发展方向不同的道路。目前主要有以下两个方向。

方向 1：空分复用（Space Division Multiplexing，SDM），增加多芯光纤和少模光纤的光纤容量。

方向 2：空芯光纤，脱离玻璃材质，让光在空气中传播，这是根本性的、革命性的变化。

（2）空分复用光纤

空分复用光纤主要有单芯光纤（少模光纤）、多芯光纤、多芯少模光纤，空分复用光纤谱系如图 3-20 所示。

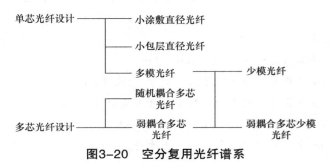

图3-20　空分复用光纤谱系

空分复用光纤截面分布如图 3-21 所示。

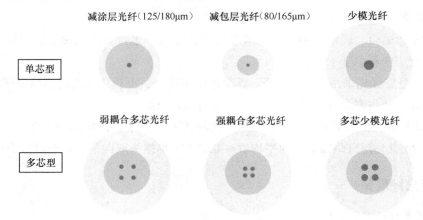

图3-21　空分复用光纤截面分布

（3）多芯光纤

目前多芯光纤已有比较成熟的产品，某厂商 7 芯及 19 芯光纤主要性能见表 3-11。

表 3-11　某厂商 7 芯及 19 芯光纤主要性能

项目	单位	7 芯	19 芯
串扰（相邻纤芯）	dB/100km	< -45	< -45
衰减 @1310nm	dB/km	< 0.35	< 0.45
衰减 @1550nm	dB/km	< 0.20	< 0.25
截止波长	nm	< 1300	< 1300
模场直径 @1310nm	μm	8.5 ± 0.5	8.5 ± 0.5
模场直径 @1550nm	μm	9.4 ± 0.6	9.4 ± 0.6
纤芯相距	μm	61	45
包层直径	μm	200 ± 2	250 ± 5
涂层直径	μm	400 ± 10	440 ± 15

多芯光纤的应用挑战主要有两个，一是纤芯的扇入扇出，二是光纤的熔接。

纤芯的扇入扇出。目前国际上制备多芯光纤扇入扇出器件的主要方法有空间光耦合法、熔融拉锥法、光纤束冷接法和波导法。4 种方法各有特点，多纤光纤扇入扇出主要方法如图 3-22 所示。我国光纤束冷接法已有成熟产品，插损可做到 0.5dB。

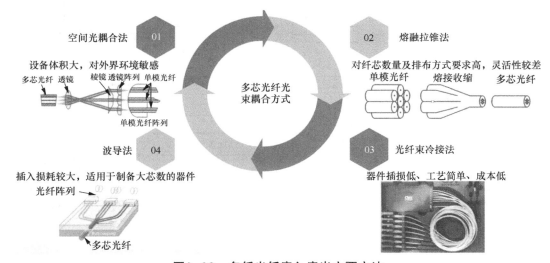

图3-22　多纤光纤扇入扇出主要方法

光纤的熔接。陆地线路多芯光纤的野外熔接仍然是重大挑战，主要有操作熟练度、特殊多芯熔接设备及环境复杂等方面的限制。而多芯光纤熔接损耗也面临光纤几何精度、多维度图像识别，以及对准、三电极多芯熔接机等方面的挑战。目前损耗较大，仅可控制在 0.3dB 以下。

多纤光纤的主要应用前景体现在以下两个方面。

① **跨洋海缆通信**。海岛间无中继多芯光纤海缆，可以解决大芯数海缆制备难度大的问题，

在下一代海洋光缆中的潜力巨大。面临的主要挑战有两个方面，一是制造多纤放大器的难度较大；二是制造超低衰减的多芯光纤难度较大。

② **数据中心应用方案**。多芯光纤替代现有大芯数数据中心的内部光纤，能够减小数据中心光缆体积及整体建设成本。

（4）少模光纤

少模光纤是单芯光纤，其纤芯直径比单模光纤大，一个纤芯中有多个稳定模式，但模式数量比多模光纤中的模式少。每个模式都相当于一根单模光纤，可利用模式的复用实现光纤容量的提升。

少模光纤面临的核心问题：一是光纤支持更多模式需要复杂的剖面设计；二是系统放大器的研发过于复杂（不同剖面的多模光纤需要不同的光纤放大器）；三是面临复杂的多输入多输出（Multiple-Input Multiple-Output，MIMO）数字信号处理器（Digital Signal Processor，DSP）。

当多个模式在同一纤芯中传输时，模式间极易因为受到外界扰动而发生耦合。需要利用MIMO-DSP对接收端接收到的不同模式进行解码恢复。而弱耦合少模光纤模间串扰较小，不需要模间MIMO-DSP，常规少模光纤及弱耦合少模光纤传输方式示意如图3-23所示。

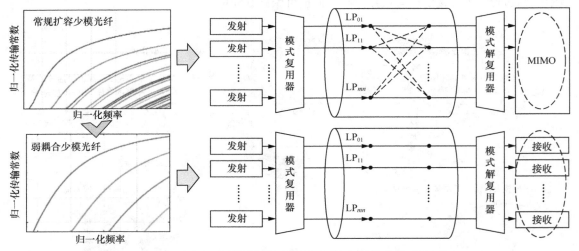

图3-23　常规少模光纤及弱耦合少模光纤传输方式示意

（5）空芯光纤

将光纤制成空心型，内部形成圆筒状空间，这种用于光传输的光纤称作空芯光纤。空芯光纤的纤芯为空气（或真空），无其他介质，即在空芯光纤中，光主要在空气中传播。

根据光纤传输原理，光纤的包层应比芯层折射率略大，以达成纤芯内全反射的目的。由于玻璃的折射率远大于空气，直接做成空芯玻璃管是不行的，目前的主流方案是利用反谐振原理制作空芯光纤。

谐振峰是空芯光纤中光的衍射和反射造成的，会导致传输过程中某波长信号产生强烈共振，而其他波长信号被削弱。为克服这个问题，需要采用特殊的结构设计。这种光纤结构可以分为两个部分：一个小的中空分支和一个大的中空分支。光信号从大分支流入小分支，然后再返回大分支完成传输。因为光信号在其反射过程中永远不会与自身重合，因此可用以防止谐振峰的形成。反谐振空芯光纤截面结构如图3-24所示。

图3-24　反谐振空芯光纤截面结构

反谐振空芯光纤的主要优点如下。

① 低时延：空气折射率比玻璃折射率低，因此光在空芯光纤中的传播速度比在玻璃中更大，时延可降低33%。

② 超低非线性：空芯光纤非线性比常规光纤低4个数量级，能够彻底摆脱光传输的非线性影响。

③ 大模场直径：单模传输的模场直径远大于普通光纤。

④ 超低色散：空芯光纤可提供比普通光纤小十分之一以上的色散。

⑤ 超宽工作频段：工作频段可轻松支持从远红外到3μm的频段。

⑥ 超低损耗：理论上，空芯光纤损耗可远低于0.1dB/km，远小于现有光纤。

空芯光纤作为下一代光纤，目前其商用还面临相当大的挑战，具体如下。

① 生产工艺难度大：空管内的无节点薄壁结构保持稳定的难度极高，导致某工艺难度大，良品率低，生产成本过高。

② 熔接困难：熔接时存在结构塌缩问题，熔接极为困难。

（6）总结

新型光纤的主要性能比较见表3-12。

表3-12　新型光纤的主要性能比较

策略	主要优势	主要不足	成熟度	容量
多芯光纤	最大限度利用光纤的截面积，实现空分复用	需要部署新光纤及新器件，光纤熔接及扇入扇出实现困难	高	与所用芯数成正比
少模光纤	每根纤芯传输容量增加	需要部署新光纤及新器件；光纤折射率分布复杂，制造难度大，与现有传输设备的适配性差	低	与所用光纤模式数成正比
空芯光纤	低时延、全波段（400nm）、超低非线性、超低色散	需要对全波段部署新设备	低	单纤容量提升＞100Tbit/s

新型光纤的主要应用场景如下。

① 多芯光纤工艺简单，兼容性高，易于实现，适用于需要大容量的场景（例如数据中心、无中继海缆）。

② 少模光纤完全属于新型光纤，工艺复杂，设备配合难度高，标准难以统一，应用前景不明。

③ 空芯光纤有低损耗、大带宽、低时延优势，应成为长途传输新一代光纤，目前的研发尚不到位，距离全面商用相差较远。

六、光纤带

1. 一般要求

① 光纤带是由多根光纤用 UV 固化材料平行粘接而成的。光纤带中相邻光纤应靠得很近，中心线应保持平直，彼此保持平行和共面。

② 光纤带相互重叠在一起，可形成光纤带叠体，光纤带叠体各层之间用印字识别。

③ 光纤带的结构可分为边缘粘接型和整体包覆型。

④ 根据用户的要求，可提供 4、6、8、12 芯或更多芯的光纤带。

2. 光纤带的几何尺寸

（1）定义

光纤带横截面如图 3-25 所示。

（2）几何尺寸要求

光纤带的几何尺寸见表 3-13。

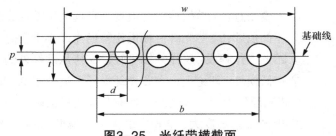

图3-25　光纤带横截面

表3-13　光纤带的几何尺寸

光纤带光纤芯数 / 芯	光纤带宽度 w/μm	光纤带厚度 t/μm	水平间距		平整度 p/μm
			相邻光纤 d/μm	首末光纤 b/μm	
4	1115	320	≤ 280	795	25
6	1645	320	≤ 280	1325	25
8	2175	320	≤ 280	1855	25
12	3235	320	≤ 280	2915	30

3. 光纤的标识

光纤带叠体中每一个光纤带均可通过印字来识别。印字间隔应不大于20cm，印字的颜色应为白色或黑色，印字应明显清晰并且牢固。投标方应分别说明各种缆芯结构带状光缆的光纤带印字格式规定。

光纤带中的光纤采用全色谱标识，光纤带内光纤色谱见表3-14。颜色应鲜明可辨，不褪色，不迁移。

表 3-14　光纤带内光纤色谱

序号	1	2	3	4	5	6	7	8	9	10	11	12
颜色	蓝	橙	绿	棕	灰	白	红	黑	黄	紫	粉红	青绿

4. 光纤带的机械性能

（1）带内光纤的可分离性

光纤带结构应允许光纤能从其中分离出来，分成若干根光纤的子单元或单根的光纤，并满足以下要求。

① 应对光纤带分离单根光纤的能力进行试验。

② 应不使用特殊工具或器械就能完成分离。撕开时所需的力应不超过 4.4N。

③ 光纤分离过程，不应对光纤的光学及机械性能造成永久性损害。

④ 应对光纤着色层无损害，在任意一段 2.5cm 长的光纤上应留有足够的色标，以便带中光纤能够相互区别。

（2）光纤带剥离性

单根光纤涂层及光纤带粘接的材料应容易剥除，并满足以下要求。

① 粘接材料与涂层（或着色层）有较好的分离性。

② 涂层剥离时无断纤。

③ 剥离后，光纤外表面应具有良好的清洁度，残留涂覆材料能够用酒精棉球擦除。

（3）抗扭转性

试样长度：340mm。扭转角度：±180°。扭转速度：20 次 / 分钟。扭转次数：20 个循环。

张力负荷：每根光纤的张力为 1N。

验收标准：试验后用 5 倍放大镜观察，不允许任一光纤从光纤带结构中分离出来。

（4）残余扭转度

经过残余扭转试验，所测残余扭转度应至少为每 0.4m 扭转不大于 360°。

5. 光纤带的传输特性

（1）宏弯衰减

光纤带以 75mm 的半径松绕 100 圈后，光纤带中的每根光纤在 1550nm 波长上的衰减应不超过 0.5dB/km（包括单根光纤固有的宏弯衰减和试验长度光纤的衰减）。

（2）光学连续性

完整的光纤带中每根光纤都应是光学连续的（不出现大于 0.08dB 的阶跃）。

6. 光纤带的环境特性

（1）衰减温度特性

温度范围：–40℃～ +70℃（黄河以北地区为 –60℃～ +70℃）。

单纤衰减变化：小于 0.05dB/km（相对于 20℃时）。

（2）热老化性能

条件：（85 ± 2）℃温度下，放置 30 天。

热老化后单纤衰减变化：小于 0.05dB/km（1310nm 和 1550nm）。

七、光纤的制造技术

1. 概述

光纤的制造有两道主要工序：制造光纤预制棒和拉纤。

光纤预制棒制造技术是光纤制造的核心，需要精确控制预制棒各部分尺寸及材料纯度，需要满足高纯度和高精度的要求。

① 高纯度：光纤材料要达到高纯度（99.9999%）。

② 高精度：精确控制光纤折射率分布和几何尺寸。

光纤预制棒的制造工艺主要有：管外气相沉积法（OVD[1]、VAD[2]）；管内气相沉积法（MCVD[3]、PCVD[4]）。

拉纤是将尺寸巨大的光纤预制棒拉成纤丝的工艺，其是用高温将光纤预制棒熔化，通过重力及牵引的方式来实现的。主要技术参数包括拉纤速度和每根预制棒可拉纤芯的长度。

2. 光纤预制棒制造技术

光纤预制棒制造技术主要分为管内气相沉积法和管外气相沉积法两类。

管内气相沉积法主要用于制造芯层。其工艺的主要特点是需要一个玻璃套管，通过在玻璃套管内打入高温气体并逐层沉积在套管内，以完成芯层的制造。

管外气相沉积法中的 OVD 工艺制作芯层时需要靶棒，因此，一般用于制作包层。与 OVD 工艺不同的是，VAD 工艺获得的光纤预制棒的生长方向是由下向上垂直轴向，不需要靶棒，一般用于制造芯层。

---

1. OVD（Outside Vapour Deposition，外部气相沉积）。
2. VAD（Vapour Phase Axial Deposition，轴向气相沉积）。
3. MCVD（Modified Chemical Vapour Deposition，改进型化学气相沉积）。
4. PCVD（Plasma Chemical Vapour Deposition，等离子体化学气相沉积）。

　　管内气相沉积法的优点是便于控制折射率剖面，缺点是成棒效率低、芯棒尺寸小、成本较高，且不能生产包层。管外气相沉积法的优点是生产效率高，但制造复杂折射率剖面的芯层时难度较大。

　　光纤预制棒制造工艺分类如图3-26所示。一般认为，芯棒的制造决定了光纤的传输性能，而外包层则决定了光纤的制造成本。光纤预制棒工艺比较见表3-15，现实中一般采取组合工艺。

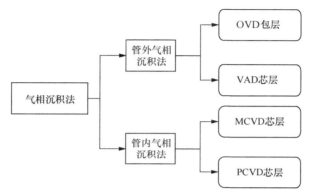

图3-26　光纤预制棒制造工艺分类

表 3-15　光纤预制棒工艺比较

工艺	优势	劣势	结论
OVD	沉积速度快，原材料纯度要求低，生产效率高	折射率控制困难，原材料利用率低	适宜制造包层
VAD	沉积速度快，生产效率高	原材料利用率低	适宜制造芯层
MCVD	折射率控制容易，便于操作	沉积速度慢	适宜制造芯层
PCVD	折射率控制容易，原材料利用率高	沉积速度慢，原材料纯度要求高	适宜制造芯层

3. 光纤拉丝技术

　　将预制棒拉成光纤需要拉丝炉，利用重力和牵引力将预制棒拉成光纤。光纤拉丝工艺示意如图 3-27 所示。

　　在光纤拉丝过程中，拉丝、收线与张力筛选是在同一工序中完成的。张力筛选是通过在光纤上施加适当的张力，筛去可能存在微裂纹的光纤，保证光纤的机械可靠性，避免光纤在后续使用过程中断纤。筛选张力要求不小于 8.2N，加力时间不小于 1s。张力筛选工艺示意如图 3-28 所示。

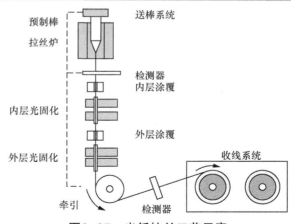

图3-27　光纤拉丝工艺示意

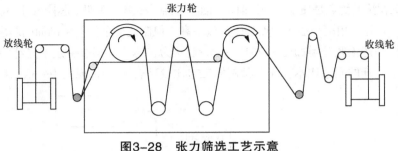

图3-28 张力筛选工艺示意

八、用OTDR测光纤衰减

1. OTDR 的原理

OTDR 仪表的工作原理是利用光的背向散射法。所谓背向散射法是利用光的瑞利散射特性对光纤损耗特性进行测试。前向传播的光遇到玻璃中微观的折射率变化时，部分光会向四面八方散射，称为"瑞利散射"，而其中的一部分散射光经反射后会返回入射端，称为"背向散射"。

当光脉冲遇到裂纹或其他缺陷时，也会有一部分光因反射而返回入射端，而且反射信号比散射信号强得多。这些返回入射端的光信号中包含损耗信息，经过适当的耦合、探测和处理，就可以分析光脉冲所到之处的光纤损耗特性。背向散射的主要工作原理如图 3-29 所示。

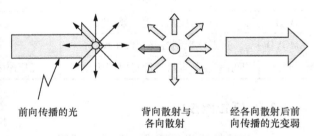

前向传播的光　　背向散射与　　经各向散射后前
　　　　　　　各向散射　　向传播的光变弱

图3-29 背向散射的主要工作原理

2. OTDR 的曲线及特性

（1）OTDR 的正常曲线

正常情况下，OTDR 测试的光线曲线主体斜率基本一致，若某一段斜率较大，则表明此段衰减较大；若曲线主体为不规则形状，斜率起伏较大，弯曲或呈弧状，则表明光纤质量严重劣化，不符合通信要求。

OTDR 曲线主体斜率基本一致，且斜率较小，说明线路衰减常数较小，衰减的不均匀性较好。无明显台阶，说明线路接头质量较好。尾部反射峰较高，说明远端成端质量较好。正常的OTDR 曲线示意如图 3-30 所示。

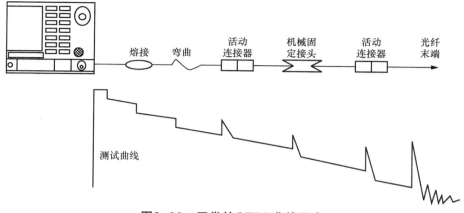

图3-30　正常的OTDR曲线示意

（2）OTDR曲线中的"事件"

OTDR曲线中间出现一个明显的台阶，多数为熔接、纤芯打折、弯曲过小、受到外界损伤等因素。OTDR曲线中的这个台阶是比较大的一个损耗点，也称为"事件点"。

① 端口事件：用于检测光纤连接器、适配器和插座之间的连接质量，例如检测活动连接器或成端的反射损耗。

② 断纤事件：用于检测光纤中的断裂或切割，可以确定光纤的断裂位置。

③ 弯曲事件：用于检测光纤中的弯曲，可以确定弯曲位置和损耗程度。

④ 末端事件：用于检测光纤末端的反射，例如检测光纤末端的反射损耗。

⑤ 衰减事件：用于检测光纤中的信号衰减，可以确定光纤的损耗程度，例如熔接损耗。

这些事件类型可以帮助用户定位和解决光纤网络中的问题，以保证网络的性能和可靠性。

（3）光纤的末端曲线

光纤的末端不平整时（例如断纤），OTDR曲线没有反射峰。光纤末端的两种情况及对应的OTDR曲线如图3-31所示。

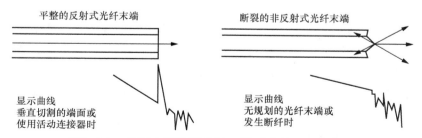

图3-31　光纤末端的两种情况及对应的OTDR曲线

第一种情况是一个反射幅度较高的菲涅尔反射。第二种情况是光纤末端显示的曲线从背向反射电平简单地降到 OTDR 噪声电平以下。

（4）光纤的伪增益

OTDR 测衰减可能会出现"伪增益"，即该接头衰减为负值。而事实上，光纤在这一熔接点上是有熔接损耗的。这种情况常出现在不同模场直径或不同后向散射系数光纤的熔接过程中。从 A 端测时衰减值为负值，而从 B 端测时会有一个较大的正值衰减，二者的算术平均值为正值，这个值可以真实地反映该接头的损耗。因此，需要在两个方向测量并对结果取平均值作为该熔接的损耗。

（5）OTDR 的测试盲区

① 盲区产生的原因。

OTDR 会产生盲区是因为 OTDR 的检测器受高强度的菲涅尔反射光（主要由 OTDR 连接点间的气隙引起）影响而暂时"失明"。当高强度的反射产生时，光电二极管接收到的功率比后向散射功率高 4000 倍以上，这样，OTDR 内部的检测器接收到的反射光信号就达到饱和，检测器需要一定的时间才能从饱和状态恢复到不饱和状态，重新读取光信号。

在检测器恢复期间，OTDR 无法准确检测到后向散射光信号，导致形成盲区。一般来讲，反射越多，盲区越长。此外，盲区还受脉冲宽度的影响，长的脉冲宽度会增加动态范围，盲区也随之变长。

② 盲区的分类。

盲区分为事件盲区、衰减盲区两种。事件盲区是指菲涅尔反射发生后 OTDR 可检测到另一个连续反射事件的最短距离。标准规定，事件盲区是反射级别从其峰值下降到 −1.5dB 处的距离。衰减盲区是指菲涅尔反射发生后 OTDR 能精确测量连续非反射事件损耗的最小距离。衰减盲区是从反射事件发生时开始，直到反射降低到光纤的背向散射级别的 0.5dB。因此，衰减盲区通常比事件盲区要长。

③ 减少盲区长度的方法。

在测试光纤链路时，至少会产生一个盲区，即 OTDR 与光纤的连接点。盲区是 OTDR 的一大缺点，在测试有大量光器件的短距离光纤链路时更是如此。但是，盲区又是不可避免的，因此，尽可能地减少盲区的负面影响至关重要。

盲区与脉冲宽度相关，我们可以通过缩减脉冲宽度来缩小盲区，但是缩减脉冲宽度又会减小动态范围（动态范围越大，OTDR 可测量的光纤链路距离越长），因此，选择一个合适的脉冲宽度很关键。通常，窄脉冲宽度、短盲区和低功率的 OTDR 常用来检测室内光纤链路，排除短光纤链路内的故障；宽脉冲宽度、长盲区和高功耗的 OTDR 常用来检测长距离的光纤链路。

④ 测试成端活动连接器衰减的方法。

OTDR 测试光纤成端后的 ODF 活动连接器衰减时，可使用不少于 100m 的长尾纤（也称为"假纤"）以使活动连接器的衰减值在盲区之外。

3. OTDR 测试参数的设定

测试模式：选择取平均值模式。

测试范围：以中继段长度是测试范围的 60% ～ 80% 为宜。

脉冲宽度：脉冲宽度的选择与中继段长度有关。设定过小则量程不够，设定过大则事件盲区过长。

平均时间：平均时间应大于曲线稳定时间，但注意超过 3min 是无意义的。

脉冲宽度和测试时间的设定要保证曲线稳定，脉冲宽度与最小测试时间参数见表 3-16。

表 3-16　脉冲宽度与最小测试时间参数

中继段长度 /km	脉冲宽度	最少平均时间 /s
< 10	10 ～ 100ns	10 ～ 30
10 ～ 40	300ns	30 ～ 60
40 ～ 80	1μs	30 ～ 60
80 ～ 120	3 ～ 10μs	60
> 120	10 ～ 20μs	180

波长：如任务无特殊要求，仅测试 1550nm 波长。

折射率：应设置为光纤出厂折射率，不知道时可不更改。

OTDR 仪表与 ODF 连接处的反射率应不小于 –20dB（理想情况下应不小于 –40dB）。有两处连接位置，一是软光纤与 OTDR 仪表的连接，二是软光纤与 ODF 的连接，两处连接都有可能造成反射率过大。

测试时应注意：插入测试尾纤时一定要连接到位，FC 接头要拧上（但注意不可用力拧）。

4. 光纤衰减测试结果

OTDR 测试要求接入长度约为 1km 的长尾纤进行双向测试，读取测试数据时应读取仪表端活接头的衰耗。中继段光纤衰减计算公式如下。

$$A = A_A + A_B + (A_{A-B} + A_{B-A}) / 2$$

式中：

A——OTDR 法测试 A–B 中继段总的衰耗值（dB）；

A_A——A 端活接头衰耗（dB）；

A_B——B 端活接头衰耗（dB）；

A_{A-B}——A 端至 B 端 OTDR 测试衰耗值（dB）；

A_{B-A}——B 端至 A 端 OTDR 测试衰耗值（dB）。

OTDR 测试要求为双向测试，每根光纤最终测试的两个曲线均需要保存。测试完成后可从 OTDR 的事件列表中得到被测光纤的总长度和衰减总值。一般来讲，若 OTDR 曲线平滑完整，可认为 OTDR 的测试结果是有效的。

衰减测试要结合光源光功率计测试，因光源光功率计法测试附加的人为误差较大，所以其测试值仅作参考值使用。若中继段衰减系数（不包括两端活接头衰耗）超过 0.263dB/km 或光缆接头衰减大于 0.3dB，则认为该段光纤有问题，不宜在工程中使用。

5. 测试注意事项

① 应分别在 A 端和 B 端开展测试，计算两端数据的算术平均值作为该光纤的衰减系数。

② 光纤系统始端连接器插入损耗可通过 OTDR 加一段过渡光纤来测量。开展光纤测试，可在 OTDR 与待测光纤间加接一段过渡光纤（假纤），使前端盲区落在过渡光纤内，而待测光纤始端落在 OTDR 曲线的线性稳定区。

③ 光纤活接头接入 OTDR 前，必须进行认真清洗（建议使用 95% 以上的工业无水酒精，不建议使用 75% 的医用酒精），包括 OTDR 的输出接头和被测活接头，否则插入损耗过大，会导致测量不可靠。

第二节　光缆

一、光缆的敷设方式

（1）概述

目前成熟且得到广泛应用的省际干线光缆建设模式总体可以分为三大类：埋式敷设、架空敷设和管道敷设（包括城区管道、高速公路管道和高铁槽道）。不同的敷设方式对光缆结构及性能的要求也不同。

（2）埋式敷设

干线光缆的埋式敷设主要有直埋敷设和埋设长途硅芯塑料管道穿放光缆两种形式。直埋敷设是人工将光缆直接敷设于挖好的缆沟中，然后将缆沟回填覆盖。

长途硅芯塑料管道穿放光缆是先挖好光缆沟（同直埋方式），再将盘长为 2000m 左右的硅芯塑料管（一般规格为 $\varPhi40/33mm$）布放于缆沟内。硅芯塑料管布放完成后回填缆沟，并在连接处及每隔 1000m 左右安装手孔，需要采用机械气吹法敷设。

（3）架空敷设

架空敷设主要有吊挂式和自承式两种。吊挂式架空敷设是主流的架空方式，主要通过杆子、钢绞线（吊线）、挂钩将光缆吊挂敷设，因光缆在吊挂式敷设完成后不受向拉力，吊挂式敷设在光缆的安全性、施工的方便性和扩容性均有较大优势。电杆、拉线、吊线可以形成一个结构稳固的架空杆路，而光缆吊挂在吊线下面，处于非受力状态，因此传输性能能够得到保证。架空杆路最大的威胁是外力损伤，例如电杆被撞毁、过路光缆被车挂断等。

自承式架空敷设又分为"8"字形光缆（将吊线与光缆合并在一起）及电力杆路架挂的光缆，例如 ADSS 光缆和 OPGW 光缆等。

（4）管道敷设

光缆的城区管道敷设方式主要指管道段长为 150m 左右的城区管道敷设，以人工穿放的方式敷设光缆。因建设和维护成本过高，不是野外主流敷设方式。

城区管道敷设是城区光缆的主要敷设方式。通信管道由人（手）孔和埋设的管材组成，是城市重要的基础设施之一，一般位于人行道或绿化带。光缆可通过人（手）孔穿放至管材内。

利用高速公路管道的敷设方式逐渐成为省际干线光缆建设的首选。各地的高速公路管道虽然标准不一、规格繁多，但主要分为主线的纵向管道、主线手孔和横穿高速公路的横向管道、边坡手孔。沿高速公路管道敷设的光缆主要敷设在纵向管道内。

随着我国高铁建设的发展，利用高铁槽道建设省际干线光缆成为可选方式，通常 3km 左右位置会有高铁槽道引出口，可供光缆引出进局成端。利用高铁槽道敷设光缆的最大优点是安全性高，但发生中断事故后，维修期较长，施工窗口期仅在 0 点至 4 点间，协调难度大，施工周期长。

二、光缆的命名规则

光缆的命名遵照行业标准 YD/T 908—2020《光缆型号命名方法》中的规定。

1. 光缆型号名称的组成部分

光缆型号名称的组成包括 3 个部分，型式、规格和特殊性能标识（可缺省）。光缆型号名称的组成格式如图 3–32 所示，型式代号和规格代号间应空一格，规格代号和特殊性能标识（可缺省）间用短横"–"连接。

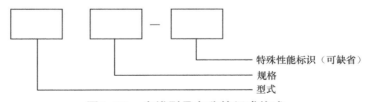

图3–32　光缆型号名称的组成格式

2. 型式

光缆型式名称的组成如图 3–33 所示，包括 5 个部分，分别为分类、加强构件（可缺省）、结构特征、护套（可缺省）、外护层。

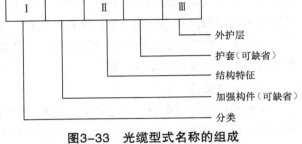

图3-33 光缆型式名称的组成

（1）分类

分类是指光缆的使用场合的分类，主要分室外、室内、海底等，每个场景又分为若干小类。通信专业常用的5种如下所示。

① GY：通信用室（野）外光缆。干线及本地网光缆多采用此类光缆。

② GYC：通信用气吹微型室外光缆。

③ GJ：通信用室（局）内光缆。

④ GJC：通信用室内蝶形引入光缆。

⑤ GH：通信用海底光缆。

（2）加强构件（可缺省）

加强构件是指护套以内或嵌入护套中的用于光缆抗拉力的构件，包括加强芯、护套内嵌加强件等。

加强构件代号主要有3种。

①（无符号）：金属加强构件。一般通信用光缆均采用金属加强构件光缆。

② F：非金属加强构件。

③ N：无加强构件。

（3）结构特征

光缆的结构特征应表示出缆芯的主要结构类型和光缆的派生结构。结构特征又分为以下6类，可叠加。

① 光纤的组织方式。

✓（无符号）：分立式。即光纤为散状纤芯，为光缆的常用结构。

✓ D：光纤带式。带状光缆用。

② 二次被覆结构。

✓（无符号）：塑料松套被覆结构。即松套式缆芯结构，干线与本地网光缆的最常用结构。

✓ M：塑料松套被覆结构。

✓ E：无被覆结构。

✓ J：紧套被覆结构。

③ 缆芯结构。

✓（无符号）：层绞式结构。干线与本地网光缆的最常用结构。

✓ G：骨架式结构。

✓ X：中心束管式结构。

④ 缆芯阻水结构。

✓（无符号）：全干式结构。

✓ HT：半干式结构。

✓ T：填充式结构。干线与本地网光缆的最常用结构。

⑤ 缆芯外护套内加强层。

✓（无符号）：无加强层。干线与本地网光缆的最常用结构。

⑥ 截面形状。

✓（无符号）：圆形。

✓ 8："8"字形。

（4）护套（可缺省）。

护套的代号应表示出护套的结构和材料特征。常用的如下。

① 阻燃特征。

✓（无符号）：非阻燃材料护套。

✓ Z：阻燃护套。

② 护套结构。

✓（无符号）：单一材质护套。

✓ A：铝—塑料粘接护套。

✓ S：钢—塑料粘接护套。

✓ W：夹带平行加强件的钢—塑料粘接护套。

③ 护套材料。

✓（无符号）：当与护套结构代号组合时，表示聚乙烯护套。

✓ N：尼龙护套。

（5）外护层

当有外护层时，可包括垫层、铠装层和外被层。常用的主要有铠装层和外被层。

① 铠装层。

✓ 0 或（无符号）：无铠装层。无外被层时，无符号（最常用）。有外被层时，用 0。

✓ 3：单层圆钢丝。

✓ 33：双层圆钢丝。

✓ 4：不锈钢带。

✓ 5：镀铬钢带。

② 外被层。

✓ 0 或（无符号）：无外被层。无铠装层时，无符号（最常用）。有铠装层时，用 0 或无符号。

✓ 3：聚乙烯套。

✓ 4：聚乙烯加覆尼龙套。

（6）常用光缆结构

GYTA：GY 表示室外缆，T 表示松套层绞式结构，A 表示铝－塑料粘接护套。这是单护套光缆。

GYTZA：GY 表示室外缆，T 表示松套层绞式结构，Z 表示护套为阻燃型护套，A 表示阻燃型护套结构为铝－塑料粘接护套。这是单护套光缆。

GYTS：GY 表示室外缆，T 表示松套层绞式结构，S 表示钢－塑料粘接护套。这是单护套光缆。

GYTA53：GY 表示室外缆，T 表示松套层绞式结构，A 表示铝－塑料粘接护套，5 表示镀铬钢带铠装，3 表示外被层是聚乙烯套。这是双护套光缆。

GYTA33：GY 表示室外缆，T 表示松套层绞式结构，A 表示铝－塑料粘接护套，第一个 3 表示单层圆钢丝铠装，第二个 3 表示外被层是聚乙烯套。这是双护套光缆。

GYTA333：GY 表示室外缆，T 表示松套层绞式结构，A 表示铝－塑料粘接护套，前两个 33 表示双层圆钢丝铠装，第三个 3 表示外被层是聚乙烯套。这是双护套光缆。

GYTA04：GY 表示室外缆，T 表示松套层绞式结构，A 表示铝－塑料粘接护套，0 表示无铠装，4 表示外被层是聚乙烯加覆尼龙套。这是双层护套光缆，即在 GYTA 光缆外层再加一层尼龙护套。

3. 规格

光缆基本规格由光纤数和光纤类别组成。光纤类别代号应符合 GB/T 12357 和 GB/T 9771 的规定，详见表 3-6。同一根光缆中含有一种以上规格光纤时，不同规格代号之间用 "+" 连接。

例如，96 芯光缆由 48 芯 G.652.D 光纤和 48 芯 G.654.E 光纤组成，可表达为 48B1.3+481.2E。

4. 特殊性能标识

对于光缆的某些特殊性能可加相应的标识代号，一般不常用。

5. 示例

金属加强构件、松套层绞填充式、铝－聚乙烯粘接护套通用室外光缆，包含 12 根 G.652.D 光纤和 48 根 G.655.C 光纤的室外光缆，其型号应表示为：GYTA 12B1.3+48B4C。

三、光缆的结构

1. 光缆结构介绍

室外光缆结构主要分为松套层绞式光缆和中心束管式光缆，室内光缆以蝶形光缆结构为主。

松套层绞式光缆中的光纤依靠松套管分组及 SZ 绞合方式，可实现光缆的多重保护、芯数较大、易于识别及更好的余长控制，是干线及本地网光缆的主要结构。中心束管式光缆主要用于室外小芯数本地网光缆。蝶形光缆主要用于室内布线。光缆结构示意如图 3-34 所示。

室外用
松套层绞式光缆　　　室外用
中心束管式光缆　　　室内用
蝶形光缆

图3-34　光缆结构示意

同一类型的光缆，共缆芯结构是相同的，不同之处在于护层结构。

2. 光纤与松套管色谱

松套管内的光纤及松套管均应采用全色谱标志，光纤色谱见表3-14。其颜色应选自顺序表3-14规定的各种颜色。

对于24芯松套层绞式结构的光缆，一般采用4根松套管，每根松套管内有6根光纤，可表达为"4管 × 6纤 + 1填充绳"（即 4×6 + 1）方式，24芯光缆纤序见表3-17。

表3-17　24芯光缆纤序

松套管颜色	光纤颜色	光纤序号	松套管颜色	光纤颜色	光纤序号
蓝	蓝	1	绿	蓝	13
	橙	2		橙	14
	绿	3		绿	15
	棕	4		棕	16
	灰	5		灰	17
	白	6		白	18
橙	蓝	7	棕	蓝	19
	橙	8		橙	20
	绿	9		绿	21
	棕	10		棕	22
	灰	11		灰	23
	白	12		白	24

不同芯数的光缆，松套管内纤芯数量不同，一般为6芯或12芯。通常48芯以下的光缆为6芯管，48芯以上的光缆为12芯管。48芯光缆根据用户需求，可以是8×6或4×12+1两种结构。

四、光缆的分类

光缆的分类主要是满足管道光缆、直埋光缆和架空光缆3种主要的光缆敷设方式，光缆分类方式如图 3–35 所示。

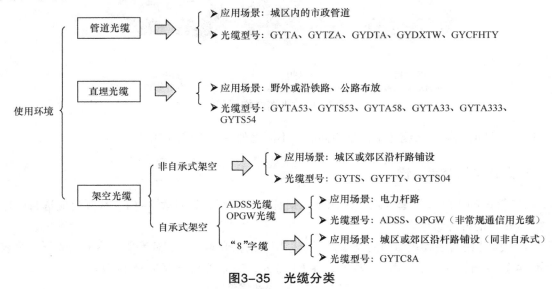

图3–35 光缆分类

1. 管道光缆

管道光缆的基础型号为 GYTA 光缆，其结构为金属加强构件、松套层绞填充式、铝—聚乙烯粘接护套通信用室外光缆。GYTA 光缆断面如图 3–36 所示。

带状管道光缆（GYDTA）: 城区主要的机房需要大芯数光缆时，会采用 GYDTA 光缆，其结构与 GYTA 光缆基本相同，不同之处在于其松套管内不是单芯光纤，而是光纤带。

阻燃光缆（GYTZA）: 结构与管道光缆相同，但使用阻燃材料代替聚乙烯护套，主要用于光缆进局部分。

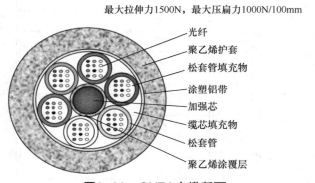

图3–36 GYTA光缆断面

中心管式带状管道光缆(GYDXTW): 采用中心管式带状结构的光缆，可用作管道敷设。其中心束管外层为 W 护套，即夹带平行加强件的钢—塑料粘接护套。

2. 直埋光缆

直埋光缆的基础型号为 GYTA53 光缆，其结构为金属加强构件、松套层绞填充式、铝—聚乙烯粘接护套、纵包皱纹钢带铠装、聚乙烯套通信用室外光缆。与 GYTA 不同之处在于，该光缆是在 GYTA 光缆的护套（厚度较小内护套）之外再加一层钢—聚乙烯粘接护套，即双护套光缆。GYTA53 光缆断面如图 3-37 所示。

双钢带直埋光缆（GYTS53）: 同直埋光缆 GYTA53 结构，不同之处在于内护套改为钢—聚乙烯粘接护套。该型光缆的抗外力损伤能力更强，有一定的防鼠效果。

阻燃型直埋光缆（GYTA58）: 同直埋光缆 GYTA53 结构，不同之处在于最外层护套改为阻燃材料。

加强型直埋光缆（GYTA33）: 不同

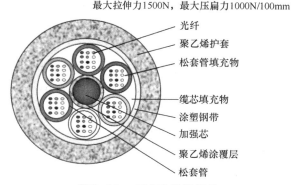

最大拉伸力3000N，最大压扁力3000N/100mm

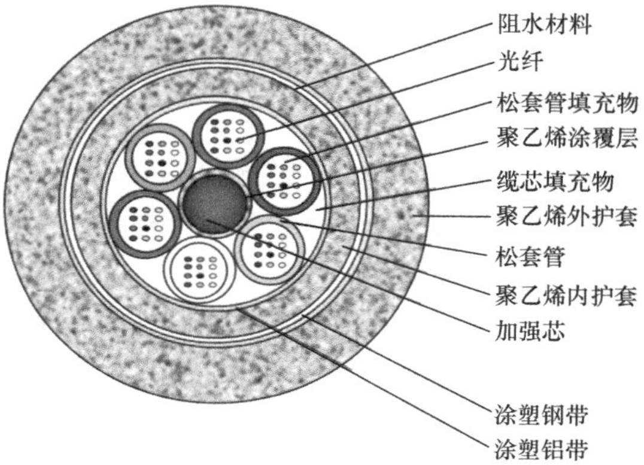

阻水材料
光纤
松套管填充物
聚乙烯涂覆层
缆芯填充物
聚乙烯外护套
松套管
聚乙烯内护套
加强芯
涂塑钢带
涂塑铝带

图3-37　GYTA53光缆断面

于 GYTA53 光缆在 GYTA 基础上增加了一层钢—聚乙烯粘接护套，GYTA33 采用单细圆钢丝铠装 + 聚乙烯套的光缆，其长期张力为 4000N、短期张力为 10000N。该型光缆可用于地形起伏较大易产生自然灾害的山区或冻土地区的直埋敷设，且有较好的防鼠效果。

水底光缆（GYTA333）: GYTA333 光缆是将 GYTA33 光缆的单细圆钢丝铠装 + 聚乙烯套改为双细圆钢丝铠装 + 聚乙烯套，其短期张力视钢丝规格不同可达到 20000 ～ 40000N。

防蚁型直埋光缆（GYTS54）: 同直埋光缆 GYTA53 且增加一层尼龙 12 或其他等效材料的护层，其厚度应 ≥ 0.5mm。该型光缆有较好的防白蚁效果。

3. 架空光缆

架空光缆的基础型号为 GYTS 光缆，其结构为金属加强构件、松套层绞填充式、钢—聚乙烯粘接护套通信用室外光缆。与 GYTA 光缆不同之处在于，架空光缆采用钢—聚乙烯粘接护套。GYTS 光缆断面如图 3-38 所示。

非金属加强芯架空光缆（GYFTY）: 在某些特殊场合，架空光缆可以是非金属的，其加强芯采用非金属材质，护套无金属内衬。该型光缆也可用于需要非金属光缆的管道敷设。

最大拉伸力1500N，最大压扁力1000N/100mm

光纤
聚乙烯护套
松套管填充物

缆芯填充物
涂塑钢带
加强芯

聚乙烯涂覆层

松套管

图3-38　GYTS光缆结构

尼龙护套光缆（GYTS04）: 同架空光缆 GYTS 且增加一层尼龙 12 或其他等效材料的护层，其厚度应 ≥ 0.5mm。该型光缆有较好的防白蚁效果。

电力行业在电力杆塔上架挂行业内通信光缆，一般有 ADSS 和 OPGW 两种方式，通信行业一般不采用。在国内，采用"8"字缆自承式架空的敷设方式不是主流方式，通信行业一般不采用，此处不再赘述。

4. 微型光缆

微型管道光缆（GYCFHTY）：若管道为微管（一般规格为直径 10mm/8mm），需要穿放微缆，一般用非金属加强芯的半干式全填充松套层绞式结构，无金属构件，96 芯光缆外径一般约为 6mm。

（1）微缆结构

① 中心束管式微缆：光缆中所有光纤容纳于同一根套管中。中心束管式微缆结构如图3-39所示。

② 层绞式微缆：光缆中光纤容纳于不同套管中，套管绞合后成缆。层绞式微缆结构如图 3-40 所示。

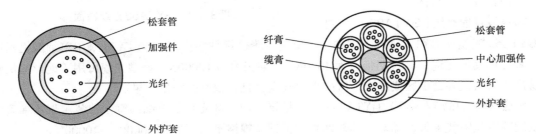

图3-39　中心束管式微缆结构　　　　图3-40　层绞式微缆结构

（2）松套管材料

① 中心束管式微缆的松套管材料可以为金属或塑料。金属材料一般为不锈钢管。

② 层绞式微缆的松套管材料只能是塑料。

对于金属管式微缆，由于金属具有记忆效应，微缆从缆盘架上展开后，会形成螺旋状，不易拉直，造成吹缆长度受限，正常情况下可气吹敷设 400m 左右。

塑料管式微缆，通常可气吹敷设 1000m 以上。

（3）机械性能

为了达到微缆的几何尺寸，微缆中除光纤以外的构造元件尺寸均小于普通光缆，因此微缆的机械强度等相关指标远低于普通管道光缆。微缆与普通管道光缆机械强度对比见表 3-18。

表 3-18　微缆与普通管道光缆机械强度对比

光缆类型	允许张力 /N		允许侧压力 /（N/100mm）	
	长期（工作时）	短期（敷设时）	长期（工作时）	短期（敷设时）
普通管道光缆	600	1500	300	1000
微缆	0.15G	0.5G	150	450

注：G 是 1km 微缆的重量。1km 微缆的重量在 30kg 左右，因此微缆的允许长期张力为 45N，允许短期张力为 150N。

五、光缆的结构尺寸与主要材料性能

1. 聚乙烯护套

内外护套厚度最小值见表 3-19。

表 3-19　内外护套厚度最小值

护套类型	外护套	内护套（若有）
管道光缆、阻燃光缆、架空光缆、直埋光缆、加强型直埋光缆	2.0mm	1.0mm
水底光缆	2.5mm	1.0mm

聚乙烯护套表面应光滑平整，任何横断面上均应无肉眼可见的气泡、沙眼和裂纹。厚度测试方法应符合 IEC 540 和 IEC 189 的要求。

聚乙烯护套（层）的原材料应满足 GB/T 15065—2009《电线电缆用黑色聚乙烯塑料》的要求。护套可采用高密度聚乙烯（HDPE）或中密度聚乙烯（MDPE），阻燃光缆护层应采用阻燃聚乙烯（ZRPE），并应满足下列要求。

① 光缆中各聚乙烯护套（层）在（100±2）℃，240h 老化试验前后的抗张强度和断裂伸长率等指标，详见表 3-20。

表 3-20　聚乙烯护套（层）断裂强度和断裂伸长率指标

项目	分项	指标		
		MDPE	HDPE	ZRPE
抗张强度	热老化处理前（最小值）	19.3MPa		10MPa
	热老化前后变化率 ITSI（最大值）	20%	25%	20%
断裂伸长率	热老化处理前（最小值）	400%		125%
	热老化处理后（最小值）	375%		100%
	热老化前后变化率 IESI（最大值）	20%		20%

② MDPE 和 HDPE 护套在（115±1）℃，4h 温度处理后的回缩均不应超过 5%。

③ 聚乙烯护层的耐环境应力开裂能力 [（50±1）℃，96h] 应符合最大损坏率 0/10（10 个样品 0 个开裂）的要求。

④ 低温冲击脆化温度应低于 -76℃。

阻燃材料的燃烧性能应符合以下要求。

① 阻燃性：通过单根垂直燃烧试验验证。

② 燃烧烟雾密度不应使透光率小于 50%。

③ 燃烧时不产生有毒气体。

2. 钢带和铝带

① 钢带应采用涂塑镀铬钢带。

② 钢带或铝带搭接的宽度应大于 5mm。

③ 涂塑铝带或双面涂塑钢带与聚乙烯护层之间的粘接强度应不小于 1.4N/mm；搭接处钢带与钢带之间及铝带与铝带之间的粘接撕裂强度应不小于 1.4N/mm。

④ 铝带厚度 ≥ 0.20mm；钢带厚度 ≥ 0.20mm；涂层厚度 ≥ 0.05mm（每边）。

钢带、铝带主要性能要求见表 3–21 和表 3–22。

表 3–21　钢带主要性能要求

序号	项目	单位	要求
1	抗张强度	MPa	≥ 350
2	断裂伸长率	—	≥ 20%
3	剥离强度	N/cm	≥ 6.13
4	涂层厚度	mm	0.05
5	钢基带厚度 / 钢带厚度	mm	0.20 ± 0.015

表 3–22　铝带主要性能要求

序号	项目	单位	要求
1	抗张强度	MPa	≥ 80
2	断裂伸长率	—	≥ 20%
3	剥离强度	N/cm	≥ 6.13
4	涂层厚度	mm	0.05
5	钢基带厚度 / 钢带厚度	mm	0.20 ± 0.015

3. 松套管

干线光缆对松套管直径要求较大，运营一般要求 6 芯松套管外径不小于 2.2mm，厚度不小于 0.3mm；12 芯松套管外径不小于 2.4mm，厚度不小于 0.3mm。松套管主要性能见表 3–23。

表 3–23　松套管主要性能

序号	项目	单位	要求
1	密度（23℃）	g/cm³	1.30 ± 0.05
2	拉伸屈服强度	MPa	≥ 50
3	拉伸弹性模量	MPa	≥ 2100
4	邵氏硬度	度	≥ 70

4. 光缆阻水油膏

光缆结构应是全截面阻水结构，光缆的所有间隙应填充阻水材料。

填充材料应无毒无味，对身体无害，且容易去除。

填充材料应与有关光缆元件相兼容，其适用性可通过以下方法来证实。

① 填充材料的油分离：参考 IEC 811-5-1 条款 5。

② 腐蚀物质的存在测试：参考 IEC 811-5-1 条款 8。

③ 滴点的确定：参考 IEC 811-5-1 条款 4。

④ 复合物滴流：参考 IEC 794-1。

⑤ 析油和蒸发：参考 IEC 794-1。

光纤油膏和光缆油膏主要性能要求见表 3-24 和表 3-25。

表 3-24　光纤油膏主要性能要求

序号	项目	要求
1	滴点	＞200℃
2	油分离（80℃）	≤1.0%
3	氧化诱导期	＞20min（190℃条件下）
4	锥入度（0.1mm）	≥360（20℃条件下） ≥230（-40℃条件下）

表 3-25　光缆油膏主要性能要求

序号	项目	要求
1	滴点	＞150℃
2	油分离（80℃）	≤2.0%
3	氧化诱导期	＞20min（190℃条件下）
4	锥入度（0.1mm）	≥280（25℃条件下）

5. 加强钢丝

加强钢丝的直径一般为 1.8 ～ 2.4mm。加强钢丝主要性能要求见表 3-26。

表 3-26　加强钢丝主要性能要求

序号	项目	单位	要求
1	拉伸强度	MPa	≥1800
2	弹性模量	GPa	≥190

六、光缆的主要性能指标

光缆的主要性能指标包括机械性能、温度特性、渗水性能、护套完整性、滴流性能五大类。

1. 光缆的机械性能与测试方法

（1）拉伸

① 测试方法：GB/T 7424.2—2008 中的 E1。

② 试验条件。

允许张力：见表 3-27。

试验用光缆长度：不小于 50m。

拉伸速率：10mm/min。

保持最大拉力时间：≥ 1min。

③ 验收标准。

长期张力：光缆延伸率不大于 0.2%，同时，光缆内每一根光纤的延伸率应为 0，缆中光纤在 1550nm、1310nm 处的衰减变化应为 0.0dB/km。

短期张力：光缆中所有光纤在短期张力作用时的延伸率应不大于 0.15%，光纤无残余应变，无残余附加衰减；光缆应无明显残余应变。

表 3-27　光缆允许张力

光缆类型	允许张力 /N	
	长期	短期
管道光缆（GYTA）、阻燃光缆（GYTZA）、架空光缆（GYTS）、尼龙护套光缆（GYTS04）	600	不小于每千米光缆重量，但不小于 1500N
直埋光缆（GYTA53）、双钢带直埋光缆（GYTS53）、阻燃型直埋光缆（GYTA58）	1000	3000
加强型直埋光缆（GYTA33）	4000	10000
水底光缆Ⅱ型（GYTA333）	10000	20000
水底光缆Ⅲ型（GYTA333）	20000	40000

（2）压扁

① 测试方法：GB/T 7424.2—2008 中的 E3。

② 试验条件。

允许侧压力：见表 3-28。

加载时间：1min。

表 3-28 光缆允许侧压力

光缆类型	允许侧压力/（N/100mm）	
	长期	短期
管道光缆（GYTA）、阻燃光缆（GYTZA）、架空光缆（GYTS）、尼龙护套光缆（GYTS04）	750	1000
直埋光缆（GYTA53）、双钢带直埋光缆（GYTS53）、阻燃型直埋光缆（GYTA58）	1000	3000
加强型直埋光缆（GYTA33）、水底光缆Ⅱ型（GYTA333）	3000	5000
水底光缆Ⅲ型（GYTA333）	5000	8000

（3）冲击

① 测试方法：GB/T 7424.2—2008 中的 E4。

② 试验条件。

冲击高度：1m。

冲击柱面半径：12.5mm。

冲击重量：管道光缆、阻燃光缆（450g），其他光缆（1000g）。

冲击点数：至少 5 个。

冲击次数：每点至少 3 次。

（4）反复弯曲

① 测试方法：GB/T 7424.2—2008 中的 E6。

② 试验条件。

心轴直径：20 倍缆径。

重物重量：25kg。

弯曲弧度：±90°。

弯曲次数：不少于 50 次。

弯曲速度：每 2s 一次。

（5）扭转

① 测试方法：GB/T 7424.2—2008 中的 E7。

② 试验条件。

扭转长度：1m。

重物重量：25kg。

扭转角度：无铠装 ±180°，有铠装 ±90°。

扭转次数：不少于 10 次。

（6）卷绕

① 测试方法：GB/T 7424.2—2008 中的 E11 "弯曲" 程序一。

② 试验条件。

心轴直径：20 倍缆径。

密绕圈数：10 圈。

循环次数：不少于 5 次。

（7）松套管弯折

① 测试方法：GB/T 7424.2—2008 中的 G7。

② 试验条件。

被测松套管长度：试样 $L1$=350mm。

固定长度：$L2$=100mm。

移动长度：L=70mm。

（8）低温弯曲

① 测试方法：GB/T 7424.2—2008 中的 E8"曲挠"。

② 测试条件。

温度条件：试样在 –30℃下冷冻不小于 24h 后立即在室温下进行。

样品长度：数米长的短段。

弯曲半径：15 倍直径。

循环次数：4 次。

（9）低温冲击

① 测试方法：GB/T 7424.2—2008 中的 E4"冲击"。

② 测试条件。

温度条件：试样在 –30℃下冷冻不小于 24h 后立即进行。

样品长度：约 50cm 长的短段。

冲锤重量：450g。

冲锤高度：1m。

冲击次数：2 次。

被试光缆经过上述各项试验后均应满足以下要求。

① 光缆护套（层）不应有目力可见的裂纹。

② 光缆中的全部光纤和部件均应完好。

③ 光纤在 1550nm 处衰减无变化。

④ 在松套管弯折试验中，松套管不发生弯折。

光缆曲率半径要求见表 3–29。

表 3–29　光缆曲率半径要求

外护套型式	管道光缆、阻燃光缆、架空光缆	直埋光缆、加强型直埋光缆	水底光缆Ⅱ型、水底光缆Ⅲ型
静态弯曲	10 倍缆径	12.5 倍缆径	15 倍缆径
动态弯曲	20 倍缆径	25 倍缆径	30 倍缆径

2. 光缆的温度特性

（1）环境温度要求

工作时：−40℃～70℃。

敷设时：−15℃～60℃。

运输、存储时：−40℃～70℃。

（2）温度循环试验

① 测试方法：GB/T 7424.2—2008 中的 F1。

② 试验条件。

温度台阶：20℃、−40℃、70℃、−40℃、70℃、20℃。

保持时间：每一温度台阶 24h。

③ 测试要求。

在 −40℃ 和 70℃ 时，与 20℃ 时的光纤衰减值（1550nm）相比无变化。温度循环试验结束后，温度恢复到 20℃，应无残余附加衰减。

3. 光缆渗水性能

应符合 GB/T 7424.2—2008 中的 F5B 规定，在光缆全截面上进行，对有铠装钢丝的光缆，钢丝铠装层除外。

3m 光缆样品在 1m 高水柱压力下静置 24h，光缆另一端未出现渗水现象。

4. 聚乙烯护套完整性

光缆的聚乙烯护套应连续完整，护套完整性测试方法如下所述。

① 在光缆浸水 24h 后测试，在直流 500V 测试条件下，光缆外护套绝缘电阻（外护套内铠装层与大地间）不小于 2000MΩ·km。

② 在光缆浸水 24h 后测试，用不小于直流 15kV 的测试电压测试外护套内铠装与大地间耐压强度，2min 不击穿。

③ 对于有内护套的光缆，浸水 24h 后测试，用不小于直流 20kV 的测试电压测试外护套内铠装与金属加强芯间耐压强度，5s 不击穿。

④ 光缆外护套应经受至少交流 12kV（有效值）或直流 18kV 的火花试验电压。

5. 滴流性能

在 70℃（24h）温度的环境条件下，按照 GB/T 7424.2—2008 中的 F6 测试方法，光缆应无填充复合物和涂覆复合物等滴出。

取（300±5）mm 光缆样品 5 个，试样一端去除（130±2.5）mm 的外护套材料，同一端再去除（80±2.5）mm 长度的所有残留非填隙光缆构件（例如铠装、内护套、扎带、阻水带等），缆芯部分的松套管、填充绳、加强芯及附着材料（纤膏、缆膏）等不得扰动。

将 5 个做好的样品悬挂于 70℃恒温箱内，下面分别对应放置已称重容器。静置 24h 后，重新称重 5 个容器，每个容器重量增加不大于 0.005g 时，视为"未滴流"。

第三节　光缆接头盒

一、光缆接头盒的外观尺寸要求

1. 外观

光缆接头盒的壳体表面应光洁平整、形状完整、色泽一致，无气泡、龟裂、空洞、翘曲、杂质等不良缺陷，无溢边和毛刺。

2. 结构和尺寸

光缆接头盒应由盒体、内部构件、密封元件、光纤接头保护件、外部紧固件等部分组成。附件还应包括产品使用说明书、接头盒组装和重复开启专用工具等。

光缆接头盒一般分为单端进出接头盒（帽式）和双端进出接头盒（卧式）两种，标准中未规定其尺寸外观。为了更好地在工程中应用，其相关参数可参照表 3-30 和表 3-31 要求，内容包括光缆接头盒壳体、熔纤盘详细尺寸。

表 3-30　单端进出接头盒壳体尺寸规格及熔纤盘容量、尺寸规格

序号	种类	尺寸标准要求		
		壳体圆筒部分的长度 × 中部外径	熔纤盘	
		尺寸规格	容量 × 盘数	尺寸规格（长 × 宽 × 厚）
1	48 芯及以下	≥ 400mm × 160 mm	12 芯 / 盘 ×4 盘或 24 芯 / 盘 ×2 盘	≥ 210mm × 100mm × 10mm
2	96 芯及以下	≥ 400mm × 190 mm	24 芯 / 盘 ×4 盘	≥ 210mm × 100mm × 10mm
3	144 芯及以下	≥ 420mm × 190mm	24 芯 / 盘 ×6 盘或 72 芯 / 盘（12 芯带）×2 盘	≥ 210mm × 100mm × 10mm
4	144 芯～ 288 芯	≥ 450mm × 210mm	72 芯 / 盘（12 芯带）×2 盘～72 芯 / 盘（12 芯带）×4 盘	≥ 250mm × 110mm × 10mm

注: 光缆接头盒外部盒体厚度不小于 3mm；壳体内部应能容纳相应规格的全部熔纤盘及扎带，且在最大受力状态时仍保持熔纤盘不与壳体接触。

表 3-31　双端进出接头盒壳体尺寸规格及熔纤盘容量、尺寸规格

序号	种类	尺寸标准要求		
		光缆接头盒外壳主体（不含外部导缆管部分）	熔纤盘	
		尺寸规格（长×宽×厚）	容量×盘数	尺寸规格（长×宽×厚）
1	48 芯及以下	≥ 420mm × 175mm × 105mm	12 芯 / 盘 × 4 盘或 24 芯 / 盘 × 2 盘	≥ 150mm × 100mm × 10mm
2	96 芯及以下	≥ 420mm × 200mm × 118mm	24 芯 / 盘 × 4 盘	≥ 165mm × 100mm × 10mm
3	144 芯及以下	≥ 455mm × 200mm × 118mm	24 芯 / 盘 × 6 盘或 72 芯 / 盘（12 芯带）× 2 盘	≥ 165mm × 100mm × 10mm
4	144 芯～ 288 芯	≥ 515mm × 200mm × 119mm	72 芯 / 盘（12 芯带）× 2 盘～ 72 芯 / 盘（12 芯带）× 4 盘	≥ 200mm × 120mm × 12mm

注：光缆接头盒外部盒体的厚度不小于 3mm；壳体内部应能容纳相应规格的全部熔纤盘及扎带，且在最大受力状态时仍保持熔纤盘不与壳体接触。

3. 盒体

① 光缆接头盒出入口至少应有 4 个方向，即 4 个光缆进出孔。熔纤盘内每根光纤均应有足够的空间和明显的位置编号。

② 光缆接头盒两侧的光缆金属护层和加强芯应具有电气性能可连可断的功能。盒体上可安装接地引出装置，用以将光缆接头盒内及光缆中的金属构件引出接地。

③ 光缆接头盒外壳应具有线路监测尾缆分歧引出的功能。

④ 除了试验和检测使用的样品，盒体上不需要安装气门嘴。

4. 内部结构

① **光缆固定装置、连接支架或支撑架**：这是连接内部结构的主体，可用于内部结构的连接，以及光缆护套和加强构件的固定。其中，用于固定光缆的喉箍可采用宽度不小于 8mm 的不锈钢材质，且能通过调节来适应光缆的不同外径。

② **光纤安放装置**：用于按顺序存放光纤接头（及其保护件）和余留光纤，并有为重新接续提供容易识别的纤号标记和方便操作的空间。

③ **电气连接装置**：当需要时，可用于将光缆中金属构件连通、接地或悬浮。

④ **光纤接头保护件**：应对光纤接头加以保护，经保护后的光纤接头应能免受潮气的浸蚀，不应增加保护前的光纤接头损减，其机械性能和环境性能应符合 IEC 1037-1 中的规定。光纤接续点保护可采用热收缩保护管的方式，热缩管可使用不锈钢丝。

⑤ **光纤活动连接界面**：对用于接入网场景的光缆接头盒，盒体内部应能够固定活动连接界面，活动连接数量不低于 12 芯容量。

光缆接头盒连接光缆方式如图 3-41 所示。

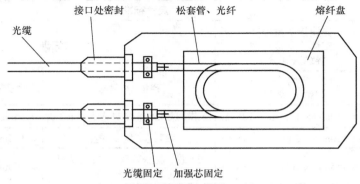

图3-41　光缆接头盒连接光缆方式

5. 密封元件

① 密封元件可用于光缆接头盒本身及光缆接头盒与光缆护套之间的密封。光缆接头盒的密封方式可以采用热收缩或机械密封，或者两者结合的方式。

② 热收缩密封：用内壁涂有热熔胶的管状或片状的聚烯烃热收缩材料加热后密封。

③ 机械密封：使用非硫化自粘橡胶或硅胶通过机械方式密封。

6. 外部紧固件

光缆接头盒外部金属结构件及紧固件，必须采用性能不低于 304 的不锈钢材料，不得使用其他在土壤和酸雨环境中容易受到腐蚀的材质。

7. 材料

① 光缆接头盒和附件所使用的全部材料在常温情况下应无毒、无污染，对环境不造成危害，符合 SJ/T 11363—2006 规定的均匀材料（EIP-A 类）有毒有害物质含量的要求。光缆接头盒应具有抗腐蚀性能和抗老化性能。光缆接头盒（包括盒体及密封材料）还应具有防白蚁功能。

② 光缆接头盒所有零件采用的材料，其物理、化学性能应稳定，各种材料之间必须相容，并与光缆护套材料相容。为防止腐蚀或其他电损害，这些材料还必须与外线设备中常用的其他材料相容。

③ 光缆接头盒采用的聚碳酸酯塑料，其性能应符合以下要求：热变形温度 ≥ 85℃（试验方法按 GB 1634 进行）；吸水性 < 0.1%（试验方法 GB/T 1034—2008 进行）；透潮率 < 0.1mg/h（试验方法按 GB 1037 进行）；体积电阻率 > $1 \times 1016\Omega \cdot cm$（试验方法按 GB 1410 进行）。

④ 盒体外部的金属构件及紧固件所采用的不锈钢材料，其性能应符合 GB/T 4237—2015 和 GB/T 1220—2007 的规定。

⑤ 热收缩密封材料的性能应符合 YD/T 590.1—2005 和 YD/T 590.2—2005 的规定。

⑥ 密封元件中非硫化自粘橡胶材料的性能应符合以下要求：表面应光滑、平整、清洁、无气泡、无空洞及杂质；拉伸强度 ≥ 150kPa（试验方法按 GB 1040 进行）；断裂伸长率 ≥ 250%（试验方法按 GB 1040 进行）；2.5 ≤ 硬度 HA ≤ 5。

⑦ 光纤固定接头保护组件采用的材料及填充物的热软化温度应不小于 65℃，应能在 −40℃～ 65℃温度下长期使用。

8. 光学性能

① 光缆接头盒中应能先盘留带松套管光纤的长度不小于 2×0.8m，再在熔纤盘上盘留裸光纤的长度不小于 2×0.8m，使光纤在光缆接头盒内的盘留总长度不小于 3.2m，此时光纤在 1310nm 和 1550nm 波长衰减应无变化。在熔纤盘上光纤的最小弯曲半径不得小于 37.5mm。

② 光缆接头盒内的余留光纤盘绕在熔纤盘内，在光缆接头盒正常安装和使用过程中，盒内光纤、光纤接头应无衰减变化。

二、电气性能

1. 绝缘性能

光缆接头盒按规定的操作程序封装并在盒两端安装光缆后试验。光缆接头盒内各电气断开的金属构件之间、各电气断开的金属构件与地之间的绝缘电阻应不小于 20000MΩ。

2. 耐电压性能

光缆接头盒按规定的操作程序封装并在盒两端安装光缆后试验。光缆接头盒内各电气断开的金属构件之间、各电气断开的金属构件与地之间在直流 15kV 作用下，2min 不击穿，无飞弧现象。

3. 密封性能

光缆接头盒按规定的操作程序封装并在盒两端安装光缆，盒内充气（100±5）kPa，要求待气压稳定后，浸泡在常温清水容器中稳定观察 15min，应无气泡逸出。

4. 再封装性能

光缆接头盒按规定的操作程序重复 3 次封装后进行试验。光缆接头盒两端安装光缆，盒内充气（100±5）kPa，按照要求试验后，浸泡在常温清水容器中稳定观察 15min，应无气泡逸出。光缆接头盒应便于重复开启，且不影响其性能。

5. 机械性能

光缆接头盒的机械性能应包括拉伸、压扁、冲击、弯曲、扭转、轴向压缩及其他项目中的全部或部分。经各项试验后,光缆接头盒的盒体及盒内各部件应无变化,必要时作通光检查或打开盒体检查。

（1）拉伸性能

光缆接头盒按规定的操作程序封装且盒两端安装光缆,盒内充入（60±5）kPa 气压后,应能承受大于 1000N 轴向拉力作用于光缆上,保持加力 2min。测试后的光缆接头盒应不漏气且稳定观察 24h,气压应无明显变化。光缆接头盒的壳体及其构件应无裂痕、损坏和明显变形,接口处连接的光缆无松动、无移位。

（2）压扁性能

光缆接头盒按规定的操作程序封装且盒两端安装光缆,盒内充入（60±5）kPa 气压后,应能承受 3000N/10cm（2000N/100mm）宽度的横向均布压力,保持压力 2min。测试后的光缆接头盒应不漏气（按照要求试验后,浸泡在常温清水容器中稳定观察 15min,应无气泡逸出）,光缆接头盒的壳体及其构件应无裂痕、损坏和明显变形。

（3）冲击性能

光缆接头盒按规定的操作程序封装且盒两端安装光缆,盒内充入（60±5）kPa 气压后,应能承受落高 1m、锤重 1.6kg 的自由落体冲击,冲击次数不少于 3 次。测试后的光缆接头盒应不漏气（按照要求试验后,浸泡在常温清水容器中稳定观察 15min,应无气泡逸出）,光缆接头盒的壳体及其构件应无裂痕、损坏和明显变形。

（4）弯曲性能

光缆接头盒按规定的操作程序封装且盒两端安装光缆,盒内充入（60±5）kPa 气压后,光缆接头盒与光缆结合处应能承受弯曲张力负荷 150N、弯曲角度 ±45°、10 次循环的弯曲。测试后的光缆接头盒应不漏气（按照要求试验后,浸泡在常温清水容器中稳定观察 15min,应无气泡逸出）,壳体及其构件应无裂痕、损坏和明显变形,接口处连接的光缆无松动、无移位。

（5）扭转性能

光缆接头盒按规定的操作程序封装且盒两端安装光缆,盒内充入（60±5）kPa 气压后,光缆接头盒应能承受扭矩不小于 50N·m、扭转角度 ±90°、10 次循环的扭转。测试后的光缆接头盒应不漏气（按照要求试验后,浸泡在常温清水容器中稳定观察 15min,应无气泡逸出）,壳体及其构件应无裂痕、损坏和明显变形,接口处连接的光缆无松动、无移位。

（6）轴向压缩性能

光缆接头盒按规定的操作程序封装且盒两端安装光缆,盒内充入（60±5）kPa 气压后,光缆接头盒与光缆结合处应能承受 200N 的轴向压力。测试后的光缆接头盒应不漏气（按照要求试验后,浸泡在常温清水容器中稳定观察 15min,应无气泡逸出）,壳体及其构件应无裂痕、损坏和明显变形，接口处连接的光缆无松动、无移位。

6. 环境性能

工作时：–40℃～65℃（–40℃～60℃）。

存储及运输时：–45℃～70℃。

大气压力：70～106kPa。

（1）承受温度变化的性能（温度循环性能）

光缆接头盒按规定的操作程序封装且盒两端安装光缆后，盒内充入（60±5)kPa气压。循环温度台阶为–40℃、–20℃、20℃、65℃（–40℃～60℃）。每个温度台阶应保持不小于2h，循环10次。要求试验后，盒内气压压降下降幅值不超过5kPa，浸泡在常温清水容器中稳定观察15min，应无气泡逸出。

（2）承受持续高温的性能（高温性能）

光缆接头盒按规定的操作程序封装且盒两端安装光缆后，盒内充入（60±5)kPa气压。试验温度高于（65±2)℃，保持不小于100h。要求试验后，盒内气压压降下降幅值不超过3kPa，浸泡在常温清水容器中稳定观察15min，应无气泡逸出。

（3）承受频繁振动的性能

光缆接头盒按规定的操作程序封装且盒两端安装光缆后，盒内充入（60±5)kPa气压。光缆接头盒应能承受频率10Hz、振幅±3mm、次数不小于1000000次的振动。要求试验后，盒内气压无变化，浸泡在常温清水容器中稳定观察15min，应无气泡逸出。

（4）阻挡水汽渗透的性能

在光缆接头盒两端用金属毛细管代替光缆进行密封连接，然后将样品放在温度60℃的水中浸泡24h。用潮气含量小于5×10^{-6}干燥空气或氮气以100ml/min的速率通过样品，直到在微量水分测量仪上获得稳定的读数R1，然后将干燥氮气直接接到微量水分探测仪上，获得稳定读数R2，最后，计算R1与R2之差并换算成水汽渗透率，以mg/h表示，测量值应小于0.1mg/h。

（5）低温冲击性能

光缆接头盒充入40kPa气压，然后在（–20±2）℃的温度下冷冻4h后进行冲击试验。应能承受落高1m、锤重1kg的自由落体冲击，冲击次数不少于3次。测试后，光缆接头盒应不漏气（按照要求试验后，试验后检查气压下降值不超过3kPa，浸泡在常温清水容器中稳定观察15min，应无气泡逸出），壳体及其构件应无裂痕、损坏和明显变形。

（6）太阳辐射

必要时，光缆接头盒应能经受太阳辐射的试验。经辐射强度1.12kW/m²、辐射总量8.96kW/m²的太阳辐射后，对它进行3次能量为16N·m的冲击。光缆接头盒内的充气压力为（60±5)kPa，试验后气压应无变化，浸入常温清水容器中稳定观察15min，应无气泡逸出，其构件应无裂痕、损坏和明显变形。

（7）承受化学腐蚀的性能

光缆接头盒按规定的操作程序封装且盒两端安装光缆，盒内充入（60±5）kPa气压后，在5%HCL、5%NaOH、5%NaCL溶液分别浸泡48h。要求试验后，浸泡在常温清水容器中稳定观察15min，应无气泡逸出，同时应无减重、溶胀、腐蚀现象。

第四节　线路侧光纤分配架

一、光纤分配架组成及分类

ODF是光缆和光通信设备之间或光通信设备之间的配线连接设备，分为线路侧ODF和设备侧ODF。线路侧ODF主要用于光缆成端及通过光跳纤将成端后的光纤与设备连接；设备侧ODF主要用于传输设备间的光纤调度与传输设备与业务设备间的光信号连接。

二、光纤分配架功能要求

（1）光缆固定与保护功能

应具有光缆引入、固定和保护装置。该装置具有以下功能。

① 将光缆引入并固定在机架上，保护光缆及纤芯不受损伤。

② 光缆金属部分与机架绝缘。

③ 固定后的光缆金属护套及加强芯应可靠连接高压防护接地装置。

（2）光纤终接功能

应具有光纤终接装置。该装置便于光缆纤芯及尾纤接续操作、施工、安装和维护，能够固定和保护接头部位平直而不位移，避免外力影响，保证盘绕的光缆纤芯、尾纤不受损伤。

（3）调线功能

通过光纤连接器插头，能迅速方便地调度光缆中的纤芯序号及改变光传输系统的路序。

（4）光缆纤芯和尾纤的保护功能

光缆开剥后，纤芯有保护装置并固定后引入光纤终接装置。

（5）标识记录功能

机架及单元内应具有完善的标识和记录装置，用于方便地识别纤芯序号或传输路序，记录装置应易于修改和更换。

（6）光纤存储功能

机架及单元内应具有足够的空间，用于存储余留光纤。

① 当光纤分配架满容量配置时，应有存放多余尾纤及跳纤的单元。

② 每条尾纤及软光纤应有 0.5m 的活动余地。

③ 每条尾纤及软光纤应能单独操作而不影响其他尾纤及软光纤。

三、光纤连接器性能

光纤连接器光学性能指标见表 3-32。

表 3-32　光纤连接器光学性能指标

编号	项目名称	单模（1310nm 及 1550nm）			
		PC 型 插入损耗 /dB	附加损耗 /dB	PC 型 回波损耗 /dB	回波损耗 变化量 /dB
1	试验前	≤ 0.35	—	≥ 45	—
2	互换性试验	≤ 0.5	—	≥ 43	—
3	机械耐久性	≤ 0.5	≤ 0.2	≥ 43	≤ 5
4	抗拉试验	≤ 0.5	≤ 0.1	≥ 43	≤ 5
5	高温试验	≤ 0.5	≤ 0.2	≥ 43	≤ 5
6	低温试验	≤ 0.5	≤ 0.2	≥ 43	≤ 5
7	湿热试验	≤ 0.5	≤ 0.2	≥ 43	≤ 5
8	盐雾试验	≤ 0.5	≤ 0.2	≥ 43	≤ 5
9	运输试验	≤ 0.5	≤ 0.1	≥ 43	≤ 5

光纤连接器端面几何尺寸指标见表 3-33。

表 3-33　光纤连接器端面几何尺寸指标

插针外径 /mm	PC 型曲率半径 /mm	顶点偏移 /μm	光纤凹陷或凸出 /nm
Φ1.25	7 ～ 25	≤ 50	−100 ～ +100
Φ2.5	10 ～ 25	≤ 50	−100 ～ +50

注：凹陷或凸出栏数值中，正号表明光纤凹陷，负号表明光纤凸出。

四、尾纤及软光纤性能

（1）尾纤及软光纤外径

尾纤的护套外径：标称值为 0.9mm（带状）、2.0mm（单芯），最大值偏差不超过标称值的 10%。

软光纤的护套外径：标称值 2.0mm，最大值 2.2mm。

（2）尾纤及软光纤的 2m 截止波长

$\lambda_c \leq$ 1250nm（G.652 光纤）、$\lambda_c \leq$ 1470nm（G.655 光纤）、$\lambda_c \leq$ 1500nm（G.654 光纤）。

（3）尾纤及软光纤机械性能

带 SC、FC 连接器的尾纤及软光纤机械性能见表 3-34。

表 3-34　带 SC、FC 连接器的尾纤及软光纤机械性能

参数	性能指标	环境条件
振动	$\triangle IL^1 < 0.2\text{dB}$	3 个平面，6h，10 ～ 55Hz
曲绕	$\triangle IL < 0.2\text{dB}$	2 磅压力下 100 次
扭转	$\triangle IL < 0.2\text{dB}$	2 磅，0.5 扭转，9 次
张力（纵向）	$\triangle IL < 0.2\text{dB}$	0° 时 15 磅，90° 时 7.5 磅
碰撞力	$\triangle IL < 0.2\text{dB}$	从 1m 高处下落 8 次

注：1. $\triangle IL$ 表示附加插入损耗。

　　2. 1 磅 = 453.59237 克。

第四章

直埋光缆敷设安装

第一节 直埋光缆设计

一、直埋光缆的测量

光缆测量总体要求参见本书第一章第五节相关内容，此外，直埋光缆线路测量还需要注意以下内容。

1. 需要特别注意的事项

① 要注意三角定标和 GPS 定标，三角定标的中心点要打标桩。

② 直埋光缆路由应选择障碍少、安全性高的路由，宁可绕远也要避开不安全障碍点，例如水塘、断沟、塌方地段等。

③ 直埋光缆应距离公路一定的隔距，一般不小于 50m。

④ 过路时应查明该路名称及查找过路位置的里程。

⑤ 若地形条件不满足安全要求，则采用局部架空方式。

⑥ 坚石地段应采用局部架空方式。

2. 路由的选择

（1）光缆路由选择总体原则

施工图测量应按照审定的初步设计光缆路由进行，具体定线时应考虑以下原则。

① 将光缆线路的安全、稳定、可靠放在首位，尽量避开环境条件复杂与地质条件不稳定的地区。

② 光缆线路路由应尽量沿靠主要公路，并顺路取直，便于施工和维护。

③ 光缆过河遇有稳固可用的桥梁时，尽量从桥上通过。采用水线过河方式时，要求选择适合敷设水底光缆的安全过河位置。采用架空方式过河时，应便于安装电杆及拉线，同时保证架空光缆敷设后的净空要求。

④ 光缆进入城市的通信局（站）时，应结合城市的建设规划确定具体路由及敷设方式。

⑤ 应根据现场的客观条件，因地制宜地采取相应的光缆线路保护措施，并考虑经济方面的合理性。

（2）直埋光缆线路路由选择

① 直埋光缆线路路由应以现有的地形、地物、建筑设施和既定的建设规划为主要依据，并考虑有关部门发展规划的影响。经过城镇的直埋光缆线路路由应符合城市建设规划要求，尽量

选择光缆线路不受损害及未来移动性较小的地区。

② 应选择地质稳固、地势较为平坦的地带敷设光缆，尽量避免穿越障碍和翻山越岭，避开塌陷地段。

在平原地区敷设光缆时，应避开湖泊、沼泽、排涝蓄洪地带，尽量避免穿越池塘、沟渠，并应考虑农田水利和平整土地规划的影响。

光缆线路通过山区，路由宜选择在地势变化小、土石方工程量较小的地区，避开陡崖、沟壑、滑坡、易发生泥石流及洪水、水土流失严重的地区。

光缆线路路由应短捷，不宜强求大直线。

③ 直埋光缆线路应以交通线为依托，方便施工和维护，缩短障碍抢修时间。在符合大路由走向的前提下，光缆线路宜沿靠公路、乡村大道或机耕路，但应顺路取直。应避开路旁设施和计划拓宽、取直地段，一般距离公路 100m 以外。

④ 光缆线路穿越河流时，应选择在符合水底光缆敷设要求的地方，并应兼顾大路由的走向。光缆线路过河处附近有永久性坚固桥梁时，光缆应优先考虑从桥上通过。

⑤ 宜避开强电影响严重的变电站、易遭雷击和易受到机械损伤的地段。

⑥ 不宜穿越大的工业基地和矿区，不宜穿越非成端设站的城镇，尽量减少穿越村庄。

⑦ 不宜穿越森林、果园、茶林、苗圃及其他经济林场等。

⑧ 对于其他有可能影响光缆线路安全稳定的因素，应采取有效的防护措施。

（3）塑料管道化光缆路由的选择

气吹法塑料管道化光缆路由的选择除了应满足直埋光缆的要求，还应考虑以下内容。

① 塑料管道化光缆路由应选择在路由顺直、地势较平坦、地质稳固、高差较小、土质较好、石方量较小、不易塌陷和冲刷的地段，避开地形起伏很大的山区。

② 塑料管道化光缆路由宜沿靠现有（或规划）公路敷设，并顺路取直。与公路的隔距不宜超过 200m，避开公路升级、改道、取直、扩宽和路边规划的影响。

③ 优先考虑在高等级公路中间隔离带、边沟或路肩上建设。

④ 不宜选择在地下水位高和常年积水的地区建设。

⑤ 应便于空气压缩机（由汽车拖载）设备运达。

⑥ 气吹法塑料管道可选用高密度聚乙烯硅芯塑料管材，常用规格为 $\Phi40/33mm$ 或 $\Phi46/38mm$。塑料管内敷设管道光缆。

⑦ 塑料管道化光缆的每个接头应设一处监测标石。

⑧ 塑料管道接续应采用专用的气密封接头件。对引入手孔内的空余塑料管道端口应全部采用膨胀塞及热缩端帽封堵。已被光缆占用的塑料管道端口，应采用护缆膨胀塞封堵。

⑨ 为方便施工和维护，硅芯塑料管应采用全色谱标志，硅芯塑料管单盘长度 2000m。

⑩ 可在光缆接续点设置手孔。在两个光缆接续点之间，根据地形条件，一般按 1000m 左右设置一个手孔。手孔的建设地点应选择在地形平坦、地质稳固、地势较高的地方。避免安排在

安全性差、常年积水、进出不便及公路路基或排水沟下。

（4）过河光缆敷设方式选择原则

① 光缆线路穿越河流的敷设方式，应以线路安全、稳固为基本前提，并结合各河流的具体情况确定。

② 干线光缆过河宜选择桥上敷设方式。

③ 当不具备桥上敷设条件时，可视河流的具体情况，选用不同抗张强度的水底光缆过河。

④ 当不具备桥上敷设条件，且河床极不稳定，影响水底光缆安全或石质河床施工特别困难时，可采用架空跨越方式。

⑤ 当桥上敷设方案不能确切落实时，应按桥上、水线或架空等多个方案进行测量。

（5）光缆在桥上敷设时应考虑的主要问题

① 要取得桥梁主管部门的同意或认可（至少是口头同意），待施工阶段再由建设单位具体办理协议手续。

② 桥上光缆的敷设方式，应以光缆线路安全、稳固为基本前提，并根据桥梁结构确定不同的建筑方式。例如桥上管道、槽道、桥上吊挂、桥上支架（托架或挂钩）等。

（6）水底光缆过河位置选择

水底光缆的过河位置除了应选择在适合敷设水底光缆的地点，还应照顾干线路由的走向，勿使其偏离干线大路由走向过远。对于大河流或主河道，则应选择较合适的光缆过河位置。对于确定的水底光缆过河位置，应到相关单位收集有关河道及水文资料，过河方案要取得航道主管部门的同意或认可，待设计批准后，由设计方提供图纸，由建设单位办理正式的协议手续。

① 适合敷设水底光缆的河段。

✓ 水流平稳、河面较窄。

✓ 河道顺直、固定。

✓ 河床平缓、稳定，为土（或沙）质。

✓ 两岸坡度较小。

② 不宜敷设水底光缆的河段。

✓ 河道的转弯地段。

✓ 河流的交汇处。

✓ 水道经常变动的地段。

✓ 险滩、沙洲附近。

✓ 经常发生漩涡的河段。

✓ 河岸陡峭、常遭猛烈冲刷易塌方的地段。

✓ 险工地段。

✓ 有冰凌堵塞危害的河段。

✓ 有拓宽、疏浚计划的河段。

✓ 石质或卵石河床、施工困难的地段。

✓ 有腐蚀性污水排泄的水域。

✓ 附近有其他水底光（电）缆、沉船、爆炸物、沉积物等的区域，以及码头、港口、渡口、桥梁、抛锚区、船闸、避风港和水上作业区的附近，均不宜敷设水底光缆，如果需要敷设则应距离上述地点300m之外。

③ 备用水底光缆

对于长江、黄河等水面宽度在1000m以上的特大河流及水面宽度在500m以上通航繁忙的较大河流，以及限于自然、地形条件导致光缆的安全性较差或抢修困难的河流，采用水线方式过河时应考虑敷设备用水底光缆。

采用备用水底光缆时，主、备用水底光缆的间距不宜小于1000m，主、备用水底光缆和陆缆间的连接，应采用分歧接头盒或连接器箱。连接器箱应安装在水线终端房或专用人孔内，可进行人工倒换。

3. 图纸整理

每天测量的光缆线路路由，应及时生成电子版施工图纸。

4. 测距要求

① 测量工具的选择。

✓ 直埋光缆线路以地链为主。

✓ 新建架空杆路以地链为主，利旧杆路可采用小推车、测距仪。

✓ 管道光缆路由以小推车为主。

✓ 局内光缆路由以皮尺、钢卷尺为主。

② 局内光缆测量指光缆自进线室的进线管孔至机房内ODF间的距离（含进线室预留光缆）。应确定光缆路由的具体位置，且逐段精确测量出长度，绘制成图。

③ 市内管道光缆测量指光缆自进线室的进线管孔至长途塑料管道、直埋光缆测量起点（市内管道末端人孔）、架空杆路终端杆间的距离。可根据当地建设单位提供的管道图纸核对各种数据，例如人孔号、人孔间距离、人孔数量、各段管孔数及占用情况，并确定本工程光缆占用的孔位。

④ 塑料管道化光缆路由测量指两端站间除局内和市内管道长度外的长度，包括长途塑料管道、水线、局部架空及桥上敷设光缆等的距离。

⑤ 直埋光缆测量指两端站间除局内和城区管道长度外的长度，包括简易管道、直埋、水线、局部架空及桥上敷设光缆等的距离。

⑥ 架空杆路测量指两端架空终端杆间的长度。

⑦ 长途塑料管道、直埋测量中光缆过河、上桥、绕塘及 "S" 弯敷设需要预留时，应根据预留长度回收相应长度的地链，使之计入测量长度。

⑧ 长途塑料管道、直埋测量每百米按顺序插小旗，不应错号和遗漏。绘图、定标、障碍登记和后链环节应经常核对相关数据，发现错误需要及时纠正。

5. 定标要求

① 测量直埋线路时，一般每 100m 应钉一根标桩。百米标桩号为 1、2、3、4……百米标桩号应钉在路由经过的田埂等不易丢失的地方或写在路边岩石上。若为非百米处，标桩上可写明位置（例如累计长度）。

测量新建杆路时，一般应在选择的杆位钉一根标桩，并在标桩上写明杆号。

测量新建管道时，应在路边岩石上写明 #×× 号。

② 新建线路的起始点、转角点、整千米点、水线终端点、上 / 下公路点，以及过公路、铁路处等应定三角标，并用 GPS 测量相应的经纬度。三角定标点应尽量利用固定物体。定标时从测量前进方向顺时针旋转来确定标号。顺时针旋转至第一点为 A 标，第二点为 B 标，中心标为定标点。标桩编号为 # ××（km）+ ×××（m）。三角定标示意如图 4-1 所示。

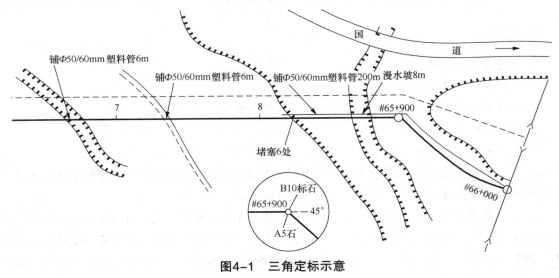

图4-1　三角定标示意

③ 标桩顶部应涂红漆以使其醒目，并应将其 2/3 打入地下，使其不易被拔走。

④ 现场定标数字应与绘图数字一致。标桩零点应为直埋测量的始点。

6. 障碍登记要求

① 障碍登记应记录障碍及其位置，并提出保护及处理措施。当遇到较大障碍时，应同维护

人员及其他技术人员协商处理。

②应测量转角、记录转角绝对值并记录转角位置，协助定标。

③以中继段为单位，分段确定土质分类，必要时应现场调查。

④协助现场测量及绘制障碍断面图及桥梁结构图。对于穿越公路、铁路点，应查明该点的公路、铁路里程。

⑤应分别统计各种公路排水沟（例如石质排水沟、水泥排水沟、毛沟等）的长度，并注明该段落起止公路里程。

⑥顺沿公路地段，应对每个公路里程碑进行登记。

⑦应整理当天测量资料并与绘图人员核对，整理图纸。

⑧应根据计算机制图的实际需要，精确完整地记录，一次到位地落实障碍处理措施。

7. 测防要求

①直埋光缆，测试路由沿线的 $\rho 10$ 值，一般每千米测一点。当地形、土质变化时，应加测一点。根据测试值绘制 $\rho 10$ 值曲线图。

②调查沿线雷击、白蚁及鼠害（架空杆路需要调查松鼠啃咬）情况，确定防蚁、防鼠段落。

8. 直埋光缆常用保护、防护措施

（1）测量统一规定

①测量数据（包括桩号），各光放（中继）段单独编排；工程量，各光放（中继）段单独统计。

②在现场测量中不考虑接头预留、人孔中的预留。

③测量图例应按统一的格式。

（2）常用保护、防护措施

①穿越主要公路、铁路时，采用顶无缝钢管保护或定向钻方式。采用 $\Phi 100$mm 钢管，内穿 3 根 $\Phi 34/28$mm 塑料子管；定向钻施工时，钻 3 孔 $\Phi 40/33$mm 塑料管。

光缆线路穿越可以开挖的一般公路时，铺一孔 $\Phi 40/33$mm 塑料管保护。

②光缆穿越有疏浚和挖泥取土的沟、渠、水塘时，应铺 $\Phi 40/33$mm 塑料管，并在塑料管上方覆盖水泥盖板或水泥砂浆袋保护。

③光缆线路沿公路排水沟及路肩敷设时，除了采用 $\Phi 40/33$mm 塑料管保护，还应在光缆沟回填土后用水泥砂浆封沟。埋设深度在路边沟设计深度以下 0.4m。

④在石质地段敷设光缆时，沟底应平整，并在沟底和硅芯塑料管（光缆）上方各铺 10cm 细土或砂土。

⑤光缆通过市郊、村镇等动土可能性较大的地段时，应铺 $\Phi 40/33$mm 塑料管并铺砖保护。

⑥光缆穿越或沿靠山涧和冲刷严重的小水沟时，应视情况设置漫水坡、挡土墙保护。

⑦ 在野外，直埋光缆线路距离电杆或拉线不宜小于 5m；特殊情况下，光缆路由与电杆及拉线出土点隔距不应小于 2m。尽量避免光缆从电杆及其拉线间通过。

⑧ 当光缆路由与其他地下线路交越时，应考虑铺 $\Phi40/33mm$ 塑料管，并铺砖保护其他线路，其他线路铺砖保护长度仅为挖出部分。

⑨ 在市郊、乡镇街道等不具备建设正式管道的地段，可建设 2 孔简易硅芯塑料管道。其人（手）孔根据地形条件，可适当增加。

⑩ 在较为平坦的河流或水塘中敷设光缆，当采用水泵冲槽方式施工时，其上方可用水泥砂浆袋覆压。

⑪ 沿桥梁敷设光缆时，可在人行道板下采用 $\Phi40/33mm$ 塑料管保护；在桥面边沿敷设时，可采用一根 $\Phi100mm$（内径）钢管，内穿 3 根 $\Phi34/28mm$ 塑料管；利用桥上原有管（槽）道敷设时，可采用 $\Phi34/28mm$ 塑料管保护；采用钢管架挂时，每隔 2m 应有一个固定点；采用塑料管吊挂时，吊线每隔 20m 左右应有一个固定点。

⑫ 光缆跨越流沙底河流或穿越其他直埋不安全及施工困难地段时，可采用局部架空敷设方式。光缆引上部分 3m 应采用一根 $\Phi80mm$（内径）镀锌对缝钢管，内穿 2 根 $\Phi34/28mm$ 塑料管；引上钢管顶端应封堵。

⑬ 穿越通航或有疏浚、挖泥取土的河流、沟渠、水塘时，应铺设水泥砂浆袋保护；并设置一块（河宽小于 50m）或两块（河宽大于 50m）小型标牌。

⑭ 穿越有明显冲刷的河流时，两堤岸可砌石护坡保护；如果河流冲刷严重，还应在光缆下游砌漫水坡保护。

⑮ 在陡坡上敷设光缆时，应砌石护坡保护；穿越陡坎或田坎时，原则上高度大于 1m 时砌石护坎；1m 以下的田坎原则上不做坎保护，但必须原土夯实。

⑯ 在坡度大于 20°、坡长大于 30m 的地段，应采用堵塞，如果是石质地带，还应水泥封沟保护。

⑰ 排流线布放段落，可根据沿线雷暴日数及土壤电阻率确定。

在路肩或边沟及采用大长度硅芯塑料管保护地段，防雷标准如下。

当 $\rho10 < 500\Omega \cdot m$ 时，不放排流线。

当 $\rho10 \geq 500\Omega \cdot m$ 时，放一条排流线。

一般直埋地段，防雷标准如下。

当 $\rho10 < 100\Omega \cdot m$ 时，不放排流线。

当 $100\Omega \cdot m \leq \rho10 \leq 500\Omega \cdot m$ 时，放一条排流线。

当 $\rho10 > 500\Omega \cdot m$ 时，放两条排流线。

排流线应连续布放，两端应伸出防雷区域临界点各 1km，排流线布放最短不小于 2km。

在野外硅芯管道地段，防雷标准如下。

当 $\rho10 < 100\Omega \cdot m$ 时，不放排流线。

当 $\rho10 \geq 100\Omega \cdot m$ 时，放一条排流线。

9. 测量队与设计人员的资料交接

测量队在返回一周时间内应提供以下资料。

① 已用计算机绘制的所有图纸［1∶2000 光缆线路路由图、光缆进局、ODF 安装平面图及各种（过河、过桥、过公路、过铁路等）平／断面图和备案图］。

② 以中继段为单位的土质分类表。

③ 以中继段为单位的大地电阻率表及图。

④ 以中继段为单位的地形分类表、工程量表。

⑤ 以中继段为单位的白蚁、鼠害活动段落表。

二、图纸要求

1. 绘图总体要求

① 局内测量应绘制局内进线图（包括进线室及进线室至机房装机位置间光缆路由平面图和立面图），确定光缆具体安装位置及安装方式，标明距离和保护措施。同时，应明确光缆成端 ODF 的安装位置、规格、型号，以及防雷地线的引接位置。

② 市内管道光缆测量可在管道图的基础上添加相应的数据，若无完整的管道路由图，则应根据测量绘制管道路由图。在管道图中应画出每个人孔管道断面图及管孔占用情况，标明本工程光缆敷设管孔位置。

③ 长途塑料管道、直埋光缆、架空线路测量应现场绘制草图，图面自左向右为测量前进方向。绘图纵向比例为 1∶2000。

④ 应按绘图要求绘制路由及其两侧 50m 范围内的地形、地物和建筑设施。路由纵向（前进方向）按比例绘制，横向可根据目测距离绘制，但 50m 外重要的目标应在图上画出（例如公路、铁路、河流及桥梁等），并标明其与路由间的距离。

⑤ 线路穿越公路、铁路、河流和大的水塘等障碍物时，除绘制平面图，还应绘制断面图，并标明该处公路、铁路的里程及线路保护措施。

⑥ 光缆沿公路排水沟或路肩敷设地段，在图上应注明光缆上、下公路点位置，例如"公路里程K××+×××—K××+××× 段光缆沿公路排水沟或路肩敷设"。在图上应画出公路的大致走向和光缆路由。公路上的明显目标应在图上表示，例如公路里程碑、桥梁、涵洞等路边重要参照物。光缆沿公路排水沟或路肩敷设时，原则上应转角定标，但在弯道多、转弯急的盘山公路上可不转角定标，但光缆上公路和离开公路地点，应定标且在图上标明其转角。

⑦ 利用桥梁敷设时，应绘出桥梁的平面、立面及断面结构草图，并标出相关尺寸及光缆具体安装位置和安装、保护方式。

⑧ 水底光缆平面图应绘制水面宽度、堤岸位置，标明"S"弯位置、弧形弦高、标牌位置、水陆缆连接点、光缆预留位置和长度等。断面图上应标绘水位（长年、最高）、岸滩高程或相对高度、光缆埋设位置等。断面图的始端或末端应绘制表示高度的标尺。

⑨ 水底光缆测量应调查河床土质等河流情况，还应在图纸上标注水底光缆施工方式。

⑩ 现场绘图中，应每 1.5km 左右标明指北方向。

⑪ 草图绘制应清晰无误，每天完成后应按绘图格式整理图纸并输入计算机，绘制成计算机图纸。

2. 直埋光缆绘图要点

① 水线、过桥（500m 以上）应画独立的断面图。

② 500m 以下桥梁应在图中标注桥梁的安装方式。

③ 过铁路、公路应画过路断面图，并标明里程。

④ 光缆路由沿靠公路、铁路时，所有图纸务必标明公路、铁路的名称、方向及整千米位置。

⑤ 光缆路由所经过的主要地名，例如单位、村庄、乡镇等务必在图纸上注明名称。

⑥ 光缆所沿靠的公路、铁路、杆路、直埋光缆、输油管线等，务必在图纸上标明隔距。

⑦ 所有技术措施均应在图上注明，例如铺塑料管、铺水泥砂浆袋、护坡护坎等。接头位置可以不在图中确定。

⑧ 铺塑料管、钢管等应标明管材规格。

⑨ 每段施工图纸的第一页需要有一张汇总表，每张施工图纸均有一个本页图纸的主要工程量表。

⑩ 地形地貌示意表示。

3. 施工图中的文字标注

① 铺砖：短距离铺砖用"竖（横）铺砖 ×××m"标注，长距离铺砖用"#××+×××—#××+×××竖（横）铺砖 ×××m"标注。

② 铺塑料管：短距离铺塑料管用"铺 Φ××/×× 塑管 ×××m"标注，长距离铺塑料管用"#××+×××—#××+×××铺 Φ××/×× 塑管 ×××m"。

③ 铺钢管：短距离铺钢管用"铺 Φ×× 钢管 ×××m"标注，长距离铺钢管用"#××+×××—#××+×××铺 Φ×× 钢管 ×××m"标注。

④ 顶钢管：顶钢管用"顶 Φ×× 钢管 ×××m"标注。

⑤ 铺水泥盖板：短距离铺水泥盖板用"水泥盖板 ×××m"标注，长距离铺水泥盖板用"#××+×××—#××+×××水泥盖板 ×××m"标注。

⑥ 铺水泥砂浆袋：短距离铺水泥砂浆袋用"水泥砂浆袋 ×××m"标注，长距离铺水泥砂浆袋用"#××+×××—#××+×××水泥砂浆袋 ×××m"标注。

⑦ 水泥封沟：短距离水泥封沟用"水泥封沟 ×××m"标注，长距离水泥封沟用"#××+×××—

#××+×××水泥封沟 ×××m"标注。

⑧ 砌漫水坡：砌漫水坡用"漫水坡 ×××m"标注。

⑨ 堵塞：堵塞用"堵塞 ××处"标注。

⑩ 护坡：护坡用"护坡 ×m（宽）××m（高）"标注。

⑪ 截流挖沟：截流挖沟用"截流 ×××m"标注。

⑫ 水泵冲槽：水泵冲槽用"冲槽 ×××m"标注。

⑬ 护坎：对1m、1.1～2m、2.1～3m、3.1～5m的护坎分别用"石（土）h1、石 h2、石 h3、石 h5"标注。

⑭ 路肩敷设：用"#××+×××—#××+××× 路肩敷设 ×××m"标注。

⑮ 边沟下敷设：用"#××+×××—#××+×××（毛石、水泥）边沟下敷设 ×××m（人工开凿或爆破）"标注。

⑯ 局部架空：用"#××+×××—#××+××× 架空 ×××m"标注，在引上电杆处用"立杆 ×××m、钢管 ×××m、Φ7/2.2mm（或 Φ7/2.6mm）拉线 ××根"标注。

⑰ 桥上敷设：用"#××+×××—#××+××× 桥上敷设 ×××m"标注。

⑱ 标牌：用"全"标注，单杆水线、双杆水线、小型标牌应用文字说明。

⑲ 水泥、沥青地面破复：水泥地面破复用"破复水泥面 ×××m"标注，沥青地面破复用"破复沥青面 ×××m"标注。

⑳ 排流线：用"#××+×××—#××+××× 双（单）排流线 ×××km"标注。

㉑ 特种程式光缆：用"#××+×××—#××+××× 敷设直埋（＊型）光缆 ×××km"标注。

三、直埋光缆施工图设计流程

1. 统计工程量

经过施工图测量并完成施工图纸后，需要统计该图纸分册的工程量并完成工程量表。工程量统计应与预算表"建筑安装工程量预算表（表三）甲"中的工程量一致。以直埋为主要敷设方式的光缆线路工程，一般含有局部架空及进出城管道等工程量。直埋光缆安装工程量（示例）见表4-1。

表 4-1 直埋光缆安装工程量（示例）

序号	项目名称	单位	数量
1	直埋光（电）缆工程施工测量	100m	
2	架空光（电）缆工程施工测量	100m	
3	管道光（电）缆工程施工测量	100m	
4	GPS 定位	点	
5	挖、松填光（电）缆沟、接头坑（硬土）	100m³	

序号	项目名称	单位	数量
6	挖、松填光（电）缆沟、接头坑（砂砾土）	100m³	
7	挖、夯填光（电）缆沟、接头坑（硬土）	100m³	
8	挖、夯填光（电）缆沟、接头坑（砂砾土）	100m³	
9	*平原地区敷设埋式光缆（48芯）（1T加强型）[系数：1.2]	千米条	
10	*丘陵、水田、城区敷设埋式光缆（48芯）（1T加强型）[系数：1.2]	千米条	
11	砖砌人孔（现场浇筑上覆、小号四通型）	个	
12	砖砌专用塑料管道光缆手孔Ⅲ型（1.2mm×0.9mm×0.7mm）	个	
13	丘陵、水田地区人工敷设小口径塑料管（4管）	km	
14	地下定向钻孔敷管（Φ120mm以下、每处30m以下）	处	
15	地下定向钻孔敷管（Φ120mm以下、每处增加10m）	10m	
16	机械顶管（Φ100mm）	m	
17	机械顶管（Φ125mm）	m	
18	铺管保护（铺钢管）（Φ100mm）	m	
19	铺管保护（铺塑料管）	m	
20	铺管保护（铺大长度塑料管）	100m	
21	铺砖保护（竖铺砖）	km	
22	石砌坡、坎、堵塞	m³	
23	平原埋设标石	个	
24	丘陵、水田、城区埋设标石	个	
25	安装宣传警示牌	块	
26	安装对地绝缘监测标石	块	
27	安装对地绝缘装置	点	
28	对地绝缘检查及处理	km	
29	安装防雷设施（敷设单条排流线）	km	
30	水泵冲槽	百米/处	
31	人工截流挖沟（水面宽10m以内）	处	
32	人工布放法布放水底光缆（48芯）（1T加强型）	百米条	
33	铺水泥砂浆袋	m	
34	平原地区立8m木电杆（综合土）	根	
35	平原地区立10m品接杆（综合土）	座	
36	平原地区立12m品接杆（综合土）	座	
37	平原地区立12m品接H木电杆（综合土）	座	
38	*丘陵、水田、城区立8m木电杆（综合土）[系数：1.3]	根	
39	*丘陵、水田、城区立10m品接杆（综合土）[系数：1.3]	座	

续表

序号	项目名称	单位	数量
40	* 丘陵、水田、城区立 12m 品接杆（综合土）[系数：1.3]	座	
41	* 丘陵、水田、城区立 12m 品接 H 木电杆（综合土）[系数：1.3]	座	
42	电杆根部加固（石笼）	处	
43	电杆根部加固（河床护墩）	处	
44	平原地区装木撑杆（综合土）	根	
45	* 丘陵、水田、城区装木撑杆（综合土）[系数：1.3]	根	
46	平原地区夹板法装 7/2.6mm 木电杆单股拉线（综合土）	条	
47	* 丘陵、水田、城区夹板法装 7/2.6mm 木电杆单股拉线（综合土）[系数：1.3]	条	
48	平原地区夹板法装 7/3.0mm 木电杆单股拉线（综合土）	条	
49	* 丘陵、水田、城区夹板法装 7/3.0mm 木电杆单股拉线（综合土）[系数：1.3]	条	
50	平原地区装设 2×7/3.0mm 拉线（综合土）	处	
51	* 丘陵、水田、城区装设 2×7/3.0mm 拉线（综合土）[系数：1.3]	处	
52	安装拉线隔电子	处	
53	安装拉线警示保护管	处	
54	电杆地线（延伸式）	条	
55	吊线地线	条	
56	安装预留缆架	架	
57	安装吊线保护装置	m	
58	木电杆架设 7/2.2mm 吊线（平原）	千米条	
59	木电杆架设 7/2.2mm 吊线（丘陵）	千米条	
60	* 木电杆架设 7/2.2mm 吊线（丘陵）（档距在 100m 及以上）[系数：2]	千米条	
61	* 木电杆架设 7/3.0 吊线 mm（平原）（档距在 100m 及以上）[系数：2]	千米条	
62	* 木电杆架设 7/3.0 吊线 mm（丘陵）（档距在 100m 及以上）[系数：2]	千米条	
63	架设 100m 以内辅助吊线	条档[1]	
64	平原地区架设架空光缆（48 芯）	千米条	
65	丘陵、城区、水田地区架设架空光缆（48 芯）	千米条	
66	* 丘陵、城区、水田架设架空光缆（48 芯）（档距在 100m 及以上）[系数：2]	千米条	
67	人工敷设塑料子管（1 孔子管）	km	
68	人工敷设塑料子管（4 孔子管）	km	
69	布放光（电）缆人孔抽水（积水）	个	
70	布放光（电）缆人孔抽水（流水）	个	
71	敷设管道光缆（48 芯以下）	千米条	
72	打人（手）孔墙洞（砖砌人孔、3 孔管以下）	处	
73	安装引上钢管（杆上）	根	

序号	项目名称	单位	数量
74	进局光（电）缆防水封堵	处	
75	光（电）缆上线洞楼层间防火封堵	处	
76	穿放引上光缆	条	
77	托板式敷设室内通道光缆	百米条	
78	光缆接续（48 芯以下）	头	
79	光缆成端接头	芯	
80	*40km 以上中继段光缆测试（双窗口测试、48 芯以下）[系数：1.8]	中继段	
81	封焊热可缩套（包）管（$\Phi50mm \times 900mm$ 以下）	个	
82	安装光分配架（整架）	架	
83	安装光分配架（子架）	个	
84	室内布放电力电缆（单芯截面积 35mm² 以下）（单芯）	十米条	
85	安装室内接地排	个	
86	敷设室内接地母线	10m	
87	局内缠绕阻燃胶带	10m	

注：1. 条档是指辅助吊线的条数 × 档数。

2. 编写施工图纸分册

编制光缆线路的一阶段设计（或施工图设计）时，应按中继段编写施工图纸分册。施工图纸分册应包含该中继段 A 局（站）ODF 至 B 局（站）ODF 间的所有光缆安装图纸。图纸中的光缆是连续的、完整的，应包括机房 ODF 的安装、局前孔至 ODF 的局内光缆、进出局管道光缆（局前孔至末端孔）、A 末端孔至 B 末端孔直埋光缆的全套图纸等。除了全段图纸，该中继段的其他内容（例如工程量表、需要特殊安装的图纸（若有）等）也是施工图纸分册的主要内容。

直埋线路施工图纸分册应包含以下内容（图纸为该中继段 ODF 间全部图纸）。

① 局（站）A—局（站）B 段工程量表。

② 图纸。

✓ 局（站）A—局（站）B 段直埋光缆线路施工图 2023SJ×××× S-GL（××）-01（1/××-×× /××）。

✓ 局（站）A 出城管道光缆线路施工图 2023SJ×××× S-GL（××）-02。

✓ 局（站）B 进城管道光缆线路施工图 2023SJ×××× S-GL（××）-03（1/×-× /×）。

✓ 局（站）A 局内光缆路由及安装方式图 2023SJ0593S-GL（××）-04（1/×-× /×）。

✓ 局（站）B 局内光缆路由及安装方式图 2023SJ×××× S-GL（××）-05。

✓ 局（站）A 的 ODF 安装平面图（三层）2023SJ×××× S-GL（××）-06。

✓ 局（站）B 的 ODF 安装平面图（二层）2023SJ×××S-GL（××）-07。

✓ ×× 桥桥上光缆安装方式图 2023SJ×××S-GL（××）-08。

✓ ×× 河过河水线光缆安装方式图 2023SJ×××S-GL（××）-09。

✓ 局（站）A—局（站）B 段大地电阻率及排流线布放图 2023SJ×××S-GL（××）-10。

3. 编制预算

对有初步设计阶段和施工图设计阶段的两阶段线路设计而言，初步设计阶段编制概算，施工图设计阶段编制预算，二者的主要区别是概算工程量为估算，且需要计列预备费，而预算编制的工程量与施工图纸的工程量一致，是实际发生的工程量。一阶段设计可直接跳过概算编制预算。

目前，预算编制的依据是《工业和信息化部关于印发信息通信建设工程预算定额、工程费用定额及工程概预算编制规程的通知》（工信部通信〔2016〕451 号），通常称为"451 定额"。预算编制根据工程量和定额标准计算工程建设投资，并按照"451 定额"的要求提供预算表格。

4. 编写设计总册

一套完整的施工图设计应包含总册和施工图纸分册。总册主要包括设计说明、预算和图纸 3 个部分。设计说明的主要内容有工程投资、建设内容、技术标准、验收标准、施工要求等，使施工企业有据可依。预算包括预算说明和预算表格，反映工程的造价情况。图纸包括总体图纸和通用图纸，总体图纸由本工程总体路由示意图、局（站）设置图、主要城市的进出城路由示意图等构成，通用图纸主要是指通用的光缆安装方式图。

施工图设计的主要设计成果为总册和施工图纸分册，编写完成并盖章后形成全套文件，经建设单位会审后成为工程施工建设的指导文件。

第二节　直埋光缆敷设安装要求

一、总体要求

直埋、管道、架空的相关总体要求均在此论述，后文相应章节中不再赘述。

光缆的敷设安装除应满足设计要求外，还应符合 YD 5121—2010《通信线路工程验收规范》的要求。

1. 光缆布放端别及其识别方式

光缆线路的端别无严格限制，一般在项目立项时确认。立项时的 AB 端通常参照铁路上行与下行的规定，出京方向为下行，进京方向为上行。东西向时，在京广线以东地区，AB端的方向为从东向西，在京汉广以西地区，AB端的方向为从西向东。即通常以距北京较近的局（站）为A端。

每盘光缆两端有端别识别标志：面向光缆看，在顺时针方向上松套管序号增大时为A端，反之为B端；A端标志为红色端帽，B端标志为绿色端帽。

2. 光缆配盘

① 按照到货单盘光缆长度，合理安排使用地段，使光缆接头数量最少，余出光缆最短。

② 光缆类型与使用地段应与设计相符。管道光缆不足时可使用直埋光缆、架空光缆替代，架空光缆不足时可用直埋光缆替代。

③ 直埋段落的光缆接头盒应埋设在地质稳固、地形较平坦的位置，避免埋设在道路、河渠、水塘、沟坎等维护不便或易受到损伤的地方。进行机械化耕作的农田地带，应将光缆接头盒设置在路边或防风林带内，以便设立接头标石。

3. 光缆布放要求

光缆布放的过程中及安装后，其所受张力、侧压力、曲率半径等不得超过单盘光缆的主要技术性能要求。

4. 光缆及光纤接续

① 光缆接续应使用专用光缆接头盒，按照供货方提供的安装手册或说明书进行封装。光缆接续前，应认真检查光缆接头盒附件种类及数量是否齐全、质量是否符合要求等。

② 光缆加强芯在光缆接头盒内应有可靠的机械连接，电气绝缘良好。直埋光缆两端的金属护套、金属加强芯应分别与监测装置的尾缆芯线连接。监测装置中，监测光缆接头盒进潮情况的两个监测电极应牢固地粘接在光缆接头盒底部。

③ 光纤接续可采用熔接法，并按相同线序对接，不得接错。中继段内同一条光纤接头损耗的双向平均值应不大于0.04dB，单个接头损耗的双向平均值应不大于0.08dB。

④ 在光缆接头盒内，每侧光缆的余留光纤和余留带松套管光纤应各不小于0.8m。余留光纤应有醒目的编号，应按顺序盘放在自下而上编号的相应容纤盘内。光纤接头应嵌入容纤盘上的槽内，并固定牢靠。

5. 光缆预留

（1）直埋光缆的预留

直埋光缆的预留要考虑日后维修的需要，主要有"S"弯余留、接头重叠长度预留（一般不小于12m）、局（站）预留（每侧10～20m）、建设规划等的预留。

"S"弯余留是直埋光缆独有的预留方式，要求如下。

① 光缆敷设在坡度大于20°，坡长大于30m的斜坡上时，应作"S"弯余留。

② 无人中继站进局（站）时，应作"S"弯余留。

③ 穿越铁路、公路时，应在两端作"S"弯余留。

④ 穿越较大的河流时，应在距河岸100m处设置"S"弯余留，作为锚固和预留的措施。

⑤ 在沼泽敷设加强型直埋光缆时，每500m"S"弯余留10m。

（2）接头预留

① 直埋光缆在接头处每侧预留12m。

② 管道光缆在接头处每侧预留12m，管道光缆接头预留方式如图4-2所示。

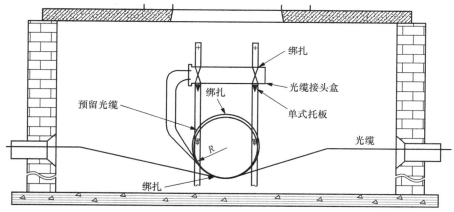

图4-2　管道光缆接头预留方式

③ 架空光缆接头每侧预留长度不小于18m（一端进出光缆的接头盒固定在电杆上，进线孔朝下），用预留架固定于接头两侧电杆上，预留架面向接头。架空光缆接头预留方式如图4-3所示。

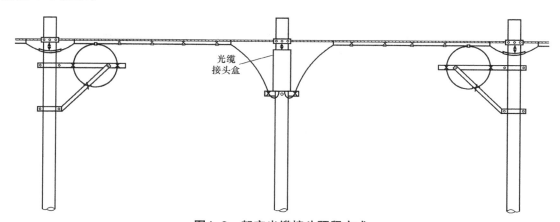

图4-3　架空光缆接头预留方式

（3）其他预留

①局内每侧预留光缆 15 ～ 20m。

②架空过桥、过河时宜在相邻两杆上预留光缆，每边各预留 5m；架空光缆应每隔 1000m 作 10m 预留，光缆引上应在杆上作 8m 预留，预留光缆可采用预留架固定在电杆上。架空光缆预留方式如图 4-4 所示。

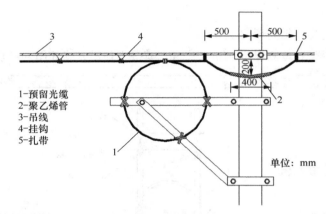

1-预留光缆
2-聚乙烯管
3-吊线
4-挂钩
5-扎带

单位：mm

图4-4　架空光缆预留方式

③ 布放架空光缆应在每根杆上作伸缩弯，光缆用长度不小于 400mm 的纵剖聚乙烯管保护。架空光缆伸缩弯安装方式如图 4-5 所示。

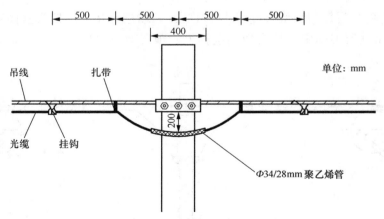

单位：mm

吊线　扎带
光缆　挂钩
Φ34/28mm聚乙烯管

图4-5　架空光缆伸缩弯安装方式

④ 特殊预留地段，例如架空跨越、顶管穿越国道 / 省道等，每处预留 5m。

⑤ 采用正、附吊线的杆档，每处预留 5m。

6. GPS 定位

要求施工单位在以下点做 GPS 定位，并将坐标数据在竣工资料中明确，竣工资料中 GPS 坐标精度要到小数点后 5 位，即 0.00001°。

① 机房（包括骨干及中继机房）的 GPS 经纬度坐标。

② 光缆接头盒位置的 GPS 经纬度坐标。

③ 直埋光缆标石的 GPS 经纬度坐标。

④ 架空光缆每根电杆的 GPS 经纬度坐标。

⑤ 管道光缆每个人（手）孔的 GPS 经纬度坐标。

二、直埋光缆敷设安装

直埋光缆的敷设采用机械挖沟、人工挖沟及人工抬放方式施工。

1. 直埋光缆沟

（1）直埋光缆的埋深

直埋光缆的埋深是评价直埋线路质量最重要的指标之一，只有保证光缆埋深，才能使光缆安全性达到设计要求。直埋光缆埋深（沟深）见表 4–2。

表 4–2　直埋光缆埋深（沟深）

铺设地段及土质		埋深（沟深）
普通土、硬土		≥ 1.5m
半石质（砂砾土、风化石等）		≥ 1.2m
全石质、流沙[1]		≥ 1.0m
市郊、村镇		≥ 1.5m
市区人行道		≥ 1.2m
穿越铁路（距道渣底）、公路（距路面）		≥ 1.5m
河流、沟、渠、水塘[2]		≥ 1.5m
公路排水沟（距沟底）	石质[1]	排水沟设计深度以下 0.4m
	其他土质	排水沟设计深度以下 0.8m

注：1. 对于垫有砂土的石质沟，可将沟深视作光缆的埋深。

　　2. 坡坎埋深以垂直坡坎斜面的深度为准。

（2）开挖光缆沟要求

① 光缆沟应平直，沟底平整无硬坎，无突出的尖石和砖块。

② 沟坎及转角处应将光缆沟操平和裁直，使之平缓过渡。

单条光缆直埋光缆沟开挖方式如图 4-6 所示。双条光缆直埋光缆沟开挖方式如图 4-7 所示。

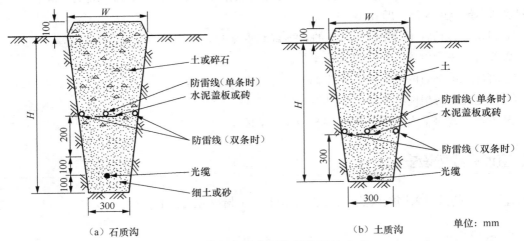

图4-6　单条光缆直埋光缆沟开挖方式

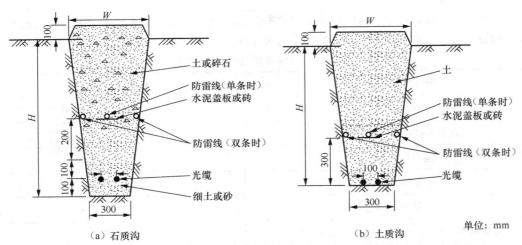

图4-7　双条光缆直埋光缆沟开挖方式

图 4-6 和 4-7 中，H 为沟深，W 为沟宽，放坡系数为 0.125。

③ 若达不到规定的埋深要求，且硬土、砂砾土沟深不大于 0.5m 时，光缆加钢管保护；沟深大于 0.5m 时，光缆加塑料管保护；坚石、软石沟深不大于 0.6m 时，上方用水泥砂浆封沟。

④ 石质、半石质地段应在沟底和光缆上方各铺 100mm 厚的细土或砂土。此时可将沟深视作光缆的埋深。

⑤ 农田内的耕作层尽量回填原土。

（3）挖填光缆沟、接头坑土石方量计算标准

挖填光缆沟一般情况下按松填考虑，为保证坡坎处的回填质量，设计中，可按总土石方量的3.8%按夯填计列。挖填光缆沟及接头坑每千米土石方量计算见表4-3。

表4-3　挖填光缆沟及接头坑每千米土石方量计算

土质	挖光缆沟				增挖沟坎		挖接头坑			每千米土石方量合计（百立方米）
	土石方量 /m³	沟型尺寸 /m			土石方量 /m³	占沟方比	土石方量 /m³	坑型 /m		
		沟深	下宽	上宽				均长	均宽	
普通土	540	1.2	0.3	0.6	20.6	3.8%	2.6	2.5	1.5	5.46
	750	1.5	0.3	0.7	28.5	3.8%	3.2	2.5	1.5	7.82
硬土	540	1.2	0.3	0.6	25.4	4.7%	2.6	2.5	1.5	5.68
	750	1.5	0.3	0.7	35.3	4.7%	3.2	2.5	1.5	7.89
砂砾土	425	1.0	0.3	0.55	12.8	3.0%	2.2	2.5	1.5	4.40
	540	1.2	0.3	0.6	16.2	3.0%	2.6	2.5	1.5	5.59
软石	320	0.8	0.3	0.5	14.4	4.5%	1.8	2.5	1.5	3.37
	425	1.0	0.3	0.55	19.1	4.5%	2.2	2.5	1.5	4.47
坚石	320	0.8	0.3	0.5	12.8	4.0%	1.8	2.5	1.5	3.35
	425	1.0	0.3	0.55	17.0	4.0%	2.2	2.5	1.5	4.45
沟槽	140	0.4	0.3	0.4	2.8	2.0%	3.3	2.5	1.5	1.46

注：1. 石质光缆沟铺砂土不再增加沟深及土方量。

　　2. 过路及其他地段顶钢管时，一律不得计列挖填土石工程量。

　　3. 对于沿公路路肩、边沟、人行道敷设的段落，按夯填考虑。

（4）光缆与其他设施、树木、建筑物等最小间距要求

直埋光缆与其他建筑物最小间距见表4-4。

表4-4　直埋光缆与其他建筑物最小间距

项目名称		平行时 /m	交越时 /m
通信管道边线（不包括人孔）		0.75	0.25
非同沟的直埋通信光（电）缆		0.5	0.25
埋式电力电缆	35kV 以下	0.5	0.5
	35kV 及以上	2.0	0.5
给水管	管径小于 30cm	0.5	0.5
	管径 30～50cm	1.0	0.5
	管径大于 50cm	1.5	0.5
高压石油、天然气管		10	0.5

续表

项目名称		平行时 /m	交越时 /m
热力、排水管		1.0	0.5
燃气管	压力小于 300kPa	1.0	0.5
	压力 300 ~ 1600kPa	2.0	0.5
通信管道		0.75	0.25
其他通信线路		0.5	—
排水沟		0.8	0.5
房屋建筑红线或基础		1.0	—
树木	市内、村镇的大树、果树、行道树	0.75	—
	市外大树	2.0	—
水井、坟墓		3.0	—
粪坑、积肥池、沼气池、氨水池等		3.0	—
架空杆路及拉线		1.5	—

注：1. 直埋光缆采用钢管保护时，给水管、燃气管、输油管交越时的净距可降为 0.15m。
　　2. 对于杆路、拉线、孤立大树和高耸建筑，还应考虑防雷要求。
　　3. 大树指直径 300mm 及以上的树木。
　　4. 穿越埋深与光缆相近的各种地下管线时，光缆宜在管线下方通过。
　　5. 间距达不到表 4-4 要求时，应采取保护措施。

2. 直埋光缆敷设

① 光缆的弯曲半径应不小于光缆外径的 15 倍，在施工过程中不应小于 20 倍。布放光缆的牵引力应不超过光缆允许张力的 80%。瞬间最大牵引力不得超过光缆允许张力的 100%。主要牵引应加在光缆的加强件（芯）上。

② 直埋敷设只有在路由沿公路时，才能采用机械布放。机械布放可采用卡车或卷放线平车作牵引。先用起重机或升降叉车将光缆盘装入机动车绕架上，拆除光缆盘上的小割板或金属盘罩，指挥人员应在检查准备工作已就绪后，开始布放。机动车应缓慢前移，同时由人工将光缆从光缆盘上拖出，轻轻放到沟边（条件允许，在不造成光缆扭折的情况下，可直接放入沟中地滑轮上），不得用机动车将光缆抛出。每放 20m 左右后，再由人工放入沟中。

③ 一般地段可采用人工布放，通常采用直线肩扛式，人员隔距小，由指挥人员统一安排行动。敷设光缆时不得将光缆在地面拖曳。光缆不应出现小于规定曲率半径的弯曲，以及拖地、牵引过紧等现象。

④ 光缆必须平放于沟底，不得腾空和拱起。光缆布放后，应指定专人从末端朝前对光缆进行整理，防止光缆在沟中拱起和腾空，排除塌方，确保光缆平放在沟底。

⑤ 布放过程中或布放后，应及时检查光缆外皮，若有破损应立即修复。直埋光缆敷设后，应检查光缆护层对地绝缘电阻，确认符合质量验收标准后，方可全沟回土。

⑥ 同沟敷设的光缆，不得交叉、重叠，宜采用分别牵引同时布放的方式。

3. 回填土

① 回填前，必须检查光缆，如果外护套有损伤，应立即修复。

② 先回填 15cm 厚的细砂或细土，严禁将石块、砖头、冻土推入沟内，回填时应下沟踩缆，防止回填土将光缆拱起。

③ 第一层细土回填完后，应人工踩实后再回填。

④ 在道路、村庄或其他有人行走的地面应夯实回填土。夯实后的光缆沟应与地面平齐。

⑤ 一般地面可松填回填土。松填地段应高出地面 50～100mm，郊区可高出地面 150mm。

4. 线路标石的设置

（1）标石设置要求

① 基准直线段每 80m 应设置一块标石，村镇附近按 50m 间距设置标石，也可根据维护要求增加或减少标石间距。

② 光缆拐弯处应设置拐弯标石。

③ 每个直埋光缆接头处应设置一个监测标石。

④ 排流线的起止点，光缆预留地点，与其他管线的交越点，光缆过河、过路、村庄及其他障碍物寻找光缆有困难的地点等应设立标石。

⑤ 在特殊地段及处理后的障碍点，与后设的地下管线、建筑物的交越点，介入或更换短光缆等处应增设标石。

⑥ 同路由、近距离敷设多条直埋光缆线路的标石埋设除符合上述规定外，另规定如下。

✓ 同沟敷设时，只在其路由上埋设一块标石。

✓ 同沟敷设多条光缆的接头处应各自分别埋设接头监测标石，且标石的标记应有明显的区别。

✓ 两条光缆分设沟距超过 5m、平行长度超过 50m 时，甲乙两条光缆分别埋设标石，且标石的标记应有明显区别。小于上述规定时，可仅在甲光缆的路由上埋设一块标石，但在维护图上应注明两条光缆之间的实际距离。

（2）标石规格与埋设

① 标石可用坚石或钢筋混凝土制作，普通标石有短标石（100cm×14cm×14cm）和长标石（150cm×14cm×14cm）两种，一般地区用短标石，土质松软及斜坡地区用长标石。监测标石上方有金属可卸端帽，内有引接监测线、地线的接线板，可用来检测光缆内金属护层对地绝缘性。

② 短标石埋深60cm，出土40cm；长标石埋深80cm，出土70cm。标石周围的土壤应夯实，使标石稳固不倾斜。

③ 普通标石应埋设在光缆正上方。接头处的监测标石应埋在光缆路由上，标石有字的一面朝向光缆接头。转弯处的标石应埋设在线路转弯的交点上，有字的一面朝向光缆弯角较小的一面。当光缆沿公路敷设间距不大于100m时，标石面朝公路。

④ 标石编号可用涂料喷涂，为白底红字，标石顶为红色。编号按现有顺序编号。标石的面向方向：直线标石的标徽及编号应面向前进方向；转角标石的面向为角深方向；接头标石的面向应面向接头。标石两侧，应喷写宣传标语，字体为黑体，颜色为红色。

标石编号格式如图4-8所示。

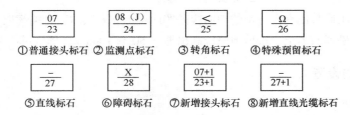

注：1.编号的分子表示标石的不同类别或同类标石的序号。
　　2.编号的分母表示一个中继段内的标石序号。
　　3.图中⑦⑧分子+1和分母+1表示新增加的接头或直线光缆标石。

图4-8　标石编号格式

⑤ 标石书写内容示意如图4-9所示。

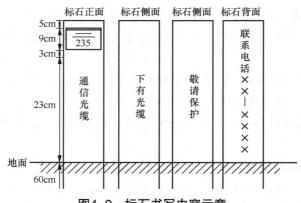

图4-9　标石书写内容示意

⑥ 普通标石所用混凝土标号为C15，上部一侧面20cm长的一段抹面供书写标石编号使用。普通水泥标石加工要求如图4-10所示。

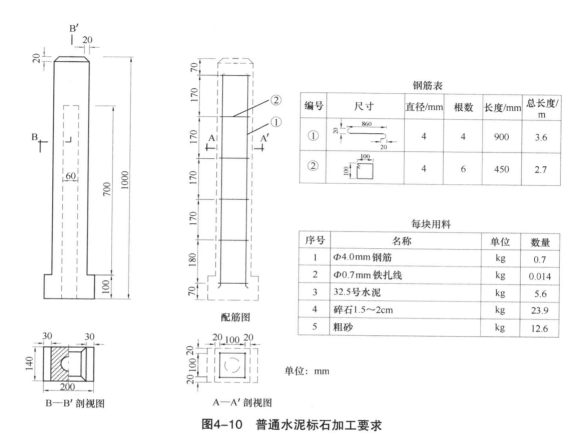

钢筋表

编号	尺寸	直径/mm	根数	长度/mm	总长度/m
①	20 ⌐860⌐ 20	4	4	900	3.6
②	100 × 100	4	6	450	2.7

每块用料

序号	名称	单位	数量
1	Φ4.0mm 钢筋	kg	0.7
2	Φ0.7mm 铁扎线	kg	0.014
3	32.5号水泥	kg	5.6
4	碎石1.5～2cm	kg	23.9
5	粗砂	kg	12.6

单位：mm

图4-10　普通水泥标石加工要求

⑦ 与普通标石相同，监测标石所用混凝土标号为 C15，上部一侧面 20cm 长的一段抹面供书写标石编号使用。监测标石加工图示例如图 4-11 所示。

5. 小型标牌的设置

村屯、主要道口、挖砂取土地带、过河渡口等地应设置标牌，并且要字迹清楚，并符合下列规定。

标牌规格（60cm×80cm×10cm），材质为水泥预制板（内配钢筋）边框宽为 40mm，四边框为红色；立柱长 120cm，红白相间（20cm 一节，红白间隔）。标牌埋深 60cm，出土 120cm。标牌内容为：下有光缆 严禁动土；保护光缆 人人有责；严禁在地下光缆两侧 3m 范围内挖砂、取土。标牌还需要加联系电话。

直埋光缆标牌式样如图 4-12 所示。

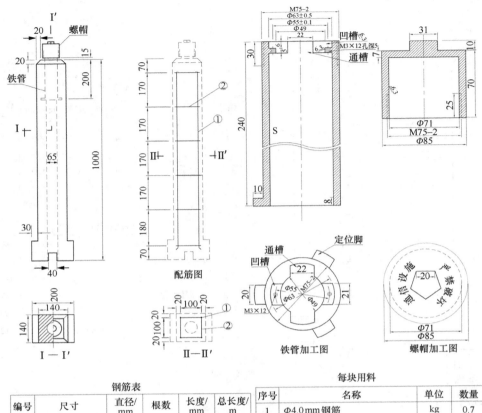

钢筋表						
编号	尺寸	直径/mm	根数	长度/mm	总长度/m
①	20 ╱ 860 ╲ 70	4	4	900	3.6
②	100 □ 100	4	6	450	2.7

每块用料			
序号	名称	单位	数量
1	Φ4.0mm 钢筋	kg	0.7
2	Φ0.7mm 铁扎线	kg	0.014
3	32.5号水泥	kg	5.3
4	碎石	kg	22.5
5	粗砂	kg	11.9
6	铁管及螺帽	套	1

图4-11　监测标石加工图示例

6. 直埋光缆接头盒安装要求

① 光缆护套与光缆接头盒连接处应固定牢固且可采用热可缩套管以增加气密性。固定装置的尺寸应与光缆外径相适应，为增强连接强度，可采用与护套接触面带有尖刺的固定装置并压紧。

② 光缆的加强件应固定在光缆接头盒内。除了采用紧固螺栓，对于金属加强件，可以将伸出固定装置的部分折弯成"L"形。

中国 ❋ 联通

下有光缆 严禁动土

中国联通XX分公司

联系电话：xxx-xxxxxxxx

图4-12　直埋光缆标牌式样

③ 金属加强件和金属护层在接续处不做接地，两端光缆也不做电气连接，且应有一定间距。

④ 光缆松套管应进入光缆接头盒内，且盘留长度不小于0.8m，光纤盘留（含松套管内的光纤）应不小于1.6m。光纤及接头盒盘留半径应不小于37.5mm。

光缆接头盒与光缆的连接方式如图4-13所示。

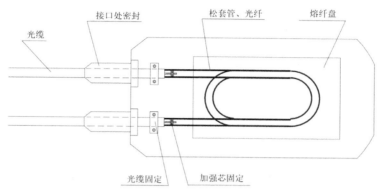

图4-13　光缆接头盒与光缆的连接方式

⑤ 直埋敷设的光缆接头盒，可采用单端进出方式或双端进出方式。接头盒上方30cm处应使用4块水泥盖板加以保护。单端进出直埋光缆接头盒安装方式如图4-14所示。

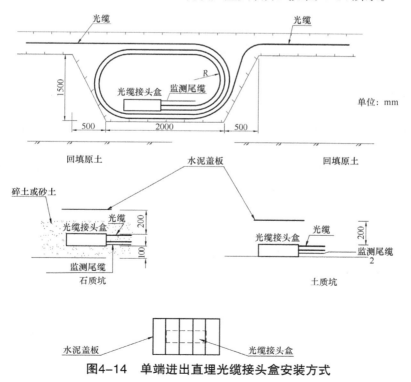

图4-14　单端进出直埋光缆接头盒安装方式

双端进出直埋光缆接头盒安装方式如图 4-15 所示。

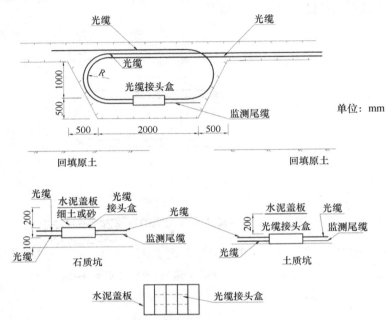

图4-15 双端进出直埋光缆接头盒安装方式

7. 直埋光缆线路对地绝缘测试要求与方法

① 光缆线路对地绝缘监测装置由监测尾缆、绝缘密闭堵头和光缆接头盒进水监测电极组成。直埋光缆线路对地绝缘竣工验收和日常维护，应采用监测装置进行测试。

② 对地绝缘电阻测试，应根据对地绝缘电阻范围，按仪表量程确定使用高阻计或兆欧表。当对地绝缘电阻值高于 5MΩ 时，应选用高阻计（500V·DC）；当对地绝缘电阻值低于 5MΩ 时，应选用兆欧表（500V·DC）。

③ 使用高阻计测试时，可在 2min 后读数；使用兆欧表测试时，应在仪表指针稳定后读数。

④ 对地绝缘电阻的测试，应避免在相对湿度大于 80% 的条件下进行。

⑤ 测试仪表引线不得采用纱包花线。

对于采用单端进出光缆接头盒和双端进出光缆接头盒的线路，其对地绝缘监测装置线缆连接方法分别如图 4-16 和图 4-17 所示。

每处用料

序号	名称	规格型号	单位	数量
1	光缆接头盒进水监测电极	8mm×10mm×19mm	个	1
2	监测尾缆	GJYYTN-3×2×0.7	m	5
3	绝缘密闭堵头	GJJQ-B型	个	1
4	PVC塑料胶		支	1

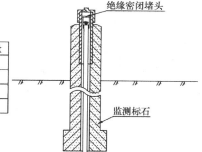

绝缘密闭堵头

监测标石

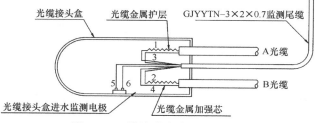

光缆接头盒　光缆金属护层　GJYYTN-3×2×0.7监测尾缆

A光缆

B光缆

光缆接头盒进水监测电极　光缆金属加强芯

注：1.进水监测电极用PVC塑料胶粘结在光缆接
头盒内底壁上，其位置应不影响光缆接头
盒的再次开启使用。
2.监测尾缆芯线1～6的色谱依次为红、桔、
蓝、绿、黑、白，遇非金属加强芯光缆
时，3、4号线腾空，线头做绝缘处理。
3.监测尾缆芯线与光缆金属护层应电气
连通，接续良好。
4.监测尾缆在标石上线孔内或紧靠标石处
预留20～30cm。

图4-16　单端进出直埋光缆接头盒对地绝缘监测装置安装方式

每处用料

序号	名称	规格型号	单位	数量
1	光缆接头盒进水监测电极	8mm×10mm×19mm	个	1
2	监测尾缆	GJYYTN-3×2×0.7	m	5
3	绝缘密闭堵头	GJJQ-B型	个	1
4	PVC塑料胶		支	1

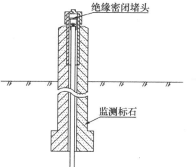

绝缘密闭堵头

监测标石

GJYYTN-3×2×0.7监测尾缆

光缆接头盒

光缆金属护层

B光缆

A光缆

光缆接头盒进水监测电极　光缆金属加强芯

注：1.进水监测电极用PVC塑料胶粘结在接头盒
内底壁上，其位置应不影响接头盒的再次
开启使用。
2.监测尾缆芯线1～6的色谱依次为红、桔、
蓝、绿、黑、白，遇非金属加强芯光缆
时，3、4号线腾空，线头做绝缘处理。
3.监测尾缆芯线与光缆金属护层应电气
连通，接续良好。
4.监测尾缆在标石上线孔内或紧靠标石处
预留20～30cm。

图4-17　双端进出直埋光缆接头盒对地绝缘监测装置安装方式

三、桥上光缆敷设安装

① 桥上光缆敷设安装方式，应以光缆线路安全、稳固为基本前提，并根据桥梁结构确定不同的建筑方式。例如桥上管道、槽道、桥上吊挂、桥上支架（托架或挂钩）等。

② 在桥上敷设管道一般应与桥梁建设同步施工，避免桥梁建成后凿孔打洞影响桥梁结构。如果管道需要在已建桥梁上通过，应与桥梁主管单位共同拟订不影响桥梁建筑结构，且便于维护和安装的合理敷设方案。

③ 要考虑桥下净空。光缆敷设安装高度应保证最高洪水位期间的通航和泄洪不受影响。光缆位置宜设在桥梁的下游侧，以防意外的机械碰伤。

④ 要考虑桥梁的伸缩，特别是一些跨度大的重要桥梁。通信管道及光缆应能适应桥梁伸缩的影响。例如，采用伸缩套管、预留光缆等。

⑤ 桥上管道在桥梁的两端应设置人（手）孔，便于光缆施工及维护时的检修。

⑥ 在冬季结冰地区，要特别注意桥上管道或槽道的排水问题。例如随桥梁形成坡度，或设置排水孔洞。

⑦ 要考虑钢管及桥上附架所用铁件的防锈措施，若暴露在空气中，则可涂防锈漆，埋在土中的可涂刷沥青。

⑧ 对于大型铁路、公路钢结构桥梁，应考虑光缆的防震问题。例如采用填充油膏结构的光缆，钢管内的光缆用塑料子管保护等。光缆接头尽量不要安放在桥上，以免受震开裂或断纤。

⑨ 对于桥下净空较小时，应考虑光缆防火，防止在桥下烧火损坏光缆。

⑩ 对于暴露在阳光下的桥上光缆，用于光缆保护的塑料管宜掺炭黑或其他防老化剂。

四、水底光缆敷设安装

1. 水底光缆规格选用

水底光缆规格选用应符合下列原则。

① 河床及岸滩稳定、流速不大但河面宽度大于 150m 的平原河流或严重冲刷河流地段，应采用短期抗张强度为 20000N 及以上的钢丝铠装光缆。山区河流地段，应根据河床宽度、河床土质、水流速流量大小，冲刷严重程度及上游水文植被等情况确定。

② 河床及岸滩不太稳定、流速大于 3m/s 或主要通航河道等，应采用短期抗张强度为 40000N 及以上的钢丝铠装光缆。

③ 河床及岸滩不稳定、冲刷严重，以及河宽超过 500m 的特大河流，应采用特殊设计的加强型钢丝铠装光缆。

④ 穿越水库、湖泊等静水区域时，可根据通航情况、水工作业和水文地质状况综合考虑确定。

⑤ 河床稳定、水流速较小、河面不宽的河道，在保证安全且不受未来水工作业影响的前提下，可采用直埋光缆过河。

⑥ 如果河床土质及水面宽度情况能满足定向钻孔施工设备的要求，则可以选择定向钻孔施工方式，此时可采用在钻孔中穿放直埋或管道光缆过河。选择定向钻孔过河方式的河段应避免出现管涌。

2. 备用水底光缆的安装

特大河流、重要的通航河流等，可根据干线光缆的重要程度设置备用水底光缆。主、备用水底光缆应通过连接器箱或分歧接头盒进行人工倒换，也可进行自动倒换。为此可设置水线终端房。

（1）敷设备用水底光缆的条件

① 特大河流（水面宽在 1000m 以上，例如长江、黄河等）。

② 通航繁忙的较大河流（水面宽在 500m 以上）。

③ 限于自然、地形条件，光缆的安全性较差或抢修很困难的河流。

（2）敷设备用水底光缆的要求

① 主、备用水底光缆的间距不宜小于 1000m。

② 主、备用水底光缆和陆缆间的连接，应采用分歧接头盒或连接器箱。

③ 连接器箱应安装在水线终端房或专用人孔内，可进行倒换。

④ 桥上光缆，可不采用备用方式。

3. 水底光缆的埋深

水底光缆的埋深，应根据河流的水深、通航状况、河床土质等具体情况分段确定。

（1）河床有水部分的埋深

① 水深小于 8m（指枯水季节的深度）的区段，河床不稳定或土质松软时，光缆埋入河底的深度不应小于 1.5m；河床稳定或土质坚硬时应不小于 1.2m。

② 水深大于 8m 的区域，可将光缆直接布放在河底不加掩埋。

③ 在冲刷严重和极不稳定的区段（例如游荡型河道），应将光缆埋设在变化幅度以下。如果遇到特殊困难不能实现，在河底的埋深应不小于 1.5m，并根据需要适当预留光缆。

④ 在有疏浚计划的区段，应将光缆埋设在计划深度以下 1m，或在施工时暂按一般埋深，但需要适当预留光缆，待疏浚时再下埋至要求深度。

⑤ 石质和半石质河床，光缆埋深不应小于 0.5m，并应加保护措施。

（2）岸滩部分的埋深

① 比较稳定的地段，光缆埋深不应小于 1.2m。

② 洪水季节河床受冲刷或土质松散不稳定的地段应适当加深埋深，光缆上岸的坡度宜小于 30°。

③ 对于大型河流，当航道、水利、堤防、海事等部门对拟布放水底光缆的埋深有特殊要求，或有抛锚、运输、渔业捕捞、养殖等活动影响，当上述埋深不能保证光缆安全时，应进行综合论证和分析，确定合适的埋深要求。

4. 水底光缆的敷设方式

水底光缆敷设方式，应根据光缆规格、河流水文地质状况、施工技术装备和管理水平，以及经济效益等因素进行选择，可采用人工或机械挖沟敷设、专用设备敷设等方式。对于石质河床，可视情况采取爆破成沟方式。

光缆在河底的敷设位置，应以测量时的基线为基准向上游按弧形敷设。弧形敷设的范围应包括洪水期间可能受到冲刷的岸滩部分。弧形顶点应设在河流的主流位置上，弧形顶点至基线的距离，应按弧形弦长的大小和河流的稳定情况确定，一般为弦长的10%，根据冲刷情况或水面宽度可将比率适当调整。当受敷设水域的限制，按弧形敷设有困难时，可采取"S"形敷设。

水底光缆敷设安装方式如图4-18所示。

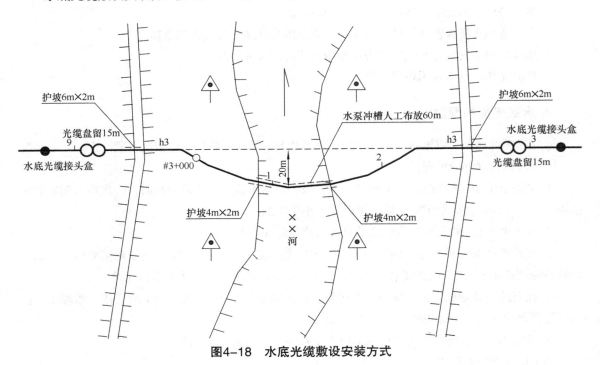

图4-18　水底光缆敷设安装方式

当布放两条及以上的水底光缆，或同一区域有其他光缆或管线时，光缆或管线间应保持足够的安全距离。

5. 水底光缆的穿堤方式

总体来讲，光缆穿越河堤的方式和保护措施，应保证光缆和河堤的安全，并严格符合相关堤防管理部门的技术要求。

① 光缆穿越河堤的位置应在历年最高洪水位以上，对于呈淤积态势的河流，应考虑光缆寿命期内洪水可能到达的位置。

② 光缆穿越土堤时，宜采用爬堤敷设的方式，光缆在堤顶的埋深不应小于1.2m，在堤坡的埋深不应小于1.0m。若堤顶部分兼为公路，应采取相应的防护措施。若达到埋深要求有困难时也可采用局部垫高堤面的方式，光缆上垫土的厚度不应小于0.8m。河堤的复原与加固应按照河堤主管部门的规定处理。

③ 穿越较小的、不会引起次生灾害的防水堤时，光缆可在堤基下直埋穿越，但要经堤防管理部门同意。

④ 光缆不宜穿越石砌或混凝土河堤，必须穿越时应用钢管保护。其穿越与固定措施应与堤防管理部门协商确定。

第三节　直埋光缆的防护要求

一、直埋光缆防机械损伤

1. 铺钢管保护

① 铺钢管保护分顶管和埋管两种方式。顶管施工时应采用无缝钢管，埋设施工时可采用对缝钢管。

② 光缆穿越主要公路、铁路时可采用定向钻或顶钢管保护方式。定向钻施工时，钻1～2孔 Φ40/33mm 塑料管。顶钢管施工时，采用 Φ100mm 钢管，内穿3根 Φ34/28mm 塑料子管，或采用 Φ80mm 钢管，内穿2根 Φ34/28mm 塑料子管。

光缆过主要公路、铁路，应画过路断面图。光缆过主要公路断面（示例）如图4-19所示。

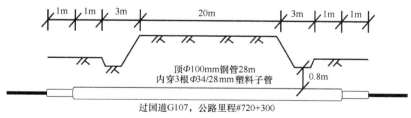

顶Φ100mm钢管28m
内穿3根Φ34/28mm塑料子管

过国道G107，公路里程#720+300

图4-19　光缆过主要公路断面（示例）

③ 光缆穿越可开挖公路时，可铺设 Φ80mm 对缝钢管，钢管内穿 2 根 Φ34/28mm 塑料子管。

④ 钢管伸出路基两侧排水沟外 1m，塑料子管伸出钢管外不小于 1 m，钢管距排水沟底应不小于 0.8m。

⑤ 光缆穿越石质河床山涧时可埋设 Φ50mm 镀锌钢管保护。镀锌钢管两端伸出山涧长度应不小于 3m，并用水泥固定牢靠。镀锌钢管内穿放 1 根 Φ34/28mm 塑料子管。

⑥ 光缆在路肩、冲刷严重的山体旁边、引上电杆、爬墙等需要特殊保护及裸露光缆靠近地面部分，可用 Φ50mm 钢管保护，钢管内穿放 1 根 Φ34/28mm 塑料子管。

2. 铺塑料管保护

塑料管的防护能力较强，在工程中得到大量使用，主要用于以下场合。

① 当光缆穿越不可开挖的公路、河流、水塘时，若长度在 100m 以内，首选定向钻方式，可按钻 1 ~ 2 孔 Φ40/33mm 塑料管考虑。

② 当光缆线路穿越可以开挖的一般公路时，铺 1 孔 Φ40/33mm 塑料管保护。

③ 当光缆穿越有疏浚和挖泥取土的沟、渠、水塘时，应铺 Φ40/33mm 塑料管，并在塑料管上方覆盖水泥盖板或水泥砂浆袋保护。

④ 光缆路由与其他地下线路交越时、防雷隔距不足时，应考虑铺 Φ40/33mm 塑料管，并铺砖保护其他线路，其他线路铺砖保护长度仅为挖出部分。

⑤ 光缆线路沿公路排水沟及路肩敷设时，可采用大长度塑料管安装方式。除了采用 Φ40/33mm 塑料管保护，还应在光缆沟回填土后用水泥砂浆封沟。

光缆在公路排水沟及路肩敷设安装方式如图 4-20 所示。

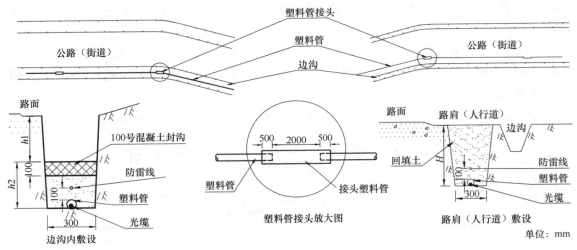

图4-20 光缆在公路排水沟及路肩敷设安装方式

图 4-20 也适用于其他地段大长度塑料管的敷设，技术要求如下。

✓ 管材使用 Φ40/33mm 塑料管，直线段每隔 250m 左右及线路转弯处应断开，断开处使用长 3m、Φ45/55mm（或近似规格）塑料套管保护。

✓ 光缆出入塑料管处用 PVC 粘胶带包封。

✓ 光缆接头应设在公路（街道）外适当的地点。

✓ 光缆在路肩（人行道）埋深 H 不应小于 0.8m；在边沟埋深 $h2$ 不应小于 0.4m（石质沟）或 0.6m（土质沟），$h1$ 应符合路方主管部门的要求。

✓ 回填土必须分层夯实。

⑥ 在市郊、乡镇街道等不具备建设正式管道的地段，可建设 2～3 孔简易硅芯塑料管道。简易硅芯塑料管道沟要求与大长度塑料管安装要求相同，除了增加 1～2 根 Φ40/33mm 塑料管，还应每隔 100m 或 1000m 安装一个手孔。

隔 100m 建 1 个手孔的简易硅芯塑料管道，可敷设光缆不限缆型，使用直埋光缆（GYTA53）、管道光缆（GYTA）及架空光缆（GYTS）均可，采用人工敷设方式；隔 1000m 建一个手孔的简易硅芯塑料管道，光缆应使用管道光缆（GYTA）或架空光缆（GYTS），只能采用气吹方式敷设。

⑦ 光缆通过市郊、村镇等动土可能性较大的地段时，应铺 Φ40/33mm 塑料管并铺砖保护。

3. 铺砖保护

铺砖保护有横铺砖和竖铺砖两种，一般单条光缆采用竖铺砖，双条光缆采用横铺砖。

铺砖保护防机械损伤能力较弱，主要用于光缆通过村庄、打谷场、市郊等可能动土地段，以起到警示作用，在需要较强保护的地段，通常穿放塑料管配合使用。

4. 铺水泥盖板保护

① 光缆穿越有疏浚和挖泥取土的沟、渠、水塘时，应铺 Φ40/33mm 塑料管，并在塑料管上方覆盖水泥盖板或水泥砂浆袋保护。当光缆穿越鱼塘时，应采用水泥盖板。

② 直埋光缆接头盒上方 200mm 处覆盖 5 块 I 型水泥盖板保护。

③ 水泥盖板分为 I 型（500mm×200mm）和 II 型（500mm×300mm）两种，I 型水泥盖板适用于单条光缆，II 型水泥盖板适用于双条光缆。其加工图分别如图 4-21 和图 4-22 所示。

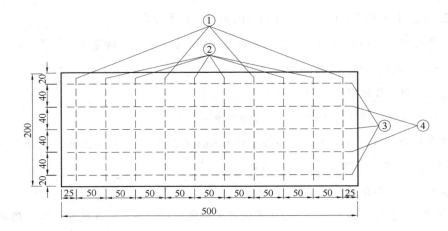

单位：mm

图4-21　水泥盖板Ⅰ型（500mm×200mm）加工示意

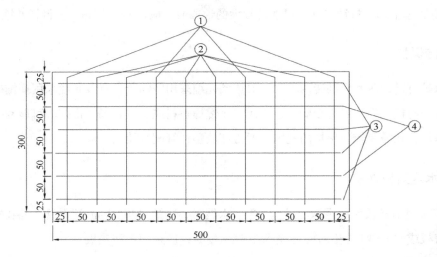

单位：mm

图4-22　水泥盖板Ⅱ型（500mm×300mm）加工示意

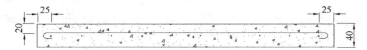

两种型号的水泥盖板配筋要求见表 4–5。

表 4–5　两种型号的水泥盖板配筋要求

盖板型号	编号	直径 /mm	根数	长度 /mm		总长度 /m
				————	20 ⊐———	
Ⅰ型	①	4.0	4	180	220	0.88
	②	2.6	6	180	220	1.32
	③	4.0	3	480	520	1.56
	④	2.6	2	480	520	1.04
Ⅱ型	①	4.0	4	280	320	1.28
	②	2.6	6	280	320	1.92
	③	4.0	4	480	520	2.08
	④	2.6	2	480	520	1.04

使用标号 C15 的混凝土，两种型号的水泥盖板用料见表 4–6。

表 4–6　两种型号的水泥盖板用料

序号	名称	单位	数量	
			Ⅰ 型	Ⅱ 型
1	Φ4.0mm 钢筋	kg	0.24	0.31
2	Φ2.6mm 钢筋	kg	0.098	0.13
3	Φ0.7mm 铁扎线	kg	0.025	0.03
4	粗砂	kg	2.77	4.16
5	直径为 0.5 ～ 3.2cm 的碎石	kg	5.25	7.88
6	42.5 号水泥	kg	1.22	1.82

5. 铺水泥砂浆袋保护

① 在较为平坦的河流或水塘中敷设光缆，当采用水泵冲槽方式施工时，其上方用水泥砂浆袋覆压。

② 穿越通航或有疏浚、挖泥取土的河流、沟渠、水塘时，应铺设水泥砂浆袋保护，并设置一块（河宽小于 50m）或两块（河宽大于 50m）小型标牌。

6. 安装小型标牌

① 小型标牌可用于禁止挖土或取砂的光缆线路段上，50m 以上的过河段两侧各设一块标牌，50m 以下的河段仅在一侧设一块标牌。

② 标牌正面漆白底写红色标志文字，水泥电杆用油漆漆出宽 20cm 红白相间平行纹。

③ 标牌上的文字可自定。

④ 小型标牌安装方式如图 4-23 所示。

每处标牌器材用量见表 4-7。

表 4-7　每处标牌器材用量

序号	器材名称	器材规格	单位	数量
1	水泥电杆	Φ130mm × 4000mm	根	1
2	标志板	1000mm × 500mm × 50mm	块	1
3	担夹	80mm × 5mm	只	2
4	镀锌穿钉	M12 × 240 ～ 260mm（带垫片）	付	3

⑤ 标志板加工方式如图 4-24 所示。

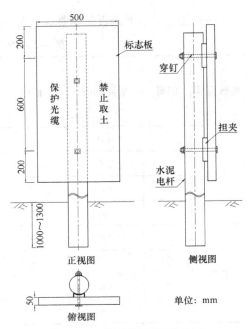

图4-23　小型标牌安装方式

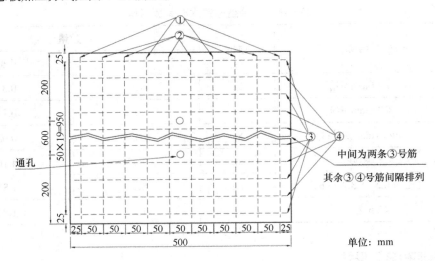

图4-24　标志板加工方式

标志板配筋要求见表 4-8。

表 4-8　标志板配筋要求

编号	直径 /mm	根数	长度 /mm		总长度 /m
				←20→	
①	4.0	4	980	1020	4.08
②	2.6	6	980	1020	6.12
③	4.0	11	480	520	5.72
④	2.6	9	480	520	4.68

使用标号 C15 的混凝土，标志板用料见表 4-9。

表 4-9　标志板用料

序号	名称	单位	数量
1	Φ4.0mm 钢筋	kg	0.964
2	Φ2.6mm 钢筋	kg	0.448
3	Φ0.7mm 铁扎线	kg	0.104
4	粗砂	kg	17.5
5	直径为 0.5 ～ 3.2cm 的碎石	kg	33
6	42.5 号水泥	kg	7.6

7. 设置漫水坡

① 当光缆穿越或沿靠山涧和河床冲刷严重的小水沟时，应视情况设置漫水坡保护。

② 当穿越河床有明显冲刷的河流时，两堤岸砌石护坡保护，河流冲刷很严重时，还应在光缆下游砌漫水坡保护。

漫水坡的安装方式如图 4-25 所示。

③ 漫水坡的下端应砌在光缆埋深以下 0.3m 处，长度应大于河床冲刷宽度。

④ 漫水坡与光缆的间距一般在 2 ～ 5m，河床落差大时，间距可小些，反之间距应大些。

⑤ 砌石用 50 号水泥砂浆，沟缝用 100 号水泥砂浆。

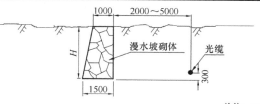

单位：mm

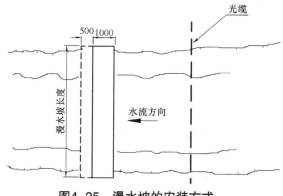

图 4-25　漫水坡的安装方式

⑥ 当高度 H 为 1.5m 和 1.8m 时，相应浸水坡每米的体积为 1.9m³ 和 2.3m³。

⑦ 每立方米漫水坡砌体用料见表 4-10。

表 4-10　每立方米漫水坡砌体用料

序号	规格名称	单位	数量
1	42.5 号水泥	kg	82.1
2	毛石	m³	1.23
3	中粗砂	kg	580

8. 设置缆沟堵塞

① 在坡度大于 20°、坡长大于 30m 的地段，应采用堵塞，若是石质地带，还应采用水泥封沟保护。缆沟堵塞安装方式如图 4-26 所示。

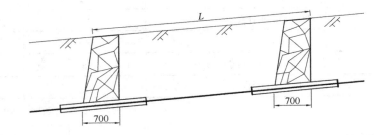

单位：mm

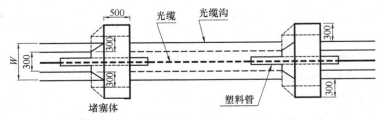

图4-26　缆沟堵塞安装方式

缆沟堵塞砌体剖面如图 4-27 所示。

② 堵塞上部应与地面齐平，下部应砌到沟底，两侧比缆沟各加宽 0.3m，高度 H 按土质分为 3 种，石质沟高度 H 为 0.8m，砂砾土高度 H 为 1.0m，土质沟高度 H 为 1.2m，相应每处堵塞砌体体积约为 0.5m³、0.6m³、0.8m³。

③ 堵塞间隔 L 一般为 20m 左右，坡度大于 30° 的可视冲刷情况减至 5 ～ 10m。

④ 砌石用 50 号水泥砂浆，上表面沟缝用 100 号水泥砂浆。

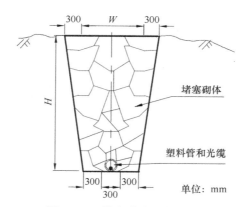

图4-27　缆沟堵塞砌体剖面

⑤ 光缆采用 Φ40/33mm 塑料管（可纵剖）保护。

⑥ 堵塞砌体下的基础须夯实，以防其下沉压伤光缆。

⑦ 图 4-27 中 H 为堵塞砌体高度，W 为缆沟上口宽度。

⑧ 每立方米堵塞砌体材料用量见表 4-11。

表 4-11　每立方米堵塞砌体材料用量

序号	规格名称	单位	数量
1	42.5 号水泥	kg	82.1
2	毛石	m³	1.23
3	中粗砂	kg	580
4	Φ40/33mm 塑料管	m	0.8

9. 护坡护坎

在陡坡上敷设光缆时，应砌石护坡保护。原则上高度大于 1m 应砌石护坎保护；1m 以下的田坎原则上不采用护坎保护，但必须原土夯实。

（1）护坎

砌石护坎安装方式如图 4-28 所示。

① 护坎上端高出地面 5cm，下端砌到缆沟底。

② 砌石用 50 号水泥砂浆，沟缝用 100 号水泥砂浆。

③ 每处护坎光缆采用 Φ40/33mm 塑料管（可纵剖）保护。

④ 图 4-28 中 H 表示坎高，W 为缆沟上口宽度。

⑤ 护坎体积计算见表 4-12。

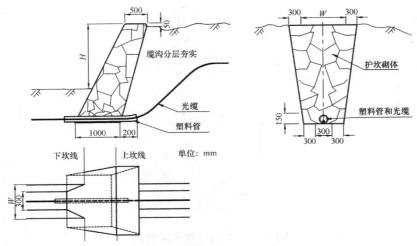

图4-28　砌石护坎安装方式

表4-12　护坎体积计算

序号	坎高 /m	石砌护坎体积 /m³			
		埋深 1.5m	埋深 1.2m	埋深 1.0m	埋深 0.8m
1	1.0 以下	2.1	1.8	1.6	1.4
2	1.1～2.0	3.1	2.7	2.5	2.3
3	2.1～3.0	5.2	4.6	4.4	4.2
4	3.1～5.0	9.5	8.7	8.2	7.8

（2）护坡

① 护坡在光缆沟的正上方，叫作正护坡。砌石正护坡安装方式如图4-29所示。

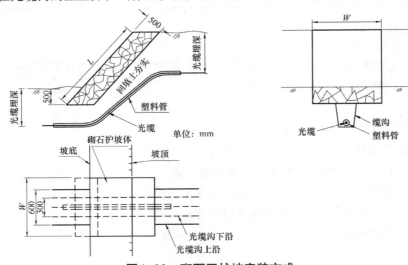

图4-29　砌石正护坡安装方式

② 护坡在光缆沟的侧面，叫作侧护坡。砌石侧护坡安装方式如图 4-30 所示。

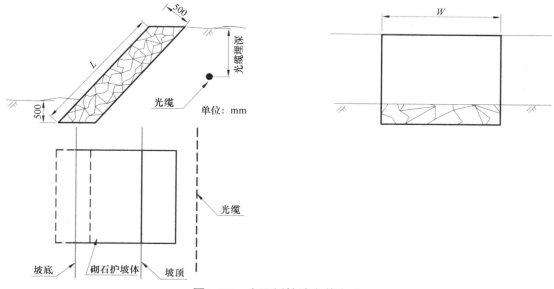

图4-30　砌石侧护坡安装方式

③ 正护坡与侧护坡的厚度均为 500mm，护坡长度 L 和宽度 W 根据现场情况确定。护坡体积 = 长度 × 宽度 × 厚度。

④ 每立方米护坡砌体材料用量见表 4-13。

表4-13　每立方米护坡砌体材料用量

序号	规格名称	单位	数量	备注
1	42.5 号水泥	kg	82.1	—
2	毛石	m³	1.23	—
3	中粗砂	kg	580	—
4	Φ40/33mm 塑料管	m	0.8	侧护坡可不用

10. 过河保护

（1）桥上敷设

桥上敷设为光缆过河的首选方式。桥上敷设时，应画桥上敷设安装图（见第一章第六节相关内容）。根据桥梁上不同的安装位置，大致可分为以下 4 种情况。

① 在人行道板下采用 Φ40/33mm 塑料管保护。

② 在桥面边沿敷设时，采用一根内径 100mm 的钢管，内穿 3 根 Φ34/28mm 塑料管，每隔 2m 应有一个固定点。

③利用桥上原有管（槽）道敷设时，采用 Φ34/28mm 塑料管保护。

④在桥侧吊挂时，每隔 20m 安装一个三角支架，光缆可用 7/2.6mm 吊线吊挂在支架下方或穿放在 Φ40/33mm 塑料管内固定在支架上方。

（2）定向钻过河

无可利用桥梁时，对于水面宽度在 60m 以内的小型河流，也可采用定向钻方式过河。定向钻施工时，钻 1～3 孔容纳 Φ40/33mm 塑料管。

定向钻过河时，应画过河断面图。光缆穿越河流时的断面示例如图 4-31 所示。

（3）水底光缆

无可利用桥梁时，可采用水底埋设方式过河。水底光缆敷设时，应画过河水线光缆安装方式图（见第一章第六节相关内容）。

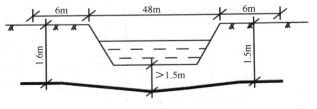

定向钻一孔60m的 Φ40/33mm塑料管

图4-31　光缆穿越河流时的断面示例

①靠近河岸部分的水底光缆，若有可能受到冲刷、塌方、抛石护坡和船只靠岸等造成的损害，则可选用以下保护措施。

✓ 加深埋设。

✓ 覆盖水泥板。

✓ 采用关节形套管。

✓ 砌石质光缆沟（应采取防止光缆磨损的措施）。

②遇较大河流或对岸滩有冲刷的河流，或光缆终端处的土质不稳定的河流，除上述措施，还应将水底光缆进行锚固。对于一般河流，水陆两段光缆的接头，应设置在地势较高和土质稳定的地方，可直接埋于地下，为维护方便也可设置接头人（手）孔。在终端处的水底光缆部分，应设置 1～2 个"S"弯，作为锚固和预留的措施。

③水底光缆沟开挖方式主要有水泵冲槽和人工截流挖沟两种。水底光缆的布放方式主要有拖轮、抛锚布放和人工布放 3 种方式。

④敷设水底光缆的通航河流，应在光缆过河段的河堤或河岸上设置标牌。标牌的数量及设置方式应符合相关海事及航道主管部门的规定。若无具体规定，可按下列要求执行。

✓ 水面宽度小于 50m 的河流，在河流一侧的上下游堤岸上，各设置一块标牌。

✓ 水面较宽的河流，在水底光缆上、下游的河道两岸均设置一块标牌。

✓ 当河流的滩地较长或主航道偏向河槽一侧时，需要在近航道处设置标牌。

✓ 有夜航的河流可在标牌上设置灯光设备。

⑤敷设水底光缆的通航河流，应划定禁止抛锚区域（简称"禁区"），其范围应按相关海事及航道主管部门的规定执行。若无具体规定，可按下列要求执行。

✓ 河宽小于 500m 时，上游禁区距光缆弧度顶点 50～200m，下游禁区距光缆路由基线 50～100m。

✔ 河宽为500m及以上时，上游禁区距光缆弧度顶点200～400m，下游禁区距光缆路由基线100～200m。

✔ 遇特大河流，上游禁区距光缆弧度顶点应大于500m，下游禁区距光缆路由基线应大于200m。

（4）局部架空

光缆跨越流沙底河流或穿越其他直埋不安全及施工困难地段时，可采用局部架空敷设方式。光缆引上部分3m应采用一根内径80mm的镀锌对缝钢管，内穿2根 Φ34/28mm 塑料管；引上钢管顶端应封堵。

引上光缆安装方式如图4-32所示。过河架空一般为飞线方式，可参见第六章相关内容。

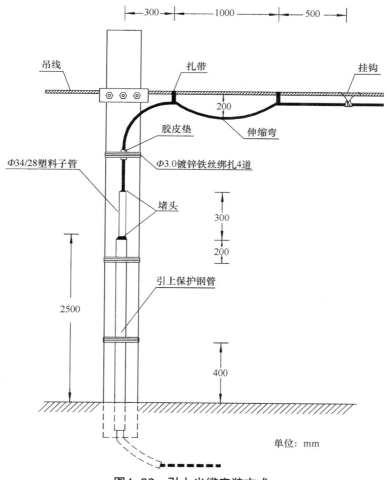

图4-32　引上光缆安装方式

11. 石质沟封沟

① 在石质地段敷设光缆时，沟底应平整，并在沟底和硅芯塑料管（光缆）上方各铺厚度 10cm 的细土或砂土。

② 在有冲刷可能的石质沟或在公路边沟敷设时，应做封沟处理。封沟体积可按每 8m 沟长计 $1m^3$ 考虑。

③ 石质沟封沟方式如图 4-33 所示，W 为沟宽，H 为沟深。

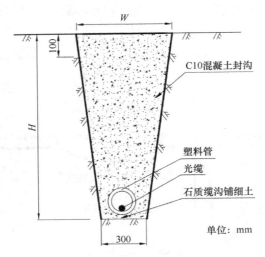

图4-33　石质沟封沟方式

每立方米封沟体积用料见表 4-14。

表 4-14　每立方米封沟体积用料

序号	名称	单位	数量
1	42.5 号水泥	kg	249
2	碎石	kg	1285
3	中粗砂	kg	775

12. 其他要求

① 在野外，直埋光缆线路距电杆或拉线不宜小于 5m，特殊情况时光缆路由与电杆及拉线出土点的隔距不应小于 2m。尽量避免光缆从电杆及其拉线间通过。

② 光缆经过坡度大于 20°、坡长大于 30m 的斜坡地段，应采用"S"形敷设。坡度大于 30° 的较长爬坡地段，应采用加强型直埋光缆，可与堵塞配合使用。

二、防雷

1. 一般防雷措施

① 光缆内的所有金属构件在接头处电气断开,不做接地。

② 为保证操作人员的人身安全,在光缆与强电设施较近处施工或检修接头盒时,应将光缆金属构件做临时接地。

2. 直埋光缆防雷措施

① 直埋光缆段在全年雷暴日大于 20 天的地区,按土壤电阻率 $\rho 10$ 来确定敷设防雷线地段。

✓ 在路肩或边沟及采用大长度硅芯塑料管保护的地段,防雷标准如下。

$\rho 10 < 500\,\Omega \cdot m$ 时,不放排流线。

$\rho 10 \geq 500\,\Omega \cdot m$ 时,放一条排流线。

✓ 一般直埋地段,防雷标准如下。

$\rho 10 < 100\,\Omega \cdot m$ 时,不放排流线。

$100\,\Omega \cdot m \leq \rho 10 \leq 500\,\Omega \cdot m$ 时,放一条排流线。

$\rho 10 > 500\,\Omega \cdot m$ 时,放两条排流线。

排流线应连续布放,两端应伸出防雷区域临界点各 1km,排流线布放最短不小于 2km。

② 直埋光缆与引雷目标的防雷隔距,在障碍物较多、绕避确有困难的地点,光缆与引雷目标不足 5m 时,采用 $\Phi 40/33mm$ 或其他规格的塑料管保护,一般每处保护管长度为 20m,应封堵塑料管口。

③ 防雷线可使用 $\Phi 6mm$ 镀锌铁线或 7/2.2mm 钢绞线,敷设在光缆上方 30cm 处。防雷线连续敷设地段应不小于 1km,其接续应采用焊接,若遇有顶管施工的保护钢管时,应与钢管焊接。

④ 对于顺沿铁路敷设的光缆,若与铁轨距离在 50m 以内,由于铁路轨道具有很高的屏蔽系数,则沿铁路敷设全程可不放排流线。

三、防强电

对于无铜线的光缆,当其与高压电力线路、电气化铁路平行,与发电厂或变电站的地线网、高压电力线路杆塔的接地装置等强电设施接近时,主要考虑强电设施在故障状态和工作状态时,由于电磁感应、地电位升高等因素,在光缆金属护层和金属加强芯上造成的短期危险影响,不会导致光缆的塑料外护套被击穿即可。

光缆金属护套上长期容许感应的纵电动势,按 GB 6830《电信线路遭受强电线路危险影响的容许值》的规定应小于 60V。

对于有金属构件无金属线对的光缆线路,为了减小受强电的影响,光缆拟采取下列防护措施。

① 将各单盘光缆间的金属护层、铠装和加强芯等金属构件在接头处电气断开，将强电影响的积累段限制在单盘光缆的制造长度内。

② 在选择光缆路由时，应与现有强电线路保持一定隔距。

③ 光缆线路与强电线路交越时，宜垂直通过。特殊情况下，其交越角度应不小于 45°。

④ 在与高压电力线路、电气化铁路平行地段进行光缆施工或检修时，应将光缆内的金属构件做临时接地，以保证施工人员人身安全。

⑤ 增强光缆绝缘外护层介质强度。

⑥ 采用非金属构件光缆。

⑦ 引出局（站）内光缆的成端处金属构件的接地线并引至局（站）内专用防雷地线排。

四、防鼠

1. 鼠害情况分析

（1）鼠害的地域特点

鼠类动物环境适应性极强，全国各地均有分布。根据某运营商一干光缆故障的统计，2017年因鼠害引起的故障有 23 次（其中 18 次为老鼠、1 次为竹鼠、4 次为松鼠），2018 年因鼠害引起的故障有 41 次（其中 35 次为老鼠、6 次为松鼠）；涉及黑龙江、吉林、北京、内蒙古、甘肃、陕西、湖北、浙江、江西、福建、广东、广西、四川、重庆、云南、贵州 16 个省（自治区、直辖市），其中广东的鼠害情况比较严重，一般是管道中的光缆遭受鼠害，云南由松鼠造成的鼠害故障最多。

另外，结合二干及本地网光缆的鼠害情况初步调查，浙江、安徽和福建等地的山区地带，架空光缆遭受松鼠危害的情况比较严重。

（2）鼠害产生的原因

鼠类为啮齿类动物，嗅觉灵敏；门齿无齿根，能终生生长，必须磨损以求得生长平衡，鼠类动物的啃咬磨牙，正是其天性之一。

根据相关资料的介绍，老鼠的咬合力可达 26～50N，松鼠和竹鼠的咬合力可达 80～120N。鼠类动物持续不断地啃咬磨牙，正是光纤中断的原因。光缆的钢带护套，有的钢带强度不够，易被咬穿；有的钢带虽然刚敷设时可以抵御鼠类的啃咬，但长期的咬噬会造成钢带外表面锈蚀，强度降低，最终难免导致断纤。

2. 鼠害防护措施

（1）选用防鼠能力更强的光缆

对于一般性需要防鼠的直埋光缆，钢带的厚度直接决定了光缆的防鼠效果，要求常用的 GYTA53 光缆钢带标称厚度（不含塑料层）应不小于 0.20mm。

鼠害严重地段还可采用以下措施。在沙土地段，鼠类动物活动频繁，可考虑采用 GYTS53 双钢带光缆；在青藏高原等需要考虑冻土影响及防范旱獭等较大型鼠类危害的地段，可采用 GYTA33 光缆。

（2）直埋段落布放较大管径的塑料管

鼠害试验表明，光缆直径增大，相应的抗鼠咬能力将增强。物体的外径超过 40mm，基本能够避免鼠咬。因此，直埋段落采用 $\Phi40/33mm$ 硅芯管，可以有效降低鼠害的概率；同时，应在塑料管的端口处用不锈钢丝网封堵，避免体型较小的鼠类动物进入塑料管。

（3）保证直埋光缆埋深

地下洞穴生活的鼠类动物，80%～90% 的打洞深度小于 0.5m；仓鼠的打洞深度为 1m 左右；竹鼠的打洞深度为 2m 左右。因此，土质地段的直埋光缆，保证缆沟深度不小于 1.2m，就可以进一步降低鼠类动物的危害程度。

五、防白蚁

直埋光缆在白蚁蚁害严重的地段，若距离较长（大于 1km），可考虑采用 GYTS04 光缆防蚁；若距离较短，则可用邵氏硬度 D 大于 61 度的 $\Phi40/33mm$ 硅芯管防护，管口用沥青油麻封堵。

六、防冻

在寒冷地区，应针对不同的气候特点和冻土状况采取防冻措施。在季节冻土层中敷设光缆时应增加埋深，在有永久冻土层的地区敷设时应不扰动永久冻土。

在东北地区，沿线有季节性冻土地段的光缆埋深可增加到 1.5m。

对于海拔在 4000m 以上的直埋光缆工程，首先应注意施工季节，只能在夏季施工。设计人员应调查冻土资料，确定永久冻土层的位置，光缆埋设在永久冻土层之上并留有余量。在青藏高原地区，对沿线永久冻土地段应适当减小埋深以免破坏永久冻土层，另外还应采用加强型直埋光缆以增强安全性。

对于东北、西北等高寒地区的直埋光缆工程，穿越沼泽地带应考虑"S"形敷设并做"8"字盘留，大长度地段（大于 1km）也可考虑采用加强型直埋光缆。

第四节　直埋硅芯塑料管道

一、一般要求

1. 塑料管道铺设位置的选择

塑料管道应铺设在路由较稳定的位置，避免受道路扩改和其他部门建设的影响，避开地上、地下管线及障碍物较多、经常挖掘动土的地段。塑料管道铺设位置见表 4–15。

表 4–15　塑料管道铺设位置

序号	铺设地段	塑料管道铺设位置
1	高等级公路	①中间隔离带；②边沟；③路肩
2	一般公路	①定型公路：边沟、路肩、边沟与公路用地边缘之间 ②非定型公路：离开公路，但隔距不宜超过 200m
3	市区街道	①人行道；②慢车道；③快车道
4	其他地段	地势较平坦、地质稳固、石方量较小，便于机械设备运达

2. 塑料管规格及其性能

根据建设维护需要及考虑到今后的发展，在平原地区按建设 2 ～ 6 根塑料管考虑，塑料管内敷设管道光缆。工程选用高密度聚乙烯硅芯塑料管材时，其规格可根据所穿放的光缆外径不同，选用 $\Phi40/33$ 或 $\Phi46/38$mm 塑料管，标准盘长为 1980m，与 2000m 盘长的光缆相对应。

3. 塑料管颜色

塑料管采用全色谱配置。同沟布放 6 根塑料管时，其颜色分别为黑、橙、蓝、绿、红、白色，也可由设计人员自定或按建设单位要求确定颜色。

二、直埋硅芯塑料管道的敷设安装

1. 开挖硅芯管道沟要求

① 光缆沟应平直，沟底平整无硬坎，无突出的尖石和砖块。

② 沟坎及转角处应将光缆沟操平和裁直，使之平缓过渡。

③ 光缆沟的沟底宽度通常应大于管群排列宽度 100mm，以方便施工操作人员下沟置放塑料管。

④ 在高速公路隔离带或路肩开挖光缆沟，设计塑料管道的埋深及管群排列宽度的，应考虑到路方安装防撞栏杆立柱时对塑料管的影响。

⑤ 光缆沟回填土应高出地面 100mm，并且不得将石块、砖头和混凝土大块等直接填入靠近塑料管 300mm 以内的缆沟。

⑥ 塑料管道埋深，应根据铺设地段的土质和环境条件等因素确定。硅芯塑料管埋深（沟深）见表 4–16。

表 4-16　硅芯塑料管埋深（沟深）

铺设地段及土质		埋深 /m
普通土、硬土		≥ 1.2
半石质（砂砾土、风化石等）		≥ 1.0
全石质、流沙		≥ 0.8
市郊、村镇		≥ 1.2
市区人行道		≥ 1.0
穿越铁路（距道渣底）、公路（距路面）		≥ 1.2
河流、沟、渠、水塘		≥ 1.2
公路排水沟（距沟底）	石质	排水沟设计深度以下 0.4
	其他土质	排水沟设计深度以下 0.8

注：1. 对于垫有砂土的石质沟，可将沟深视作光缆的埋深。
　　2. 坡坎埋深以垂直坡坎斜面的深度为准。
　　3. 边沟设计深度为路方或街道主管部门要求的深度。

2. 塑料管的敷设

① 塑料管在布放之前，应先检查塑料管两端口上的塑料端帽是否有脱落，并补齐、封堵严密。严禁在布放过程中有水、土、泥及其他杂物进入管内。

② 塑料管可采用"固定拖车法"或"移动拖车法"等方法进行布放，布放塑料管应从轴盘上方出盘入沟。

③ 在一般地区铺设塑料管道，可直接将塑料管放入沟底，无须另做专门的管道基础。对于土质较松散的局部地段，应对沟底进行人工夯实。

④ 塑料管在沟底应顺直、无微弯、无扭绞、无缠绕、无环扣和死弯。

⑤ 塑料管布放后应检查端帽是否密封完好，若有脱落应立刻封堵。

⑥ 同沟布放的多根塑料管，按每隔 10m 用尼龙扎带捆绑一次，以增加塑料管的挺直性，并保持一定的管群断面。设计中应明确硅芯管的排列方式及本期工程光缆的穿放位置。

⑦ 缆沟内有水时，敷管前应先将水抽干，再将塑料管平压在沟底，以确保塑料管道埋深和顺直。

⑧ 塑料管布放后应先回土掩埋 300mm，尽量减少塑料管裸露的时间，以防塑料管受到人为及其他损伤。

⑨ 铺设塑料管的弯曲半径宜大于 1m。个别困难处的最小弯曲半径应不小于该塑料管外径的 10 倍。严禁使用喷灯或其他加热方法使塑料管变软后弯曲。

⑩ 位于斜坡上的塑料管道，一般不采用"S"形敷设。

⑪ 普通标石的设置除应符合相关直埋光缆施工规范的规定，还应在塑料管道接续点、气吹光缆接力点和直埋型手孔处设置线路标石。

3. 塑料管的接续

塑料管采用与其规格相配套的密封接头件进行接续，并应符合下列要求。

① 塑料管的接口断面应平直、无毛刺。

② 塑料管接头件的规格程式应与塑料管规格配套，接头件内的橡胶垫圈及两端塑料管应安放到位。

③ 接续过程中应防止泥沙、水等杂物进入塑料管内。

④ 塑料管道接续后应不漏气、不进水。

三、手孔安装要求

1. 手孔的设置

① 在光缆接续点和光缆预留点设置手孔。光缆接头手孔的规格应满足光缆穿放、接续、预留及其他特殊需求。光缆接头手孔的间距应综合光缆盘长、各种其他预留长度等因素而取定。当塑料管尺码精度误差较大时，应人工丈量并核实手孔的间距。

② 在两个光缆接头之间，根据地形条件，一般按 1km 长度加设接力点作为光缆的辅助气吹点，并设置手孔。

③ 光缆接头点应设置加长手孔，位于两个接头点间，按 1km 长度加设接力点手孔。当需要安排其他同沟光缆接头时，应按加长手孔设置。对于采用的一体化手孔没有加长型的，设计可在接头点设置两个一体化手孔。

④ 光缆接头点位置受地形限制或为非光缆接头点时，可采用标准型小号一体化手孔。

⑤ 手孔的建筑地点应选择在地形平坦、地质稳固、地势较高的地方。避免安排在安全性差、常年积水、进出不便及铁路、公路路基或排水沟下。由于长途直埋硅芯管道的手孔也可能设置在野外田地边，为不影响耕种，可设置为埋式手孔。

埋式手孔为直埋长途硅芯管道专用手孔，砖砌埋式标准手孔（1200mm × 900mm）安装如图 4-34 所示，砖砌埋式加长手

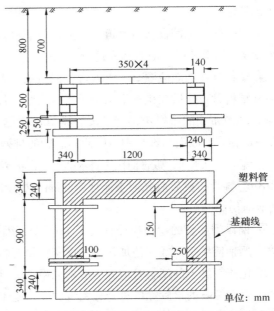

单位：mm

图4-34 砖砌埋式标准手孔（1200mm×900mm）安装

孔（2600mm×900mm）安装如图 4-35 所示。硅芯管引入手孔内的长度宜为 250mm（不得小于 100mm），间距大于等于 30mm。

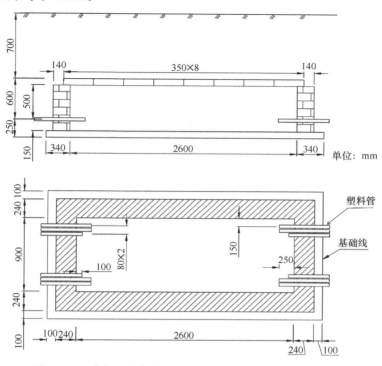

图4-35 砖砌埋式加长手孔（2600mm×900mm）安装

其中，上覆板规格为 1100mm×350mm，两种手孔分别有 4 块和 8 块，埋式手孔上覆板（1100mm×350mm）加工如图 4-36 所示。

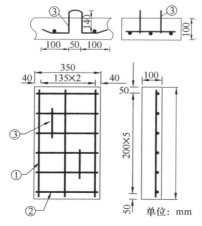

图4-36 埋式手孔上覆板（1100mm×350mm）加工

对应的上覆板钢筋的规格和数量见表 4–17。

表 4–17   对应的上覆板钢筋的规格和数量

编号	根数	直径 /mm	长度 /m	总长度 /m
①	3	10	1.06	3.18
②	6	8	0.31	1.86
③	2	8	0.53	1.06

每个手孔用料见表 4–18。

表 4–18   每个手孔用料

序号	名称	单位	数量	
			埋式手孔	埋式加长手孔
1	板方材 III 等材	m³	0.03	0.06
2	42.5 号水泥	kg	256	439
3	砂	kg	689	1170
4	直径 0.5～3.2cm 的石子	kg	616	1129
5	100 号机砖	块	451	695
6	钢筋 Φ8mm	kg	8.01	16.02
7	钢筋 Φ10mm	kg	4.71	9.42

⑥ 长途塑料管道手孔应便于监测线缆的引出。

2. 手孔内塑料管的处理

① 在手孔内塑料管道端口间的排列应至少保持 30mm 的间距，塑料管道伸出孔壁的长度宜为 250mm。

② 对引入手孔内的塑料管道端口全部采用膨胀塞封堵（注意务必要将膨胀塞拧紧），经气吹试通检验合格后再用热可缩端帽封堵严密。对敷设光缆的塑料管道，需要将其端口打开，穿放光缆后的塑料管道端口换用护缆膨胀塞封堵。

③ 对用于引出检测尾缆的管孔可采用 PVC 胶带、油麻或其他方式封堵。

四、吹放光缆

① 塑料管内光缆的穿放，采用以气吹法为主、牵引法为辅的施工方法。在地形条件复杂、空压设备难以运达的局部地段可使用牵引法。

② 管道光缆宜整盘敷设，一般不应断开光缆增加接头。管道光缆占用塑料管孔的位置应符合设计要求。

③ 整盘光缆可由中间向两边双向布放，也可由一端向另一端连续布放。当选用单机吹放光

缆，由于光缆较长，需进行倒盘盘"8"字时，宜采用导盘器进行施工。吹放光缆的朝向应符合设计对光缆 A、B 端的布放要求。

④ 气吹及牵引点的选择应充分利用地形及地貌条件。在具有一定坡度的管道中穿放光缆时，气吹点宜选在坡顶，牵引点宜选在坡底；在线路拐角较集中的管道中穿放光缆时，气吹点宜选在距拐角较近端，牵引点宜选在距拐角较远端。

五、接头安装

① 硅芯管直埋线路的接头盒在埋式手孔内安装时，接头盒可放置在手孔地面上，预留光缆应盘放固定在手孔侧壁上。手孔内盘留光缆的固定可使用 M8 膨胀螺栓 3 副，扁钢支架 3 个；加长手孔内盘留光缆的固定可使用 M8 膨胀螺栓 3 副，扁钢支架 3 个。

② 埋式手孔内单端光缆接头盒安装方式如图 4-37 所示。

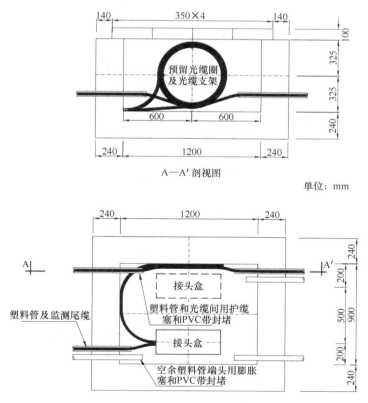

图4-37　埋式手孔内单端光缆接头盒安装方式

③ 埋式手孔内双端光缆接头盒安装方式如图 4-38 所示。

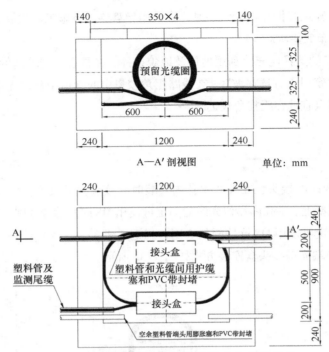

A—A′剖视图   单位：mm

图4-38　埋式手孔内双端光缆接头盒安装方式

④埋式加长手孔内单端光缆接头盒安装方式如图 4-39 所示。

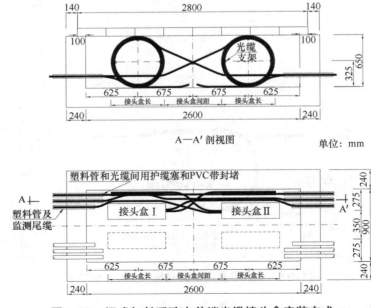

A—A′剖视图   单位：mm

图4-39　埋式加长手孔内单端光缆接头盒安装方式

⑤ 埋式加长手孔内双端光缆接头盒安装方式如图4-40所示。

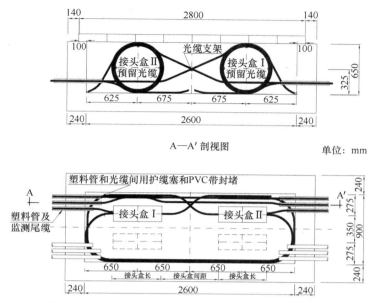

A—A' 剖视图　　　　　　　　　单位：mm

图4-40　埋式加长手孔内双端光缆接头盒安装方式

第五节　青藏高原光缆建设方式

高原是指海拔高度在1000m以上，面积广大，地形开阔，周边以明显的陡坡为界，比较完整的大面积隆起的地区。我国有四大高原，分别是青藏高原、云贵高原、黄土高原和内蒙古高原。云贵高原的地理气候条件与其他南方地区没有大的差异，黄土高原和内蒙古高原也没有极端气候，这些地区在光缆建设上均无须特殊考虑。因此，需要对具有独特地理气候条件的青藏高原进行光缆敷设方式的研究。

青藏高原（北纬25°～40°，东经74°～104°）是亚洲中部的一个高原地区，它是世界上海拔最高的高原，平均海拔高度4000m，有"世界屋脊"和"第三极"之称，总面积250万平方千米。

一、青藏高原地区气候特点

青藏高原地区属高寒大陆性气候，寒冷而干旱，一年内冻结期长达7～8个月（当年10月至次年4～5月），年降水量为500mm左右，气候主要有以下4个特点。

1. 低压缺氧

海拔高度与大气压力、空气密度关系密切。海拔越高，气压越低，空气中含氧量越低。海拔高度与气压的相对关系见表 4-19。

表 4-19　海拔高度与气压的相对关系

海拔高度 /m	0	1000	2000	2500	3000	4000	5000
相对大气压力	1	0.881	0.774	0.724	0.677	0.591	0.514
相对空气密度	1	0.903	0.813	0.770	0.730	0.653	0.583
水的沸点 /℃	100	97	93	92	91	88	83

从表 4-19 中可以看出，海拔高度每升高 1000m，相对大气压力大约降低 12%，空气密度降低约 10%，水的沸点降低 3℃ 左右。

青藏高原平均海拔高于 4000m，大气压力及大气含氧量相当于平原的 60% 左右；在青藏公路最高海拔 5231m 的唐古拉山口，大气压力及含氧量分别为 54.4kPa 和 165g/m³，仅相当于平原的 54% 左右。低气压和低含氧量对架空光缆本身影响不大，其主要影响人类的活动，对光缆线路的施工和维护造成比较大的限制。

2. 寒冷干燥

在无热源、无遮护的情况下，空气温度随海拔高度的增高而降低。一般每上升 1000m，温度下降 6℃，空气绝对湿度也随之下降。海拔高度与温度 / 湿度的关系见表 4-20。

表 4-20　海拔高度与温度 / 湿度的关系

海拔高度 /m	0	1000	2000	2500	3000	4000	5000
平均气温 /℃	20	14	8	5	2	-4	-10
绝对湿度 / (g/m³)	11	7.64	5.30	4.42	3.68	2.54	1.77

青藏高原年均气温 1.5℃，极端低温可达 -45℃，海拔 4500m 以上区域夏季最高气温在 0℃ 左右。因此，高海拔所导致的相对低温和寒冷较为突出。青藏高原上最冷月平均气温低至 -10 ～ -15℃，是同纬度下气温最低的地区。

选取青藏公路线上的沱沱河和那曲两个观测台站的平均温度和最低温度进行比较，并选与那曲同纬度的重庆进行对比，温度比较见表 4-21。

表 4-21　温度比较

项目	台站	1 月	2 月	3 月	4 月	5 月	6 月	7 月	8 月	9 月	10 月	11 月	12 月
平均气温 /℃	沱沱河	-15.8	-13.0	-8.7	-3.3	1.0	4.9	7.3	7.2	3.4	-3.7	-12.0	-15.3
	那曲	-12.8	-9.9	-5.9	-1.1	3.1	7.1	8.7	8.0	5.3	-0.5	-7.4	-12.4
	重庆	7.1	9.1	13.7	18.2	21.3	24.5	28.2	28.3	23.0	18.4	13.4	9.1
最低气温 /℃	沱沱河	-33.7	-30.2	-27.0	-21.3	-19.4	-11.9	-8.2	-4.8	-10.7	-26.7	-30.6	-31.1
	那曲	-35.5	-32.2	-24.0	-19.1	-10.5	-7.8	-4.9	-6.1	-9.6	-19.6	-24.8	-34.6
	重庆	-0.8	0.0	3.6	4.3	12.7	15.7	16.0	19.4	14.4	7.5	3.7	-1.8

由表4-21可知，那曲地区最低平均气温在1月，为-12.8℃；最高平均气温在7月，为8.7℃。远低于同纬度的重庆，其最低平均气温在1月，为7.1℃；最高平均气温在8月，为28.3℃。而位于唐古拉山南麓的那曲在北麓的沱沱河5月平均气温高3℃左右，同月的最低温度极值更是高出8.9℃，而这种温度在感官上差别更明显，5～6月时，在青藏公路的唐古拉山口最高点向两侧望去，南侧郁郁葱葱，北侧却白雪皑皑。

低温环境造成唐古拉山口北麓的永久性冻土，而南麓基本为季节性冻土。冻土表面在每年5～10月融化，11月～第二年4月再次冰冻膨胀，特别是在湿地环境中会造成电杆"托起"。

高海拔带来的低气温使其年平均气温与高纬度的黑龙江相当，属高寒地区，在青藏高原上的架空光缆面临与高寒地区架空光缆一样的低温问题，而唐古拉山北麓（位于青海）表现得更为明显。

3. 温差大

青藏高原因海拔高而空气稀薄，空气的保温性差，所以昼夜温差大，白天太阳直射，温度迅速升高；夜晚热量快速流失，温度急剧下降。

选取那曲与沱沱河的月平均温度极高值与极低值作为日温度变化的参考（实际为月平均温度变化的极值）。沱沱河和那曲的月平均温度极值见表4-22。

表4-22　沱沱河和那曲的月平均温度极值

台站	项目	1月	2月	3月	4月	5月	6月	7月	8月	9月	10月	11月	12月
沱沱河	极高/℃	3.0	7.0	9.3	14.0	18.4	21.8	23.0	21.1	18.3	17.3	7.9	2.2
	极低/℃	-33.7	-30.2	-27.0	-21.3	-19.4	-11.9	-8.2	-4.8	-10.7	-26.7	-30.6	-31.1
那曲	极高/℃	7.2	10.3	10.5	16.6	19.7	21.2	22.6	19.1	18.2	16.7	11.0	7.6
	极低/℃	-35.5	-32.2	-24.0	-19.1	-10.5	-7.8	-4.9	-6.1	-9.6	-19.6	-24.8	-34.6

因台站观测温度计在气象百叶箱内，阴凉通风，比太阳直射下的温度低得多（相差20℃～30℃）。据统计，在8月太阳直射下，地表最高温度可达50℃，而夜晚温度可能在零度以下。因此，青藏高原上日温差极大，而位于北麓的沱沱河这种情况更明显。这样的极限条件将加速外护套的老化，并引起外护套及松套管因骤冷骤热而陡然膨胀或收缩，这是青藏高原上架空光缆面临的一个最主要问题。

4. 日照时间长，太阳辐射强

青藏高原日照时间长，大气层厚度小，水汽含量少，太阳辐射照度远大于平原地区，属高紫外辐射区。青藏高原大部分地区年辐射量比同纬度中国东部地区约高一倍。同时，高原有效辐射大，辐射差额小。

拉萨的日照统计是青藏高原日照辐射的一个缩影。拉萨年平均日照时数为3007.7h，比东部平原地区多60%。同时，因海拔高造成的大气层薄，水汽、尘埃少，导致拉萨的日照强度大于比其日照时数大的地区。拉萨的太阳总辐射量高达每平方米每年 $84.4 \times 10^8 J$，而全国日照时数最大的青海柴达木盆地北缘的冷湖（3550.5h）的太阳总辐射量却只有每平方米每年 $70.3 \times 10^8 J$。

长日照时间和强紫外辐射对架空光缆的外护套的影响很大，会极大加速外护套的老化。

二、青藏高原地质特点

青藏高原敷设光缆所面临的地质问题主要是冻土问题。

1. 冻土的形成条件

冻土是指温度在零摄氏度以下，含有冰的各种岩石和土壤。一般可分为短时冻土（数小时/数日至半月）、季节冻土（半月至数月）及多年冻土（数年至数万年）。

冻土区普遍存在不同深度的永冻层。

青藏高原的冻土属于高山冻漠土，其形成的气候条件如下。

① 年均温度很低，一般为 $-4℃ \sim -12℃$。

② 冻土区降水很少。青藏高原冻漠土区因地势高、远离海洋，降水更为稀少，降水量一般为每年 $60 \sim 80mm$；其北部降水更少，每年降水量为 $20 \sim 50mm$，其中 90% 集中于 5 ～ 9 月。降水虽然少，但青藏高原气温低、蒸发量小、长期冰冻，因此土壤湿度很大，经常处于水分饱和状态。夏季冻土区表层冻土融化，不同土质融化深度不同，砂土可达 1 ～ 1.5m，壤土为 70 ～ 100cm，泥炭土为 35 ～ 40cm，融化层以下即为永冻层，深度一般为 80 ～ 150cm。

2. 冻土的特性

冻土是一种对温度极为敏感的土体介质，含有丰富的地下冰。因此，冻土具有流变性，长期强度远低于瞬时强度特征。由于这些特征，在冻土区修筑工程构筑物时，必须考虑到冻融作用产生的冻胀和融沉。

冻融作用是冻土区的重要地质特征。冻土地区由于气温低造成土层冻结，同时由于降水量少，流水、风力和溶蚀等外力作用都不显著，冻融作用则成为冻土地貌发育的最活跃因素之一。在白天，由于太阳辐射强，地面迅速升温，表土融化，水分蒸发；在夜间，表土冻结，下层的水汽向表面移动并凝结，增加了表土的含水量，融冻和湿干交替作用。随着冻土区温度周期性地发生正负变化，冻土层中水分相应地出现相变与迁移，导致对岩石的破坏，沉积物受到分选和干扰，冻土层发生变形，产生冻胀、融沉等一系列复杂的过程，这被称为冻融作用。

（1）冻胀

土层冻结时，其中的水分向冻结锋面迁移，产生重分布并变成冰，使原土层体积增大，或使地面抬升的过程，被称为冻胀作用。

在冬季时，气候转冷，融化层由上而下和由下而上冻结。因过水断面缩小，冻结层上水处于承压状态；同时，冻结过程中水向冻结面迁移而产生聚冰层。随着冻结面向下发展，当冻结层上水的压力和冰层膨胀力大于上覆土层强度时，地表会发生隆起，形成冰丘。冻胀丘是我国多年冻土地区经常可以见到的一种冰缘地貌。它常出现于河漫滩、阶地后缘和山麓地带，以及地形转折地段，冻胀丘底部的直径为几米至几十米，高 $1 \sim 2m$，有的可达 $3 \sim 5m$。

冻胀丘的形成需要有 3 个条件。

① 寒冷气候区持续的负温条件造成地表冻结。

② 土壤中存在自由水和毛细水，并且有通畅的水分补给通道。

③ 土壤本身的物理力学性质，包括土的颗粒组成、矿物质成分等。

冻胀丘发生时会在土壤中产生极大的地质应力，损坏直埋光缆，因此，直埋光缆为避免冻胀灾害的影响，需要避开地下水丰富地区。

（2）融沉

在永久冻土区，天然或人为的因素改变了地表的状况，引起季节融化深度加深，导致层状地下冰或高含冰冻土融化，从而使地面下陷或改变地表形态的过程被称为热融作用。热融作用造成的结果就是融沉，这主要是永冻层融化而造成的，可形成热融滑塌、热融洼地、热融湖和热融沟等。融沉地区所产生的应力会对直埋光缆造成破坏，因此，光缆施工时应注意保护永冻层，不得对永冻层造成破坏。

热融地貌多出现在地下冰发育或含冰量较高的平缓坡地、山间谷地和高平原地带。

三、青藏高原光缆敷设方式选择

（1）青藏高原地区不宜采用硅芯塑料管道方式敷设

青藏高原的平均大气压力相当于平原的 60% 左右，气吹机在此地区的工作效率大幅降低，甚至无法正常工作。若采用人工牵引的方式，将增加施工难度，且人工牵引难以保证光缆的正常受力，因此需要将光缆型号更换为抗张强度更高的直埋光缆，而这又进一步增加了工程造价。

所以，过高的建设成本使管道方式不适合青藏高原的野外光缆敷设。

（2）可在不同地区根据当地气候及地质条件采用直埋敷设方式和架空敷设方式

直埋敷设方式因其传输指标稳定、适应能力强而成为我国长途干线光缆建设的主流方式。中国电信 1996 年建设的"兰西拉"干线光缆即采用直埋敷设方式。但由于国内城区、道路等基础设施建设的大发展，直埋光缆受施工损害需要迁改的量越来越大。而架空敷设由于造价低、迁改方便、易于维护、扩容简便等优势逐渐在干线光缆建设中占有一席之地。

青藏高原地区架空光缆面临着低温、温差大、日照长、紫外线高等不利环境，但随着光缆生产和施工工艺的进步，可通过技术手段解决这些问题。

青藏高原地区架空光缆受环境温度影响造成的架空光缆漂移损伤比直埋光缆造成的损伤更大，但由于传输设备的进步，其影响可在设备内部解决。且随着西部大开发的建设，当地的交通及电力情况得到了很大的改善，因此，局房的建设及维护条件已有了很大的改善，可以通过适当缩短传输系统的站距，以保证系统运行的指标。

另外，架空杆路通过并挂光缆或增加吊线，可以快捷地建设后续光缆，从而提高杆路复用率，降低架空线路的综合建设成本。

因此，直埋敷设方式和架空敷设方式均适用于青藏高原地区的光缆建设。

（3）青藏高原大风对光缆建设的影响

风速对架空光缆的安全性有很大影响，是决定是否可以用架空方式敷设光缆的决定性指标之一。风速过大（大于 25m/s）的地区不宜采用架空敷设方式。为了解青藏高原上的风速情况，选取青藏线上的那曲和沱沱河两个观测台站的平均风速及最大风速。这两个台站分别位于青藏线唐古拉山口的南北麓，具有一定的代表性。沱沱河和那曲的风速见表 4-23。

表 4-23　沱沱河和那曲的风速

台站	项目	1月	2月	3月	4月	5月	6月	7月	8月	9月	10月	11月	12月	全年
沱沱河	平均风速/（m/s）	4.8	5.9	6.1	5.1	4.5	4.1	3.8	3.5	3.4	3.6	3.7	4.2	4.4
	最大风速/（m/s）	27.3	29.0	25.3	23.0	22.3	21.7	20.0	20.7	22.0	20.7	24.0	26.0	29.0
那曲	平均风速/（m/s）	3.9	4.4	4.5	3.9	3.5	3.1	2.6	2.4	2.5	2.5	2.7	2.7	3.2
	最大风速/（m/s）	26.0	25.0	21.7	24.0	18.0	17.0	20.0	18.0	17.0	17.0	21.0	24.3	26.0

由表 4-23 可知，青藏高原唐古拉山口北麓的风速较大，北麓沱沱河站比南麓那曲站的风速平均高出 37.5%，最大风速超过 25m/s 的月份有 5 个月，而那曲仅有 2 个月最大风速超过 25m/s。

根据设计规范，重负荷区和超重负荷区不宜将架空敷设方式作为光缆敷设的主要方式，而风速和冰凌是确定负荷区的主要条件。

在青藏高原，光缆上结冰的情况非常少见，但大风影响是一个严重的问题。根据表 4-23，青藏线上的唐古拉山口以北的青海地区风力较大且气温更低，不宜采用架空敷设方式，以南的西藏地区可以采用架空敷设方式或直埋敷设方式。

在工程实践中，西藏自治区的电信中印、滇藏等国际干线和一级干线光缆建设均采用架空敷设方式，二级干线及本地网光缆敷设也大多采用架空敷设方式。青海省格尔木以南位于青藏高原的地区干线光缆均采用直埋敷设方式。

四、青藏高原直埋光缆建设

1. 中国电信"兰西拉"干线光缆故障分析

中国电信 1996 年建成的"兰西拉"干线光缆，根据青海和西藏维护部门提供的一年障碍统计表的数据来分析：某年一年的时间内，共发生了 35 次故障，故障历时总共 532h 左右，因冻土而引起的故障只有一次，但却有 3 个故障点，修复历时 386h，占总障碍历时的 72.6%；被炸断、折断共有 17 次，每个故障处理时长约 5h；设备故障发生 13 次，约每个故障处理时长不到 3h。

从相关的统计数据来看，光缆在建成后 1～2 年内出现冻土的故障较多；随着时间推移，出现冻土故障的次数会逐渐减少。

分析多年来发生的光缆因土壤冻胀而引起的故障，其特点是次数少，但故障点难以确定，且修复的时间长、影响大。造成故障的原因主要有以下 4 点。

① 光缆发生冻土故障时间都在 12 月，这是由于冻土在每年 10 月达到最大融化深度，然后因为气温下降，地表先冻结，地下水受冻结地面和下部多年冻土层的遏阻，在薄弱地带冻结膨胀，使地表变形隆起，造成光缆故障。

② 光缆发生冻土故障的地点具有规律性，均发生在土质变化的河流地段，例如河边水土结合部、黏土与砂砾土结合部，这主要是土质的变化在受冻时产生的冻胀力不均匀造成的。

③ 光缆发生冻土故障也与防护措施有关。钢管保护地段，钢管连接处螺纹子母口为铸铁件，被冻裂后的两根钢管产生错位，形成剪切力使光缆变形；钢管与塑料子管之间用沥青油麻密封，由于高原环境的温差大，反复热胀冷缩，沥青油麻失去密封作用，水进入套管中，水从套管两端开始结冰，向中间挤压光缆使之变形造成故障。因此，青藏高原地区不宜使用钢管保护光缆。

④ 光缆发生冻土故障与埋深不够有关，故障点光缆最浅的埋深只有 30cm 左右，受气温影响容易产生冻土故障。

2. 直埋光缆的选型

光缆总体上属于脆弱线材，经受不住强烈的侧压力（100～300kg/10cm）和强大的拉伸（100～300kg），在稳定的土壤和环境中，不会产生如此大的压力或拉力。但在高寒冻土地带，地质和地形复杂时，季节性冻土和多年冻土的冻胀或冻结均会使光缆受力，而且这种作用力会随光缆的埋深而减小，也会随着时间的延长而减少。在冻土中，冻胀力会达到多大，下面是我国有关研究部门的测定值。

① 含饱和水（45%）的土，在温度为 −51℃时，最大冻胀力为 3.35kg/cm^2；在温度为 −15℃时，最大冻胀力为 2.65kg/cm^2。

② 含饱和水（25%）的沙，在温度为 −15℃时，最大冻胀力为 3.0kg/cm^2；冻结拉力对光缆的影响没有直接的测定数据，但对小同轴电缆在温度为 −36℃时测得的最大冻结拉力为 5.7kg/cm^2。

根据直埋光缆的侧压力和张力允许指标，当光缆外径为 2cm 时，则参照光缆外径变形率为 5% 的标准规定，其耐压强度约为 16.5kg/cm^2（或 48kg/cm^2 瞬时），这远大于土壤的最大冻胀力。

土壤冻结拉力，参照小同轴电缆的数据是 5.7kg/cm^2，若以直径 2cm 的直埋光缆考虑，则可能因土壤冻结而受到的最大拉力远小于光缆所能承受的拉力。

由上述核算可以断定，冻土的冻胀与冻结的物理现象或过程，并不是造成光缆损坏的直接原因。高原地区高寒且土质复杂、地形多变，因此冰冻时会发生冻胀丘，冰椎、热融滑塌、热融泥流和热融湖塘，尤其是活动性冻胀丘对光缆的危险最大，因为这时产生的破坏力是光缆无法抗拒的。

为提高光缆本身的防冻能力，考虑使用硅芯半硬塑料管建设高原管道，以便既防冰冻伤害，又防鼠害，也能有效地防雷击。但由于敷放光缆时牵引光缆的动力设备在高海拔缺氧情况下不能正常工作，且硅芯管密封不好进水后易造成光缆受损，因此不宜建设高原硅芯管管道，只能加强光缆本身的抗冰冻损害能力。

干线光缆的缆芯结构普遍采用松套层绞式结构，比中心束管式结构的光缆具有结构稳定、松套管余长大和环境适应能力强等特点，青藏高原直埋光缆应以松套层绞式结构光缆为主。

根据护层结构的不同，我国直埋型光缆共分为以下4类。

① 普通型直埋光缆（GYTA53）：金属加强构件、松套层绞填充式、铝－聚乙烯粘接护套、纵包皱纹钢带铠装、双层聚乙烯套通信用室外光缆。

② 加强型直埋光缆（GYTA33）：金属加强构件、松套层绞填充式、铝－聚乙烯粘接护套、单细圆钢丝铠装、聚乙烯套通信用室外光缆，且允许长期张力为4000N、短期张力为10000N。在直埋地段普遍采用加强型直埋光缆，过河采用水线（4t）来保证光缆的安全。

③ 水底光缆（2t）（GYTA333）：金属加强构件、松套层绞填充式、铝－聚乙烯粘接护套、单（双）细圆钢丝铠装、聚乙烯套通信用室外光缆，且允许长期张力为10000N、短期张力为20000N。

④ 水底光缆（4t）（GYTA333）：金属重型加强构件、松套层绞填充式、铝－聚乙烯粘接护套、双细圆钢丝铠装、聚乙烯套通信用室外光缆，且允许长期张力为20000N、短期张力为40000N。

针对青藏高原的情况，直埋光缆应以加强型直埋光缆（GYTA33）为主，水底光缆应选用4t型水底光缆，以增强直埋线路抗地质损害能力。

3. 光缆路由及埋深的选择

（1）光缆路由

在青藏高原多年冻土地区，公路和铁路都建设在稳定冻土区范围内，敷设直埋光缆与公路或铁路不宜相距太远应保持一定距离，以免影响路基的稳定性，考虑到维护的方便，光缆一般情况下应与公路或铁路保持50～100m为宜。

光缆路由的选择应避开冰椎、冻胀丘、地下冰等不良地质现象的地段；通过有桥梁的河流时，应优先考虑桥侧吊挂光缆敷设方式；无桥梁或桥梁无法吊挂光缆时，可采用水线过河或临时架空等方式。

（2）埋深

光缆的埋深应在多年冻土上限以上10～20cm，当冻土上限大于2m时，光缆按正常埋深1.2m。而对青藏公路沿线，应根据该地区光缆建设的经验和不同土质的情况，不同地区的光缆埋深不同：格尔木—纳赤台段为 1.0 ～ 1.1m；纳赤台—五道梁段为 0.8m；五道梁—沱沱河段为 0.7m；沱沱河—唐古拉段为 0.8 ～ 1.0m。

4. 光缆的防护措施

高原地区的光缆防护措施，大部分与其他地区相同，重点是防冻土、防鼠害。

（1）防冻土

通过对已发生的冻土故障进行分析，应采用以下技术措施。

① 过河光缆不宜采用钢管方式，可采用水线光缆敷设、桥上敷设或临时架空敷设方式。

② 穿放光缆的塑料管或钢管进水后会发生膨胀挤压光缆，应尽量减少穿放塑料管或钢管的数量。即使穿放塑料管或钢管时也应注意封堵严密，不可采用沥青油麻封堵，应采用热熔塑管方式封堵。

③ 当光缆穿放管道时，要注意冰冻期的排水，否则均会因强烈冻胀与冻结而增大光纤衰减，甚至破坏结构。

④ 降低冻土影响的关键是选择光缆线路敷设的位置，尽可能避开冻胀丘、冰椎、热融滑塌等地方，从而减少冰冻对光缆的影响，以保护光缆线路的安全。

⑤ 采用加强型直埋光缆，增大光缆的强度以应对恶劣的地质环境。

（2）防鼠害

大部分高原地区都有鼠类动物活动，鼠类动物种类多，由于食物主要来自地下草根等，觅食不易，鼠洞遍地可见。

鼠类动物对光缆造成的损伤，主要发生在两种情况下：一是磨牙；二是清除障碍（打通前进方向的阻挡物）。高原上鼠类动物觅食打洞的深度与光缆埋设深度基本一致，因此，施工后，较长时间内光缆沟将成为鼠类动物的地下暗通道，可见光缆受鼠类动物的攻击是不可避免的，可以考虑以下两种防护技术与措施，至于具体选用哪类措施，需要根据现场情况判断，实现除了防鼠害，还能兼防其他损害的功能，以期事半功倍，切实减少防护费用的开支。

① **采用管道措施以防鼠害**。在高原冻土区段，进城部分需要建设管道。为了防止机械损伤，在个别地段（例如穿越河流等）采用塑料管进行保护，过公路与铁路的穿越采用钢管保护，个别地段为防冻土也采用了塑料管道。在建管道的同时，也带来了防鼠类动物损伤的要求。为了让管道有效防鼠害，首先，要使管道的备用空管堵塞好，人孔完整，孔盖密实；其次，穿光缆的管孔要放入多根子管，光缆要穿入子管中，即便如此，偶然会有鼠类动物进入人孔，但无法损伤光缆，同时也解决了因冻而伤害光缆的可能性。

② **加强光缆结构以防鼠害**。直埋光缆的护套结构在一般情况下是可防鼠害的，在以往光缆的建设过程中，只出现过少数被老鼠咬坏光缆的情况。在高原上，部分地区鼠类动物活动非常猖獗，体积较大的鼠能够将光缆护套啮断撕裂。为此，可以选用加强型直埋光缆，加强型光缆护套能够抵抗 500kg/10cm 的咬切力。

另外，减少鼠类动物损害就要阻碍它们靠近光缆，因此施工后的复土需要尽可能夯密夯实，以防光缆沟成为鼠类动物的活动通道。

5. 高原直埋光缆施工要求

在高海拔地区和高寒环境下对敷设光缆、光纤接续和对接头的封焊包扎等均有不同于平原地区的要求。

① 施工季节的选择：多年冻土在暖季表层融化，通过融化系数的变化说明，每年的 4 月底至 5 月初开始融化，在 7 月中只能融化一半，到 9 月底至 10 月初才能完全融化。因此，为避免开挖冻土，减小施工难度，施工时间应选在 8～9 月，光缆的敷设与开挖同期进行。

② 施工方式：高原地区空气稀薄，大部分施工人员都有严重的高原反应，因此地形平缓的地区宜采用机械挖沟、人工抬放方式敷设光缆；若人工施工时，施工速度不宜过快。

③ 多年冻土区光缆敷设以减小对光缆冻胀为原则，光缆敷设前应对光缆沟进行平整，要求光缆沟平直且不能有坚硬的石块等物体，以免冻胀损伤光缆，应在光缆沟中铺垫 10cm 左右的细砂。

④ 选用适合高原的光纤熔接设备，特别是熔接电流强度的大小应随海拔自动调节，确保光纤接续的质量。

⑤ 为防止施工期气温影响冻土上限下降，导致热融沉陷或滑塌等现象，光缆沟回填间隔时间越短越好（包括架空杆路挖电杆洞），最慢当天完成回填，回填土最好高出地面 20～30cm，防止光缆沟塌陷。

⑥ 光缆敷设后至少放置一周后再进行接续，防止光纤收缩造成损耗增大。

第五章

管道光缆敷设安装

第一节　管道光缆设计

一、管道光缆的测量

1. 传统测量方法

传统测量方法为徒步测量。测量人员手持测量工具沿管道路由全程徒步行走，边走边定位人（手）孔的位置，测量出人（手）孔的间距，并将位置和间距画在施工图纸上。管道所有人（手）孔均需要 GPS 定位。

管道光缆的主要测量工具为手推滚轮测距仪（测距小推车）和手持高精度 GPS 定位仪，测距小推车用于测量人（手）孔的间距，GPS 定位仪用于定位人（手）孔的经纬度，并通过经纬度计算相邻人（手）孔间的直线长度，以校验测距小推车的测量数据。主要测量工具如图 5-1 所示。

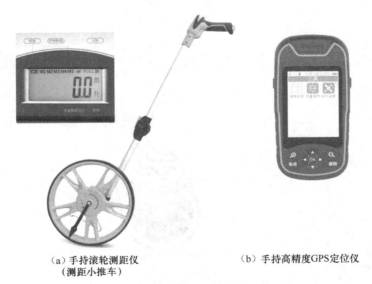

（a）手持滚轮测距仪　　　　　　　　（b）手持高精度GPS定位仪
　　（测距小推车）

图5-1　主要测量工具

测量时务必保证测距的准确性，线路长度的准确性是线路测量的本质要求。

管道光缆测量首选测距小推车，但要注意以下 3 点。

① 测距小推车的计数器易坏。测量高速公路管道时，注意将每两个孔的间距与高速公路的里

程核对，有异常时要查找原因，并及时处理。

② 每天测量前一定要注意校准测距小推车的精度，可与地链或其他已知长度的段比较，有异常时及时处理。

③ 结合 GPS 轨迹核算测量距离。

测量时应打开人（手）孔的井盖，画出管道截面及管孔占用情况，确定本工程光缆穿放管孔及是否有光缆接头盒安装位置，直线段无须打开所有人（手）孔，但每个人（手）孔均应测量经纬度。

2. 智能化测量思路

高速公路管道管材以 Φ40/33mm 硅芯塑料管为主，管道段长［相邻人（手）孔间距离］大部分在 1000m 左右。同时，受桥梁、隧道、立交桥和弯道等影响，管道段长可能会有较大的波动，而敷设在高速公路管道内光缆的盘长若不能匹配管道段长，将造成巨大的浪费，因此，高速公路管道光缆建设的一个关键环节是准确测量管道的段长。

传统的测量方式一般是测量人员手持测距小推车徒步测量与 GPS 定位仪相结合的方式，以徒步测量为主。但随着高速公路安全管理更加严格、可视化监控手段的强化，以及高速公路车流密度的增大，无论从法律法规层面还是从安全层面，徒步测量及路边停车均面临巨大的法律风险及安全风险，已严重阻碍了干线光缆的测量与设计工作，也给干线光缆网的建设带来了不利影响。

随着光缆建设量的急剧增长，以及人们对设计质量、工作效率等要求的不断提高，数字化、信息化建设和应用的不足之处逐渐显现。开发数字化测量设备及相关软件平台，自动处理测量数据生成施工图纸和建设工程量，可为光缆线路设计人员提供极大的便利，成为线路工程建设中的重要一环。

因此，高速公路管道光缆数字化移动测量系统的开发与应用已成为极为紧迫的任务。

（1）移动测量系统

移动测量系统采用精巧的模块化设计，全系统由数据采集系统、监控系统和电源系统 3 个部分构成，系统之间通过航空插头连接。其中，数据采集系统由高精度惯性导航系统（Inertial Navigation System，INS）、全景相机、CCD 相机、超远距离激光扫描仪（LiDAR）等设备组成，INS 与相机、LiDAR 之间通过精密刚性互连，出厂前完成室内精确的一体化标校；监控系统由加固计算单元和同步控制单元组成，用于系统的工作状态监控、数据显示和存储等；电源系统可保证系统供电并支持车载供电。移动测量系统可广泛应用智慧城市影像采集、智慧交通资产普查、L4 级别的高精度地图等各类型场景。移动测量系统如图 5-2 所示。

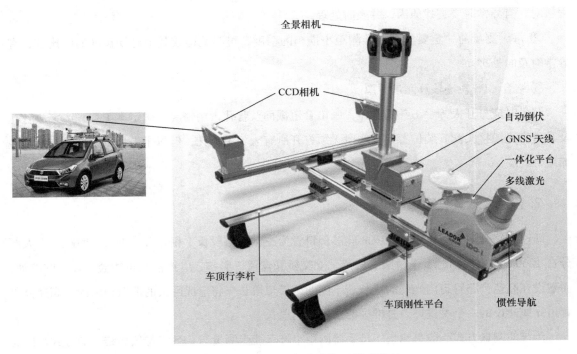

注：1. GNSS（Global Navigation Satellite System，全球导航卫星系统）。

图5-2 移动测量系统

（2）系统作业流程

系统作业流程如图 5-3 所示。

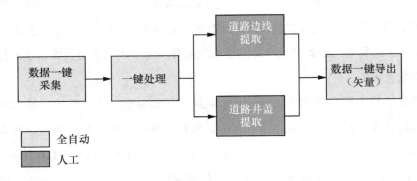

图5-3 系统作业流程

（3）采集软件操作

采集软件操作流程如图 5-4 所示。

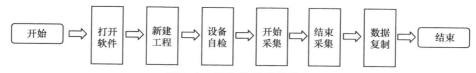

图5-4　采集软件操作流程

（4）成效与结论

采用数字化移动测量系统可以极大地降低安全风险，提高工作效率。目前，该系统尚在验证阶段，完成后将对光缆线路设计行业产生巨大影响，使现有的徒步测量、手工绘图和人工统计工程量等工作演变为开车测量、自动绘图和自动统计工程量的模式，极大地提高工作效率，完成线路设计的数字化转型。

该工作模式可推广至可行性研究、初步设计阶段，进一步推广至城区管道测量、直埋测量和架空测量等测量方式当中，引领行业发展。传统测量与数字化移动测量比较见表 5-1。

表 5-1　传统测量与数字化移动测量比较

序号	项目	传统测量	数字化移动测量
1	安全性	低	高
2	工作效率	20km/ 天	100km/ 天
3	法律风险	高（违反高速公路管理法规）	无
4	费用比较	400 元 /km	100 元 /km（一次性购入移动测量系统成本较高，测量 5000km 可收回成本）
5	施工图纸	手工绘制	自动绘制
6	工程量统计	手工作业	自动统计

3. 管道光缆测量路由选择

骨干光缆进出城宜采用管道方式敷设。利旧原有管道敷设光缆，应选择路由短捷、管道质量良好、管孔有余量的管道。在无管道可利旧的路段，应新建管道，新建管道路由宜与市话网的发展规划相结合，并符合城建部门的要求，其路由选择应考虑的因素如下。

① 路由短捷、地势平坦、转弯少、高差小、地质稳固、地下水位低。

② 地下各种管线及障碍物少。

③ 管道应建在定型（或规划）街道的人行道上，受条件限制时也可建在慢车道上。

在不具备新建管道条件的街道或地段，可考虑建设简易塑料管道。

测量高速公路管道光缆时，应注意光缆的上下高速公路管孔位置。尽量选择高速公路自身已有的方便上下的管孔（例如进出收费站或服务区的管孔），其次选择有过路的管孔（可从路边引出），最后可考虑桥墩处方便引下的位置（一般为桥上槽道）。

二、图纸要求

（1）一般要求

街道、高速公路等道路的宽度在图纸上应按比例表示，图纸上应至少包括以下内容。

① 对于一段独立序列号的管道光缆施工图纸，第一张图纸上应有该段的主要工程量，至少包括管道总长及人（手）孔总数，其后的每张图纸均应注明该图纸的线路长度和人（手）孔数量，以便统计。

② 若有其他敷设方式，则应在第一张图纸上注明。

③ 人（手）孔经纬度坐标及孔间距。

④ 管道断面，要标明本工程占用的管位。

⑤ 指北方向。

（2）进出城管道

对于进出城管道，图纸上还应标注以下内容。

① 所沿靠及跨越的街道名称。

② 人（手）孔附近主要的标志物名称及相对位置，例如商铺、公园、单位或其他市政基础设施等。

（3）高速公路管道

对于高速公路管道，图纸上应完全绘出高速公路基础设施，包含以下内容。

① 高速公路里程碑。

② 桥梁、隧道及名称，以及与该桥梁相关的公路、河流等。

③ 涵洞及监控设施。

④ 立交桥名称及方向。

⑤ 服务区、收费站及其相关的辅道。

⑥ 跨越高速公路的高压线、通信线等也应在图纸上反映。

三、管道光缆施工图设计流程

1.统计工程量

经过施工图测量并完成施工图纸后，需要统计该图纸分册的工程量并完成工程量表。工程量统计应与预算表"建筑安装工程量预算表（表三）甲"中的工程量一致。管道光缆安装工程量表（示例）见表5-2。

表5-2　管道光缆安装工程量表（示例）

序号	项目名称	单位	数量
1	光（电）缆工程施工测量（管道）	百米	

序号	项目名称	单位	数量
2	GPS 定位	点	
3	单盘检验（光缆）双窗口测试	芯盘	
4	布放光（电）缆人孔抽水（积水）	个	
5	布放光（电）缆人孔抽水（流水）	个	
6	布放光（电）缆手孔抽水	个	
7	人工敷设塑料子管（1 孔子管）	km	
8	人工敷设塑料子管（3 孔子管）	km	
9	人工敷设塑料子管（4 孔子管）	km	
10	敷设管道光缆（×× 芯以下）	千米条	
11	打人（手）孔墙洞（砖砌人孔 3 孔管以下）	处	
12	光缆成端接头（束状）	芯	
13	光缆接续（×× 芯以下）	头	
14	40km 以上中继段光缆测试（48 芯以下）（双窗口）	中继段	
15	40km 以下中继段光缆测试（48 芯以下）（双窗口）	中继段	
16	高速公路管道疏通	处	
17	人（手）孔内光缆安装防鼠网	处	
18	缠绕 PVC 胶带	处	

2. 光缆配盘

高速公路管道段长一般在 1000m 左右，段长较长，需要针对具体长度进行光缆配盘，配盘表也应放在图纸分册中，配盘原则如下。

① 应根据高速公路管道质量、地形等不同条件确定盘长，更大的盘长会提升施工难度，但可减少接头盒的数量。盘长取值在 2000 ～ 3000m，一般按 2000m 标准配盘。

② 盘长取值一般为测量长度增加 4% 并向上取整至百米。计算公式为：盘长 = 孔间距 ×1.04，并向上取整至百米。

③ 对于需要配盘的设计，因特定盘长的光缆与管道是一一对应的，管道光缆接头盒位置也是确定的，应核实相应的人（手）孔是否满足接头盒安装的需求。

管道光缆配盘表（示例）见表 5-3。

表 5-3　管道光缆配盘表（示例）

序号	起点位置	终点位置	测量长度 / km	光缆盘长 / km	光缆盘数	订货光缆长度 / km	光缆类型
1	×× 站	×× 人孔	0.450	0.5	1	0.5	阻燃光缆 48 芯

序号	起点位置	终点位置	测量长度/ km	光缆盘长/ km	光缆 盘数	订货光缆 长度/ km	光缆类型
2	××人孔	××人孔 （末端孔）	12.530	2	7	14	管道光缆48芯
3	××人孔 （末端孔）	××杆 （末端杆）	16.435	3	6	18	架空光缆48芯
4	××杆 （末端杆）	××人孔 （高速公路管道 起始孔）	2.500	2.6	1	2.6	直埋光缆48芯
5	××人孔 （高速公路管道 起始孔）	××人孔	1.800	1.9	1	1.9	管道光缆48芯 （高速公路管道）
6	××人孔	××人孔	2.100	2.2	1	2.2	
7	××人孔	××人孔	2.000	2.1	1	2.1	
	……						
	……						
	合计		×××		××	×××	

3. 编写施工图纸分册

编制光缆线路的一阶段设计（或施工图设计）时，应按中继段编写图纸分册。图纸分册应包含该中继段 A 局（站）ODF—B 局（站）ODF 的所有光缆安装图纸。图纸中的光缆是连续的、完整的，包括机房 ODF 的安装、局前孔至 ODF 的局内光缆、A 站局前孔至 B 站局前孔的全套图纸等。除图纸，还应有该中继段的其他内容，包括工程量表、光缆配盘表和需要特殊安装要求的图纸等。

管道施工图纸分册应包含以下内容。

① 局（站）A—局（站）B 段工程量表。

② 局（站）A—局（站）B 段光缆配盘表。

③ 图纸。

✓ 局（站）A—局（站）B 段长途管道光缆线路施工图 2024SJ××××S-GL（××）-01（1/××-××/××）。

✓ 局（站）A 机房出城管道光缆线路施工图 2024SJ××××S-GL（××）-02。

✓ 局（站）B 机房进城管道光缆线路施工图 2023SJ××××S-GL（××）-03（1/×-×/×）。

✓ 局（站）A 局内光缆路由及安装方式图 2023SJ0593S-GL（××）-04（1/×-×/×）。

✓局（站）B局内光缆路由及安装方式图2023SJ××××S-GL(××)-05。

✓局（站）A ODF安装平面图（三层）2023SJ××××S-GL(××)-06。

✓局（站）B ODF安装平面图（三层）2023SJ××××S-GL(××)-07。

4. 编制预算

对于有初步设计阶段和施工图设计阶段的两阶段线路设计，初步设计阶段编制概算，施工图设计阶段编制预算，二者的主要区别在于概算工程量为估算，且需要计列预备费，而预算编制的工程量与施工图纸的工程量一致，是实际发生的工程量。一阶段设计直接跳过概算编制预算。

目前，预算编制的依据是工业和信息化部发布的《工业和信息化部关于印发信息通信建设工程预算定额、工程费用定额及工程概预算编制规程的通知》，通常称为"451定额"。预算编制的方法是根据工程量和定额标准计算工程建设的投资，并按照"451定额"的要求出具预算表格。

5. 编写设计总册

一套完整的施工图设计应包含总册和施工图纸分册。总册主要包括设计说明、预算和图纸3个部分。设计说明的主要内容有工程投资、建设内容、技术标准、验收标准和施工要求等，使施工企业有据可依。预算包括预算说明和预算表格，反映工程的造价情况。图纸包括总体图纸和通用图纸，总体图纸有本工程总体路由示意图、局（站）设置图和主要城市的进出城路由示意图等；通用图纸主要是指通用的光缆安装方式图。

施工图设计的主要设计成果是总册加施工图纸分册，定稿盖章后形成全套文件，经建设单位会审后成为工程施工建设的指导性文件。

第二节 管道光缆敷设安装要求

一、管孔的选用

为了便于施工和维护，敷设光缆前需要选择管孔。选择管孔的一般原则如下。

① 一条光缆所占用管孔的位置，前后应保持一致，避免出现大交叉。

② 选用管孔的顺序，应先下后上，先两侧后中间，逐层使用，一般不应跳选。

③ 干线光缆应优先使用下层靠两侧壁的管孔。

④ 管孔选择时应注意所穿放光缆的外径与所选管孔内径相匹配，其比值（占孔比）一般不超过70%。若占孔比过小，应穿放子管，以提高管孔的利用率。

二、子管的敷设安装

1. 塑料子管的敷设安装

小直径光缆的外径只有 12 ～ 18mm，而管线上管孔的内径为 90 ～ 110mm，因此允许在同一管孔内同时敷设多条光缆，但必须采用子管道敷设，以防止光缆外护套划伤。子管道应选用聚氯乙烯半硬塑料管材。

为便于穿放，数根子管的等效外径不应大于管孔内径的 85%。一个管道孔内安装的数根子管应一次穿放。对于 Φ90mm 以上的管孔应穿放子管，一般穿放 4 根 Φ34/28mm 的聚氯乙烯塑料管。

塑料子管的布放还应符合下列要求。

① 布放两根以上无色标的塑料子管时，应在端头做好标记。

② 布放塑料子管的环境温度应在 –5 ～ 35℃。

③ 连续布放塑料子管的长度，不宜超过 300m。

④ 牵引子管的最大拉力，不应超过管材的抗张强度，牵引速度要匀速。

⑤ 子管在人孔中必须留有余长，其伸出长度应不小于 200mm。

⑥ 穿放塑料子管的管孔，应安装塑料管堵头（也可采用其他方法），以固定子管。

⑦ 塑料子管在管道中间不得有接头。

⑧ 塑料子管布放完毕，应将管口作临时堵塞；本期工程不用的塑料子管必须在管端安装堵塞（帽）。

2. 纺织子管的敷设安装

纺织子管属于通信类纺织制品，其主材料选用聚酯和尼龙。这两种聚合物的结合，不但使纺织子管具有高强度、高韧性，以及耐磨蚀和耐温度变化等通常特性，且具备优越的机械性能和耐化工、不受土壤中的生化侵袭而降低其性能等特性。纺织子管内置一根拉带，可用于牵引光缆。纺织子管没有卷曲记忆，且内表面涂有润滑剂，因此施工简单而快捷。

纺织子管由于体积小、柔性强，可折叠放置，贮藏空间小，运输方便，大幅降低了运输和贮藏的成本。纺织子管在光缆布放过程中可避免出现扭转、打小圈和浪涌等现象。

纺织子管也可用于在原有管道已有塑料子管的情况下铺设，然后在纺织子管中再铺设光缆。这种模式的优点是能够充分挖掘老管道的剩余空间，提升管道利用率。

管道内的纺织子管示意如图 5-5 所示。

（1）纺织子管的外观和物理特性指标

① 织物应身骨挺括、表面光滑，不允许有松布或波纹状、皱纹单边或两边布边紧、折痕布波纹状等现象。

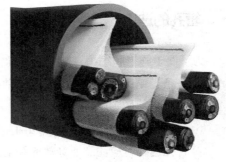

图5-5 管道内的纺织子管示意

② 根据每带包含的孔数，分为 1 孔纺织子管（1 带 1 孔）、2 孔纺织子管（1 带 2 孔）和 3 孔纺织子管（1 带 3 孔）。

③ 纺织子管的拉断强度是在不含内置牵引绳的情况下进行测试的，需要达到 1000kg 以上，牵引绳强度需要在 500kg 以上。

④ 纺织子管必须有足够的耐磨特性。当预置拉带拉力达到 135kg 时，在弓形测试装置中，以 30m/min 的速度循环摩擦纺织子管 30min，纺织子管不得破损。

（2）设计纺织子管穿放容量

利用纺织子管敷设光缆时，光缆的等效组合外径不能大于管孔内径的 85%，在空的管孔内敷设时，光缆最多可放光缆条数应根据管孔的材质和直径确定。通信管道穿放纺织子管的参考数量（空管模式）见表 5-4。

表 5-4　通信管道穿放纺织子管的参考数量（空管模式）

序号	穿放光缆的容量	光缆外径 /mm	塑料管（Φ100mm）	钢管（Φ102mm）
1	96 芯～ 288 芯光缆	21mm 以下	6 带 12 孔	5 带 10 孔
2	48 芯以下光缆	12mm 以下	12 带 24 孔	11 带 22 孔

在已敷设光缆子管或电缆的管孔内再穿放纺织子管时，应根据原管孔内塑料子管的数量或电缆的外径确定。通信管道穿放纺织子管的参考数量（叠加模式）见表 5-5。

表 5-5　通信管道穿放纺织子管的参考数量（叠加模式）

序号	占用管孔线缆容量	线缆外径 /mm	塑料管（100mm）		钢管（102mm）	
			96 芯以上	48 芯以下	96 芯以上	48 芯以下
1	3 孔塑料子管	67.9（组合）	2 带 4 孔	2 带 6 孔	1 带 3 孔	2 带 4 孔
2	4 孔塑料子管	78.4（组合）	1 带 2 孔	2 带 2 孔	—	2 带 2 孔

（3）纺织子管的设计长度

纺织子管的设计长度 = 管道路由的丈量长度 ×（1+5‰）+ 穿越每个人（手）孔增加 1m。

说明：以上路由长度取两个人（手）孔的中心的距离，按照以上计算方法不再计材料的损耗。

（4）纺织子管的敷设安装

① 为防止对纺织子管的磨损，在塑料管道空管中，纺织子管一次牵引不超过 600m；在水泥管道的空管中，纺织子管一次牵引不超过 300m；在钢管管道的空管中，纺织子管一次牵引不超过 150m。在有线缆的管道管孔中空间比较小时，施工中应按照管道的段长分段牵引。

② 敷设前，应将待敷设的纺织子管存放盘放在管道的轴线上，存放盘的轴线应垂直于管道的轴线，靠近要引入的人（手）孔，并用支架支撑起存放盘，要求转动灵活。

③ 敷设纺织子管可用铜棒绑定后直接牵引入管道；如果用绳子或铁线牵引纺织子管，需要在纺织子管和牵引绳之间加一个牵引转子。

④ 在穿放纺织子管时，为避免纺织子管在人（手）孔口、管孔口的棱角处产生纵向磨损，需

要在棱角处做防护处理，并在管孔口处人工疏导纺织子管入管孔，对颈部较深的人（手）孔应采用滑轮引导；纺织子管进入管孔必须始终保持同一个面朝上，不得出现翻转的现象。

⑤ 在人（手）孔内纺织子管应断开，纺织子管每端距管孔口留长度不小于1m，并用绑带将子管固定在人（手）孔内的电缆支架上。在没有穿放光缆之前，空的纺织子管在人（手）孔内固定后，绑带必须绷直固定在人（手）孔内电缆托架上，不得松弛，且应避免牵引绳在人（手）孔内扭绞。

⑥ 纺织子管原则上不改变现有管道的封堵技术，管孔的封堵仍然采用原有方式，例如发泡剂、油麻丝、水泥和气囊等。

⑦ 纺织子管的阻燃性能较差，因此在人（手）孔内动用明火时，必须采取防火措施，将暴露在人（手）孔内的纺织子管及光缆外面用阻燃胶带缠绕，以防纺织子管直接接触明火。

（5）纺织子管内敷设光缆

① 在纺织子管内敷设光缆宜采用人工方式，占用纺织子管的管孔顺序及要求如下。

✓ 选用3孔纺织子管时，优先使用中间孔，然后是侧孔。

✓ 现场管孔中有多条纺织子管时，应遵循先下后上的子管使用原则。

✓ 从纺织子管内抽出光缆时，应补放一条牵引绳，以备日后重新布放光缆。

② 敷设第一条光缆时，必须保持纺织子管的绷直状态，若有松弛，则可能导致光缆无法穿过。

三、管道光缆的敷设安装

1. 准备工作

① 光缆施工前应进行路由复测，按设计核对占用管孔，核定光缆配盘，制订施工方案。

② 敷设光缆前，应对每盘光缆按照设计要求进行单盘检测。

③ 施工时，人（手）孔井盖打开后应先清除井内的杂物，若有积水，应先排除积水。排除积水后，应疏通设计规定的管道管孔，疏通后将管孔清洗干净。

2. 人工敷设管道光缆

对于人（手）孔间距在150m以下的管道，一般采用人工敷设管道光缆，要求如下。

① 城区管道光缆按人工敷设方式考虑，有条件时也可采用机械牵引敷设。为了减少布放时的牵引张力，要求从中间向两边布放，中途可考虑分段"∞"字布放光缆，并在每个人（手）孔安排1～2名施工人员完成中间辅助牵引。光缆段长布放完毕后，用OTDR测试检查，若无问题方可布放下一段光缆。

② 对于使用管道中的子管或管材为梅花管、小孔径硅芯管的，不再穿放塑料子管或纺织子管。

③ 管道光缆施工时，光缆的弯曲半径应不小于光缆外径的20倍。以人工方法牵引光缆时，应在井下逐段接力牵引（每井要求有牵引人）。

3. 气吹法敷设管道光缆

高速公路管道多采用人（手）孔间隔 1000m 左右的硅芯塑料管，塑料管规格一般为 $\Phi 40/33mm$，可采用气吹法敷设。气吹法即采用高压气流吹送的方式将光缆吹放到高速公路硅芯管道中，穿入的光缆随高速气流以悬浮状态在管道内快速穿行。与其他光缆敷设方法相比，光缆气吹法在敷设过程中所受的张力比较均匀而且小得多，敷设光缆速度快、距离长，且管道人（手）孔少，造价低。气吹法敷设管道光缆的要求如下。

① 一般光缆外径与硅芯管内径之比取 0.35～0.6。当大于 0.6 时，气吹光缆时可能需要更大的液压推力，而且安装距离会受到影响；当小于 0.35 时，光缆在硅芯管内有发生折叠的潜在危险。推荐的光缆外径与硅芯管内径的关系见表 5-6。

表 5-6　推荐的光缆外径与硅芯管内径的关系

光缆外径 /mm	11	12～13.5	14	15～17	18～21	21.5～25
硅芯管内径 /mm	24	26～28	28～33	33	33～42	42～50

② 适宜的作业环境温度是 6～32℃。环境温度低于 6℃时，建议使用空气管路加热器；环境温度高于 32℃时，过热的压缩空气对光缆及塑料管有害，这时考虑使用压缩空气冷却器。

③ 检查塑料管道的密封性，确认塑料管道不漏气后方可进行光缆的吹送作业。

④ 应对塑料管道进行预润滑，尤其是非硅芯管。采用光缆吹缆专用预润滑剂对塑料管道进行预润滑，以期达到最佳的一次吹缆敷设长度。以 0.2～0.4L/km 的润滑剂用量注入塑料管道内，装入专门的润滑海绵塞，通过输入压缩空气来推动润滑海绵塞穿越塑料管道，从而达到均匀预润滑塑料管道内壁的目的。

⑤ 管道人（手）孔间距一般在 1000m 左右，光缆盘长一般按两段管道配置。为了提高效率，减少布放时的牵引张力，应从中间向两边布放。该方法利用倒盘器，将倒盘器安装在缆盘附近，当一端光缆敷设完毕后，用气吹机将缆盘上的剩余光缆倒入倒盘器，取出内圈的光缆端头，然后转换气吹机方向，将倒盘器中的光缆吹入管道。

⑥ 光缆的输送速度一般控制在 8～80m/min，通常以 70m/min 为宜。

⑦ 当光缆到达预定点后，即气封活塞已从管内出来（此时空气压力将急剧减小），位于管端的观察人员应及时提示气吹机的操作人员马上停机，停止向管内输送光缆，此时则完成一段光缆的气吹敷设作业。

⑧ 在高速公路施工时，应注意施工人员及光缆安全，施工人员身穿安全服装并按高速公路管理部门的要求设置标志。

⑨ 利用管道安装光缆期间，需要做好对管道内现有光缆的保护工作，不得影响管道内现有光缆的安全。

⑩ 高速公路管道光缆配盘时应注意尽量使光缆接头避开桥梁和隧道。若因桥梁或隧道过长（超过 3000m）而必须安装光缆接头时，光缆接头位置需要位于桥梁人孔操作箱或隧道的紧急停车

带旁边，以便于施工布放，并在接头处做明显标记或 GPS 定位以便查找。

⑪ 利用高速公路管道吹放光缆时，短段管道可将管孔内的两端硅芯塑料管连接为长段管孔，以便于连续吹放。

4. 人（手）孔内的光缆处置

① 光缆出管孔 150mm 以内不应作弯曲处理，敷设后的光缆应紧靠人（手）孔壁。有上覆的人（手）孔，光缆在上覆下方 5cm 处贴井壁敷设并用镀锌膨胀挂钩固定，以提高光缆的安全性。

人（手）孔中的光缆应采用颜色醒目的软管保护，并在保护软管上用皮线绑扎牢固。光缆在人（手）孔内的敷设安装方式如图 5-6 所示（图中光缆保护软管未画出）。

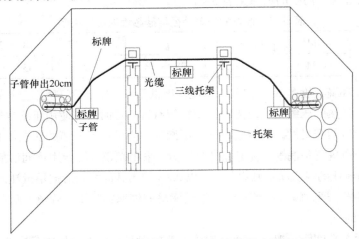

图5-6 光缆在人（手）孔内的敷设安装方式

② 光缆挂标牌作为标记，每个人（手）孔挂 3 个标牌（内框规格：长 76mm × 宽 48mm）。光缆标牌为铝牌，应有工程名称、光缆芯数、施工日期等内容。光缆标牌样式如图 5-7 所示。

③ 塑料子管在人（手）孔内的伸出长度为 15 ～ 20cm。光缆进出塑料管口处采用红色 PVC 胶带封堵，空余子管用塞子封堵。

④ 人（手）孔内的光缆，采用固定卡子固定在人（手）孔的孔壁上，每个人（手）孔内固定两处。

5. 人孔内管道光缆接头盒安装方式

① 光缆接头盒在人孔内必须固定安装，并在常年积水点位以上。

② 对于规格为 2880mm × 2080mm 的标准小

图5-7 光缆标牌样式

号人孔，光缆接头盒的安装方式可分为单端安装和双端安装两种。接头盒用抱箍和膨胀螺栓固定在人孔壁上，固定时以光缆接头盒不松动为宜，不应过紧，以防光缆接头盒变形。

　　人孔内单端光缆接头盒的安装方式如图 5-8 所示。

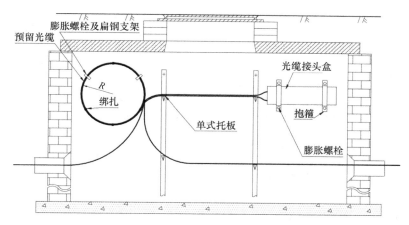

图5-8　人孔内单端光缆接头盒的安装方式

　　人孔内双端光缆接头盒的安装方式如图 5-9 所示。

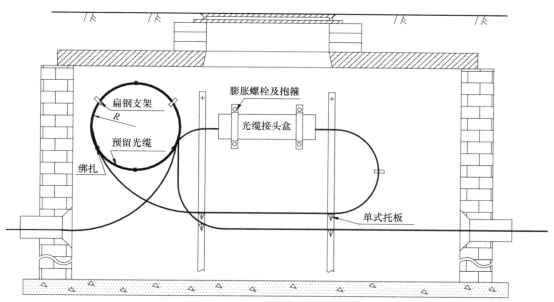

图5-9　人孔内双端光缆接头盒的安装方式

　　扁钢支架和抱箍的加工要求如图 5-10 所示。

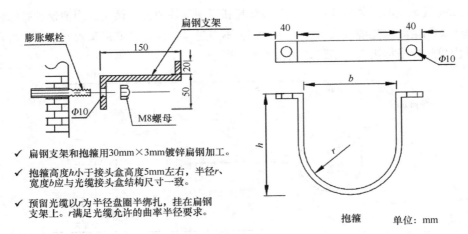

✓ 扁钢支架和抱箍用30mm×3mm镀锌扁钢加工。

✓ 抱箍高度h小于接头盒高度5mm左右，半径r、宽度b应与光缆接头盒结构尺寸一致。

✓ 预留光缆以r为半径盘圈半绑扎，挂在扁钢支架上。r满足光缆允许的曲率半径要求。

图5-10 扁钢支架和抱箍的加工要求

人孔内单端和双端光缆接头盒安装材料见表 5-7。

表 5-7 人孔内单端和双端光缆接头盒安装材料

序号	名称	单位	数量	
			单端接头盒	双端接头盒
1	M8 膨胀螺栓	付	6	7
2	扁钢支架	个	2	3
3	抱箍	个	2	2
4	单式托板	块	4	4

6. 手孔内管道光缆接头盒安装方式

① 光缆接头盒在手孔内必须固定安装，且安装位置应在常年积水点位以上。

② 手孔内光缆接头盒安装的手孔规格为 1200mm×900mm，其他规格的手孔可参照执行。光缆接头盒的安装方式有一端进出和两端进出两种方式，其中一端进出的安装方式又分为帽式接头盒的安装和卧式接头盒的安装两种。盘留光缆 R 值满足光缆曲率半径的要求。

光缆接头盒用抱箍和膨胀螺栓固定在手孔壁上，固定时以光缆接头盒不松动为宜，不应过紧，以防光缆接头盒变形。手孔内单端光缆接头盒（帽式）安装方式如图 5-11 所示。手孔内单端光缆接头盒（卧式）安装方式如图 5-12 所示。

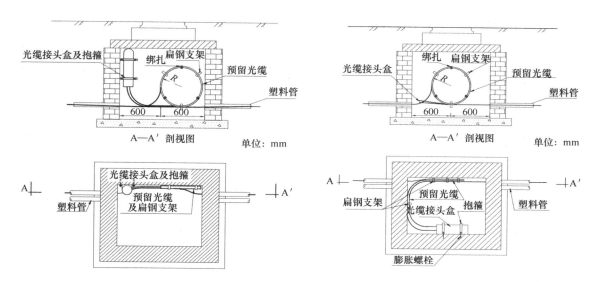

图5-11　手孔内单端光缆接头盒（帽式）安装方式　图5-12　手孔内单端光缆接头盒（卧式）安装方式

手孔内双端光缆接头盒安装方式如图 5-13 所示。

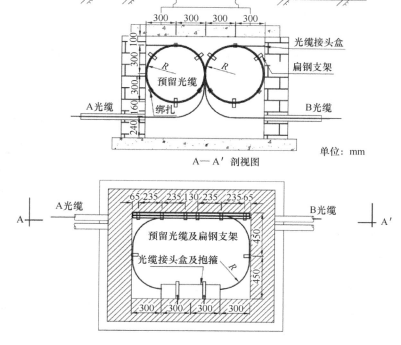

图5-13　手孔内双端光缆接头盒安装方式

7. 管道光缆施工安全注意事项

① 确保施工区域的安全：在施工前，必须对施工区域进行充分评估，并采取必要的安全措施。例如，根据地下管道或光缆位置，确保施工区域内没有埋藏的地下设施。施工现场应设置警示标志，并安排专员巡视等。

② 使用适当的个人防护装备（Personal Protective Equipment，PPE）：施工人员必须佩戴适当的PPE，例如安全帽、护目镜、耳塞、手套和防护鞋等。这些装备可以提供保护，防止施工人员受伤和发生意外。

③ 正确使用施工设备：施工人员必须熟悉并正确使用施工设备，例如挖掘机、钻孔机和光缆布线设备等。操作人员应提前接受培训，了解设备的安全操作要求，并严格按照操作规程操作。

④ 高速公路管道光缆施工时，应提前设置施工警示标志，布放警示锥，按照交管部门要求封闭控制相应的车道。施工人员需要经过专业的安全培训，按规定的流程操作。加强施工现场的监督和检查，做好日常安全管理工作。

四、微型管道光缆（微缆）敷设安装

1. 外保护管与微管

外保护管可用于为微管及微缆提供机械防护，使用高密度聚乙烯硅芯管、高密度聚乙烯塑料管等材质，通常为$\Phi40/33mm$的硅芯管。

常用的微管有7/5.5mm、10/8mm两种规格，材质一般为高密度聚乙烯塑料管。

不同规格的外保护管可容纳的微管数量见表5-8。

表5-8　不同规格的外保护管可容纳的微管数量

序号	1	2	3	4	5	6
外保护管（外径/内径）/mm	32/26	34/28	40/33	46/38	50/41	63/54
能容纳 7/5.5mm 微管的根数	6	7	10	12	14	20
能容纳 10/8mm 微管的根数	3	3	5	6	7	10

2. 气吹微管敷设

（1）外保护管贯通检查与处理

① **外保护管的气密性检测**。管内充气压力达到5.5～6.9bar的情况下，2min的压降应不大于1.38bar。

② **外保护管的清洁处理**。向管道中吹放海绵球，清除沿管道方向阻塞的积水和灰尘。

✓ 如果海绵球排出的水分较多，说明管道内有积水，可反复多次向管道中吹放海绵球，直至完全清除管内的积水。

✓ 如果无法吹出海绵球，充气端气压值低于正常气压值，管道终端管口的气流较小，说明管道中间有大的漏气点，应先检查接续件连接的密封情况并重新连接好。如果仍无法改善则说明管道破损，需要更换至同管道其他硅芯管或修补硅芯管。

✓ 如果无法吹出海绵球，而充气端气压值高于正常气压值，说明管道中间有堵塞或压扁等管孔变形，应按贯通检查处理。

③ **外保护管的贯通检查**。外保护管的贯通检查是为了保证其接续质量和管道状态（应避免扭绞、堵塞和急弯等）以达到气吹敷设的施工要求。外保护管的贯通方法是利用高压气流通过贯通枪将测试棒（或木塞）吹入管道进行试通。

✓ 如果测试棒（或木塞）顺利喷射出管口，说明外保护管贯通，适合气吹敷设。

✓ 如果供气贯通期间，管道末端出气较小，且测试棒（或木塞）未喷射出管口，可判定外保护管内有障碍，可用管道故障探测器查找出故障位置后予以排除。

④ **外保护管的预润滑**。在管道内塞入一个直径为管道直径两倍的海绵球，注入气吹外保护管专用润滑剂；再塞入一个直径为管道直径两倍的海绵球，通过高压气流吹送海绵球与润滑剂，直至两个海绵球从管道的另一端被吹出。

（2）微管的准备

① 检查气吹微管的根数是否与设计一致，是否满足色标要求。

② 检查微管内层端头是否被引出，有无损坏。

③ 检查微管盘长是否满足气吹长度。

④ 如果微管保气出厂，检查微管内是否还有气压。

⑤ 微管盘应放置在气吹点的附近并且和气吹机的入口形成一条直线。

⑥ 检查微管气吹机的气吹配件是否满足外保护管、微管的外径尺寸要求和气吹微管的数量要求。

⑦ 检查微管盘架是否已被固定。

⑧ 将微管穿过气吹设备。

⑨ 检查微管充气总成及充气阀门是否完整。

⑩ 在气吹微管的端头安装密封端帽。

⑪ 启动空气压缩机给微管充气，调节充气总成调压阀，使微管内部压力达到 4～6bar，气压均匀分布在微管内壁，检查并剔除存在漏气的微管。

⑫ 充气完毕后，用检漏液（或肥皂水）检查微管的密封端帽是否有漏气，如有泄漏现象，需要重新密封端头。

⑬ 将微管按不同的长度排列，每根微管端头的前后间隔距离为 30～50cm，穿入外保护管中。

⑭ 关闭气吹设备的密封舱。

⑮ 安装计数器，并检查计数器是否归零。

（3）气吹微管施工的基本要求

① 在整个气吹微管施工过程中，任何情况下的设备推力都严禁超过设计的微管抗张负荷。

② 在气吹过程中，微管应始终保持内气压填充状态，使其具有内外抗压能力。

③ 微管应由微管盘上方放出，并保持松弛弧形，不应出现打小圈的现象。

④ 应在空气压缩机后加装空气冷却器和水分离器，保证进入管道的气体低温、干燥。

⑤ 气吹距离 1km 内敷设速度宜为 30m/min 以上，气吹距离超过 1km 后敷设速度应不低于 10m/min。

⑥ 微管布放完毕后应检查微管是否变形，管道出口应安装与微管数量相对应的密封堵头，微管端也应做密封处理，不得进水。

（4）气吹微管施工的步骤

① 通知气吹末端施工人员即将敷管，疏散施工现场的非工作人员。

② 关闭空气压缩机的输气阀和气吹机的进气阀，启动空气压缩机。

③ 启动气吹设备，调节气吹机的工作压力直至微管开始平稳移动。

④ 打开空气压缩机的输气阀并稍微打开气吹机的进气阀，将供气压力控制在 3～4bar，在敷管过程中，应注意观察微管的运动速度和气吹设备的工作压力。

⑤ 进入气吹机的微管应保持松弛状态，随时检查微管内的压力是否降低。

⑥ 微管即将到达管道末端时，通知管道末端人员并降低微管的气吹速度。

⑦ 微管出口时，末端人员应等所有的微管被吹出并有足够余长后，再通知气吹点敷管结束。

（5）气吹微管贯通检查与处理

① 向微管中吹放海绵球，对微管内腔进行清洁。如果海绵球没有被吹出，说明微管中间有堵塞或压扁等管孔变形，应予以更换。

② 使用直径约为管道内径 80% 的钢珠进行贯通，检查微管是否在气吹过程中出现变形，应更换不能贯通的微管。

③ 向微管内塞入海绵球并注入气吹专用的润滑剂，然后再将海绵球塞入管道，通过高压气流吹送，直至两块海绵球从管道的另一端被吹出。

④ 贯通检查后，应将所有的微管封堵严密。

3. 气吹微缆敷设

（1）微管与微缆的规格匹配

对于微缆，光缆截面积与硅芯管内截面积之比约为 50%。常见的微管内径与其能够承受的光缆最大外径的关系见表 5-9。

表 5-9　常见的微管内径与其能够承受的光缆最大外径的关系

光缆外径 /mm	4.2	6.2	7.3	9.6	11.2
硅芯管内径 /mm	5.5	8	10	12	14

（2）气吹微缆施工的基本要求

① 微缆静态弯曲半径不应小于微缆外径的 10 倍，施工过程中动态弯曲半径不应小于微缆外

径的 20 倍。

②在气吹微缆的整个施工过程中，任何情况下的设备推力都不应超过微缆的抗张负荷。

③微缆应由缆盘上方放出，并保持松弛弧形，不应有打小圈的现象。

④应在空气压缩机后加装空气冷却器和水分离器，保证进入管道的气体低温、干燥。

⑤人（手）孔内微管长度不够时，可使用微管阻水接头或微管直接头延长微管，接头示例如图 5-14 所示。

微管阻水接头　　　　　　　　微管直接头

图5-14　接头示例

⑥人（手）孔间距较小，光缆可气吹直通而微管未接通时，可用微管直接头将微管接通。

⑦气吹微缆布放完毕，应检查光纤是否良好，微缆两端都应做密封防潮处理，不得进水。

（3）气吹微缆施工的步骤

①对气吹微管进行贯通检查，选择能够通过贯通检查的微管敷设微缆。

②安装微缆端帽，安装缆盘（最好选用带缆盘固定卡的盘架），根据微缆、微管直径选择合适的气吹设备配件，检查空气压缩机的输出气流和压力。

③将微缆插入微管，关闭气吹机密封舱，计数器归零。

④打开空气压缩机的输气阀与微缆气吹设备开关，直至微缆开始移动。

⑤微缆即将到达时，应通知管道末端人员并降低微缆的气吹速度。

⑥管道末端施工人员应确保微缆出管口后有足够的余长后，通知气吹点敷缆结束。

（4）气吹微缆施工的倒盘

①当微缆盘长超过一次性气吹长度或采取中间气吹和蛙跳气吹法时，应在气吹点或气吹点的下游进行微缆倒盘。

②微缆没有高强度保护，比普通光缆细、软，倒盘时应避免损伤。

③严格确保倒盘的安全性与质量，在施工中应使用微缆专用倒盘器进行微缆倒盘。

4. 人（手）孔内微缆及接头盒的安装

（1）微缆在人（手）孔内的保护

①人（手）孔内的微管和微缆均不可外露在人井内。人（手）孔内微管伸出部分应使用

同规格的微管连接，连接处应使用阻水接头。应使用颜色醒目的纵剖波纹管套在管孔入口处的微管外，人（手）孔内的微管和微缆全程使用纵剖波纹管保护并用皮线绑扎牢固。保护管、微管和微缆应紧靠人（手）孔壁并用镀锌膨胀卡子固定，且微管进出保护管管口处应采用红色PVC胶带紧密缠绕。

如需安装防鼠网，则在保护软管外缠绕不锈钢钢丝防鼠网，防鼠网深入管道内的长度不小于10cm，任一截面光缆的防鼠网缠绕不少于4层，防鼠网缠扎牢固后用镀锌铁丝绑扎结实，绑扎间距10cm。在管道端口处，用304不锈钢喉箍对防鼠网进一步加固（不锈钢钢丝防鼠网规格：304不锈钢，20目×17丝，宽0.1m×长30m）。

人（手）孔内的光缆，采用膨胀卡子固定在人（手）孔的孔壁上，每个人（手）孔内固定3处。人（手）孔内直通微缆安装方式如图5-15所示。

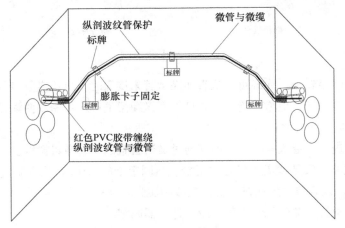

图5-15 人（手）孔内直通微缆安装方式

②人（手）孔内需要预留的微缆，应将微缆连同微管盘留在微缆盘留盒内，并妥善挂于人井内壁，确保后期防水且不被人为踩踏。人（手）孔内预留微缆安装方式如图5-16所示。

③光缆采用挂标牌做标记，每个人（手）孔挂2～3个标牌（内框规格：长76mm×宽48mm）。光缆标牌为铝牌，应有工程名称、光缆芯数和建设日期等内容。

（2）微缆接头盒的安装

①微缆接头盒可使用普通光缆接头盒。

②微管和微缆必须同时接进接头盒且必须在接头盒内分别固定。如果微管预留长度不足，应使用微管阻水接头接续。

③微管和微缆与接头盒的连接处应使用密封胶带缠绕至合适的厚度，以保证连接处密封，并使用热可塑套管加强密封性。微缆接头盒安装方式如图5-17所示。

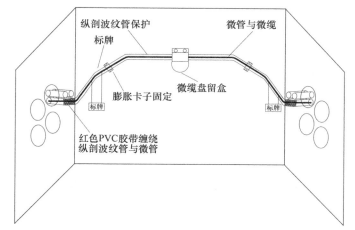

图5-16　人（手）孔内预留微缆安装方式

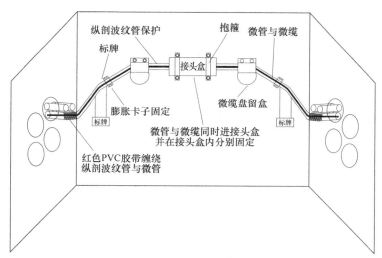

图5-17　微缆接头盒安装方式

5. 微缆施工安全注意事项

（1）实时监控

在施工过程中，安全员应加强巡视，发现安全隐患马上整改。

（2）应注意保护微缆安全

① 微缆倒盘时应使用倒盘架。

② 微缆可承受的拉力有限，不得用力拖拽微缆。

③ 微缆外护套较薄，易被划破，应注意保护。

（3）应注意人身安全

① 施工区域应设立警戒线，非专业施工人员未经允许不得入内。

② 在空气压缩机的周围应使用交通锥提醒过往的车辆。

③ 工作坑回填前，应使用交通锥提醒。

④ 在气吹时，管道末端严禁站人，值守人员应与管道末端保持一定的距离。

⑤ 在空气压缩机的压力没有消失前，严禁打开接头。

⑥ 所有施工操作中，工作人员应穿戴个人防护装备，包括安全帽、安全手套、安全鞋、护目镜等。

第三节　管道光缆的防护要求

一、防机械损伤

① 人（手）孔内管道光缆应套纵剖波纹管进行保护，并悬挂光缆标牌。

② 光缆不得直接从人（手）孔中间通过，需要紧贴井内壁固定。

③ 人（手）孔内安装的光缆接头盒应固定在人井内壁上，且位于人（手）孔常年水位以上。

④ $\Phi 80mm$ 以上的大管孔内应穿放 $\Phi 34/28mm$ 的塑料子管。

⑤ 大跨距硅芯塑料管道应采用气流法敷设光缆。

二、防雷、防强电

对于光缆线路工程，由于光纤不受各种强电和电磁干扰，且缆芯无金属线对，一般不考虑电磁干扰的影响。但光缆内具有金属构件，如果遇强电影响严重的地段，应考虑强电设施在故障状态和工作状态时，由于电磁感应、地电位升高等因素会对施工和维护人员造成一定的影响。

管道光缆防雷、防强电的主要措施是将光缆的金属构件在接头处电气断开，不做接地，使雷击或感应电流局限在一个盘长内。

三、防冻

对于管道光缆，应在冬季上冻前，将管道及人（手）孔内的水抽干，以防冻胀损伤。

四、防鼠

（1）防鼠光缆选型

鼠类动物门齿的莫氏硬度可达 3.0 ～ 5.5，最高接近不锈钢的硬度。据研究，利用钢丝、钢带强度的机械式防鼠措施有效性最高。鉴于鼠类动物分布广泛，繁殖力强，而钢带的厚度直接决定了光缆的防鼠效果，因此需要考虑防鼠因素的光缆，钢带的标称厚度（不含塑料层）应不小于0.20mm。

对于管道光缆，应采用 GYTS 光缆。对于鼠患严重的地段，则采用 GYTS53 双钢带光缆。

此外，还可以采用以不锈钢带代替镀锌钢带的 GYTS 光缆。不锈钢带硬度更大，具有更佳的抗腐蚀能力，可以作为解决鼠类危害的一个应对方案。

（2）高速公路管道的人（手）孔中的光缆缠绕不锈钢钢丝防鼠网

利用高速公路管道敷设光缆，已成为光缆建设的重要模式。由于高速公路是全封闭式运营，且行驶车辆速度快，因此高速公路管道内的光缆一旦遭受鼠害，需要事先进行交通管制，封闭车道后才能进行抢修；若夜间实施抢修，将给抢修人员带来极大的安全威胁，因此高速公路管道中的故障抢修应在视线良好的白天进行。

对于高速公路管道中的光缆，应基于寿命周期内免受鼠害的原则，人（手）孔中的光缆缠绕不锈钢钢丝防鼠网，进一步增强对外露光缆的保护，避免护套受损引起钢带的锈蚀而加大鼠害的威胁。

对于高速公路管道人（手）孔中的光缆防护，先用保护软管套包并绑扎牢固后，再在保护软管外缠绕不锈钢钢丝防鼠网，防鼠网深入管道内的长度不小于 10cm（若穿放于子管中，则防鼠网深入子管内的长度不小于 10cm），任一截面光缆的防鼠网缠绕不少于 4 层，防鼠网缠扎牢固后，再用镀锌铁丝绑扎结实，绑扎间距 10cm。在管道端口处，用 304 不锈钢喉箍对防鼠网进一步加固（不锈钢钢丝防鼠网规格：304 不锈钢，20 目 × 17 丝，宽 0.1m × 长 30m）。

高速公路管道的端口应用固定堵头封堵牢固。

第六章

架空光缆敷设安装

第一节　架空光缆设计

一、架空光缆的测量

除前述测量要求，架空光缆的测量还有一些特殊要求。

1. 架空光缆线路路由选择

① 将光缆线路的安全、稳定和可靠性放在首位，应避免选在规划红线内，尽量避开环境条件复杂与地质条件不稳定的地区。

② 架空光缆线路路由宜尽量选取最短、最便捷的直线路径，减少使用较大的角杆。尤其应避免不必要的迂回和"S"弯，以增加杆路的稳固性。"S"弯路由，如图 6-1 所示。

连续转弯的路由，可增加过渡杆以提升杆路的稳定性，如图 6-2 所示。

图6-1　"S"弯路由　　　　　　　图6-2　连续转弯的路由

③ 光缆线路路由应尽量沿靠主要公路，顺路取直，并保持适当的距离，以利于光缆的安全、施工和维护。

④ 架空光缆杆路应避开高压强电线的危险影响区和雷击区。

⑤ 架空光缆线路路由穿越林区时，应尽可能少地砍伐树木。

⑥ 对于光缆线路的保护方式，应根据现场的客观条件因地制宜地采取相应的保护措施，并需要考虑经济合理性。

⑦ 架空光缆路由应尽量避开以下处所。

✓ 易燃易爆地区、飞机场、发电厂、变电站、主要火车站、重要桥梁、渡口和其他军事设施附近。

✓ 洪水冲淹区、低洼易涝区、沼泽和淤泥地带，以及严重化学腐蚀地区。

✓ 森林、经济林、崇山峻岭、大风口及严重冰凌地区。

✓ 水库（包括计划修建的水库）及采矿区。

✓ 射击场及其他对通信有影响的地区。

⑧ 光缆线路路由通过较大河流时，应尽量利用坚固的桥梁进行光缆敷设，如因费用较高等不能利用时，可采用飞线或水底敷设方式。

2. 架空光缆测量常用保护、防护措施

① 拉线设置：一般地区（中负荷区）在独立受力段内，每隔 8 档做双方拉线，每隔 16 档做四方拉线，若恰好是角杆，则双方拉和四方拉可移动一至两根杆。

② 拉线规格：7/2.2mm 吊线用 7/2.6mm 拉线，长杆档 7/3.0mm 吊线用 7/3.0mm 拉线，H 杆 7/3.0mm 副吊线用两根 7/2.6mm 拉线。

③ 终端杆：光缆线路起止及转角大于 35° 时设置线路终端，独立受力段长度超过 4km 时增加终端。位于杆路中间的终端杆做双顶头拉线，杆路起止终端杆的前一根杆要做假终结。

④ 角杆：转角大于 5° 且小于 35° 时需要设角杆。

⑤ 在一些特殊地段，例如土质松软、公路边、河滩上等，需要对电杆进行保护。例如，加装卡盘和底盘可有效防止电杆倾倒、下陷，公路边加装防护墩可防车辆撞坏电杆，防止水的冲刷可选用石笼。

⑥ 在需要警示提醒的地段，拉线需要安装警示管。

⑦ 为防止拉线引雷电伤人，拉线需要加装绝缘子。

⑧ 吊线在杆上有较大角度（俯仰角、转角）时，应安装吊线辅助装置。

⑨ 当线路与电力线交越时应加装电力保护管，长度不小于 6m。

⑩ 当线路与障碍物（例如树枝、屋角等）发生摩擦时，应加装纵剖塑料管保护。

⑪ 防雷。

✓ 每隔 250m 左右的电杆、角杆、飞线跨越杆，以及杆长超过 12m 的电杆和山坡顶上的电杆等，都应安装避雷线。

✓ 若接地电阻过大，应加装接地装置。一般在高原地区、戈壁地区应考虑加装接地装置。

3. 特别注意事项

① 新建杆路架空光缆测量的主要测距工具为地链；利旧杆路时可采用其他测距工具，例如小推车和测距仪等。

② 要注意三角定标和 GPS 定标，三角定标中心点要打标桩。

③ 与其他杆路平行时应注意间隔距离，一般不小于 10m。

④ 跨越公路、铁路时应查找跨越位置所在的里程。

⑤ 某些地区常有加高的运输车辆，架空光缆跨越各种道路时，光缆距地面的净高也应适当增加，一般要求不得小于 6.5m，特别注意机耕路也应达到此要求。

二、图纸要求

1. 绘图总体要求

① 架空光缆线路测量应现场绘制草图，图面自左向右为测量前进方向。绘图纵向比例为 1:2000。

② 按绘图要求绘制路由及其两侧 50m 范围内的地形、地物和建筑设施。路由纵向（前进方向）按比例绘制，横向可根据目测距离绘制，但路由两侧 50m 外重要的目标应在图纸上画出（例如公路、铁路、河流及桥梁等），并标明其与路由间的距离。

③ 现场绘图中，约每 1.5km 标明指北方向。

④ 应画出每个角杆的转角定标。架空光缆线路转角定标画法示意如图 6-3 所示。

⑤ 草图绘制应清晰无误，每天完成绘制后应按绘图格式整理图纸并输入计算机，绘制成计算机图纸。

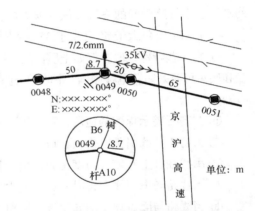

图6-3 架空光缆线路转角定标画法示意

2. 架空光缆绘图要点

① 对于架空光缆飞线，应单独绘制飞线跨越档的平面图和立面图。

② 光缆路由过铁路、公路时应注明里程。

③ 对于沿靠公路、铁路的光缆路由，所有图纸务必标明公路、铁路的名称、方向及整千米的位置。

④ 光缆路由所经过的主要地名，例如单位、村庄、乡镇等，务必在图纸上标明名称。

⑤ 光缆所沿靠的公路、铁路、杆路、直埋光缆、输油管线等，务必在图纸上标明间隔距离。

⑥ 所有技术措施均应在图纸上注明，例如电杆、拉线、防雷地线等。接头位置不在图纸中呈现。

⑦ 引上钢管等应标明管材规格。

⑧ 地形地貌应示意表示。

⑨ 每段施工图纸的第一张应有一个汇总表，每张图纸均有一个本页图纸的主要工程量表。

3. 施工图中的文字标注

① 装拉线：根据拉线的规格数量用"7/2.2mm 或 2×7/2.6mm"标注。

② 铺电力保护管：用"铺电力保护管 ×××m"标注。

③ 铺机械保护管：用"铺 Φ40/33mm 保护管 ×××m"标注。

④ 铺警示套管：用"铺红白警示套管 ×××m"标注。

⑤ 石笼加固：电杆根部石笼加固用"石笼加固一处"标注。

⑥ 底盘加固：电杆根部底盘加固用"底盘加固一处"标注。

⑦ 护墩加固：电杆根部护墩加固用"护墩加固一处"标注。

⑧ 电杆地线：安装电杆地线用"电杆地线一处"标注。

三、架空光缆施工图设计流程

1. 统计工程量

经过施工图测量并完成施工图纸绘制后，需要统计该图纸分册的工程量并完成工程量表。工程量统计应与预算表"建筑安装工程量预算表（表三）甲"中工程量一致。以架空为主要敷设方式的光缆线路工程，一般含有局内光缆等工程量，架空光缆安装工程量（示例）见表 6-1。

表 6-1　架空光缆安装工程量（示例）

序号	项目名称	单位	数量
1	架空光（电）缆工程施工测量	百米	
2	GPS 定位	点	
3	平原地区立 8m 木电杆（综合土）	根	
4	平原地区立 10m 品接杆（综合土）	座	
5	平原地区立 12m 品接杆（综合土）	座	
6	平原地区立 12m 品接 H 木电杆（综合土）	座	
7	* 丘陵、水田、城区立 8m 木电杆（综合土）[系数：1.3]	根	
8	* 丘陵、水田、城区立 10m 品接杆（综合土）[系数：1.3]	座	
9	* 丘陵、水田、城区立 12m 品接杆（综合土）[系数：1.3]	座	
10	* 丘陵、水田、城区立 12m 品接 H 木电杆（综合土）[系数：1.3]	座	
11	电杆根部加固（石笼）	处	
12	电杆根部加固（河床护墩）	处	
13	平原地区装木撑杆（综合土）	根	
14	* 丘陵、水田、城区装木撑杆（综合土）[系数：1.3]	根	
15	平原地区夹板法装 7/2.6mm 木电杆单股拉线（综合土）	条	
16	* 丘陵、水田、城区夹板法装 7/2.6mm 木电杆单股拉线（综合土）[系数：1.3]	条	
17	平原地区夹板法装 7/3.0mm 木电杆单股拉线（综合土）	条	
18	* 丘陵、水田、城区夹板法装 7/3.0mm 木电杆单股拉线（综合土）[系数：1.3]	条	

序号	项目名称	单位	数量
19	平原地区装设 2×7/3.0mm 拉线（综合土）	处	
20	* 丘陵、水田、城区装设 2×7/3.0mm 拉线（综合土）[系数：1.3]	处	
21	安装拉线隔电子	处	
22	安装拉线警示保护管	处	
23	电杆地线（延伸式）	条	
24	吊线地线	条	
25	安装预留缆架	架	
26	安装吊线保护装置	米	
27	木电杆架设 7/2.2mm 吊线（平原）	千米条	
28	木电杆架设 7/2.2mm 吊线（丘陵）	千米条	
29	* 木电杆架设 7/2.2mm 吊线（丘陵）（档距在 100m 及以上）[系数：2]	千米条	
30	* 木电杆架设 7/3.0mm 吊线（平原）（档距在 100m 及以上）[系数：2]	千米条	
31	* 木电杆架设 7/3.0mm 吊线（丘陵）（档距在 100m 及以上）[系数：2]	千米条	
32	架设 100m 以内辅助吊线	条档	
33	平原地区架设架空光缆（48 芯）	千米条	
34	丘陵、城区、水田架设架空光缆（48 芯）	千米条	
35	* 丘陵、城区、水田架设架空光缆（48 芯）（档距在 100m 及以上）[系数：2]	千米条	
36	安装引上钢管（杆上）	根	
37	进局光（电）缆防水封堵	处	
38	光（电）缆上线洞楼层间防火封堵	处	
39	穿放引上光缆	条	
40	托板式敷设室内通道光缆	百米条	
41	光缆接续（48 芯以下）	头	
42	光缆成端接头	芯	
43	*40km 以上中继段光缆测试（双窗口测试、48 芯以下）[系数：1.8]	中继段	
44	安装光分配架（整架）	架	
45	室内布放电力电缆（单芯截面积 35mm² 以下）（单芯）	十米条	
46	安装室内接地排	个	
47	敷设室内接地母线	十米	
48	局内缠绕阻燃胶带	十米	

2. 编写施工图纸分册

编制光缆线路的一阶段设计（或施工图设计）时，应按中继段编写施工图纸分册。施工图纸分册应包含该中继段 A 局（站）ODF 至 B 局（站）ODF 间的所有光缆安装图纸。施工图纸中的光缆应是连续的、完整的，包括机房 ODF 的安装、局前孔至 ODF 的局内光缆、进出局管道光缆（局前孔至末端孔）、A 末端孔至 B 末端孔架空光缆的全套图纸等。除图纸，还应有该中继段的其他内容，包括工程量表、包含特殊安装要求的图纸等。

与直埋光缆线路相似，架空光缆线路施工图纸分册应包含以下内容。

① 局（站）A– 局（站）B 段工程量表。

② 图纸。

✓ 局（站）A– 局（站）B 段架空光缆线路施工图 2024SJ×××× S–GL（××）–01（1/××–××/××）。

✓ 局（站）A 机房出城管道光缆线路施工图 2024SJ×××× S–GL（××）–02。

✓ 局（站）B 机房进城管道光缆线路施工图 2023SJ×××× S–GL（××）–03（1/×–×/×）。

✓ 局（站）A 局内光缆路由及安装方式图 2023SJ0593S–GL（××）–04（1/×–×/×）。

✓ 局（站）B 局内光缆路由及安装方式图 2023SJ×××× S–GL（××）–05。

✓ 局（站）A ODF 安装平面图（三层）2023SJ×××× S–GL（××）–06。

✓ 局（站）B ODF 安装平面图（三层）2023SJ×××× S–GL（××）–07。

3. 编制预算

对于有初步设计阶段和施工图设计阶段的两阶段线路设计而言，初步设计阶段为编制概算，施工图设计阶段为编制预算，二者的主要区别在于概算编制的工程量为估算，且需要计列预备费，而预算编制的工程量与施工图纸的工程量一致，是实际发生的工程量。一阶段设计直接跳过概算编制进行预算编制。

目前，预算编制的依据是"451 定额"，预算编制的方法是根据工程量和定额标准计算工程建设投资，并按照"451 定额"的要求出具预算表格。

4. 编写设计总册

一套完整的施工图设计应包含总册和施工图纸分册。总册主要包括设计说明、预算和图纸 3 个部分。设计说明主要包括工程投资、建设内容、技术标准、验收标准、施工要求等，使施工企业有据可依。预算包括预算说明和预算表格，反映工程的造价情况。图纸包括总体图纸和通用图纸，总体图纸包括本工程总体路由示意图、局（站）设置图、主要城市的进出城路由示意图等；通用图纸主要是指通用的光缆安装方式图。

施工图设计的主要设计成果为总册加施工图纸分册，定稿盖章后形成全套文件，经建设单位会审后成为工程施工建设的指导性文件。

第二节　架空光缆敷设安装

一、负荷区

负荷区是指一种气象条件，主要与结冰时冰凌的厚度有关。架空光缆线路应根据不同的负荷区，采取不同的建筑强度等级。划分线路负荷区的气象条件见表6-2。

表 6-2　划分线路负荷区的气象条件

气象条件	负荷区别			
	轻负荷区	中负荷区	重负荷区	超重负荷区
冰凌等效厚度 /mm	≤ 5	≤ 10	≤ 15	≤ 20
结冰时温度 /℃	−5	−5	−5	−5
结冰时最大风速 /（m/s）	10	10	10	10
无冰时最大风速 /（m/s）	25	—	—	—

注：1. 冰凌的密度为 0.9g/cm³，如果是冰霜混合体，可按其厚度的 1/2 折算为冰厚。
　　2. 最大风速应以气象台自动记录的给定时段内的 10min 平均风速的最大值为计算依据。

重负荷区、超重负荷区一般不推荐使用架空光缆敷设安装方式。

二、敷设安装

1. 架空光缆的安装方式

（1）安装方式

架空光缆的安装方式有挂钩式、捆扎式和自承式 3 种。架空光缆安装方式如图 6-4 所示。我国一般采用挂钩式，将光缆用挂钩吊挂在吊线下方，光缆仅受挂钩的吊挂力，不受纵向拉伸力。

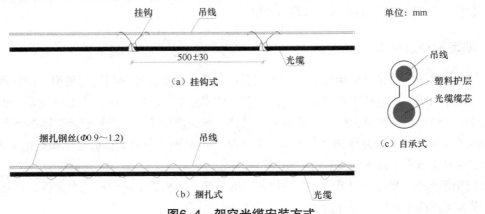

图6-4　架空光缆安装方式

吊线挂钩安装间距为 500mm，挂钩规格应与光缆外径相匹配，光缆挂钩规格程式见表 6-3。

表 6-3　光缆挂钩规格程式

挂钩规格	适用光缆外径	用于吊线规格	每只挂钩自重 /N	挂钩原料规格
25mm	＜ 12mm	7/2.2mm	0.36	3mm 黑钢丝 0.5mm 厚镀锌钢片
35mm	12 ～ 17mm	7/2.2mm	0.47	
45mm	18 ～ 23mm	7/2.2mm	0.54	
55mm	24 ～ 32mm	7/2.6mm	0.69	

每条吊线原则上吊挂一条光缆，特殊情况下，通过复核吊线强度，可吊挂多条光缆。中负荷区、50m 标准杆距下可吊挂光缆数量见表 6-4。

表 6-4　中负荷区、50m 标准杆距下可吊挂光缆数量

吊线程式	可吊挂光缆重量 /（N/m）	相当于光缆的条数 / 条	备注
7/2.2mm	≤ 12.24	6	按 48 芯光缆不大于 200kg/km 计
7/2.6mm	≤ 18.2	9	
7/3.0mm	≤ 29.8	14	

为方便维护管理，一般要求每条吊线吊挂的光缆数量不大于 4 条。

（2）安装的技术要求

光缆敷设过程中，光缆弯曲半径应不小于光缆外径的 20 倍，敷设后应不小于光缆外径的 15 倍。

布放光缆的牵引力应不超过光缆允许张力的 80%，瞬间最大牵引力不得超过光缆允许张力的 100%，主要牵引应加在光缆的加强件（芯）上。

2. 光缆安装

（1）架空光缆布放

对于吊挂在吊线下方的架空光缆，目前主要采用滑轮牵引法进行布放。

架挂光缆时，首先架好待放的光缆盘，在引上和引下两处的电杆上固定好光缆布放需要使用的大滑轮。每隔 10 ～ 20m 在杆档内的吊线上挂一个小滑轮（导引滑轮），并将牵引绳穿放入小滑轮内。然后，将牵引绳与光缆连接做好牵引头，准备布放。布放可采用人工牵引法或机械牵引法。

① 人工牵引时，人力推动光缆盘逐渐将光缆放出，并且每隔一根电杆安排一名施工人员上杆进行辅助牵引。再在牵引端逐渐收紧牵引绳，使光缆慢慢放出。为了充分保证光纤的安全，在放缆端、收缆端及牵引头处，应设置 3 部话机以保持联络。当单盘光缆较长时，可分多次布放，即中途需考虑分段以倒"∞"字形布放光缆。

② 机械牵引时，机械牵引主机应置于收缆端，辅助牵引机置于中间适当位置。放缆端架起光缆盘后，人工推动光缆盘使光缆从盘的上方逐渐放出，以机械代替人工牵引，达到放缆目的。牵

引头制作时，应保证牵引力主要作用在加强芯上。在允许的牵引力范围内，一次布放光缆长度应视地形条件而定。

（2）架空光缆预留

①架空光缆过桥、过河时宜在相邻两杆上预留光缆，每边各预留5m；架空光缆应每隔1000m做10m预留，光缆引上应在杆上做8m预留，预留光缆应采用预留架固定在电杆上。架空光缆预留方式如图6-5所示。

②布放架空光缆应在每根杆上做伸缩弯，光缆用长度不小于40cm的纵剖聚乙烯管保护。架空光缆伸缩弯安装方式如图6-6所示。

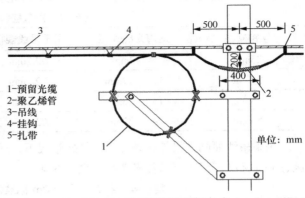

1-预留光缆
2-聚乙烯管
3-吊线
4-挂钩
5-扎带

单位：mm

图6-5 架空光缆预留方式

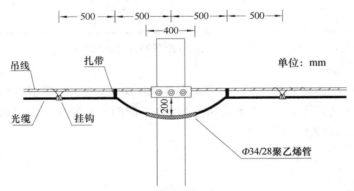

图6-6 架空光缆伸缩弯安装方式

（3）敷设后的盘留与检查

布放光缆时，应按设计要求做好光缆盘留和接头预留。整盘光缆布放完毕后，用OTDR测试检查，如无问题再布放下一段光缆。

（4）架空光缆接头盒安装

两盘光缆布放完后可开始接续，安装光缆接头盒。架空光缆接头盒可以安装在吊线上，也可以固定在电杆上。安装在吊线上时，推荐采用双端进出光缆接头盒。安装在电杆上时，单端进出光缆接头盒更适宜，根据盘缆方式不同，又分为安装方式一和安装方式二。电杆上也可采用双端进出方式安装光缆接头盒。吊线上双端进出光缆接头盒安装方式如图6-7所示。

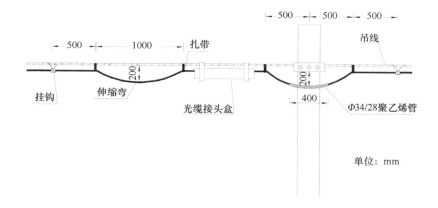

图6-7　吊线上双端进出光缆接头盒安装方式

电杆上单端进出光缆接头盒安装方式一为"8"字盘留，如图 6-8 所示。

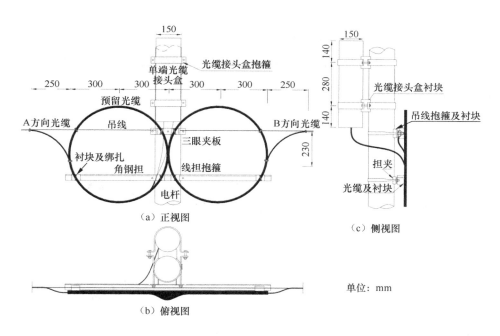

图6-8　电杆上单端进出光缆接头盒安装方式一

电杆上单端进出光缆接头盒安装方式二为单圈盘留，如图 6-9 所示。

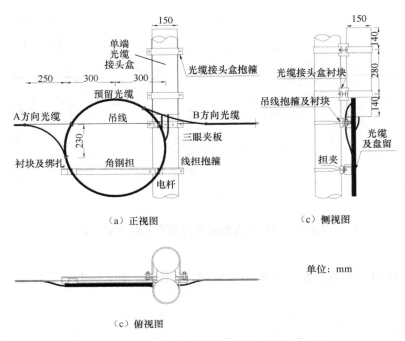

图6-9 电杆上单端进出光缆接头盒安装方式二

电杆上双端进出光缆接头盒安装方式如图 6-10 所示。

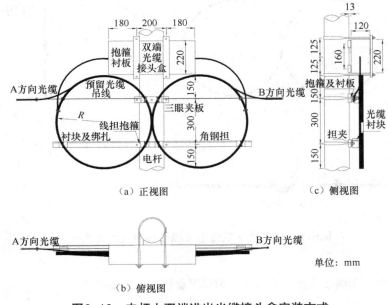

图6-10 电杆上双端进出光缆接头盒安装方式

（5）架空光缆跨越变压器

在架空光缆跨越变压器时，应从变压器下方通过。架空光缆过变压器安装保护方式如图6-11所示。

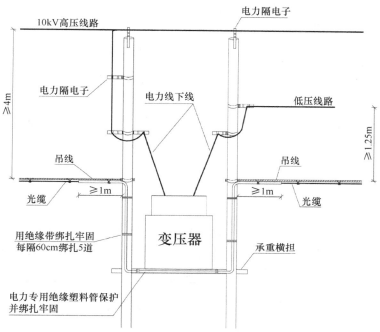

图6-11　架空光缆过变压器安装保护方式

第三节　架空杆路建筑

一、杆距与电杆

1. 杆距

按跨度不同，杆距可分为标准杆距、一般长杆档、长杆档跨越、飞线跨越，划分标准见表 6-5。

表 6-5　长杆档、长杆档跨越、飞线跨越的划分标准

负荷区	标准杆距 /m（7/2.2mm 吊线）	一般长杆档 /m（7/2.2mm 吊线）	长杆档跨越 /m（7/3.0mm 吊线）	飞线跨越 /m（双吊线、正吊线 7/2.2mm，辅吊线 7/3.0mm）
轻	45～60	61～150	151～200	＞200
中	40～55	56～100	101～150	＞150
重	35～50	51～65	66～100	＞100
超重	25～45	—	46～80	＞80

根据长杆档在挂设光缆后增加的自重、风压、冰凌等各项负荷，确定其加固措施如下。

① 对于标准杆距及一般长杆档，均按正常杆档对待。

② 对于长杆档跨越及飞线跨越，需要更换吊线程式，拉线按独立受力段设置，杆上装设双方拉线和顶头拉线。

2. 独立受力段

（1）正常线路（标准杆路）

架空杆路设计的核心是受力平衡，即杆路仅受垂直方向的力，水平方向所受的力通过拉线设置达到平衡。两根终端杆之间的线路即为一个独立受力段。杆路受力及平衡方式见表 6-6。

表 6-6　杆路受力及平衡方式

序号	受力杆	力产生的方向	平衡方式	备注
1	终端杆	线路方向	顶头拉线	线路终端或角深大于 15m（转角大于 35°）的角杆
2	角杆	线路方向	角杆拉线	—
3	跨越杆	线路方向	按终端杆处理	—
4	直线杆	垂直方向	无	按规定做防风拉线和防凌拉线（双方拉线与四方拉线）

当线路转角大于 35° 时，转角杆应作为终端杆处理，即该转角杆为两侧线路的终端杆，设双顶头拉线。

独立受力段以不超过 4km 为宜，超过时应加装顶头拉线另设独立受力段。在独立受力段内，防风拉线及防凌拉线按不同负荷区标准配置。

（2）飞线跨越

飞线跨越段应按独立受力段处理。飞线终端杆应做双方向终结，即双方向的双顶头拉线，保证其受力的独立性。

3. 电杆

电杆可采用水泥电杆和木电杆。水泥电杆一般采用预应力混凝土锥形杆，标准杆高一般采用 7m 或 8m 杆，梢径 150mm，技术要求应满足 GB/T 4623—2014《环形混凝土电杆》的要求。木电

杆一般使用梢径不小于 140mm 防腐松（杉）木电杆，杆高 8m。木电杆的技术要求应满足 YD/T 4481—2023《通信用防腐木电杆技术要求与测试方法》的要求。

木电杆用另缠法缠绕拉线或吊线时应安装护杆板。

（1）水泥电杆

预应力混凝土锥形水泥电杆规格见表 6-7。

表 6-7　预应力混凝土锥形水泥电杆规格

杆高 /m	梢径 130mm	梢径 150mm	梢径 170mm	梢径 190mm	梢径 230mm
6.0	√	√			
6.5	√	√			
7.0	√	√	√		
7.5		√			
8.0	√	√	√		
8.5		√			
9.0		√	√	√	
10.0		√	√	√	
11.0			√	√	
12.0			√	√	√
13.0				√	√
15.0				√	√

（2）木电杆

① 防腐木电杆材质宜选用东北落叶松或其他材质相当的松木。

② 普通防腐木电杆规格见表 6-8。表中木电杆长度允许偏差 -2～6cm；梢径允许偏差 0～2cm。

表 6-8　普通防腐木电杆规格

木电杆长度 /m	7	8	9	10	12
木电杆梢径 /cm	13	14	16	18	22

③ 防腐木电杆缺陷要求见表 6-9。

表 6-9　防腐木电杆缺陷要求

缺陷名称		检量要求	允许限度
腐朽		全材长范围	不允许
节子	单节尺周比	木节所在位置周长与所测部位原周长比	≤1/6
	死节、漏节	全材长范围	不允许
裂纹	开裂、劈裂	端头开裂长度与梢径的比值	≤10%
	纵裂	沿材身方向最长裂纹长度与杆长的比值	≤30%
	裂纹宽度	全材长范围最大裂纹宽度	≤5mm
弯曲		弯曲的最大拱高与该弯曲的弦长之比	≤2%

续表

缺陷名称	检量要求	允许限度
虫眼	全材长范围	不允许
外伤、偏枯	深度与梢径比	<10%

④ 防腐木电杆最低强度不应小于 $51N/mm^2$。

⑤ 防腐木电杆平均含水率不应大于 25%。

⑥ 防腐木电杆浸油深度不应小于 5mm。

（3）电杆接高

① 对于水泥电杆的接高，一般采用杆顶接高方式，接高材料使用 100mm（宽度）×48mm（深度）×5.3mm（厚度）的槽钢。当接高高度为 800mm 以下时，使用单槽钢，当接高高度为 1600mm 或 2000mm 时，使用双槽钢。水泥电杆接高方式如图 6-12 所示。接高槽钢加工如图 6-13 所示。接高配件如图 6-14 所示。

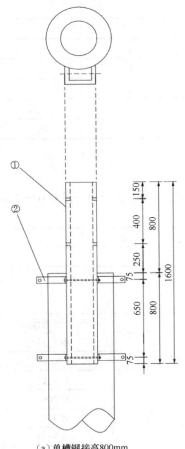

（a）单槽钢接高800mm

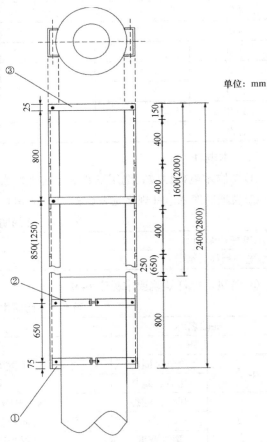

单位：mm

（b）双槽钢接高1600mm(2000mm)

图6-12 水泥电杆接高方式

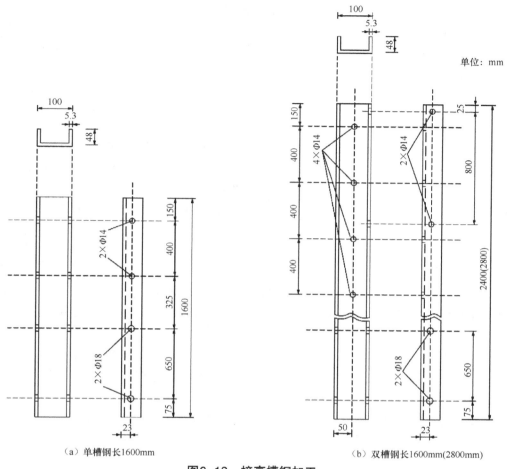

（a）单槽钢长1600mm　　　　（b）双槽钢长1600mm(2800mm)

图6-13　接高槽钢加工

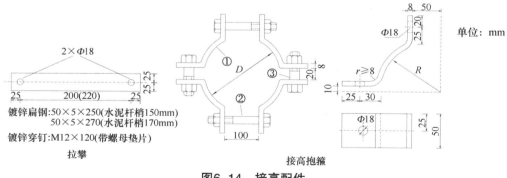

镀锌扁钢:50×5×250(水泥杆梢150mm)
　　　　　50×5×270(水泥杆梢170mm)
镀锌穿钉:M12×120(带螺母垫片)

拉攀　　　　　　　　　接高抱箍

图6-14　接高配件

图6-12中，水泥电杆接高材料见表6-10。

表 6–10　水泥电杆接高材料

编号	名称	规格 /mm	单位	单槽钢	双槽钢
①	槽钢	100 × 48 × 5.3 × 1600	根	1	—
	槽钢	100 × 48 × 5.3 × 2400 或 100 × 48 × 5.3 × 2800	根	—	2
②	接高抱箍	—	套	2	2
③	拉攀	—	套		2

图6–14中，接高抱箍需要根据水泥电杆规格加工。对于梢径150mm的水泥电杆，夹箍半径 R 为75mm，对于梢径170mm的水泥电杆，夹箍半径 R 为85mm。每套接高抱箍安装材料见表6–11。

表 6–11　每套接高抱箍安装材料

编号	名称	规格	单位	数量	备注
①	夹箍	R 为 75mm 或 85mm	个	4	
②	穿钉	M16mm × 170mm	套	2	带螺母、圆垫片、弹簧垫片
③	穿钉	M16mm × 80mm	套	2	带螺母、圆垫片、弹簧垫片

② 对于木电杆，超过8m杆高按单接杆处理，超过12m杆高按品接杆处理。单接杆及品接杆接合长度均为1560mm，使用直径16mm穿钉固定，用 Φ4.0mm铁线做箍线。单接杆箍线6道，品接杆箍线8道。

高于12m的品接杆应加双方拉线加固，并设置避雷线。单接杆的下节杆梢径应不小于上节杆的根径，品接杆的下节杆梢径应不小于上节杆的根径的3/4。每个螺栓每侧应使用两个螺母，且应采用防盗措施。单接杆及品接杆的接合面应刷沥青保护。

木电杆单接杆方式和木电杆品接杆接杆方式示意如图 6–15 和图 6–16 所示。

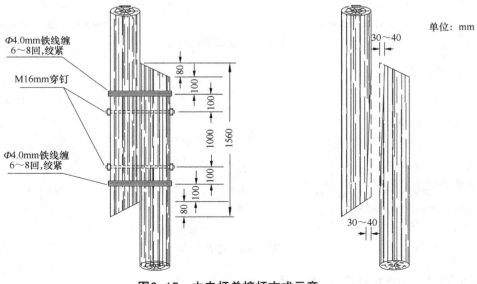

图6–15　木电杆单接杆方式示意

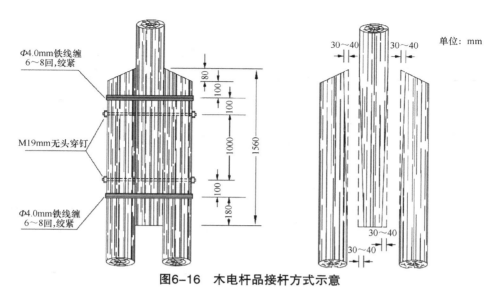

Φ4.0mm铁线缠
6～8回,绞紧

M19mm无头穿钉

Φ4.0mm铁线缠
6～8回,绞紧

单位：mm

图6-16　木电杆品接杆方式示意

4. 立电杆

① 竖立电杆应达到以下标准。

✓ 电杆本身应上下垂直。

✓ 终端杆竖立后应向拉线侧倾斜 100 ～ 200mm。

✓ 直线线路的电杆位置应在线路路由的中心线上，电杆中心线与路由中心线左右偏差应不大于 50mm。

✓ 角杆应在线路转角点内移，电杆的内移值为 100 ～ 150mm，因地形限制或装撑木的角杆可以不内移。

② 电杆洞深测量方式如图 6-17 所示。

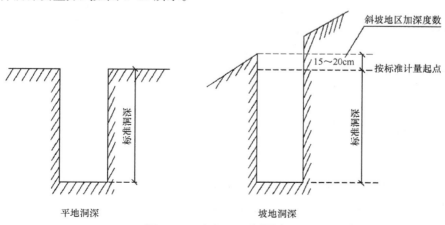

平地洞深　　　　坡地洞深

图6-17　电杆洞深测量方式

电杆洞的洞深要求见表 6-12。

表 6-12　电杆洞的洞深要求

电杆类别	杆长/m	普通土洞深/m	硬土洞深/m	水田、湿地洞深/m	石质洞深/m
水泥电杆	6.0	1.2	1.0	1.3	0.8
	6.5	1.2	1.0	1.3	0.8
	7.0	1.3	1.2	1.4	1.0
	7.5	1.3	1.2	1.4	1.0
	8.0	1.5	1.4	1.6	1.2
	8.5	1.5	1.4	1.6	1.2
	9.0	1.6	1.5	1.7	1.4
	10.0	1.7	1.6	1.8	1.6
	11.0	1.8	1.8	1.9	1.8
	12.0	2.1	2.0	2.2	2.0
木电杆	6.0	1.2	1.0	1.3	0.8
	6.5	1.3	1.1	1.4	0.8
	7.0	1.4	1.2	1.5	0.9
	7.5	1.5	1.3	1.6	0.9
	8.0	1.5	1.3	1.6	1.0
	8.5	1.6	1.4	1.7	1.0
	9.0	1.6	1.4	1.7	1.1
	10.0	1.7	1.5	1.8	1.1
	11.0	1.7	1.6	1.8	1.2
	12.0	1.8	1.6	2.0	1.2

注：1. 本表适用于中、轻负荷区，重负荷区的电杆洞深，应按本表要求增加 10～20cm。

　　2. 土质洞深偏差应小于 5cm，石质洞深应小于 3cm。

　　3. 电杆放入杆洞后，应在当天完成杆洞回土。回土必须分层（30cm）夯实，杂草、稀泥、冻结夹雪的土块、大石块不得填入洞内。一般地段培土高出地面 15～20cm，市区地段应回土夯实，恢复路面。

5. 杆根加固措施

（1）卡盘和底盘

① 一般直线段等杆距且相邻杆均设杆根装置时，应交叉装设杆根加固装置；杆距不等时应装在长杆档侧。角杆、终端杆的杆根装置应装在拉线方向的反侧。

② 水泥电杆的杆根加固方式有底盘和卡盘两种。杆根加固方式如图 6-18 所示。

根据现场情况，水泥电杆安装方式可分为单卡盘安装、单底盘安装及双卡盘＋底盘这 3 种方式。

③安装单卡盘适用于以下 3 种情况。

✓ 角深小于 13m（转角小于 30°）的角杆、抗风杆。

✓ 跨越铁路两侧的电杆、终端杆前一档的辅助终端杆。

✓ 松土地段的电杆、坡度变更大于 20%的吊杆档（该电杆位于低位）。

④安装单底盘适用于以下两种情况。

✓ 接杆、撑杆。

✓ 立在沼泽地的电杆、坡度变更大于 20%的招杆档（该电杆位于高位）。

⑤安装双卡盘＋底盘适用于以下两种情况。

✓ 角深大于 13m（转角大于 30°）的角杆、防凌杆。

✓ 终端杆。

⑥卡盘加工方式如图 6-19 所示。

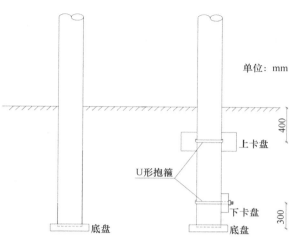

图6-18　杆根加固方式

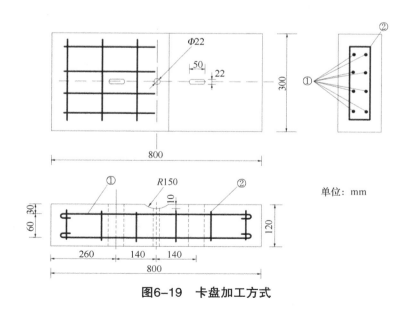

图6-19　卡盘加工方式

单个卡盘所需材料见表 6-13。

表 6-13 单个卡盘所需材料

编号	材料	规格	单位	数量	备注
①	Φ10mm 钢筋	740mm	根	8	合计 6.92m（含损耗），4.29kg
②	Φ6mm 钢筋	76mm × 256mm	根	8	合计 4.46m（含损耗），0.99kg
	粗砂	—	kg	19.3	
	水泥	42.5 号	kg	8.2	
	碎石	—	kg	39.7	

底盘加工方式如图 6-20 所示。

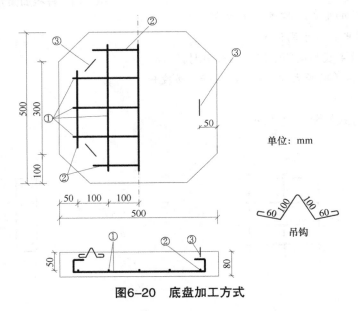

图6-20 底盘加工方式

单个底盘所需材料见表 6-14。

表 6-14 单个底盘所需材料

编号	材料	规格	单位	数量	备注
①	Φ10mm 钢筋	440mm	根	6	合计 3.39m（含损耗），2.1kg
②	Φ10mm 钢筋	340mm	根	4	合计 1.86m（含损耗），1.15kg

续表

编号	材料	规格	单位	数量	备注
③	Φ6mm 钢筋	100mm 100mm 60mm 60mm	条	3	合计 1.2m（含损耗），0.27kg
	粗砂	—	kg	12.3	—
	水泥	42.5 号	kg	5.2	—
	碎石	—	kg	25.2	—

（2）横木

木电杆杆根加固主要使用横木。横木加固方式分为单横木加固、双横木加固、H 形杆横木和加装垫木加固这 4 种方式。

① 单横木加固方式相当于水泥电杆的单卡盘安装方式，适用于下列 3 种情况。

✓ 角深小于 13m(转角小于 30°）的角杆、抗风杆。

✓ 跨越铁路两侧的电杆、终端杆前一档的辅助终端杆。

✓ 松土地段电杆或坡度变更大于 20% 的吊杆档（该电杆位于低位）。

② 双横木加固方式相当于水泥电杆双卡盘＋底盘安装方式，适用于下列两种情况。

✓ 角深大于 13m(转角大于 30°）的角杆、防凌杆。

✓ 终端杆。

③ H 形杆横木加固方式适用于立 H 杆的情况。

④ 加装垫木加固方式相当于水泥电杆的单底盘安装方式，适用于下列两种情况。

✓ 接杆、撑杆。

✓ 立在沼泽地的电杆、坡度变更大于 20% 的招杆档（该电杆位于高位）。

单横木加固方式如图 6-21 所示。双横木加固方式如图 6-22 所示。

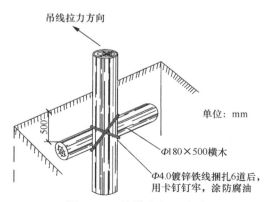

吊线拉力方向

单位：mm

Φ180×500横木

Φ4.0镀锌铁线捆扎6道后，
用卡钉钉牢，涂防腐油

图6-21　单横木加固方式

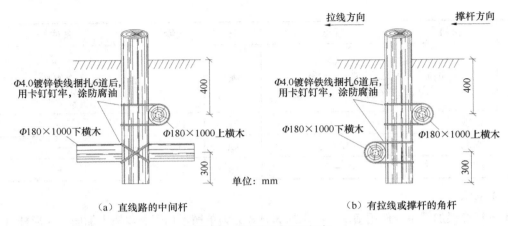

（a）直线路的中间杆 （b）有拉线或撑杆的角杆

图6-22　双横木加固方式

H形杆横木加固方式如图 6-23 所示。

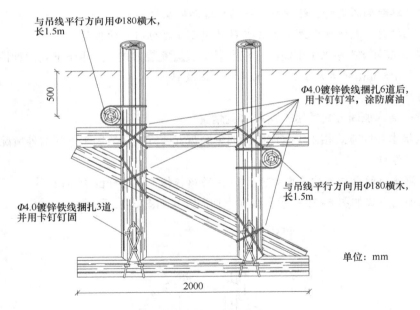

图6-23　H形横木加固方式

杆根垫木加固方式如图 6-24 所示。

（3）杆根挡水桩

如果需要在河中或受洪水冲刷地点立杆时，应安装杆根挡水桩。杆根挡水桩安装方式如图 6-25 所示。

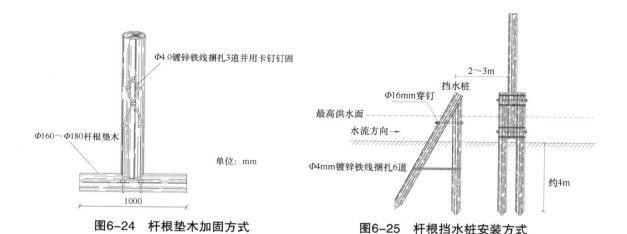

图6-24　杆根垫木加固方式　　　　图6-25　杆根挡水桩安装方式

在安装挡水桩时，基桩应采用注油杆并打入河底。基桩位置应准确，不得有位移及扭向。基桩不得有劈裂，基桩桩顶应锯平，并加铁桩箍。桩尖应削成圆锥形，再抛光，并加铁桩鞋。

直立桩顶端应锯成斜瓦形，并涂防腐油。斜桩与直立桩的上部用穿钉连固，下部用镀锌铁线捆扎。杆根挡水桩材料见表6-15。

表6-15　杆根挡水桩材料

名称	规格	单位	数量
镀锌铁线	Φ4.0mm	kg	15
镀锌无头穿钉	M16mm×600mm	副	1.01
防腐木杆	8m×160mm	根	2.01
铁桩鞋	—	个	2.02
铁桩箍	—	个	2.02

（4）水泥帮桩

对于杆身完好但杆根腐蚀严重的木电杆，可采用水泥帮桩的方式进行加固。水泥帮桩加固方式如图6-26所示。

（5）木帮桩

采用木帮桩方式进行加固时，木帮桩直径应接近原有木电杆根部直径。木帮桩加固方式如图6-27所示。

（6）石笼

对于土质松软或杆位泥土可能被水流冲刷淘空的地段，为保证电杆的稳固，在杆根安装横木的基础上，还需要采用石笼装置进行加固。石笼装置应满足下列要求。

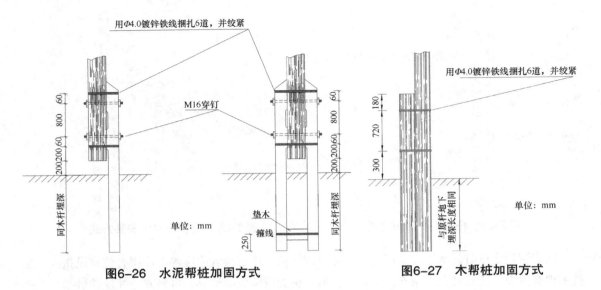

图6-26　水泥帮桩加固方式

图6-27　木帮桩加固方式

① 石笼的直径和高度应为 1 ～ 1.5m。

② 编织石笼应用两股 Φ4.0mm 镀锌铁线绕成圆圈。在圆圈上每隔 10cm 扎一根 Φ4.0mm 的镀锌铁线，每相邻两根隔 10cm 互扭两圈，分层编织，可在编织到与地面齐平时填入毛石。

③ 以上部分应编织一层即堆一层毛石，临近完成时编织孔隙应逐渐缩小、收拢。

④ 石笼四周应填平夯实。

石笼装置如图 6-28 所示。

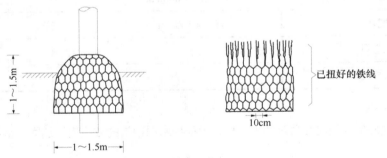

图6-28　石笼装置

石笼材料见表 6-16。

表 6-16　石笼材料

材料名称	规格	单位	数量
镀锌铁线	Φ4.0mm	kg	16.75
毛石	—	m³	1.74

（7）石护墩

对于土质牢固但易遭受水流冲刷的地段，可采用石护墩进行加固。石护墩建筑方式如图6-29所示。石护墩所需材料见表6-17。

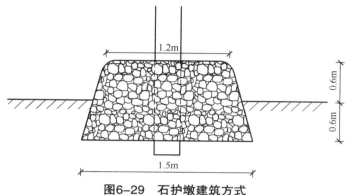

图6-29　石护墩建筑方式

表6-17　石护墩所需材料

材料名称	规格	单位	数量
毛石	—	m³	1.74
粗砂	—	kg	910
水泥	425 号	kg	150

二、杆路

1. 基本要求

① 杆路路由应顺沿定型公路架设，顺路取直，便于维护且利于施工。

② 立杆位置应选择在土质坚实、周围无坍塌（或雨水冲刷）、无积水（或洪水期淹水）的地点，不宜设置在建筑物的进出口处、公路路肩上、公路与排水沟之间及地势低洼、地形不稳定的位置。选择立杆位置时应考虑到拉线的位置及维护抢修、施工作业的方便。

③ 架空光缆每根杆均挂一块光缆标牌（内框规格：长76mm×宽48mm）；光缆标牌采用铝牌，应有工程名称、光缆芯数等内容。光缆标牌样式（示例）如图6-30所示。

④ 与其他通信杆路平行架设时，平行隔距应尽量

光 缆 标 牌

China unicom中国联通

工程名称：_____
线路名称：_____至_____
光缆芯数：_____
施工单位：_____
施工日期：_____

中国联通河南省分公司

图6-30　光缆标牌样式（示例）

满足倒杆距离。

⑤ 受地形限制，架空光缆线路转角的角深大于 15m 时（相当于转角 35°），角杆做双顶头拉线、吊线做终结。

⑥ 相反方向转角的角杆不相邻，中间应有直线杆过渡。设立角杆时，应根据角深的大小，将杆根向角内侧移动 100～150mm，并倾斜电杆，使杆梢仍在两侧线路的直线交点上。

⑦ 架空光缆应与其他建筑物保持必要的净距。架空光缆线路与其他建筑物、树木的最小净距见表 6-18。

表 6-18　架空光缆线路与其他建筑物、树木的最小净距

序号	间距说明	最小净距 /m	交越角度
1	光缆距地面： 跨越公路及市区街道 跨越通车的野外大路及市区巷弄	8	—
2	光缆距树枝： 平行及垂直间距	2.0	—
3	光缆距房屋： 跨越平屋顶 人字屋脊	1.5 0.6	—
4	光缆距建筑物的平行间距	2.0	—
5	与其他通信线缆交越时	0.6	≥30°
6	跨越河流： 不通航的河流，光缆距最高洪水位的垂直间距 通航河流，光缆距最高通航水位的船桅最高点	2.0 1.0	—
7	消火栓	1.0	—
8	光缆沿街道架设时，电杆距人行道界石	0.5	—
9	与其他架空线路平行时	不宜小于 4/3 杆高	—
10	线杆与拉线距直埋线缆间距	1.5	—

⑧ 架空光缆杆线与电力线交越时，应位于电力线下方，电力线交越最小净距见表 6-19。

表 6-19　电力线交越最小净距

序号	电气设施名称	最小净距 /m		备注
		电力线有防雷设备	电力线无防雷设备	
1	1kV 以下电力线	1.25	1.25	最高线条到供电线条
2	1～10kV 以下电力线	2.0	4.0	最高线条到供电线条
3	35～110kV 以下电力线	3.0	5.0	最高线条到供电线条
4	154～220kV 以下电力线	4.0	6.5	最高线条到供电线条
5	供电线接户线	6.0		带绝缘层
6	电力变压器	1.6		—

2. 杆高配置

① 当跨越障碍物时，特别是飞线跨越时，跨越杆的杆高一般为 9 ～ 13m，应安装在地势高的位置，从基本杆高到跨越杆有较高的落差，此时可采用折线方式配杆。折线坡上杆高配置方式如图 6-31 所示。

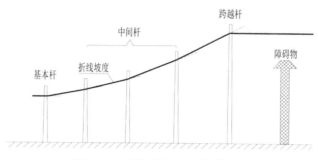

图6-31　折线坡上杆高配置方式

② 杆高配置可参照表 6-20 配置。

表 6-20　折线坡度上电杆的高度

电杆高度 /m												
跨越杆	基本杆高	中间诸杆			基本杆高	中间诸杆			基本杆高	中间诸杆		
		1	2	3		1	2	3		1	2	3
11	6.5 7.0	8.5	—	—	7.5	8.5	—	—	8.5 8.0	9	—	—
13	6.5 7.0	8.5	10.5	—	7.5	9.0	11	—	8.5 8.0	10	—	—
15	6.5 7.0	9.0	13	—	7.5	9.0	13	—	8.5 8.0	10	13	—
17	6.5 7.0	9.0	11.5	15	7.5	9.0	11.5	15	8.5 8.0	10	14	—
19	6.5 7.0	9.0	12	16	7.5	9.0	12	16	8.5 8.0	10	15	17

③ 配杆高时应尽量减小吊线的坡度变更，坡度变更为 5% ～ 10% 时应加装仰角、俯角辅助装置。仰角辅助装置安装方式如图 6-32 所示和俯角辅助装置安装方式如图 6-33 所示。

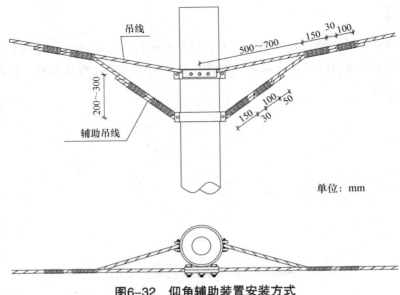

图6-32　仰角辅助装置安装方式

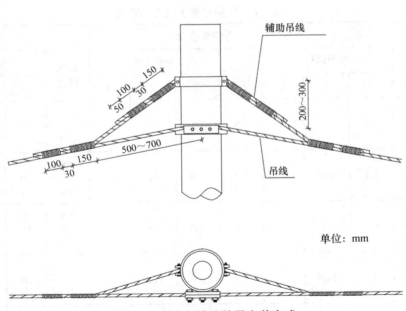

图6-33　俯角辅助装置安装方式

3. 转角与角深

转角与角深的定义及计算方法如图 6-34 所示，二者数值关系见表 6-21。

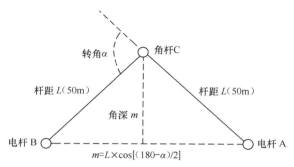

图6-34　转角与角深的定义及计算方法

表 6-21　转角与角深数值关系

转角 α	角深 /m	转角 α	角深 /m	转角 α	角深 /m	转角 α	角深 /m	转角 α	角深 /m	转角 α	角深 /m
1°	0.44	11°	4.79	21°	9.11	31°	13.36	41°	17.51	51°	21.53
2°	0.87	12°	5.23	22°	9.54	32°	13.78	42°	17.92	52°	21.92
3°	1.31	13°	5.66	23°	9.97	33°	14.2	43°	18.33	53°	22.31
4°	1.74	14°	6.09	24°	10.4	34°	14.62	44°	18.73	54°	22.7
5°	2.18	15°	6.53	25°	10.82	35°	15.04	45°	19.13	55°	23.09
6°	2.62	16°	6.96	26°	11.25	36°	15.45	46°	19.54	56°	23.47
7°	3.05	17°	7.39	27°	11.67	37°	15.87	47°	19.94	57°	23.86
8°	3.49	18°	7.82	28°	12.1	38°	16.28	48°	20.34	58°	24.24
9°	3.92	19°	8.25	29°	12.52	39°	16.69	49°	20.73	59°	24.62
10°	4.36	20°	8.68	30°	12.94	40°	17.1	50°	21.13	60°	25

三、电杆拉线

1. 拉线分类

电杆拉线共有 4 种类型，分别是顶头拉线、角杆拉线、双方拉线和四方拉线。

① 顶头拉线可用于终端杆，为独立受力段的起点或终点。顶头拉线示意如图 6-35 所示。

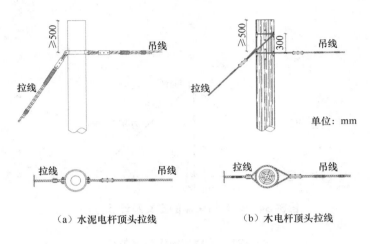

（a）水泥电杆顶头拉线   （b）木电杆顶头拉线

图6-35　顶头拉线示意

② 转角 35°（角深 15m）以下的角杆应设置角杆拉线。角杆拉线示意如图 6-36 所示。

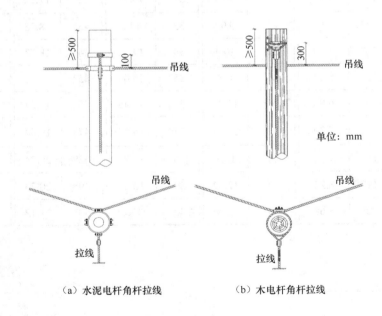

（a）水泥电杆角杆拉线   （b）木电杆角杆拉线

图6-36　角杆拉线示意

③ 双方拉线为防风拉线，双方拉线示意如图 6-37 所示。

④ 四方拉线为防风拉线与防凌拉线的共同设置，四方拉线示意如图 6-38 所示。

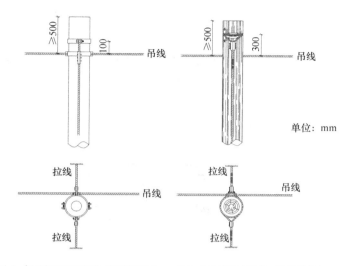

（a）水泥电杆双方拉线（防风拉线）　（b）木电杆双方拉线（防风拉线）

图6-37　双方拉线示意

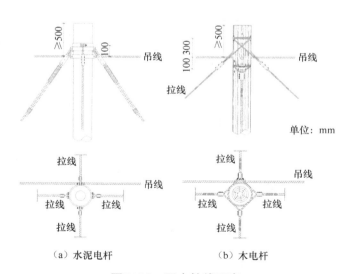

（a）水泥电杆　　　　　　　　　　（b）木电杆

图6-38　四方拉线示意

2. 拉线设置

① 顶头拉线和角杆拉线应比吊线截面大一个等级，等级增大的顺序为 7/2.2mm、7/2.6mm、7/3.0mm、2×7/2.2mm、2×7/2.6mm、2×7/3.0mm。防风拉线与防凌拉线（双方拉线和四方拉线）可使用与吊线同规格的钢绞线。

可用截面较大的钢绞线替换截面较小的钢绞线，但不得用截面较小的钢绞线替换截面较大的钢绞线。

② 在已有杆路上架挂吊线时，顶头拉线和角杆拉线的设置应与新建杆路标准相同，即每增加一条吊线需要设置相应的顶头拉线和角杆拉线。防风拉线与防凌拉线可利旧原杆路拉线，原杆路拉线数量不足时应补齐。

③ 防风拉线与防凌拉线设置隔装数见表 6-22，单独设置防风拉线的为双方拉线，同时设置防风拉线与防凌拉线的为四方拉线。

表 6-22　防风拉线与防凌拉线设置隔装数

风速	吊线 / 条	轻、中负荷区		重、超重负荷区	
		抗风杆	防凌杆	抗风杆	防凌杆
一般地区（风速 ≤ 25m/s）	≤ 2	8	16	4	8
	> 2	8	8	4	8
25m/s < 风速 ≤ 32m/s	≤ 2	4	8	2	4
	> 2	4	8	2	4
风速 > 32m/s	≤ 2	2	8	2	4
	> 2	2	4	2	2

④ 由于地形限制，装设拉线存在困难的地点可改用撑杆或高桩拉线加固，城镇立杆，角深小于 5m 的角杆可采用吊板拉线；终端杆装设拉线困难的地点，可在前一根杆上做拉线及假终结，拉线应与预做的顶头拉线同方向，适当缩短拉线杆与终端杆的距离并增大垂度；双方拉线、四方拉线可以移动 2～3 个杆档，选择易打拉线的位置。

⑤ 在线路方向发生变更之处设立角杆。一般在吊线张力合力方向的反侧装设拉线。无法装设拉线的地点，可采用高桩拉线或在吊线张力合力方向的内侧装设撑杆。

⑥ 在线路靠近路边或村镇时，需要套上红白相间反光标志的拉线警示管，管长应不少于 2m。拉线警示管安装方式如图 6-39 所示。

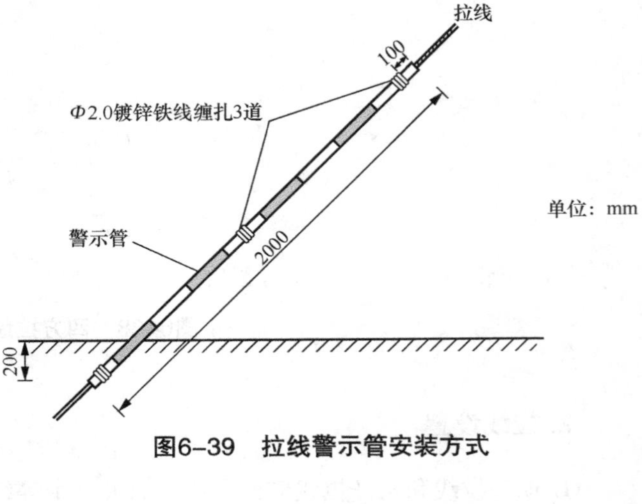

⑦ 在靠近电力设施、人员往来频繁区域，拉线需要进行电气断开，并安装

拉线
Φ2.0镀锌铁线缠扎3道
警示管
单位：mm

图6-39　拉线警示管安装方式

隔电子，隔电子与地面的垂直距离应在 2m 以上。拉线隔电子应选择额定电压 10kV 以上、额定机械拉伸负荷 70kN 的柱形隔电子。拉线隔电子安装方式如图 6-40 所示。

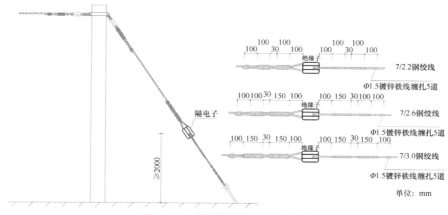

图6-40　拉线隔电子安装方式

3. 拉线与撑杆安装方式

（1）拉线

① 拉线的距高比一般取为1，特殊情况下也不应小于0.75。

② 一条完整的拉线包括钢绞线和地锚两个部分，其中，钢绞线与电杆及地锚的连接处需要进行绑扎，分别称为拉线上把和拉线中把，地锚包括地锚铁柄和拉线盘两个部分。水泥电杆拉线示意如图6-41所示。

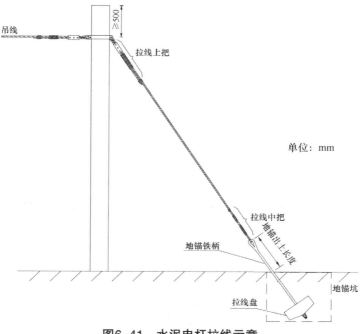

图6-41　水泥电杆拉线示意

③ 拉线上把的安装方法分为夹板法、卡固法和另缠法 3 种，分别如图 6-42、图 6-43 和图 6-44 所示。

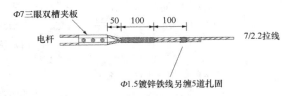

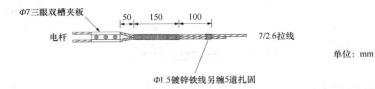

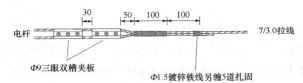

图6-42　拉线上把夹板法安装方式

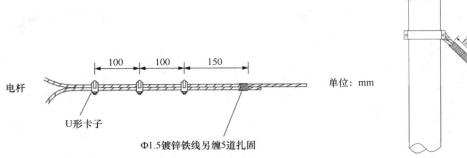

图6-43　拉线上把卡固法安装方式　　　图6-44　拉线上把另缠法安装方式

在另缠法中，根据拉线程式不同，对首节、间隙、末节和留长也有不同的要求。拉线上把另缠法规格见表 6-23。

表 6-23　拉线上把另缠法规格

拉线程式	缠扎线径 /mm	首节 /mm	间隙 /mm	末节 /mm	留长 /mm	留头处理
7/2.2mm	Φ3.0	100	30	100	100	用 Φ1.5mm 镀锌铁线另缠 5 道加固
7/2.6mm	Φ3.0	150	30	100	100	

续表

拉线程式	缠扎线径 /mm	首节 /mm	间隙 /mm	末节 /mm	留长 /mm	留头处理
7/3.0mm	Φ3.0	150	30	150	100	用 Φ1.5mm 镀锌铁线另缠 5 道加固
2×7/2.2mm	Φ3.0	150	30	100	100	
2×7/2.6mm	Φ3.0	150	30	150	100	
2×7/3.0mm	Φ3.0	200	30	150	100	

④ 拉线中把主要有夹板法和缠扎法两种，分别如图 6-45 和图 6-46 所示。

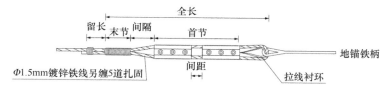

图6-45　拉线中把夹板法安装方式

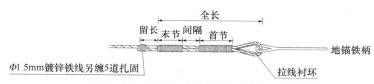

图6-46　拉线中把缠扎法安装方式

对于不同规格的钢绞线，拉线中把夹板法和缠扎法规格见表 6-24。

表 6-24　拉线中把夹板法和缠扎法规格

类别	拉线程式	夹、缠类别	首节	间隔 /mm	末节 /mm	全长 /mm	留长 /mm
夹板法	7/2.2mm	Φ7mm 夹板	1 块夹板	280	100	600	100
	7/2.6mm	Φ7mm 夹板	1 块夹板	230	150	600	100
	7/3.0mm	Φ9mm 夹板	2 块夹板，间距 30mm	100	100	600	100
缠扎法	7/2.2mm	Φ3.0mm 镀锌铁线	100mm	330	100	600	100
	7/2.6mm	Φ3.0mm 镀锌铁线	150mm	280	100	600	100
	7/3.0mm	Φ3.0mm 镀锌铁线	200mm	230	150	600	100
	2×7/2.2mm	Φ3.0mm 镀锌铁线	150mm	260	100	600	100
	2×7/2.6mm	Φ3.0mm 镀锌铁线	150mm	210	150	600	100
	2×7/3.0mm	Φ3.0mm 镀锌铁线	200mm	310	150	800	150
	V 形 2×7/3.0mm	Φ3.0mm 镀锌铁线	250mm	310	150	800	150

⑤ 木电杆拉线示意如图 6-47 所示。

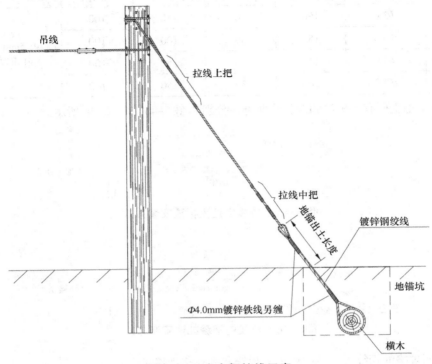

图6-47 木电杆拉线示意

木电杆拉线上把可分为夹板法、卡固法和另缠法 3 种，安装方式与水泥电杆的安装方式相同。但安装位置有所不同，木电杆拉线应安装在吊线上方 300mm 处，木电杆拉线上把另缠法示意如图 6-48 所示。

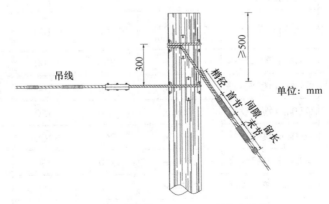

图6-48 木电杆拉线上把另缠法示意

（2）拉线地锚

① 拉线地锚的实际出土点与正确出土点之间的偏差应
小于5cm。拉线地锚应埋设端正，不得倾斜，地锚的拉线盘
应与拉线垂直。埋设拉线地锚的出土斜槽，应与拉线上把
成直线，不得有抗／顶线的现象。拉线中把与地锚连接处应
按拉线程式加装拉线衬环，衬环应装在拉线弯回处。

② 拉线地锚包含地锚铁柄和拉线盘两部分，地锚铁柄
通过拉线中把与钢绞线连接，拉线盘埋在土中，是拉线的核
心，提供杆路稳定所需的拉力。拉线地锚如图6-49所示。

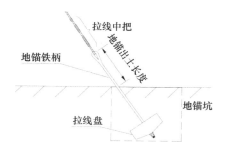

图6-49　拉线地锚

③ 地锚出土长度为300mm，允许偏差 5～100mm。根
据拉线程式及土质／石质的不同，地锚坑深有不同的标准。地锚坑深见表6-25。

表6-25　地锚坑深

拉线程式	普通土坑深 /m	硬土坑深 /m	水田、湿地坑深 /m	石质坑深 /m
7/2.2mm	1.3	1.2	1.4	1.0
7/2.6mm	1.4	1.3	1.5	1.1
7/3.0mm	1.5	1.4	1.6	1.2
2×7/2.2mm	1.6	1.5	1.7	1.3
2×7/2.6mm	1.8	1.7	1.9	1.4
2×7/3.0mm	1.9	1.8	2.0	1.5
V 形 7/3.0mm	2.1	2.0	2.3	1.7

④ 不同规格的拉线使用不同规格的地锚和拉线盘，拉线地锚铁柄与水泥拉线盘配制见
表6-26。

表6-26　拉线地锚铁柄与水泥拉线盘配制

拉线程式	拉线盘（长×宽×厚）	地锚铁柄直径 /mm	备注
7/2.2mm	500mm×300mm×150mm	16	—
7/2.6mm	600mm×400mm×150mm	20	—
7/3.0mm	600mm×400mm×150mm	20	—
2×7/2.2mm	600mm×400mm×150mm	20	2 条或 3 条拉线合用 1 个地锚时的规格
2×7/2.6mm	700mm×400mm×150mm	20	
2×7/3.0mm	800mm×400mm×150mm	22	
V 形 2×7/3.0mm+1×7/3.0mm	1000mm×500mm×300mm	22	

⑤ 水泥拉线盘加工方式如图6-50所示。

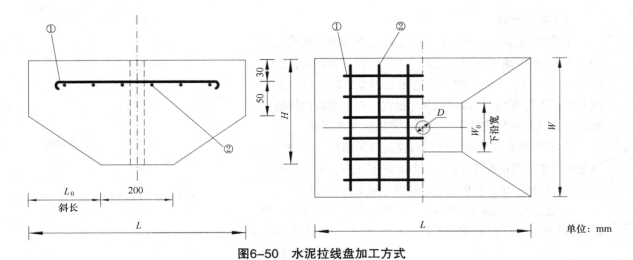

图6-50 水泥拉线盘加工方式

单位：mm

⑥ 不同尺寸的水泥拉线盘材料见表6-27。

表 6-27 不同尺寸的水泥拉线盘材料

拉线盘 （长×宽×高）	直径 D/mm	下沿宽 W_0/mm	斜长 L_0/mm	编号	钢筋 形状	规格 mm	长度/ mm	数量/ 根	总长/m	总重/ kg	粗砂/ kg	425 号 水泥/ kg	碎石/ kg
500mm× 300mm×150mm	22	120	150	①	⌐⌐	$\Phi 8$	540	4	2.16	0.85	11.7	5	24
				②	—	$\Phi 6$	270	6	1.62	0.36			
600mm× 400mm×150mm	22	160	200	①	⌐⌐	$\Phi 8$	640	6	3.84	1.52	18.4	7.8	37.8
				②	—	$\Phi 6$	370	6	2.22	0.49			
700mm× 400mm×150mm	22	160	250	①	⌐⌐	$\Phi 8$	740	6	4.44	1.76	21.5	9.1	44.1
				②	—	$\Phi 6$	370	10	3.7	0.82			
800mm× 400mm×150mm	24	160	300	①	⌐⌐	$\Phi 8$	840	6	5.04	2	24.5	10.4	50.4
				②	—	$\Phi 6$	370	12	4.44	0.98			
1000mm× 500mm×300mm	24	200	400	①	⌐⌐	$\Phi 8$	1040	10	10.4	4.12	76.7	32.5	157.6
				②	—	$\Phi 6$	470	14	6.58	1.46			

⑦ 木电杆地锚可采用横木代替拉线盘，地锚铁柄用钢绞线替代。横木地锚安装示意如图6-51所示。

⑧ 拉线数量不同，所需横木地锚的数量也不同，拉线与横木地锚的数量应相同。横木地锚设置如图6-52所示。

图6-51 横木地锚安装示意

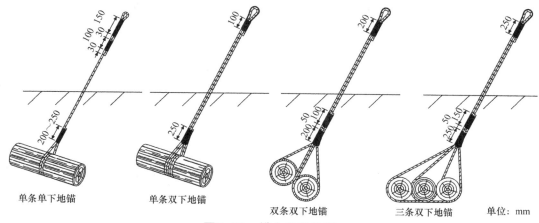

单条单下地锚　　　单条双下地锚　　　双条双下地锚　　　三条双下地锚　　单位：mm

图6-52　横木地锚设置

⑨ 用 3 根横木做地锚时，应用 Φ4.0mm 镀锌铁线捆扎固定，并在中间锯槽口以穿放钢绞线。
3 根横木捆扎方式如图 6-53 所示。

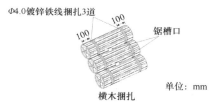

Φ4.0镀锌铁线捆扎3道　　锯槽口

横木捆扎

单位：mm

图6-53　3根横木捆扎方式

⑩ 不同拉线所用横木规格不同，横木地锚规格见表 6-28。

表 6-28　横木地锚规格

拉线程式	地锚钢绞线程式	横木规格 （根 × 长 × 直径）	备注
7/2.2mm	7/2.6mm（或 7/2.2mm 单条双下）	1 × 1200mm × 180mm	—
7/2.6mm	7/3.0mm（或 7/2.6mm 单条双下）	1 × 1500mm × 200mm	—
7/3.0mm	7/3.0mm 单条双下	1 × 1500mm × 200mm	
2 × 7/2.2mm	7/2.6mm 单条双下	1 × 1500mm × 200mm	
2 × 7/2.6mm	7/3.0mm 单条双下	1 × 1500mm × 200mm	2 条或 3 条拉线合用 1 个地锚时的规格
2 × 7/3.0mm	7/3.0mm 双条双下	2 × 1500mm × 200mm	
V 形 2 × 7/3.0mm+1 × 7/3.0mm	7/3.0mm 三条双下	3 × 1500mm × 200mm	

⑪ 横木地锚安装应满足以下要求。

✓ 地锚钢绞线程式应比拉线程式大一级，或有同程式两根钢绞线。

✓ 地锚出土长度为 300mm，允许偏差 50 ～ 100mm。

✓ 利用旧木杆做横木时，应将腐朽部分去除干净，并全部涂刷防腐油，特别是横木间锯槽口部分。

（3）高桩拉线

① 拉线需要跨越道路或其他障碍物（例如房屋）时，应使用高桩拉线。水泥电杆高桩拉线安装方式如图 6-54 所示。

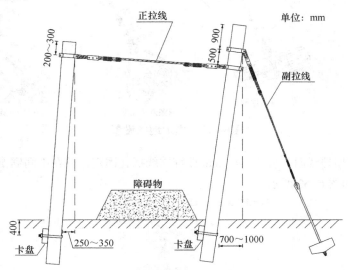

图6-54 水泥电杆高桩拉线安装方式

② 木电杆高桩拉线安装方式如图 6-55 所示。

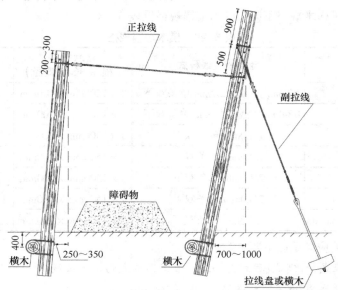

图6-55 木电杆高桩拉线安装方式

（4）吊板拉线

① 当在人行道上无法按正常距高比为 1 安装拉线时，可采用吊板拉线。水泥电杆吊板拉线安装方式如图 6-56 所示。

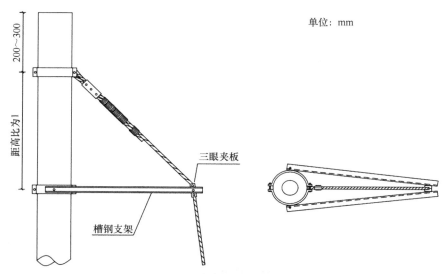

图6-56　水泥电杆吊板拉线安装方式

② 木电杆吊板拉线安装方式如图 6-57 所示。

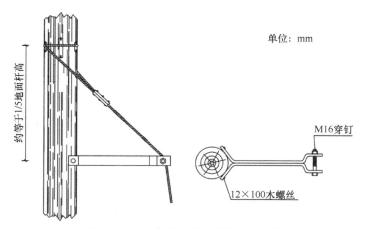

图6-57　木电杆吊板拉线安装方式

（5）撑杆

① 当在人行道上或其他无法按正常距高比为 1 安装拉线且支撑只能安装在拉线相反方向时，应采用撑杆。水泥撑杆安装方式如图 6-58 所示。

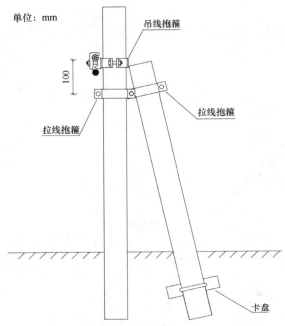

图6-58 水泥撑杆安装方式

② 木撑杆安装方式如图6-59所示。

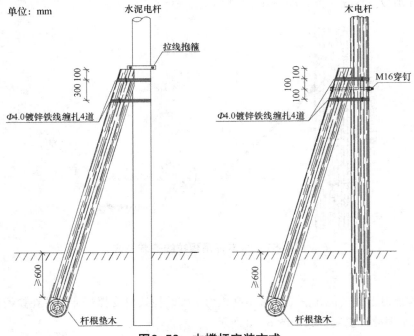

图6-59 木撑杆安装方式

③撑杆安装应满足以下要求。

✓ 撑杆埋深应不小于 600mm，距高比应不小于 0.5，并加设杆根垫木。

✓ 撑杆与电杆接合处应将撑杆顶端按直径分别锯成 2/5 和 3/5 的面，其中，2/5 面应与电杆中心线成直角；3/5 面为贴杆面，应锯削成复瓦形槽。撑杆槽应与电杆紧密贴实。

✓ 缠扎铁线必须整齐牢固，并用卡钉钉固。

✓ 撑杆根部、顶端及穿钉眼应涂防腐油。

（6）岩钢地锚

坚石地段安装拉线应使用岩钢地锚，拉线与地锚夹角应为 90°±5°，地锚洞浇灌混凝土进行加固。岩钢地锚一般使用不小于 Φ25mm（直径）×450mm（长度）的规格。岩钢地锚安装方式如图 6-60 所示。

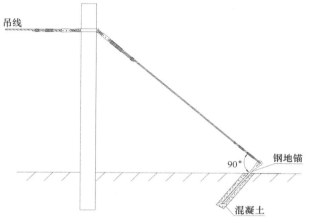

图6-60　岩钢地锚安装方式

四、杆路吊线

1. 安装位置

吊线安装位置应满足以下要求。

①吊线安装在杆路顺线方向电杆的侧面，距电杆顶端应不小于 500mm。

②吊线可在杆路两侧同一高度或上下交替安装，同侧时相距不小于 400mm。如果原有杆路上已有一条吊线时，增设的吊线宜放在电杆的另一侧。吊线安装位置如图 6-61 所示。

③城区架空杆路上第一条吊线一般应设在背向街心的电杆一面。

④野外第一条吊线宜放在面向交通线的一面。

⑤吊线应安装在电杆的同一面，不得反复交越电杆。

2. 吊线抱箍

①吊线用抱箍或穿钉通过单眼双槽夹板夹固吊线固定在电杆侧面，水泥电杆一般采用抱箍方式，有穿钉孔的水泥电杆及木电杆宜使用穿钉方式。抱箍与穿钉结构及外形如图 6-62 所示。

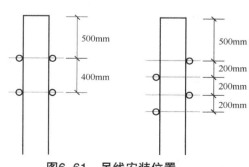

图6-61　吊线安装位置

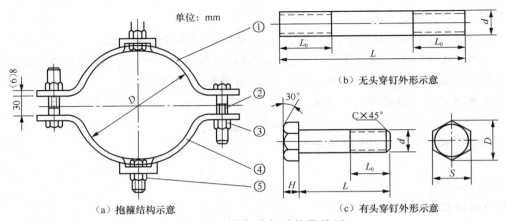

（a）抱箍结构示意　　　　　　　　（c）有头穿钉外形示意

图6-62　抱箍与穿钉结构及外形

其中，抱箍构件明细见表 6-29。

表 6-29　抱箍构件明细

编号	名称	单吊线抱箍	双吊线抱箍
①	配箍	1	—
②	穿钉 M12（16）mm × 80mm	2	2
③	螺母 M12（16）mm	2	2
④	主箍	1	2
⑤	穿钉 / 螺母 M12（16）mm × 60mm	1	2

② 不同梢径的电杆应使用不同规格的抱箍。抱箍规格与电杆梢径对照见表 6-30。

表 6-30　抱箍规格与电杆梢径对照

序号	电杆梢径 /mm	抱箍直径 D/mm	备注
1	130	144	
2	150	164	通信用水泥电杆为锥形杆
3	170	184	
4	190	204	

③ 通信用穿钉尺寸见表 6-31。

表 6-31　通信用穿钉尺寸

名称	L	L_0	D	H	S	D
有头穿钉 /mm	240 或 280	45	12（16）	8	19	21.9
无头穿钉 /mm	240 或 280	45	12（16）	—	—	—

注：飞线杆用 $\varPhi$=16mm 穿钉。

④ 在两侧同一位置安装吊线时，抱箍方式应使用双吊线抱箍，穿钉应使用无头穿钉。交替方式安装吊线时使用单吊线抱箍或有头穿钉。

两侧同一高度安装吊线如图 6-63 所示，交替方式可参照图执行。图中外露丝扣长度为 10～50mm。

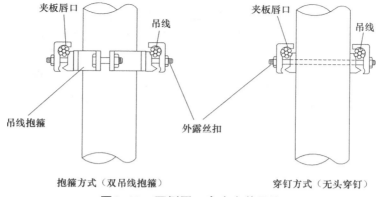

抱箍方式（双吊线抱箍）　　　　穿钉方式（无头穿钉）

图6-63　两侧同一高度安装吊线

3. 吊线安装

① 非超重负荷区，标准杆档（非长杆档、飞线档）一般为 50m，其吊线程式为 7/2.2mm 钢绞线。长杆档可用 7/3.0mm 钢绞线。当吊线由 7/2.2mm 转换为 7/3.0mm 时，应加增顶头拉线。变更吊线程式时拉线设置方式如图 6-64 所示。

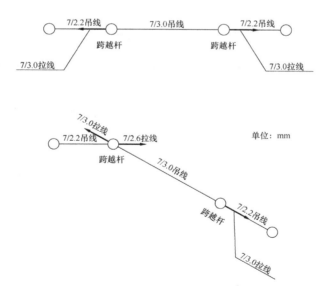

图6-64　变更吊线程式时拉线设置方式

② 负荷区杆距见表 6-32。当杆距超过表 6-32 范围时，采用正、副吊线跨越装置，其中，正吊线程式为 7/2.2mm，副吊线为 7/3.0mm。

表 6-32　负荷区杆距

负荷区		轻负荷区	中负荷区	重负荷区	超重负荷区
适用杆距	7/2.2mm 吊线	≤150m	≤100m	≤65m	≤45m
	7/3.0mm 吊线	151～200m	101～150m	66～100m	46～80m

③ 因吊线长度有限，在安装过程中需要接续时，一般采用另缠法接续。吊线接续方式如图 6-65 所示。

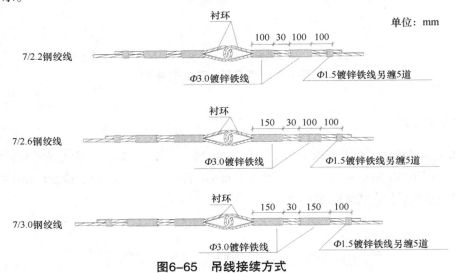

图6-65　吊线接续方式

④ 角深大于 5m（转角大于 12°）的角杆，应安装吊线辅助装置。当角杆为水泥电杆时，吊线辅助装置如图 6-66 所示。

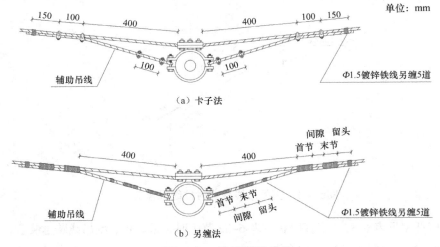

图6-66　吊线辅助装置

其中，辅助吊线与主吊线规格相同。在另缠法中，角杆吊线辅助装置另缠法规格见表 6-33。

表 6-33　角杆吊线辅助装置另缠法规格

吊线规格	缠扎物	首节 /mm	间隙 /mm	末节 /mm	留头 /mm	留头处理
7/2.2mm	Φ3.0mm 镀锌铁线	100	30	100	100	Φ3.0mm 镀锌铁线另缠 5 道
7/2.6mm	Φ3.0mm 镀锌铁线	150	30	100	100	
7/3.0mm	Φ3.0mm 镀锌铁线	150	30	150	100	

⑤ 木电杆角杆吊线辅助装置如图 6-67 所示。

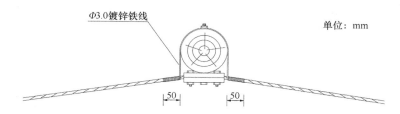

（a）角深在 5～10m 时的吊线辅助装置

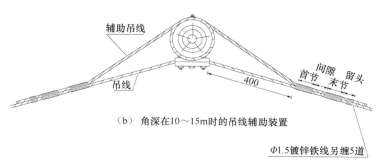

（b）角深在 10～15m 时的吊线辅助装置

图6-67　木电杆角杆吊线辅助装置

⑥ 两条吊线十字交叉且高差在 400mm 以内时，需要做十字吊线。当二者吊线程式相同时，主干吊线应位于下方；当二者吊线程式不同时，程式大的吊线位于下方。十字交叉用三眼单槽夹板固定，吊线十字交叉安装方式如图 6-68 所示。

⑦ 当杆档间需要做吊线分歧时，可做吊线丁字节。吊线丁字节用三眼单槽夹板固定，吊线丁字节安装方式如图 6-69 所示。

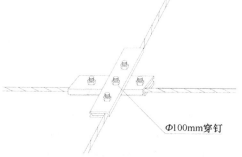

图6-68　吊线十字交叉安装方式

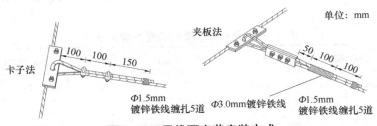

图6-69　吊线丁字节安装方式

4. 吊线终端

① 终端杆需要做吊线终端及顶头拉线。吊线终端安装方式有夹板法、另缠法和卡子法，不同规程的吊线安装方式也有所不同。吊线终端安装方式如图6-70所示。

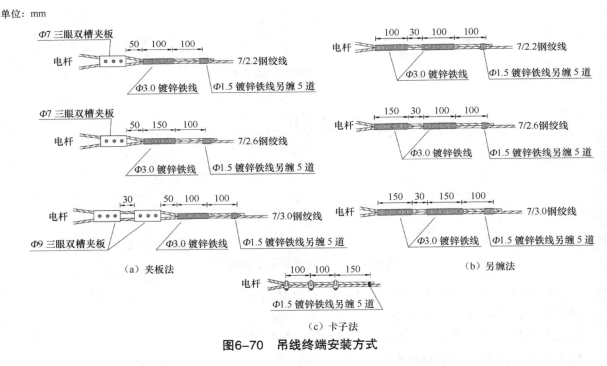

图6-70　吊线终端安装方式

② 在负荷较大的线路，终端杆的前一根电杆应做泄力杆，吊线在泄力杆上做辅助终结且向终端杆方向做顶头拉线。泄力杆吊线辅助终结安装方式如图6-71所示。

③ 在两侧同一高度安装双吊线时，终端杆的前一根电杆应做泄力杆，称为合手泄力杆。合手泄力杆需要向终端杆方向做顶头拉线。合手泄力杆吊线辅助终结安装方式如图6-72所示。

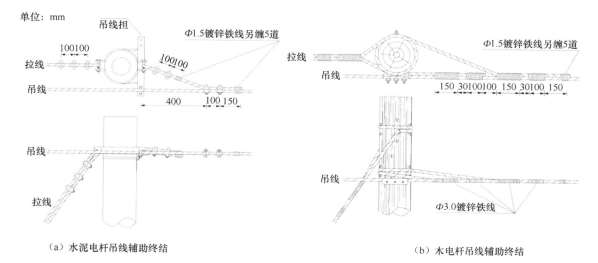

（a）水泥电杆吊线辅助终结　　　　　　　　（b）木电杆吊线辅助终结

图6-71　泄力杆吊线辅助终结安装方式

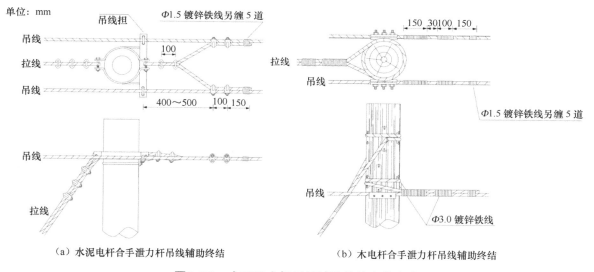

（a）水泥电杆合手泄力杆吊线辅助终结　　　（b）木电杆合手泄力杆吊线辅助终结

图6-72　合手泄力杆吊线辅助终结安装方式

5. 吊线保护套管

① 当吊线无法避免与障碍物过近，可能发生摩擦时，应安装保护套管。保护套管可采用纵剖塑料管。保护套管直径应不小于800mm，且应将吊线与光缆硬连接，并都装入套管中，绑扎牢固。保护套管安装方式如图6-73所示。

单位：mm

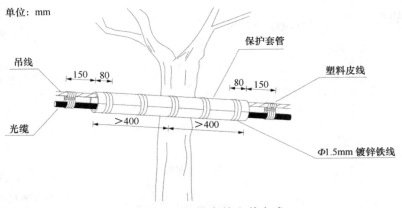

图6-73 保护套管安装方式

② 当吊线与电力线交越时，应从电力线下方穿过且尽量垂直穿越。电力保护管可采用纵剖的绝缘材质塑料管。电力保护管每端伸出电力线长度应不小于1000mm，且应将吊线与光缆硬连接，并都装入套管中，用塑料皮线绑扎牢固。电力保护管安装方式如图 6-74 所示。

单位：mm

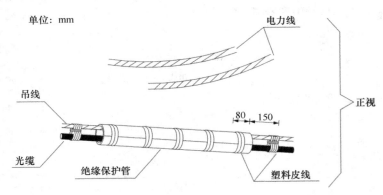

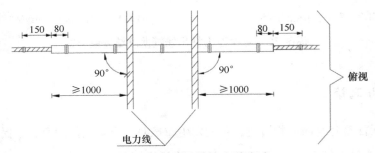

图6-74 电力保护管安装方式

6. 吊线垂度

吊线垂度详见 YD 5148—2007《架空光（电）缆通信杆路工程设计规范》附录 L。工程常见情况为中负荷区、标准杆高 7 ～ 8m、标准杆距 50m 的杆路，其原始安装垂度分别见表 6-34 和表 6-35。

表 6-34　中负荷区吊线原始安装垂度（吊线程式：7/2.2mm）

杆距 /m	吊线安装垂度 /mm							
	−30℃	−20℃	−10℃	0℃	10℃	20℃	30℃	40℃
40	62.4	68.7	76.2	85.5	97.4	112.7	133.2	161.0
45	79.3	87.2	96.8	108.6	123.6	142.9	168.3	202.2
50	98.3	109.1	120.0	134.6	153.0	176.6	207.3	247.6
55	119.5	131.4	145.8	163.5	185.7	213.9	250.3	297.1
60	142.9	157.1	174.3	195.5	221.8	255.0	297.2	350.5
65	168.6	185.4	205.7	230.5	261.2	299.7	348.0	408.0
70	196.6	216.2	239.8	268.6	304.0	348.1	402.6	469.2
75	227.1	249.7	276.9	309.9	350.4	400.2	461.1	534.3
80	260.1	286.0	317.0	354.6	400.3	456.1	523.4	603.0
85	295.6	325.0	360.2	402.5	453.8	515.7	589.5	675.5
90	333.8	367.0	406.5	453.9	510.9	579.1	659.4	751.6
95	374.7	411.9	456.1	508.8	571.7	646.2	733.0	831.3
100	418.5	460.0	509.1	567.3	636.3	717.2	819.4	914.9

表 6-35　中负荷区吊线原始安装垂度（吊线程式：7/3.0mm）

杆距 /m	吊线原始垂度 /mm							
	−30℃	−20℃	−10℃	0℃	10℃	20℃	30℃	40℃
100	417.0	456.3	502.7	557.4	621.9	697.5	784.9	883.5
105	461.3	504.6	555.2	615.0	684.9	766.2	859.2	963.2
110	508.0	555.4	610.8	675.5	750.9	837.8	936.4	1045.7
115	557.3	608.9	669.0	738.9	819.8	912.4	1016.5	1130.9
120	609.0	665.1	730.1	805.3	891.7	989.9	1099.4	1218.9
125	663.4	724.0	794.0	874.5	966.5	1070.3	1185.2	1309.5
130	720.3	785.7	860.7	946.7	1044.3	1153.6	1273.7	1402.9
135	779.9	850.1	930.4	1021.8	1125.0	1239.7	1365.0	1498.9
140	842.2	917.3	1002.9	1099.9	1208.6	1328.7	1459.0	1597.6
145	907.3	987.4	1078.4	1180.9	1295.1	1420.6	1555.9	1698.9
150	975.1	1060.4	1156.7	1264.8	1384.5	1515.2	1655.4	1802.9

五、杆路器材

1. 器材安全系数

杆线主要器材最小安全系数见表 6-36。

表 6-36　杆线主要器材最小安全系数

主要器材名称	最小安全系数	
	标准杆档和长杆档	飞线跨越
电杆	2.0	2.5
拉线	2.5	3.0
正吊线	3.0	3.5
副吊线	2.0	2.5
钢材制品	2.0	2.0

2. 钢绞线与铁件

① 吊线、拉线采用镀锌钢绞线的规格和性能见表 6-37。

表 6-37　吊线、拉线采用镀锌钢绞线的规格和性能

钢绞线规格	钢绞线截面 /mm²	重量 / (kg/km)	拉断力 /N	弹性伸长系数 [1]	温度膨胀系数 [2]
7/2.2mm	26.6	227.7	＞ 31282	19.18×10^{-8}	12×10^{-6}
7/2.6mm	37.2	318.2	＞ 43747	13.72×10^{-8}	12×10^{-6}
7/3.0mm	49.5	432.7	＞ 58212	10.31×10^{-8}	12×10^{-6}

注：1. 弹性伸长系数 =1/ 拉断力。

　　2. 温度膨胀系数 =1/ 温度。

② 铁件全部采用热镀锌材料。衬环选用三股、五股热镀锌衬环，其中，7/2.2mm 吊线使用三股热镀锌衬环，7/2.6mm、7/3.0mm 拉线、吊线使用五股热镀锌衬环。

③ 镀锌夹板为热镀型，镀锌夹板规格及用途见表 6-38。

表 6-38　镀锌夹板规格及用途

夹板名称	用途	主要尺寸 /mm				重量 /kg	配套零件
		D	长	宽	高		
三眼单槽夹板	装挂吊线	7	144	42	24	2.21	43mm × 12mm 穿钉 2 套
三眼双槽夹板	装挂吊线、拉线、吊线接续和终端	7	152	44	22	3.476	41mm × 16mm 穿钉 3 套
单眼地线夹板	制作地线	7	50	44	18	0.336	32mm × 12mm 穿钉 1 套

3. 杆号牌

① 电杆编号应按照中继段顺序编排。杆号牌由高度 30cm、宽度 15cm、厚度 0.6mm 的薄铝板制成，应面向交通线一侧安装，杆号牌的安装高度为距地面 3.5m。

② 木电杆杆路的杆号牌可用 4 个铁钉固定，水泥电杆杆路的杆号牌可用 $\varPhi$3.0mm 镀锌铁线绑扎。杆号牌应牢固安装在电杆侧面。

③ 杆号牌采用凹字印刷，字体为正楷，白底黑字，牌上应有明显的运营商标志，应标明中继段名称（起始站点名称—终止站点名称或分歧开始—终止站点名称）、电杆编号（编号用大写汉字一～九）。杆号牌样式如图 6-75 所示。

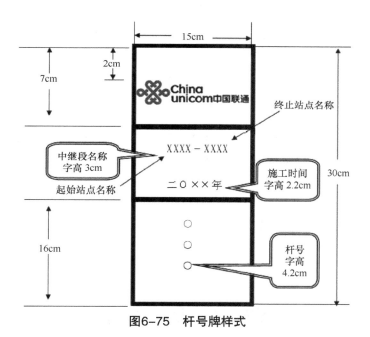

图6-75　杆号牌样式

4. 宣传牌、警示牌

① 宣传牌、警示牌的字体为正楷，白底黑字，牌上应有显著的运营商标志。

② 光缆敷设在跨路、乡村、河流、靠近公路、容易受破坏的地方，应设宣传牌。宣传牌上保护光缆的宣传标语用正楷字体或黑体。宣传牌内容可为：保护光缆 人人有责；破坏通信光缆是违法行为；严禁在通信光缆电杆周围挖沙取土等。宣传牌上还需要加免费举报电话。

③ 挂置在吊线上的宣传牌，规格高 50cm×宽 30cm，吊线宣传牌样式如图 6-76 所示。

④ 固定在电杆上的宣传牌，规格高 60cm×宽 25cm，电杆宣传牌样式如图 6-77 所示。

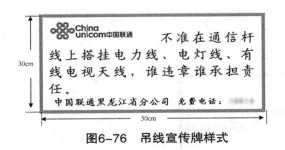

图6-76　吊线宣传牌样式　　　　　图6-77　电杆宣传牌样式

⑤ 跨越道路上应安装具有夜间反光功能的跨路警示牌和警示管。跨路警示牌规格长50cm×宽25cm，警示管长度可根据道路宽度确定，一般不小于3m，限制高度为5.5m。跨路警示牌样式如图6-78所示。

图6-78　跨路警示牌样式

第四节　架空飞线

一、架空飞线的概念

1.飞线的定义

标准杆距通常为50m，而在特定地形条件下，例如杆路需要跨越河流、断沟、山谷、水塘等障碍，可能会大幅增加杆距，当其超过一定的跨度则为架空飞线。飞线跨越段为完全独立的受力段，飞线终端杆应做双方向终结，即双方向双顶头拉线，保证其受力的独立性。

架空飞线段需要重新考虑杆路的各项技术指标，以保证线路的安全。

负荷区不同，飞线跨越的跨度有所不同，飞线跨越的划分标准见表6-39。

表6-39　飞线跨越的划分标准

项目	轻负荷区	中负荷区	重负荷区	超重负荷区
飞线跨越档距	>200m	>150m	>100m	>80m

重负荷区和超重负荷区一般不宜采用架空飞线的方式跨越障碍。可绕行的一般采取绕行方式；对于江、河等不可绕行的，可采用桥上敷设或水线方式。

2. 架空飞线建设原则

① 跨越杆安装位置地势较高时，应保证安装光缆后与其他建筑物的隔距满足安装要求。

② 选择跨距尽量小的位置。

③ 跨越杆所在位置要有足够大的空地，以便安装、拉线。

④ 飞线跨越段原则上应设置为H杆，并在H杆前设置终端杆，设置方式如图6-79所示。

⑤ 在本地传输网架空线路中，跨越杆也可采用单杆设置。

图6-79　设置方式

二、架空飞线技术措施

1. 吊线

（1）吊线的程式

正常线路和一般长杆档，吊线采用7/2.2mm钢绞线。长杆档跨越段采用7/3.0mm钢绞线。飞线跨越段采用正副吊线形式，正副吊线安装起止位置为两终端杆之间，正吊线为7/2.2mm钢绞线，副吊线为7/3.0mm吊线。正副吊线相距400cm等垂度架挂，每隔20m用30mm×3mm扁钢及单槽三眼夹板将两吊线相连（茶托拉板）。正副吊线连接示意如图6-80所示。

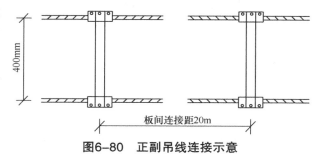

图6-80　正副吊线连接示意

313

（2）吊线垂度

除了重负荷区和超重负荷区，一般地区按中负荷区计算吊线垂度。在中负荷区，150m 以上的跨越为飞线跨越。中负荷区飞线跨越垂度见表 6-40。

表 6-40　中负荷区飞线跨越垂度（正吊线 7/2.2mm，副吊线 7/3.0mm）

杆距 /m	正吊线、副吊线安装垂度 /m				
	−10℃	0℃	10℃	20℃	30℃
150	0.81	0.87	0.94	1.02	1.11
160	0.99	1.07	1.17	1.27	1.38
170	1.23	1.33	1.44	1.56	1.70
180	1.57	1.70	1.84	1.99	2.15
190	1.93	2.08	2.25	2.42	2.59
200	2.35	2.52	2.71	2.89	3.08
210	2.83	3.02	3.22	3.41	3.60
220	3.47	3.67	3.87	4.07	4.27
230	4.06	4.27	4.47	4.67	4.87
240	4.69	4.90	5.11	5.31	5.50
250	5.36	5.57	5.77	5.97	6.17
260	6.16	6.36	6.57	6.77	6.96
270	6.89	7.10	7.30	7.49	7.68
280	7.65	7.85	8.05	8.25	8.44
290	8.44	8.64	8.83	9.03	9.22
300	9.36	9.55	9.75	9.94	10.12

无光（电）缆负载时，钢绞线吊线垂度应符合表 6-40 的要求；挂缆后的垂度可用吊线垂度再增加 0.5 ～ 1.0m。

（3）吊线的辅助终结

终端杆和跨越杆上均需要做辅助终结。其中，跨越杆做双向辅助终结，终端杆做飞线方向辅助终结。H 杆辅助终结方式如图 6-81 所示。

2. 电杆

（1）杆高设计

飞线跨越杆杆高除一般要求外，还应考虑以下因素。

① 跨越杆杆位的地势与所跨越的河流、山谷飞越其他建筑物的高程差。

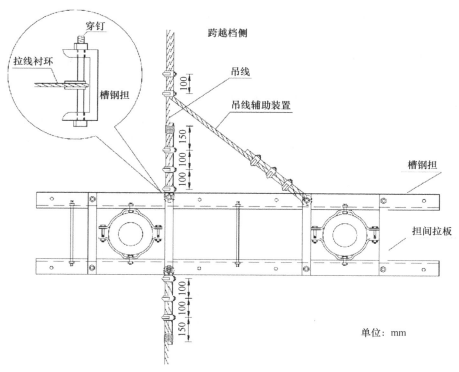

图6-81 H杆辅助终结方式

② 上下光（电）缆吊线的间距由普通的 0.4m 增加到 0.6m。

③ 随跨距增大的吊线 / 光（电）缆的垂度。

④ 正副吊线的间距。

⑤ 埋深尺寸的加大。

⑥ 最下面一层光（电）缆与其他建筑物的间距符合中架空光（电）缆线路与其他建筑物间距的规定。

（2）杆高配置

① 跨越杆杆高一般在 9 ～ 13m，需要安装在地势高的位置。

② 当跨越障碍物，线路由标准杆长过渡到较高的电杆时，可采用折线形式配杆。杆高配置应满足第六章第三节中的"杆高配置"要求。

（3）接杆

① 12m 以下可用单杆，不需要接杆。

② 水泥电杆接杆一般采用"等径水泥电杆"叠加接长。接续可采用钢板圈、法兰盘、焊接或其他方式。

③ 超过两个接头的接杆，上部接头处应加装双方或四方拉线。

电杆接杆方式参见第六章第三节中的"电杆"相关内容。

（4）杆型

① 对于飞线跨越档，跨越杆宜采用 H 杆结构，杆上装设槽钢担支撑吊线及光（电）缆，每层槽钢担最多装 4 条吊线。

② 飞线 H 杆装置包括横担和叉梁，均采用热镀锌防锈，H 杆安装方式如图 6-82 所示。横担用 2450mm×100mm×48mm×5.3mm 槽钢担，并以 Φ12mm×（260 ～ 460）mm 的有头穿钉连接至电杆。H 杆叉梁选用 75mm×75mm×6mm 角钢，并用抱箍固定，抱箍大小根据电杆规格及叉梁位置确定。

槽钢担及杆上装置如图 6-83 所示。

③ 一般条件下，飞线跨越杆应采用 H 杆，且分设跨越杆和终端杆。

单位：mm

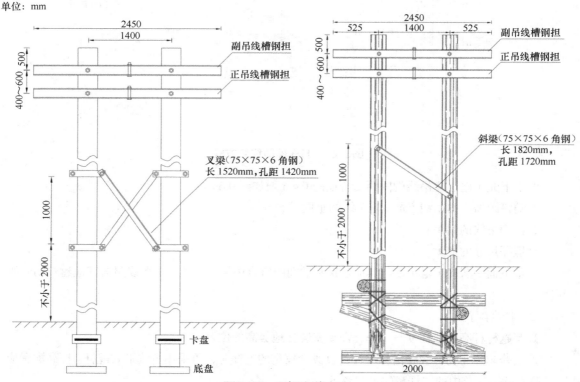

图6-82　H杆安装方式

（5）梢径

单杆飞线跨越杆和终端杆应采用比基本杆强度大一级的电杆，即木电杆梢径要增加 20mm，水泥电杆的抗弯矩强度应大一级。当杆高超过 12m 时，可采用电力等径 300mm 水泥电杆接杆，或者采用钢杆接杆。

单位：mm

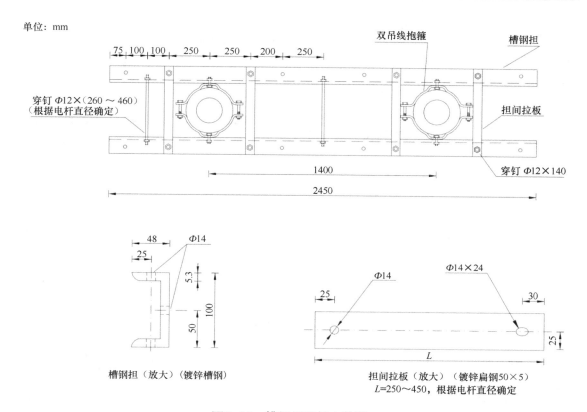

图6-83　槽钢担及杆上装置

3. 拉线

当飞线跨越杆采用 H 杆建设方式时，终端杆和跨越杆（H 杆）拉线设置各有不同。

（1）终端杆拉线

终端杆实际上是普通杆，按普通终端杆要求设置即可。

① 对于正常线路方向，吊线为 7/2.2mm 钢绞线，反方向设一条 7/2.6mm 拉线。

② 对于飞线方向，吊线为 7/2.2mm 和 7/3.0mm 各一条（双吊线），反方向需要设 3 条 7/2.6mm 拉线。

终端杆拉线安装方式如图 6-84 所示。

（2）跨越杆 H 杆拉线

H 杆拉线主要用作固定 H 杆本身，兼有平衡飞线的作用，可按普通杆的"四方拉"考虑，但因有两根杆，"四方拉"需要 6 条拉线，为增强平衡飞线的拉线强度，可将飞线反方向的拉线再提高一个等级，设置成 7/3.0mm 拉线。

H 杆拉线安装方式如图 6-85 所示。

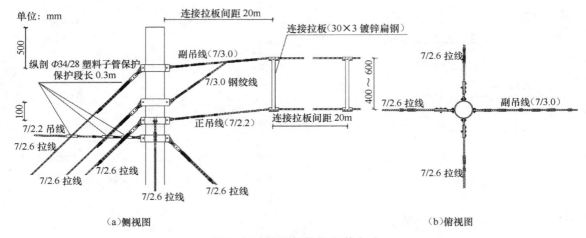

图6-84 终端杆拉线安装方式

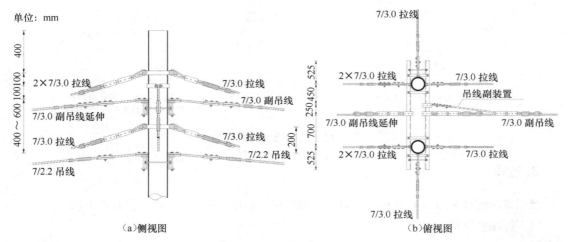

图6-85 H杆拉线安装方式

（3）跨越杆单杆拉线设置

当飞线跨越杆采用单杆设置时，拉线设置与终端杆单杆保持相同设置，需要设置吊线辅助装置。

（4）终端杆与跨越杆合并

当终端杆与跨越杆合并时，拉线设置内容与跨越杆H杆拉线设置相同。

4. 飞线示例

某工程所在区域为中负荷区，架空线路标准杆高8m，架空光缆需要飞越一个山涧，两端跨越杆位置已在测量时确定，杆距210m，两端高差约2m。

（1）确定杆位

应在测量时确定杆位，包括终端杆和跨越杆的位置。终端杆距、跨越杆距应在标准杆距范围以内。

（2）确定杆高

应在测量时确定杆高，由于不需要考虑光缆距离地面的高度，跨越杆采用普通预应力9m水泥电杆即可，用H杆安装方式，梢径15cm，终端杆采用标准杆，预应力8m水泥电杆。

（3）确定垂度

以表6-40为例，在负荷区吊线原始安装垂度表并考虑挂缆后的垂度再增加0.5～1.0m计算地面高度，副吊线安装垂度见表6-41。

表6-41　副吊线安装垂度

杆距/m	−10℃	0℃	10℃	20℃	30℃
210	2.83m	3.02m	3.22m	3.41m	3.60m

（4）画出单独飞线设计图纸

飞线跨越档杆路示意如图6-86所示。

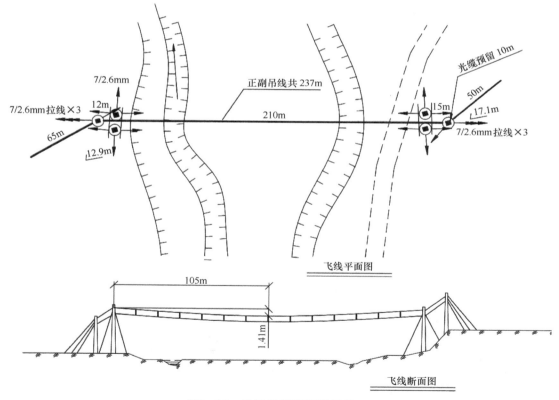

图6-86　飞线跨越档杆路示意

特别注意，本示例跨越杆为H杆，跨越杆与终端杆分离的情况，采用单杆时参照执行。

第五节　架空光缆的防护

一、架空光缆防机械损伤

① 光缆应在每根电杆上做伸缩弯，并用长度不小于 40cm 的纵剖聚乙烯塑料管保护光缆，开口朝下套在光缆上，用扎线捆扎 3 道。挂钩间距为（50±3）cm，方向一致，无翻背。

② 架空杆路位于杆档间的光缆，紧靠树林、电杆等可能造成磨损的地方，由套包塑料管保护。

③ 引上光缆用 3m 长的 Φ50mm 镀锌钢管保护、管内穿 1 根 Φ34/28mm 塑料子管，钢管的上端口用热可缩套管封堵。引上光缆安装方式如图 6-87 所示。

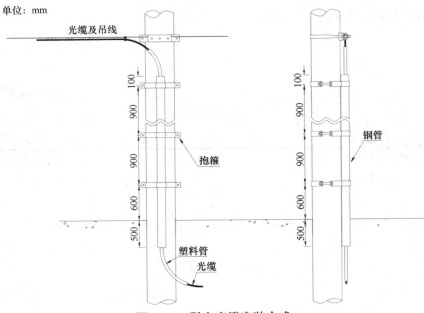

图6-87　引上光缆安装方式

引上光缆安装材料见表 6-42。

表 6-42　引上光缆安装材料

材料名称	单位	数量	备注
Φ50mm 镀锌钢管	m	3	—
抱箍	套	3	也可用 1.2kg Φ4.0mm 镀锌铁线代替
Φ34/28mm 塑料子管	m	8	—

④ 架空光缆与电力线交越时，可采取电力线（光缆）吊线穿放绝缘套管保护。

⑤ 在土质松软处，角深大于 5m 的角杆、终端杆、分线杆、跨越杆、长杆档杆，以及飞线杆的跨越杆和终端杆的杆底均应加垫固根装置，上述电杆可不在石质地带加装。

⑥ 河滩及塘边杆根处缺土的电杆，应采取石护墩或石笼保护措施。

二、防雷、防强电

① 各盘光缆间的金属护套、加强芯等金属构件，在接头处断开电气，不做接地处理。

② 架空光缆吊线在吊线终端处断开电气。架空吊线每隔 1000m 用隔电子断开电气。吊线隔电子安装方式如图 6-88 所示。

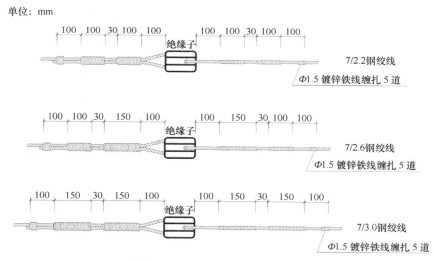

图6-88　吊线隔电子安装方式

③ 电杆的防雷：每隔约 250m 的电杆，角深大于 1m 的角杆、飞线跨越杆，杆长超过 12m 的电杆，以及山坡顶上的电杆等应做避雷线。

避雷线为 $\Phi4.0mm$ 镀锌铁线，高出电杆 100mm，有拉线式和延伸式两种样式。拉线式避雷线是将避雷线与抱箍、夹板、吊线、拉线等金属构件连接为一个电位体，通过拉线将电流引至地下。无拉线电杆或接地电阻不满足要求时应采用延伸式避雷线，将避雷线与抱箍、夹板、吊线等金属构件连接为一个电位体并将电流引至地下。

不同电杆的延伸式避雷线的安装方式不同，分别如图 6-89、图 6-90 所示。

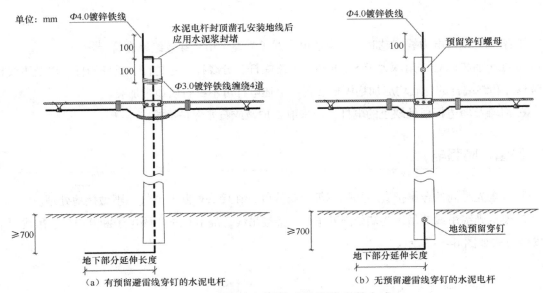

（a）有预留避雷线穿钉的水泥电杆　　　　　（b）无预留避雷线穿钉的水泥电杆

图6-89　水泥电杆延伸式避雷线安装方式

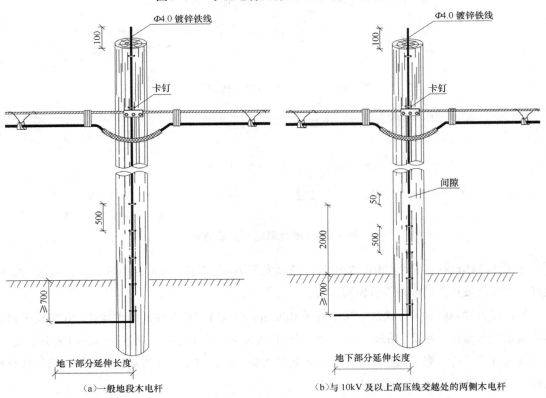

（a）一般地段木电杆　　　　　（b）与10kV及以上高压线交越处的两侧木电杆

图6-90　木电杆延伸式避雷线安装方式

④ 新建杆路的防雷：根据接地电阻情况，光缆吊线可每隔一段距离（一般为 1000m）做一处直埋式接地，接地装置用角钢、扁钢焊接，镀锌钢绞线做接地连接，吊线与地线间用地线夹板连接。吊线接地装置安装方式（直埋式）如图 6-91 所示。

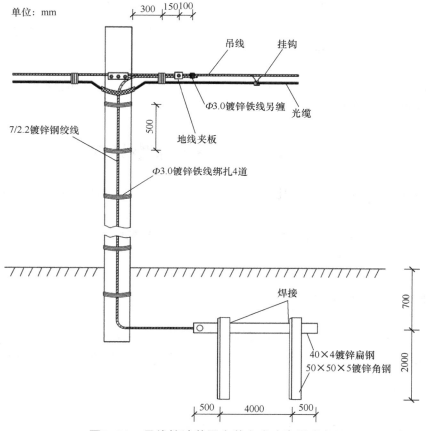

图6-91 吊线接地装置安装方式（直埋式）

⑤ 附挂杆路的防雷：原杆路上装有防雷装置，因此要求新设吊线与原杆路的接地装置相连接。当原杆路地线不能满足要求时，应加装或更换地线。

⑥ 以上方式均应满足接地电阻要求，详见表 6-43。

表 6-43 接地电阻

土壤电阻率 /（Ω·m）	土质	接地电阻要求 /Ω	延伸地线长度 /m	高压线两侧电杆延伸地线长度 /m
100 及以下	普通土	≤ 20	1	2
101 ～ 300	砂黏土	≤ 30	2	4
301 ～ 500	砂土	≤ 35	5	9
500 及以上	石质土	≤ 45	6	12

三、防鼠、防白蚁、防鸟啄

① 树木茂密地区架空光缆需要考虑防止鼠类动物啃咬。防鼠方式一般为机械式防鼠，即采用更厚更硬的外护层光缆。根据当地鼠患情况，一般可用 GYTA53 双护套光缆、GYTS53 双钢带护套光缆、不锈钢护套的 GYTS 光缆；鼠患严重地区可使用 GYTA33 钢丝铠装光缆（要求其重量 ≤ 12.24N/m）。

② 白蚁一般不会对架空光缆构成危害，在白蚁活动频繁地区布缆，可采用 GYTS04 光缆加强对白蚁的防护。

③ 某些林区或草原地区，架空光缆有鸟啄风险。与防鼠思路相近，也采用机械式防护，一般使用 GYTA53 双护套光缆即可。

第六节　青藏高原架空光缆

架空敷设光缆是青藏高原光缆建设的主要方式之一。架空光缆长期暴露在空气中，受外界气候条件影响较大。而青藏高原作为地球的"第三极"，其气候特点对架空光缆产生较大影响，如何确保青藏高原地区架空光缆线路的安全是一个值得重视的问题。

青藏高原气候特点在第四章已有分析，此处不赘述。

一、青藏高原架空光缆的要求

青藏高原的特殊气候环境对架空光缆线路的安全有较大的影响，为消除不利影响，需要认真总结架空光缆存在的问题，并深入探讨光缆的结构选型、生产、原材料、敷设安装等。

1. 存在的问题

青藏高原地区的架空光缆主要存在以下 3 个问题。

（1）在极高温度和极低温度下光缆的正常运行

目前，国内通常所用光缆的温度范围在 −40℃～ 70℃，而青藏高原为低温环境，在极限情况下，低温会低于 −40℃。

（2）低温和温差大导致松套管和外护套等塑料构件的膨胀和收缩

光缆内构件伸缩主要给接头处带来损害，主要有以下 3 种表现。

① 松套管从光缆接头盒缩进光缆内，由此将光缆接头盒内的预留光纤拉成小弯曲或拉断。

② 松套管从光缆伸出到光缆接头盒内，由此将光缆接头盒内的预留光纤拉成小弯曲或顶断。

③ 光缆护套从光缆接头盒内缩出，使缆芯暴露在外，失去所有保护。

（3）强光照、高辐射带来的光缆外护套的老化

相关部门在拉萨市以东 20km 的达孜区内做了光缆外护套的大气暴晒试验，用美国联碳的线

性低密度聚乙烯、中密度聚乙烯和高密度聚乙烯外护套料测试，试验结果见表 6-44。

表 6-44　拉萨市附近测试美国联碳的外护套材料在大气暴晒的试验结果

试样种类	暴晒时间	抗张强度		断裂伸长率		耐环境应力开裂性能（F₀，h）
		抗张强度值 /MPa	占原始值的比率	断裂伸长率	占原始值的比率	
线性低密度聚乙烯	原始值	22.8	—	892%	—	≥ 500
	1 年	19.3	84.65%	804%	90.13%	≥ 500
	3 年	18.9	82.89%	763%	85.54%	≥ 500
	5 年	17.2	75.44%	782%	87.67%	≥ 500
中密度聚乙烯	原始值	29.6	—	904%	—	≥ 500
	1 年	24.7	83.45%	808%	89.38%	≥ 500
	3 年	26.2	88.51%	842%	93.14%	≥ 500
	5 年	21.8	73.65%	766%	84.73%	≥ 500
高密度聚乙烯	原始值	33.7	—	988%	—	≥ 500
	1 年	31.7	94.07%	952%	96.36%	120
	3 年	29.5	87.54%	881%	89.17%	168
	5 年	26.5	78.64%	844%	85.43%	96

由表 6-44 可知，各种外护套料在拉萨附近的日光照射下性能下降明显，其抗张强度和断裂伸长率在 5 年后达到原始值的 80% 左右。同时，高密度聚乙烯外护套料在抗张强度、断裂伸长率的指标原始值均比线性低密度聚乙烯外护套料和中密度聚乙烯外护套料高，暴晒老化后的指标也有优势，应为布设首选，但其耐环境应力开裂性能较线性低密度聚乙烯外护套料和中密度聚乙烯外护套料差。

2. 架空光缆的选型

目前，架空光缆普遍采用 GYTS 光缆，即金属加强构件、松套层绞填充式、钢—聚乙烯粘接护套通信用室外光缆。本地网工程也有将 GYTA 光缆作为架空光缆。直埋和架空混合地段也可采用 GYTA53 双护套光缆，即护套为铝—聚乙烯粘接护套加上钢—聚乙烯粘接护套。

（1）选择优质的缆芯结构

优质的缆芯结构有以下优点。

① 在温差大的环境下减轻光纤应力，保证光纤的传输性能。

② 防止光纤松套管出现严重的收缩。

层绞式光缆中的松套管围绕加强构件处于螺旋状态，当松套管伸缩时，这种螺旋状态增加了构件之间的摩擦力，有利于阻止松套管伸缩。中心管式光缆中的松套管处于直线状态，这种直线状态使构件之间的摩擦力变小，不利于阻止松套管伸缩。尤其当中心管式光缆中的套管与护套的间隙较大时，在缆膏的润滑作用下，套管更易于伸缩。

经多年实践研究，业内公认的看法是松套层绞式结构是高寒地区及在大温差环境下最适宜的光缆结构，不宜采用中心束管式光缆。

（2）选择适宜的护套结构

聚乙烯护套材料本身的膨胀系数比较大，也易产生热回缩现象，所以护套的伸缩能力比较强。但在大多情况下，护套内表面都粘贴了金属复合带，而金属复合带具有很强的限制护套伸缩的作用。在实际工程中，护套粘贴金属复合带的光缆，其护套的伸缩现象比较少见。护套中粘贴钢塑复合带的光缆比粘贴铝塑复合带的光缆防伸缩能力更强，所以应尽量粘贴钢塑复合带。如果护套内表面没有粘贴金属复合带，则护套容易伸缩。

因此，宜采用 GYTS 光缆作为青藏高原地区的架空光缆，当然 GYTA53 双护套光缆也适用于此。虽然双护套增加了对光纤的保护，但同时也增加了建设成本，一般不推荐使用。

护套与缆芯之间越紧密，表示它们之间的摩擦力越大，这样有利于将缆芯和护套形成一个整体，减少缆芯和护套之间的相对伸缩。适当增加缆芯与护套的紧密程度可有效防止护套伸缩。但不能过分紧密，否则接续施工时护套不容易从缆芯上抽出，在施工时光缆弯曲容易使缆芯被挤压变形。

（3）需要更强的抗张强度

为了应对青藏高原风力较强的自然环境和湿润冻土地段电杆会上升的情况，增加光缆抗张强度是必要的。架空光缆宜采用抗张强度为短期 3000N/ 长期 1000N 的 GYTS 光缆，以增强光缆线路的生存能力。

二、青藏高原架空光缆的应对措施

1. 应对低温环境

光缆的抗低温能力主要与纤膏、缆膏的温度特性及松套管内光纤的自由程度有关。因此，在青藏高原架空光缆，应做到以下两点。

① 采用更优质的，能在 −50℃下保证性能的纤膏、缆膏。当最低工作温度为 −50℃时，纤膏、缆膏的低温锥入度不低于 180dmm。

② 采用更大的松套管，以保证松套管内光纤的自由度更大，并在生产中能更准确地控制光纤的余长。

还应注意光缆的施工问题，应选择合适的施工季节。青藏高原上最适宜的施工季节是每年的 7 ～ 9 月，严寒天气下拖拽光缆不仅对光缆有损害，还会限制施工人员的活动能力，易发生人身伤亡事故。

冬季维护青藏高原上的架空光缆也存在诸多难题，例如，低温下极难攀爬水泥电杆，因此采用木电杆更有利于光缆线路的维护。此外，给维护人员配置相应的车辆、帐篷，以及高原熔接机等工机具，能够极大地提高线路的维护进度。

2. 减轻护套和松套管回缩的方法

（1）伸缩机理

松套管和护套的回缩是在大温差地区架空光缆会出现的一个现象。大多数松套管使用的是热塑性聚酯（PBT）材质，护套主要采用 PE 材质，它们在光缆中的伸缩机理有热回缩、热胀冷缩、残留应力 3 种。

① 热回缩。

光缆的 PBT 松套管、PE 护套层都属于结晶型材料，结晶型材料的结晶度越高，表示材料的性能越稳定，尺寸和体积越小，材料的力学性能和刚性越高。反之，材料的性能越不稳定、尺寸越大，材料的柔韧性、耐折性、伸长率及冲击强度则较差。PBT 材料在挤塑时会发生重新结晶的现象，结晶的程度取决于挤塑工艺。挤塑时如果材料未能充分结晶，那么在之后的过程中，PBT 材料会根据环境温度的变化继续结晶。当高温时，分子松弛，继续结晶现象明显加快。而 PE、PBT 材质的热回缩现象主要是继续结晶导致材料体积缩小的现象。

材料结晶的过程是材料的分子结构重新排列的过程。PE 和 PBT 材料在挤塑时的结晶度取决于冷却速度。在挤塑过程中，冷却速度与冷却水温度、挤塑机牵引速度、水槽长度等因素有关，理想状况是分段冷却，即材料刚挤出时用温水冷却，后面水温逐渐降低，此过程中要保证牵引速度慢，水槽要长。

结晶类材料在充分结晶后就不会再发生热回缩现象。根据材料不同和材料加工工艺不同，以及环境气候不同，热回缩现象通常在数月或 1～2 年后即可消失。

从以上分析可看出，热回缩引起光缆构件伸缩的特点是构件只回缩、不伸长。这一现象不会反复，一旦回缩完毕，便不再发生。热回缩引起的光缆构件伸缩程度取决于构件的热回缩能力和环境温度。

② 热胀冷缩。

热胀冷缩是大多数材料的固有性质。光缆材料中的护套、松套管均属于塑料类，其膨胀系数比较大，约为 $14 \times 10^{-5}/℃$，是金属膨胀系数的 10 余倍。假设光缆中塑料类构件完全自由伸缩，不与任何构件产生摩擦力，那么在温度差为某个室温 ±30℃时，2000m 长的构件伸缩长度为 ±8.38m。但在实际中，光缆内各构件之间存在摩擦力，2000m 光缆中的塑料类构件很难达到 ±8.38m 的伸缩。

热胀冷缩的特点是根据温度升高或降低，构件可伸长或回缩。这一现象会反复，且长期存在。热胀冷缩量取决于地表温度和材料的线膨胀系数。

松套管材料除 PBT 外，还有一种 PC 和聚丙烯（PP）双层复合松套管，其回缩率的变化范围是 −2.1‰～3.8‰，优于 PBT 试样回缩率 7‰，且永久不会产生变形，回缩特性大幅优于 PBT。

③ 残留应力。

挤出套管或护套并冷却后，其外形已经固化成形，不再容易发生塑性变形。这时，在牵引张力或收线张力的作用下，容易在套管或护套上产生拉伸应力，直至绕在盘具上，这种应力还会继续保持。对于套管来说，在成缆过程中，在放线张力的作用下，这种拉伸应力将有变化地继续保持。

在施工过程中，施工人员拖曳光缆外皮，容易在护套上产生轴向拉伸应力。当光缆敷设完毕后，这种拉伸应力缓慢释放，使光缆护套发生回缩。

残留应力引发光缆构件伸缩的原因，大多情况是由于光缆护套缩短，很少有光缆护套伸长的情况发生。残留应力现象不会反复出现，一旦应力消除，便不会再发生伸缩。残留应力在光缆生产和施工中均有可能产生。

（2）解决方案

在了解光缆护套和松套管回缩成因的基础上，以下方法可有效减轻回缩的影响。

① 采用松套层绞式光缆。

② 适当提高层绞式光缆缆芯的松紧度，以及缆芯与护套间的松紧度，增大松套管与其他构件的摩擦力。

③ 尽量使用钢塑复合带粘贴护套，因为钢塑复合带比铝塑复合带更能有效地限制护套伸缩。

④ 在挤塑套管和 PE 护套时，应缓慢而充分地冷却。理想情况是分段冷却，即刚挤出时用温水冷却，后半段用冷水冷却，提高护套和松套管的结晶度。

⑤ 在挤塑套管和 PE 护套时，收线张力不宜太大。

⑥ 优先选用 PP 和 PC 双层复合松套管。

⑦ 光缆在敷设后，应停放不少于一周后再进行光缆接续，有条件时，可尽量延长停放时间，让光缆在自然环境的平直状态下设置，有利于光缆内各构件尽可能伸缩，减小护套和松套管的热回缩及施工残余应力对光缆的影响。

⑧ 光缆接头盒内应预留数十厘米的套管光纤和相应的空间，使预留的套管光纤在一定范围内能够自由伸缩，以弥补光缆内套管的伸缩空间。

⑨ 光缆接头盒内应牢固地固定光缆护套，可在光缆接头盒外增加加固装置。

⑩ 光缆接头盒宜选择帽式结构，固定在杆塔上且进线孔向下放置。光缆接头盒两边预留光缆，以增大摩擦力，减小护套及松套管回缩的影响。

⑪ 在光缆架空敷设时，应在每个电杆上做预留弯（伸缩弯），以应对热胀冷缩对接头的损害。

3. 应对外护套的老化

目前，使用 PE 护套料的厂商众多，生产工艺和性能也各不相同。主要工艺有共聚法和共混法两种。二者的区别在于，共聚法是直接将石油裂解合成高密度 PE 材料，而共混法是将高密度 PE 材料和低密度 PE 材料混合后再加工而成，两种方法生产的 PE 材料都是满足相关标准要求的，但两者的耐候性能还存在一定差异，共聚法在抗老化性能上有一定的优势，应选择该工艺生产的

PE 护套。

对于防高紫外线，主要取决于护套料中炭黑的含量、分散度及吸收系数，优良的 PE 护套材料本身均具有很好的防高紫外线功能。目前，一些厂商声称的防紫外线添加剂相对炭黑在防紫外线上还有相当大的差距，青藏高原地区架空光缆防紫外线主要依靠添加适量的炭黑来解决问题，炭黑含量控制在 2.6% 为宜。

另外，青藏高原地区风沙较大，风沙会磨损光缆护套表面，因此也要求光缆护套料有较好的耐磨性能。

通过表 6-44 的比较可以看出，高密度聚乙烯较中密度聚乙烯和线性低密度聚乙烯的抗开裂性差，但高密度聚乙烯外护套的耐磨性能及抗张强度、断裂伸长率相较于中密度聚乙烯和线性低密度聚乙烯更具优势。据了解，一些国内外厂商以共聚法生产的一种兼有高密度聚乙烯的优秀机械性能和中密度聚乙烯抗开裂能力的 PE 材料，是青藏高原架空光缆外护套的首选材料。

第七章

局内光缆敷设安装

第一节　局内光缆敷设安装

一、局内光缆的范围

局内光缆包括局前人（手）孔至 ODF 的光缆敷设、ODF 安装、光缆成端这 3 个主要部分，完成安装后，还需要测试中继段。局内光缆安装主要工程量（示例）见表 7-1。

表 7-1　局内光缆安装主要工程量（示例）

序号	项目	单位	数量
1	进局光（电）缆防水封堵	处	
2	光（电）缆上线洞楼层间防火封堵	处	
3	托板式敷设室内通道光缆	百米条	
4	光缆成端接头	芯	
5	*40km 以上中继段光缆测试（双窗口测试、48 芯以下）[系数：1.8]	中继段	
6	安装光分配架（整架）	架	
7	安装光分配架（子架）	个	
8	室内布放电力电缆（单芯截面积在 35mm² 以下）（单芯）	十米条	
9	安装室内接地排	个	
10	敷设室内接地母线	十米	
11	局内缠绕阻燃胶带	十米	

二、局内光缆测量注意事项

① 局内光缆测量距离可用皮尺、卷尺等，绘制图中应完整表现自局前人（手）孔至 ODF 的局内光缆路由及安装位置。

② ODF 位置应在绘制图中明确，机房平面按比例绘制。

③ 确定机架高度是 2.2m 还是 2.0m，机房有统一规格要求的要按机房要求设置机架高度。

④ 局内光缆路由及安装方式图可不按比例绘制。

⑤ 进局光缆不可以架空方式直接进局，架空光缆需要通过局（站）下进线洞进局。

三、局内光缆敷设安装

1. 光缆敷设安装要求

① 地市级以上的局（站），从 ODF 向局外方向敷设约 500m 的阻燃光缆，阻燃光缆终结在管道人（手）孔中。

② 进局光缆在局内不单独设置接头，直接成端到机房 ODF 上。

③ 光缆在进线室内应选择安全的位置，当处于易受损伤的位置时，应采取保护措施。局内光缆的布放应整齐美观，沿上线井布放的光缆应使用皮线绑扎在上线加固于横铁上。光缆经由走线架、拐弯点（前、后）应予绑扎，两处绑扎的距离不应超过 30cm，上下走道或爬墙的绑扎部位应垫胶管，避免光缆受到侧压。

④ 进线室内、走线架上的光缆应有明显的标志且布线合理整齐，以便与其他线缆区分。机房交流电源线、直流电源线、光纤、通信线应按不同路由分开布放。例如，通信电缆与电力电缆之间的距离应保持至少 100mm。

⑤ 光缆进入 ODF 应绑扎固定，成端处的光缆金属护套用 ZA-RVV-600/1000V 1×10 铜芯阻燃聚氯乙烯护套电力电缆，与 ODF 的高压防护接地装置相连接；金属加强芯剥离塑料在垫层后直接与 ODF 的高压防护接地装置连通。ODF 的高压防护接地装置用 ZA-RVV-600/1000V 1×35 铜芯阻燃聚氯乙烯护套电力电缆连接至电力室或机房内防雷保护地线排上。电力电缆的两端必须加装接线端子，接线端子的尺寸应与线径吻合，并压（焊）接牢固。

⑥ 进局光缆应在距局房入口 1～1.5m 处、ODF 入口处下方、光缆预留处、直线段每隔 3m 挂置一块标牌。光缆标牌为铝牌，标牌上应有工程名称、光缆芯数等内容，样式同管道中的光缆标牌（内框规格：长 76mm × 宽 48mm）。

⑦ 进局光缆应预留在进线室铁架或墙壁上，机房内不预留光缆。

⑧ 局内光缆在穿越楼板洞、墙洞后，应用防火材料将洞口封堵严密。

⑨ 光缆引入局（站）后应使用阻燃黏胶封堵管孔，不得渗水、漏水。

2. 光缆接地

（1）总体要求

① 光缆在 ODF 上成端时，其金属构件必须接地，局内光缆接地示意如图 7-1 所示。

② 光缆的接地线应采用阻燃电缆，必须采用绿／黄组合颜色的识别标志，其规格为 ZA-RVV-600/1000V 1×35。

③ 光缆引入 ODF 后应绑扎固定，在施工过程中应确保光缆及缆中纤芯不受损伤，光缆的金属部分与机架应保证绝缘。

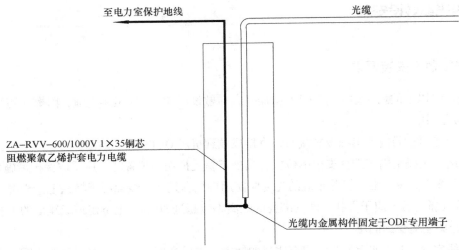

至电力室保护地线　　　　　　　　　　　　光缆

ZA-RVV-600/1000V 1×35铜芯
阻燃聚氯乙烯护套电力电缆

光缆内金属构件固定于ODF专用端子

图7-1　局内光缆接地示意

（2）金属加强芯接地

光缆开剥后，将金属加强芯可靠连接到ODF的高压防护接地装置上；若金属加强芯有塑料垫层，则必须将塑料垫层剥离后再与高压防护装置固定。

（3）金属护套接地

① 剥开光缆后，保留不小于5cm长的纵剖外护套，纵剖后的外护套根部环切，环切长度小于光缆外周长的一半。用电烙铁加热去除纵剖外护套金属护套的内层涂塑层。若有多层金属护套，则每层金属护套均采用同样流程操作。有钢丝铠装的光缆，钢丝铠装层提前剥离，不进机房。

② 用酒精或丙酮去除金属护套内层上的残余油膏。将接地线与压接端子（型号：PG14，规格：长28mm×宽25mm，三角形针脚刺共14孔）的接线柱压接牢固后，将压接端子与处理后的金属护套压接牢固。

③ 压接端子与松套管之间用棉花做垫层，再用黑色阻燃PVC胶带将光缆护套、松套管及压接端子缠扎牢固。

④ 截取适宜的接地线长度。将接地线的另一端用压接式铜接线端子（铜鼻子）压接牢固后，通过接线端子与高压防护装置相连，接地线应尽量短直。

⑤ 接地线必须是整条线料且外皮完整，中间严禁有接头和急弯处。

（4）接地检验

① 金属加强芯：距ODF高压防护装置不小于2cm处，剥除金属加强芯的塑料垫层，用万用表量取该处与高压防护装置间的电阻；若电阻值小于0.1Ω，则表示金属加强芯满足接地要求。

② 金属护套：距ODF内光缆固定处不小于5cm处，剥除小指甲盖大小的光缆外护套，露出金属护套的金属层，用万用表量取该处与高压防护装置间的电阻；若电阻值小于0.1Ω，则表示金属护套满足接地要求。

3. 局内 ODF 标签

① ODF 单元外面板标签如图 7-2 所示。

② ODF 单元标签应用 A4 纸制作，粘贴在 ODF 柜门的内侧，ODF 单元标签格式见表 7-2。

表 7-2　ODF 单元标签格式

ODF1　××－××48 芯缆（一干 ××-×× ）						
1	2	……	9	10	11	12
蓝	橙	……	绿	棕	灰	白
1						
用途						
2						
用途						

③ 熔纤盘标签如图 7-3 所示，位置在每个熔纤盘的右侧。

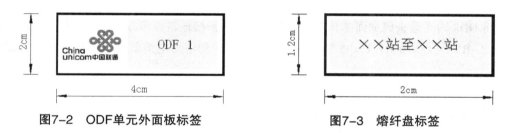

图7-2　ODF单元外面板标签　　　　　图7-3　熔纤盘标签

第二节　局内光缆的防护要求

一、通信局（站）内防雷接地线要求

1. 一般要求

（1）接地方式

依据 GB 50689—2011《通信局（站）防雷与接地工程设计规范》第 3.1.1 条，通信局（站）的接地系统必须采用联合接地的方式。按单点接地原理设计，即通信设备的工作接地、保护接地（包括屏蔽接地和建筑物防雷接地）共同合用一个接地体的联合接地方式。

局（站）的防雷与接地系统应采用联合接地方式，即使局（站）内各建筑物的基础接地体和其他专设接地体相互连通形成一个共用地网，并将电子设备的工作接地、保护接地、逻辑接地、屏蔽体接地、防静电接地，以及建筑物防雷接地等共用一组接地系统的接地方式。

（2）雷暴区

根据 GB 50689—2011《通信局（站）防雷与接地工程设计规范》条文说明，对雷暴区有以下的定义。

少雷区：一年平均雷暴日数不超过 25 天的地区。

中雷区：一年平均雷暴日数在 26 ～ 40 天以内的地区。

多雷区：一年平均雷暴日数在 41 ～ 90 天以内的地区。

强雷区：一年平均雷暴日数超过 90 天的地区。

从 GB 50689—2011《通信局（站）防雷与接地工程设计规范》附录 A 中，可查得工程所在地点的年平均雷暴日数，根据雷区定义得知该地区所属雷区，相关保护措施按照规范中的标准要求执行。

2. ODF 接地要求

① 将 ODF 内光缆金属加强芯和金属护套与高压防护接地装置可靠连接，并将高压防护接地装置用 ZA–RVV–600/1000V 1×35 铜芯阻燃聚氯乙烯护套电力电缆就近引到机房内第一级地线排上。

② 防雷地线必须采用绿 / 黄组合颜色的识别标志。

③ 严禁在接地线中加装开关或熔断器。

④ 布放接地线时，应尽量保证线短直，多余的线缆应截断，严禁盘绕。

⑤ 设备柜门与柜体间应做等电位连接。

二、机架安装抗震加固措施

1. 抗震烈度

① 依据 GB 50011—2010《建筑抗震设计规范》"附录 A 我国主要城镇抗震设防烈度、设计基本地震加速度和设计地震分组"，可查找工程所在地区的抗震设防烈度。

② 骨干光缆网局（站）为长途传输干线局（站），依据 YD 5054—2010《通信建筑抗震设防分类标准》3.0.2 章节规定属于"重点设防（乙类）"通信建筑。根据该标准 4.0.1 条强制性标准的规定，应按高于本地区抗震设防烈度一度的要求加强其抗震措施。

通信建筑抗震设防类别见表 7–3。

表 7-3　通信建筑抗震设防类别

建筑名称	设防类别
国际出入口局、国际无线电台、国际卫星通信地球站、国际海缆登陆站	特殊设防类（甲类）
省中心及省中心以上通信枢纽楼	重点设防类（乙类）
长途传输干线局（站）	
国内卫星通信地球站	
本地网通信枢纽楼及通信生产楼	
应急通信用房	
承担特殊重要任务的通信局	
客户服务中心	
甲、乙类以外的通信生产用房（指安装接入层通信设备的房屋，例如基站机房、远端接入机房等）	标准设防类（丙类）

③ 根据 YD 5059—2005《电信设备安装抗震设计规范》1.0.3 章节要求，工程新装设备安装加固抗震设防烈度应与该局建筑抗震设防烈度 7 度相同。

2. 抗震安装

（1）总体要求

新增设备抗震加固要求应按 YD 5059—2005《电信设备安装抗震设计规范》的规定执行，其中，5.1.1、5.1.2、5.1.3、5.1.4、5.2.2 条为强制性条文，必须严格执行。传输及其配套设备为架式电信设备，机架及机房铁架或走线架的加固方式应按 YD 5060—2010《通信设备安装抗震设计图集》"第一册 架式、自立式通信设备"的规定执行。设备安装加固时，设备机架底部应用膨胀螺栓与地面加固，新装机架顶部与走线架立柱加固，构件之间连接牢固，使之成为一个整体。

新增设备时，其架顶应至少与走线架加固两处。

（2）单台重量 300kg 以上设备

对于通信枢纽楼、长途传输干线终端/再生站等单台设备可能大于 300kg 的局（站），经查表计算，300kg 以上通信设备安装抗震锚栓选用要求见表 7-4。

表 7-4　300kg 以上通信设备安装抗震锚栓选用要求

地震烈度	底座短边尺寸 /mm	锚栓型号	每架设备锚栓数量 / 个
7 度及以下	300	M10	2/4
	600	M8	2/4
8 度及以上	300	M10	3/8
	600	M10	3/8

注：1. 锚栓为特殊倒锥形胶粘型锚栓，例如采用机械扩底型锚栓，锚栓直径需要增加一个等级，锚栓性能等级均为 6.8 级。

2. 基材混凝土强度等级按照 C30 考虑，不考虑边距和间距的影响效应。

3. 2/4 表示受拉一侧锚栓数量为 2 个，单台设备下总的锚栓数量为 4 个；3/8 表示受拉一侧锚栓数量为 3 个，单台设备下总的锚栓数量为 8 个。

4. M8 锚栓有效锚固深度不小于 70mm，M10 有效锚固深度不小于 90mm，M12 有效锚固深度不小于 110mm，M14 有效锚固深度不小于 130mm。

5. 锚栓施工及检测应符合相关规范和标准要求。

（3）单台重量 300kg 以下通信设备

经查表计算，300kg 以下通信设备安装抗震锚栓选用要求见表 7-5。

表 7-5　300kg 以下通信设备安装抗震锚栓选用要求

设防烈度	楼层	每台设备的锚栓数 / 个	锚栓规格	
			定型化学锚栓	后扩底锚栓
6～7 度	下层	4	M6	M8
	上层	4	M8	M10
8 度	下层	4	M8	M10
	上层	4	M10	M12
9 度	下层	4	M10	M12
	上层	4	M12	M12

注：上层指建筑物地上楼层的上半部分，下层指建筑物地上楼层的下半部分。单层房屋按表中下层考虑。

三、局内光缆其他防护措施

① 局内光缆应走机房弱电通道上下，沿机房爬梯、走线架或槽道敷设，并应绑扎牢固，悬挂光缆牌识别。

② 进局光缆应有预留部分，预留光缆在进线室盘圈并绑扎牢固，悬挂光缆牌识别。

③ 局内光缆如果放置在易于与其他物体发生摩擦的地方，可采用纵剖塑料管保护。

第八章

通信管道

第一节 通信管道设计要点

一、管道测量

1. 通信管道路由选择

① 通信管道路由应满足整个通信网络的发展需求，尽量做到路由短捷、地势平坦、转弯少、高差小、地质稳固、地下水位低，以及地下各种管线和障碍物少。

② 沿靠城市、郊区的主要街道和公路。

③ 通信管道路由应符合城市建设发展规划，沿规定的道路和分配的断面铺设，若规划无特定地点，则管道应建在定型（或规划）街道的人行道上。如果不能在人行道上建筑管道时，可考虑选择建在绿化带或建在慢车道上，不应任意穿越广场或有建设规划的空地。

④ 高等级公路上的通信管道建筑位置选择的优先次序是：在隔离带下、路肩和防护网内。

⑤ 所选择的通信管道位置中心线，原则上应平行于道路中心线或建筑红线。

⑥ 应考虑通信管道与其他管线和建筑物间的最小间隔，最好选择在与其他管线埋深差别较小的地段附近。

⑦ 为便于光缆电缆引上，通信管道位置宜与杆路同侧。

⑧ 通信管道路由应远离电蚀及化学腐蚀地带。

⑨ 避免在已有规划而尚未成型，或虽已成型但土壤未沉实的道路上，以及流沙、翻浆地带修建管道。

⑩ 通信管道应尽量避免与燃气管道、高压电力电缆在道路同侧建设，不可避免时通信管道与其他地下管线及建筑物间的最小净距，应符合表 8-1 的规定。

表 8-1 通信管道与其他地下管线及建筑物间的最小净距

其他地下管线及建筑物名称		平行净距 /m	交越净距 /m
已有建筑物		2.0	—
规划建筑物红线		1.5	—
给水管	直径 ≤ 300mm	0.5	0.15
	300mm ＜直径 ≤ 500mm	1.0	
	直径 ＞ 500mm	1.5	
污水、排水管		1.0（注 1）	0.15（注 2）

续表

其他地下管线及建筑物名称		平行净距 /m	交越净距 /m
热力管		1.0	0.25
燃气管	压力 ≤ 300kPa（压力 ≤ 3kg/cm²）	1.0	0.3（注3）
	300kPa＜压力 ≤ 800kPa（3kg/cm²＜压力 ≤ 8kg/cm²）	2.0	
电力电缆	35kV 以下	0.5	0.5（注4）
	≥ 35kV	2.0	
高压铁塔基础边	＞ 35kV	2.50	—
通信电缆（或通信管道）		0.5	0.25
通信电杆、照明杆		0.5	—
绿化	乔木	1.5	—
	灌木	1.0	—
道路边石边缘		1.0	—
铁路钢轨（或坡脚）		2.0	—
沟渠（基础底）		—	0.5
涵洞（基础底）		—	0.25
电车轨底		—	1.0
铁路轨底		—	1.5

注：1. 主干排水管后铺设时，其施工沟边与管道间的水平净距不宜小于 1.5m。

　　2. 当通信管道在排水管下部穿越时，交叉净距不宜小于 0.4m，通信管道应做包封处理。包封长度自排水管道两侧各长 2m。

　　3. 在交越处 2m 范围内，燃气管不应做接合装置和附属装备；如果不能避免上述情况时，通信管道应做包封处理。

　　4. 若电力电缆加保护管，则交叉净距可减至 0.15m。

⑪ 通信管道与铁道及有轨电车的交越角不宜小于 60°。交越时，与道岔及回归线的距离不应小于 3m。

2. 管道测量注意事项

① 城区管道测量可用小推车，测量时注意小推车的计数器是否正常。

② 人（手）孔位置应在测量过程中确定并用 GPS 定位。

③ 道路宽度尽量按比例画，路边的建筑物有名称的尽量标注，人（手）孔前的建筑名称必须标注，以便根据图纸确定人（手）孔位置。

④ 骨干光缆配套建设的管道一般为两大孔，可以一孔梅花管＋一孔 Φ110mm PVC/PE 管，也可以是两孔 Φ110mm PVC/PE 管，应与建设单位协商建设。

⑤ 新建管道的工程测量要按标准进行，例如顶管、破路等，新建人（手）孔位置要 GPS 定位。

⑥ 图纸上有新建管道，应写上该图线路长度和人（手）孔数量，以便统计。第一张图上应有该段管道总长及人（手）孔总数。

二、统计工程量

经过施工图测量并完成施工图纸后，需要统计该图纸分册的工程量并完成工程量表。工程量统计应与预算表"建筑安装工程量预算表（表三）甲"中工程量一致，××市新建管道工程量表（示例）见表 8-2。

表 8-2　××市新建管道工程量表（示例）

序号	工程项目名称	单位	数量
1	施工测量通信管道	100m	
2	人工开挖路面（混凝土路面 150mm 以下）	100m²	
3	人工开挖路面（混凝土路面 250mm 以下）	100m²	
4	人工开挖路面（柏油路面 150mm 以下）	100m²	
5	人工开挖路面（柏油路面 250mm 以下）	100m²	
6	人工开挖路面（砂石路面 150mm 以下）	100m²	
7	人工开挖路面（砂石路面 250mm 以下）	100m²	
8	人工开挖路面（混凝土砌石路面）	100m²	
9	人工开挖路面（水泥砖铺路面）	100m²	
10	人工开挖路面（条石路面）	100m²	
11	开挖土方（普通土）	100m³	
12	开挖土方（硬土）	100m³	
13	开挖土方（砂砾土）	100m³	
14	开挖土方（软石土）	100m³	
15	开挖土方［坚石（爆破）］	100m³	
16	开挖土方［坚石（人工）］	100m³	
17	回填土方（松填原土）	100m³	
18	回填土方（夯填原土）	100m³	
19	回填土方（夯填 2∶8 灰土）	100m³	
20	回填土方（夯填 3∶7 灰土）	100m³	
21	回填土方（夯填级配砂石）	100m³	
22	回填土方（夯填碎石）	100m³	
23	回填土方（手推车倒运土方）	100m³	
24	混凝土管道基础（×××mm 宽）（100 号）	100m	

序号	工程项目名称	单位	数量
25	混凝土管道基础（×××mm 宽）（150 号）	100m	
26	铺设水泥管道（××× 型）	100m	
27	铺设塑料管道（×× 孔）	100m	
28	铺设镀锌钢管管道（×× 孔）	100m	
29	通信管道混凝土包封（100 号）（150 号）	m^3	
30	砖砌通信电缆通道（不含人孔口圈）（×.×m 宽通道）	100m	
31	砖砌通信电缆通道（含人孔口圈）（×.×m 宽通道）	100m	
32	砖砌通信电缆通道（两端头侧墙部分）	两端	
33	砖砌人孔（现场浇灌上覆）（号别[1]）	个	
34	砖砌手孔（现场浇灌上覆）（号别）	个	
35	砖砌人孔（现场吊装上覆）（号别）	个	
36	混凝土管道基础加筋（型号）	100m	
37	防水砂浆抹面（五层）	m^2	
38	油毡防水法	m^2	
39	玻璃布防水法	m^2	
40	挡土板（管道沟）	100m	
41	挡土板（人孔坑）	个	
42	管道沟抽水（流水类别）	段	
43	人孔坑抽水（流水类别）	个	
44	微控定向钻敷管管长 ×××m 以下（Φ××× 以下 × 根）	处	

注：1. 号别是指人孔或手孔的型号，例如人孔有小号直通型、中号三通型等。

第二节　通信管道敷设安装

一、新建管道规模容量

1. 规模容量选定原则

① 通信管道应根据各运营商发展需要，进行总体规划。

② 通信管道规划应当以城市发展规划和通信建设总体规划为依据。通信管道建设规划必须纳入城市建设规划。

③ 城市街区内新建、改建的建筑物，楼外应预埋通信管道，并应与公用通信管道相连。

④ 城市的桥梁、隧道、高等级公路等建筑应同步建设通信管道或留有通信管道的位置。必要时，应进行特殊管道设计。

⑤ 通信管道与通信规划应与城市道路和地下管道规划及其现状密切结合，主干道路可在道路两侧修建管道。管道建设应与相关的市政建设统一规划，同步进行。

2. 管道分类与定义

主干管道：一般覆盖城市干线道路，主要连接核心 / 汇聚节点或连接核心 / 汇聚节点与接入点之间的通信管道，包括出局及至主干道路的管道。

支线管道：一般覆盖城市支线道路，主要连接主干管道与驻地网管道之间的通信管道。

驻地网管道：市政规划红线外的管道，主要包括建筑规划红线内楼宇、住宅等区域内通信管道，以及建筑物内部管槽等。

3. 管道容量

① 应结合市政规划的要求确定。

② 建设单位目前及未来所要开展的业务种类。

③ 建设单位在本地区发展规划及对远期管道容量的需求。

④ 市中心、市郊、居民区、商业区等不同的地理位置对管道的影响。

⑤ 应考虑中心局、分局、支局、基站等局（站）的位置，现有及将来承担业务种类及业务汇接情况。

⑥ 基本不需要考虑敷设电缆占用管孔。

⑦ 对运营商或其他需要考虑用户线的电信企业，管道容量应按业务预测及具体情况计算。各段管孔数（按大孔计）见表 8-3。

表 8-3　各段管孔数（按大孔计）

序号	管道性质	本期	远期
1	主干管道	规划的光缆条数 /4	6 孔以上
2	支线管道	规划的光缆条数 /4	4 孔左右
3	驻地网管道	规划光缆条数 /4，一般 2～3 孔	2～3 孔
4	租用管孔及其他	2～3 孔	2～3 孔
5	备用管孔	20% 冗余	20% 冗余

注：大孔指管道直径为 $\Phi110$mm 塑料管、梅花管、栅格管等，可穿放多条光缆，此处按 4 条计。

⑧ 管孔容量应按远期需要和合理的管群组合类型确定，并应留有适当的备用孔。为便于维护和施工，一般不采用水泥管道布设。塑料管、钢管等宜组成形状整齐的群体，形状可视具体情况而定。

⑨ 在一条路由上，为避免多次挖掘马路，管道应按远期容量一次敷设。在远期管孔需要数量过多的宽阔马路上，可将管道建在马路的两侧或建通道。

⑩ 进局管道应根据终局需要一次建设。管孔大于 48 孔时可做通道，由地下室接出。

⑪ 主干管道位于主干道及主要街道时，特大型省会城市可建 6 ~ 8 孔塑料管道，地市及以下城市一般建 4 孔管道，其中 3 孔为 Φ110mmPVC 管，1 孔为五孔或七孔梅花形 PE 管；支线管道位于一般街道，通常建 2 ~ 3 孔，其中 1 ~ 2 孔为 Φ110mmPVC 管，1 孔为五孔或七孔梅花形 PE 管。

⑫ 对于城市新区管道规划，需要统一考虑各运营商联合建设管道的情况，可结合上述原则协商解决。若某一运营商管道需求量很大，宜与其他运营商分建不同人（手）孔。

二、管材的种类及选用

1. 管材种类

通信管道的材料主要有水泥管块、硬质聚氯乙烯（PVC-U）或半硬质聚乙烯塑料管及钢管。

（1）水泥管块

水泥管块的特点是价格低、技术成熟，但施工时需要做管道基础及包封，施工成本较高，现已基本被塑料管替代。水泥管材主要规格见表 8-4。

表 8-4 水泥管材主要规格

孔数 × 孔径	标称	外形尺寸 长 × 宽 × 高	适用范围
3mm × 90mm	三孔管块	600mm × 360mm × 140mm	城区管道
4mm × 90mm	四孔管块	600mm × 250mm × 250mm	城区管道
6mm × 90mm	六孔管块	600mm × 360mm × 250mm	城区管道

（2）单孔塑料管

通信用塑料管按材料分为高密度聚乙烯管和 PVC-U 管。按结构分为内壁光滑而外壁波纹的双壁波纹塑料管、内壁光滑而中间含发泡层的复合发泡管、内外壁光滑的实壁塑料管、壁内外均呈凹凸状的单壁波纹管。

工程中所用大孔单孔塑料管多采用双壁波纹塑料管，其结构尺寸见表 8-5。

表 8-5 双壁波纹塑料管结构尺寸

标称外径 / 内径	外径允许偏差 /mm	最小内径 /mm	管长 /mm
110/100mm	+0.4 −0.7	97	6000 ± 30
100/90mm	+0.3 −0.6	88	6000 ± 30

（3）多孔塑料管

通信工程用多孔塑料管有蜂窝式、栅格式和梅花式 3 种截面形状，单管可达 3～9 孔。工程中可根据具体情况选用。材料一般采用高密度聚乙烯管或 PVC–U 管，多孔塑料管结构尺寸见表 8–6。

表 8-6 多孔塑料管结构尺寸

内径 /mm	外径 /mm	内径、外径偏差 /mm	内壁厚 /mm	外壁厚 /mm	壁厚偏差 /mm
26	≤ 110	≤ ±0.5	≥ 1.5	≥ 2	≤ ±0.3
32	≤ 110	≤ ±0.5	≥ 1.5	≥ 2	≤ ±0.3

多孔 PE 塑料管的管长一般为 6m，允许偏差为 30～60mm，也可与厂商商定。

（4）硅芯塑料管

硅芯塑料管多用于野外长途管道及高等级公路管道，市内管道较少采用，其外径在 32～60mm，盘长可达 2000～3000m。

2. 管材特点及选用

塑料管结构灵活，具有强度高、耐压抗冲击、内壁光滑、摩擦阻力小、连接方便、接头密封好、无渗漏、重量轻、弯曲性好，以及易于避开障碍物等优点，但价格远高于相同容量的水泥管块。

目前，新建管道一般不推荐使用水泥管块。城区管道一般采用 Φ110mmPVC 管（或 PE 管）与多孔梅花管混合建设方式，大跨距、顶管段落可采用 Φ40/33mm 硅芯塑料管。

三、人（手）孔建筑

1. 人（手）孔位置

① 为了便于光缆接续方便和减少引上、引入光缆长度，一般在有多支引上光缆汇集点、适用于接续引上光缆地点、屋内用户引入点，以及现在和将来光缆可能分支点设立人（手）孔。

② 人（手）孔应设立于道路交叉路路口或拟建地下引入线路的建筑物旁，并注意保持与其他相邻管线的距离。

③ 在弯曲道路上，为了减少弯曲管道建筑数量，或者使弯曲管道有较大的曲率半径，宜在转弯处设立人（手）孔。

④ 如果管道路由有坡度变化，一般宜在坡度转换点设立人（手）孔。

⑤ 可由段长设置决定人（手）孔位置。

⑥ 光缆需要改为其他方式敷设的地点，例如水线、飞线两端等，可考虑设置人（手）孔。

⑦ 当管道穿越电气化铁路、有轨电车路轨或街道时，宜在路轨或街道两侧设置人（手）孔。

⑧ 在绿化带铺设管道时，一般将人（手）孔设在绿化花圃的边缘处。

⑨ 与其他管线平行时，人（手）孔与其他管线检查井位置应尽可能错开。

⑩ 人（手）孔一般不设在重要的或交通繁忙的建筑物门口。

⑪ 管道建筑在人行道上时，必须考虑对附近房屋的影响。例如，人（手）孔沟边距房屋墙基较近又不能选择其他位置时，一般在挖坑时，应对房层及人（手）孔沟采用支撑措施。

2. 人（手）孔基础

人（手）孔坑开挖后需要夯实，施工前应建混凝土基础，手孔及小号人孔的基础厚度为120mm，中大号人孔的基础厚度为150mm，混凝土标号均为150号。

遇到土壤松软或地下水位较高时，还应增设碴石地基，采用钢筋混凝土基础。

3. 人（手）孔安装要求

（1）人（手）孔安装

① 人（手）孔的四壁要抹平，表面要平整，混凝土表面不起皮、不粉化。

② 人（手）孔砌体必须垂直，砌体顶部四角应保持水平一致。

③ 砌体的形状和尺寸应符合图纸要求。

④ 井内喇叭口应设在人（手）孔的中央，喇叭口平滑和对齐。

⑤ 人（手）孔壁上的管孔位置应水平居中，管口应与喇叭口平齐，人孔井底离最低管孔的距离应大于400mm，手孔井底离最低管孔的距离应大于240mm。

（2）人（手）孔设施

① 人（手）孔的口圈及手孔盖板采用人行道与车行道区别使用，车行道必须安装车行道的口圈。

② 人（手）孔口圈应完整无损，自口圈外缘应向地表做相应的泛水。

③ 人（手）孔内的托架应达到安装正确，位置适当，高度应与管孔的高度一致，托板齐全。

④ 人（手）孔内的闲置管孔必须用堵头封堵。

⑤ 积水罐安装坑应比积水罐外形四周多100mm，坑深比积水罐高度深100mm。基础表面应从四周向积水罐做20mm泛水。

（3）引上管引入

① 引上管引入人（手）孔及管道时，应设在管道引入窗口以外的墙壁上，不得与管道叠置，并应封堵严密，抹出喇叭口。

② 引上管进入人（手）孔，宜在上覆下方200～400mm，一般采用300mm即可。

4. 人（手）孔的标高

① 市区管道人（手）孔的井盖标高应与地面同高。

② 公路路肩上人（手）孔的顶面与公路地面同高。

③ 在野外情况，人（手）孔标高具体如下。

✓ 遇到管道路由与公路的高差较大情况时，在保证管孔埋深的前提下，在人（手）孔离公路边线较远且土路面平缓处，人（手）井砌成比地面高 200mm。

✓ 在人（手）孔离公路边线较近且坡度大，管道路由和公路高差在 400mm 以下处，人（手）井砌成与公路面同高；若管道路由和公路高差在 400mm 以上，则人（手）井砌成比地面高 400mm。

✓ 在遇到管道路由比公路面高出不超过 300mm 的地段，应以公路面为基准来算埋深，人（手）井的井面应高出地面 50mm；在遇到管道路由比公路面高出 300mm 以上的地段，如果该路段近期会动土，在动土后再施工。否则，井面应高出地面 50mm，管孔埋深相应变化。

5. 人（手）孔规格

人（手）孔规格及安装图可参见 YD/T 5178—2017《通信管道人孔和手孔图集》中的要求。

（1）手孔

① 大孔（能穿放多条光缆的管孔，包括梅花管及内径 Φ90m 以上的管孔）2～5 孔，小孔（只能穿放一条光缆的管孔，例如，硅芯管道、简易管道）10 孔以下时，可选用手孔。

② 手孔规格一般为 900mm×1200mm（小号手孔）、1200mm×1700mm（大号手孔）、900mm×2600mm（加长型手孔）等。其他规格，例如，550mm×550mm、700mm×900mm、1000mm×1500mm 等可参见相应标准要求。

③ 900mm×1200mm 小号手孔可用于小孔径塑料管。小号手孔安装方式如图 8-1 所示。

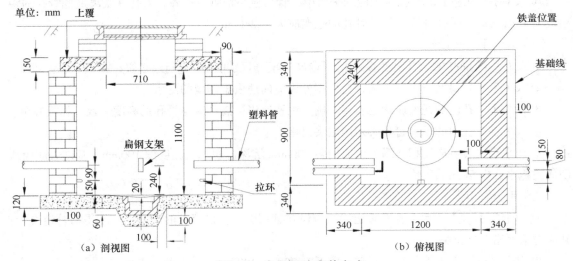

图8-1　小号手孔安装方式

小号手孔为主用手孔，小号手孔用料见表 8-7。

表 8-7 小号手孔用料

序号	名称	单位	数量	序号	名称	单位	数量
1	板方材 III 等	m³	0.06	7	钢筋 Φ8mm	kg	3.0
2	42.5 号水泥	kg	400	8	钢筋 Φ10mm	kg	7.21
3	中粗砂	kg	1400	9	扁钢支架	个	1.01
4	直径 0.5～3.2cm 的石子	kg	750	10	积水罐带盖	个	1.01
5	100 号机砖	块	720	11	人行道口圈（带盖）	套	1.01
6	钢筋 Φ6mm	kg	1.05	12	拉环	个	2.02

小号手孔的扁钢支架、拉环及上覆配筋等安装方式分别如图 8-2、图 8-3 所示。

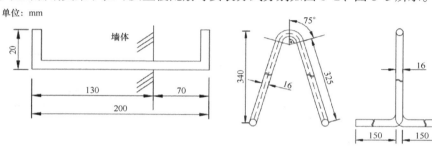

（a）扁钢支架加工及埋设方式
（30×3镀锌扁钢）

（b）镀锌拉环加工方式

图8-2 小号手孔扁钢支架及拉环加工方式

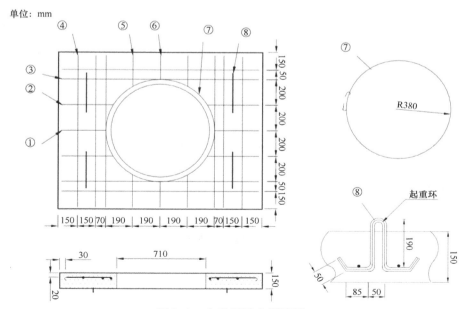

图8-3 小号手孔上覆配筋

小号手孔上覆配筋数量见表 8-8。

表 8-8　小号手孔上覆配筋数量

编号	根数	直径 /mm	长度 /mm		总长度 /m
			────	⌐──⌐	
①	2	6	—	450	0.9
②	4	6	400	480	1.92
③	4	10	1440	1520	6.08
④	6	8	1140	1220	7.32
⑤	4	6	330	410	1.64
⑥	2	6	190	270	0.54
⑦	1	10	—	2730	2.73
⑧	4	10	—	700	2.8

④ 1200mm×1700mm 大号手孔可用于较多管孔的塑料管道，也可用于水泥管道。大号手孔安装方式及上覆配筋分别如图 8-4 和图 8-5 所示。

⑤ 900mm×2600mm 加长型手孔可用于较多管孔的塑料管道，适宜安装光缆接头盒。加长型手孔安装方式及上覆配筋分别如图 8-6 和图 8-7 所示。

单位：mm

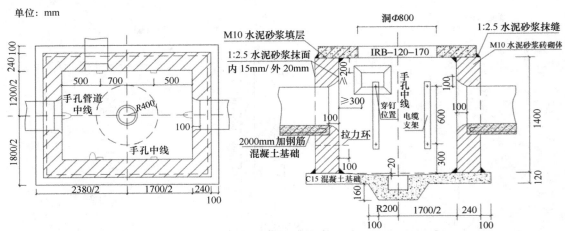

图8-4　大号手孔安装方式

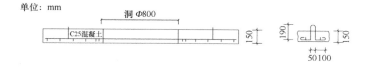

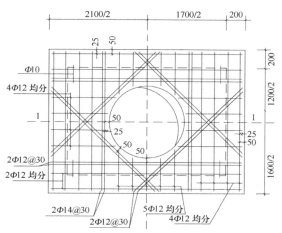

图8-5　大号手孔上覆配筋

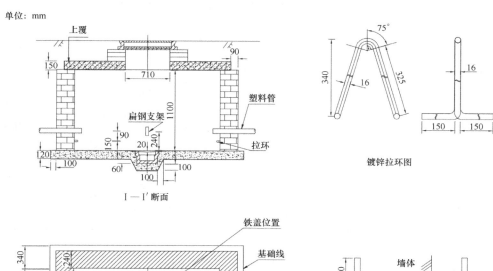

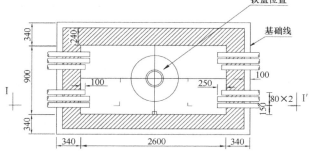

图8-6　加长型手孔安装方式

单位: mm

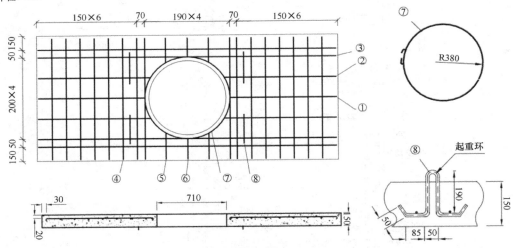

图8-7　加长型手孔上覆配筋

加长型手孔上覆配筋数量见表 8-9。

表 8-9　加长型手孔上覆配筋数量

编号	根数	直径 /mm	长度 /mm		总长度 /m
			▬	⌐_⌐	
①	2	6	—	1150	2.3
②	4	6	1100	1180	4.72
③	4	10	2840	2920	11.68
④	16	8	1140	1220	19.52
⑤	4	6	330	410	1.64
⑥	2	6	190	270	0.54
⑦	1	10	—	2730	2.73
⑧	4	10		700	2.8

（2）小号人孔

① 当大孔 6～24 孔或小孔 10 孔以上时，宜选用小号人孔。

② 小号人孔分为直通型、三通型、四通型、斜通型（15°、30°、45°、60°、75°）等，每种斜通人孔的角度，可在 ±7.5° 以内，涵盖了所有角度。由于斜通型人孔较少使用，本文不附其安装图。

③ 小号直通型人孔为人孔的标准型号，大小为 2200mm×1400mm。小号直通型人孔平面及断面分别如图 8-8、图 8-9 所示。

单位：mm

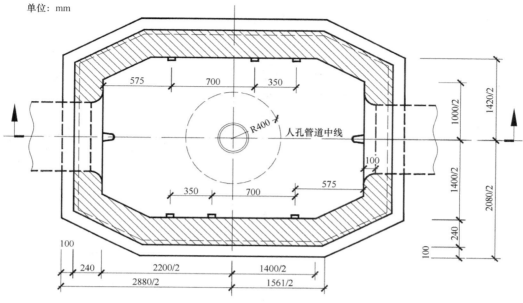

图8-8 小号直通型人孔平面

单位：mm

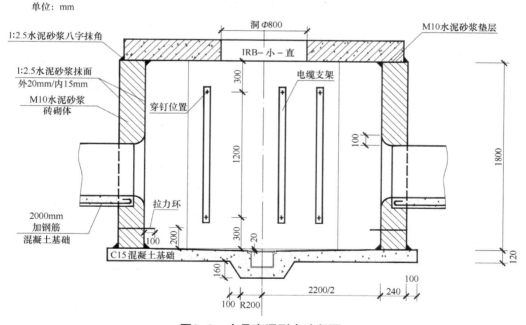

图8-9 小号直通型人孔断面

④ 小号三通型人孔大小为3200mm×1550mm，小号三通型人孔平面及断面分别如图8-10、图8-11所示。

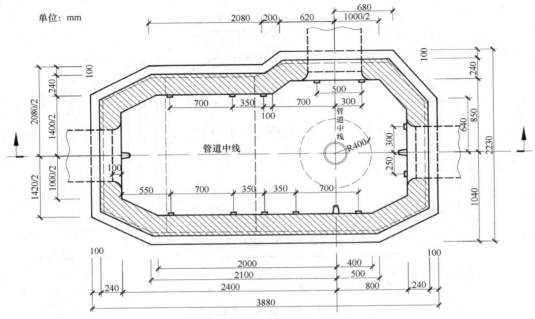

图8-10 小号三通型人孔平面

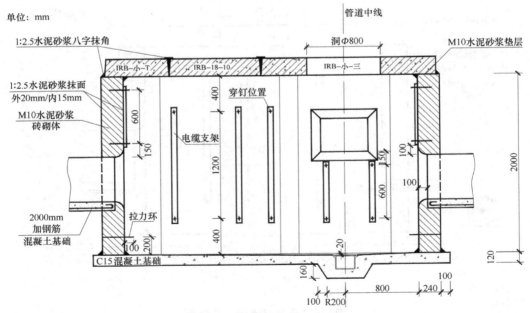

图8-11 小号三通型人孔断面

⑤ 小号四通型人孔大小为 3200mm×1700mm，小号四通型人孔平面及断面分别如图 8-12、图 8-13 所示。

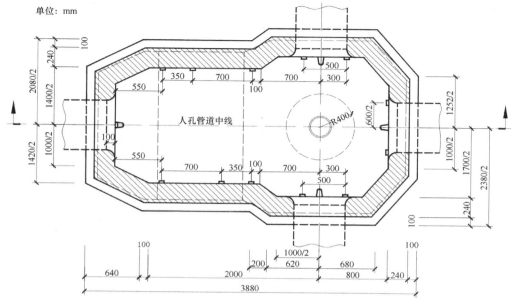

图8-12 小号四通型人孔平面

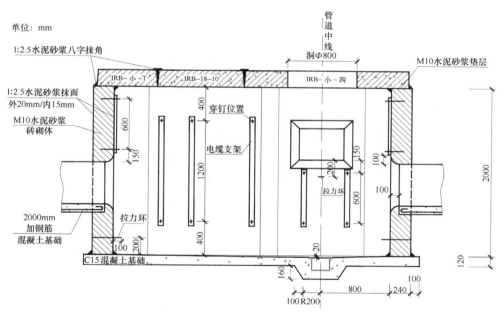

图8-13 小号四通型人孔断面

（3）中号人孔

① 当大孔孔数为 24 ～ 48 时，选用中号人孔。

② 与小号人孔相似，中号人孔也分为直通型、三通型、四通型、斜通型（15°、30°、45°、60°、75°）等，每种斜通人孔的角度，可在±7.5°范围以内，涵盖所有角度。由于斜通型人孔较少使用，本文不附其安装图。

③ 中号直通型人孔为人孔的标准型号，大小为 2600mm×1500mm，中号直通型人孔平面及断面分别如图 8-14、图 8-15 所示。

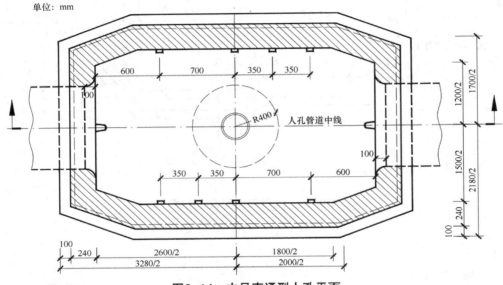

图8-14　中号直通型人孔平面

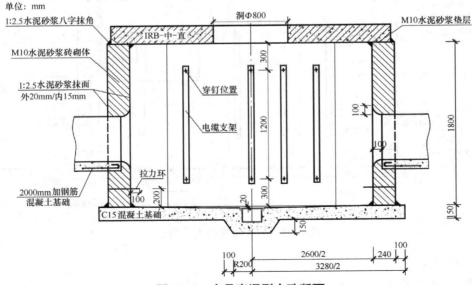

图8-15　中号直通型人孔断面

④ 中号三通型人孔大小为 3700mm×1650mm，中号三通型人孔平面及断面如图 8-16、图 8-17 所示。

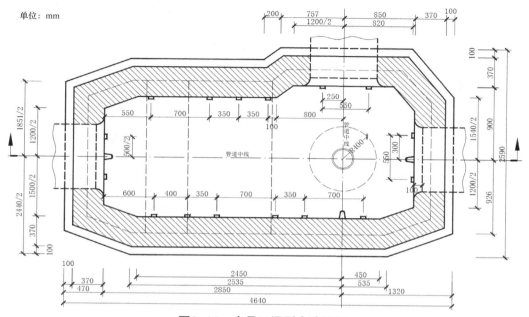

图8-16　中号三通型人孔平面

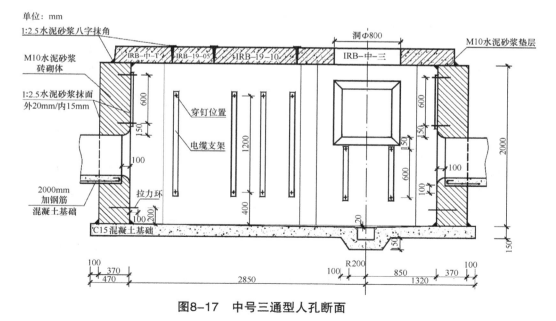

图8-17　中号三通型人孔断面

⑤ 中号四通型人孔大小为 3700mm×1800mm，中号四通型人孔平面及断面如图 8-18、图 8-19 所示。

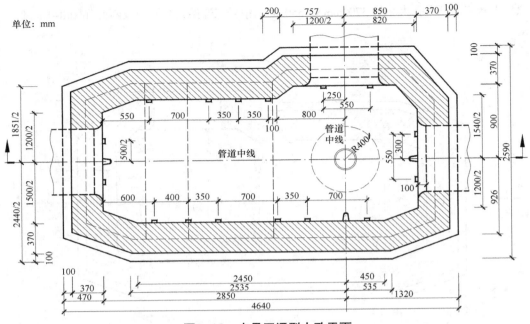

图8-18　中号四通型人孔平面

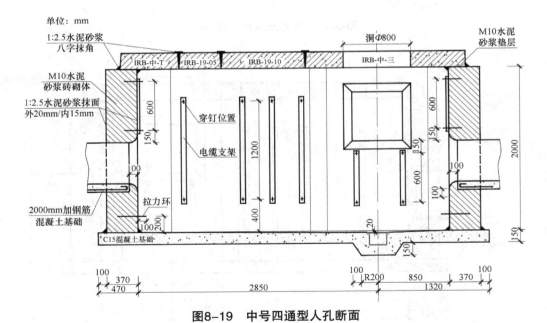

图8-19　中号四通型人孔断面

（4）大号人孔

①大孔孔数在48孔以上时及主要局（站）的局前井，应选用大号人孔。

② 与小号人孔与中号人孔相似，大号人孔也分为直通型、三通型、四通型、斜通型（15°、30°、45°、60°、75°）等，每种斜通人孔的角度，可在 ±7.5° 范围以内，涵盖了所有角度。由于斜通型人孔较少使用，本文不附其安装图。

③ 大号直通型人孔为人孔的标准型号，大小为 3300mm×1600mm，大号直通型人孔平面及断面如图 8-20、图 8-21 所示。

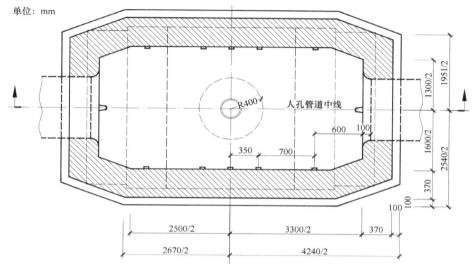

图8-20　大号直通型人孔平面

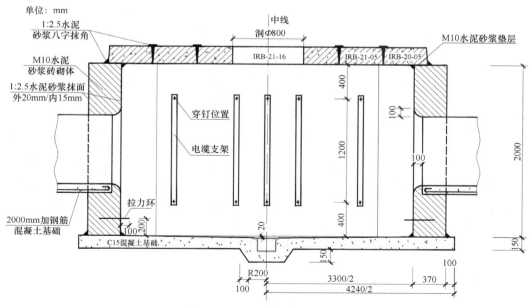

图8-21　大号直通型人孔断面

④ 大号三通型人孔大小为4500mm×1750mm，大号三通型人孔平面及断面如图8-22、图8-23所示。

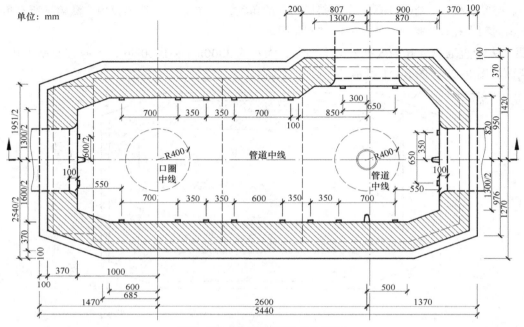

图8-22 大号三通型人孔平面

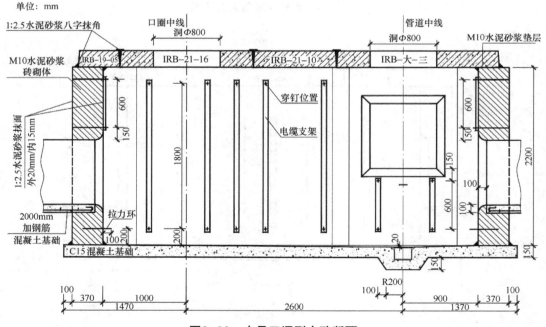

图8-23 大号三通型人孔断面

⑤大号四通型人孔大小为4500mm×1900mm，大号四通型人孔平面及断面如图8-24、图8-25所示。

单位：mm

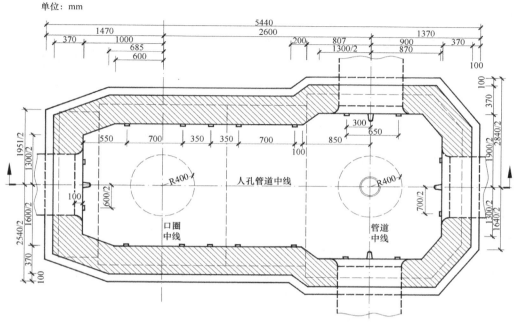

图8-24 大号四通型人孔平面

单位：mm

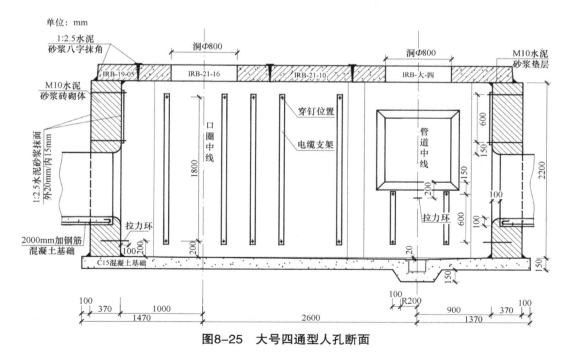

图8-25 大号四通型人孔断面

6. 人（手）孔建筑程式

根据地下水位的情况，人（手）孔的建筑程式见表 8-10。

表 8-10　人（手）孔的建筑程式

地下水位的情况	建筑程式
人（手）孔位于地下水位以上	砖砌人（手）孔等
人（手）孔位于地下水位以下，且在土壤冻土层以下	砖砌人（手）孔加防水措施
人（手）孔位于地下水位以下，且在土壤冰冻层以内	钢筋混凝土人（手）孔加防水措施

采用砖砌人（手）孔方式，人（手）孔内外壁均需抹面。在地下水位高的地段需要进行防水处理。防水措施主要有防水砂浆抹面法、油毡防水法、玻璃布防水法和聚氨酯防水法。

7. 人（手）孔附属设备

（1）铁口圈和铁盖

① 其整套是由铁口圈和内外两层铁盖组成的，内铁盖可以上锁。按其机械强度不同，可分为人行道和车行道两种，一般不低于 $1200kg/cm^2$。

② 铁口圈安装在人（手）孔上覆之上，铁盖与铁口圈相互吻合，盖上后平稳，不翘动。铁盖与铁口圈的间隙不大于 3mm，铁盖与铁口圈的高度差不大于 3mm。

铁口圈与铁盖的装配方式如图 8-26 所示。

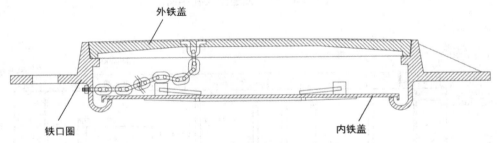

图8-26　铁口圈与铁盖的装配方式

（2）电缆支架与托板

① 电缆支架也叫电缆托架，用槽钢制成，用穿钉固定在人（手）孔的四壁上，支架上有安装托板的洞孔。

② 托板可用来承托光缆和光缆接头盒，使用时插入电缆托架，一般在管道光缆安装工程中计列，管道工程中不计列。

（3）积水罐（带盖）

① 一般采用内径为 200mm 的圆形铸铁罐，用作积聚渗入人（手）孔的水流，以便清除。

② 积水罐通常埋在正对铁口圈的人（手）孔基础内，与基础浇筑成一体。人（手）孔基础应有轻微斜度使水流向积水罐内。

积水罐规格如图 8-27 所示。

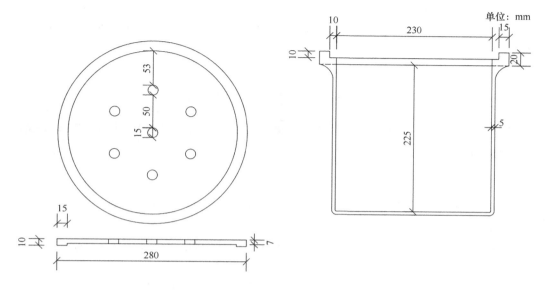

图8-27 积水罐规格

四、管道安装要求

1. 管道埋深

（1）管道沟

① 管道埋深是指管顶至路面的距离，不是管道沟的深度。管道沟断面如图 8-28 所示。

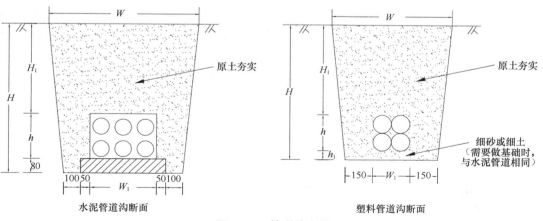

图8-28 管道沟断面

② 回填土要求尽量用原土并夯实，市区要求夯实与地面高度齐平。

③ H 为管道沟深度，H_1 为管道埋深，h 为管道高度，W 为管道沟上口宽度，W_1 为管材宽度。

④ 当沟底为岩石、半风化石、石质土壤或砾石时，h_1 为 100mm，其他土质时为 50mm。

（2）管道埋深要求

① 各种材质构成的通信管道，管道最小埋深见表 8-11。

表 8-11　管道最小埋深

管道类别	人行道 （管顶距地面）/m	车行道 （管顶距地面）/m	电车轨道 （管顶距轨道底部）/m	铁路 （管顶距轨道底部）/m
水泥管、塑料管等	0.7	0.8	1.0	1.5
钢管	0.5	0.6	0.8	1.2

② 管道深度不能达到上述要求的深度时，需要做水泥包封或者镀锌钢管保护。包封及钢管保护段落由设计确定。

③ 水泥包封厚度应不小于 50mm、80mm 或 100mm，由设计确定；如果设计无明确要求时，则其值为 100mm。

④ 进入人（手）孔处的管道基础顶部距离人（手）孔基础顶部不小于 400mm，管道顶部距离人（手）孔上覆底部的净距离不得小于 300mm。

2. 管道弯曲及段长

① 通信管道的段长应按相邻两个人（手）孔中心点的间距而定。在直线路由上，水泥管道的段长最大不超过 150m，塑料管道的段长不宜超过 200m，高等级公路上的通信管道段长不超过 1000m。塑料弯曲管道的段长不应大于 150m。

② 每段管道应按直线敷设。如果遇到道路弯曲或需要绕越地上、地下障碍物，且在弯曲点设置人（手）孔，而管道段又太短，则可建弯曲管道。弯曲管道的段长应小于直线管道最大允许段长。

③ 水泥弯曲管道的曲率半径应不小于 36m。弯曲管道的中心夹角应尽量小，以减小光缆敷设时的侧压力。

④ 塑料弯曲管道管材只在外力作用下形成自然弧度，严禁加热弯曲，弯曲半径不小于 15m，弯曲段长不超过 150m。弯曲管道塑料管接口处应做 360° 混凝土包封，包封长 2m，厚度 100mm。

⑤ 弯曲管道的曲率半径 R 应不小于 10m，弯曲管道的转向角 θ 应尽量小。同一段管道不应有反向弯曲（即"S"弯）或弯曲部分的转向角 $\theta > 90°$ 的弯曲管道。弯曲管道示意如图 8-29 所示。

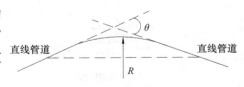

图8-29　弯曲管道示意

⑥ 直线管道躲避障碍物时，可采用木桩法做弯曲位

移 H 不超过 500mm 的局部弯曲，弯曲管道包封及铺设示意（$H \leqslant 500$mm）如图 8-30 所示。

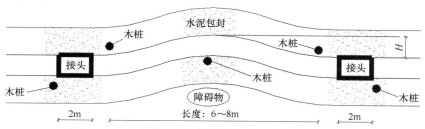

图8-30 弯曲管道包封及铺设示意（$H \leqslant 500$mm）

弯曲管道的接头应尽量安排在直线段内，如果无法避免时，则应将弯曲部分的接头做局部包封，包封长度不宜小于 500mm，包封的厚度宜为 80 ~ 100mm，不得将塑料管加热弯曲。

3. 管道沟开挖

（1）开挖管道沟的方法

开挖管道沟可采取直槽挖沟、斜坡挖沟、新建管道和挡土板等方式。

① 直槽挖沟：在正常湿度较好的土壤下进行，深度在 1.5 ~ 2.0m 以内，且挖沟后不能存放太长时间，一般应立即施工。

② 斜坡挖沟：在土质较好，沟两侧堆放土方的位置宽裕且挖沟后不能立即开启管道施工时，应采用此种方法。斜坡挖沟应有一定的放坡系数，放坡系数见表 8-12。

表 8-12 放坡系数

土壤类别	放坡系数	
	沟深 < 2.0m	2.0m < 沟深 < 3.0m
普通土	0.10	0.15
硬土	0.15	0.25
砂质土	0.25	0.50
瓦砾、软石	0.50	0.75
炉渣、回填土	0.75	1.00

设计中一般按斜坡挖沟考虑，放坡系数 =（沟上宽 – 沟下宽）/（2 × 沟深）。管道挖沟土石方体积按管道沟截面积乘以沟长计算。

③ 新建管道一般在六孔以下，1000m 管道沟开挖土方量见表 8-13，人（手）孔开挖土方量见表 8-14。

表 8-13　1000m 管道沟开挖土方量

序号	土质	埋深 /m	项目	开挖土方量（百立方米）	回填土方量（百立方米）
1	石质土（垫土 100mm）	0.5	一孔 Φ110mm	4.38	4.28
			二孔（平铺）Φ110mm	5.16	4.97
			二孔（竖铺）Φ110mm	5.19	5.00
			三孔（平铺）Φ110mm	5.94	5.65
			三孔（品铺）Φ110mm	6.09	5.81
			三孔（竖铺）Φ110mm	6.04	5.76
			四孔（2×2）Φ110mm	6.09	5.71
			六孔（2×3 平铺）Φ110mm	6.99	6.42
			六孔（3×2 竖铺）Φ110mm	7.06	6.49
2	一般土（垫土 50mm）	0.5	一孔 Φ110mm	4.02	3.92
			二孔（平铺）Φ110mm	4.75	4.56
			二孔（竖铺）Φ110mm	4.82	4.63
			三孔（平铺）Φ110mm	5.47	5.19
			三孔（品铺）Φ110mm	5.66	5.38
			三孔（竖铺）Φ110mm	5.65	5.36
			四孔（2×2）Φ110mm	5.66	5.28
			六孔（2×3 平铺）Φ110mm	6.51	5.94
			六孔（3×2 竖铺）Φ110mm	6.62	6.05
3	石质土（垫土 100mm）	0.6	一孔 Φ110mm	5.12	5.02
			二孔（平铺）Φ110mm	6.01	5.82
			二孔（竖铺）Φ110mm	5.96	5.77
			三孔（平铺）Φ110mm	6.90	6.61
			三孔（品铺）Φ110mm	6.97	6.69
			三孔（竖铺）Φ110mm	6.84	6.56
			四孔（2×2）Φ110mm	6.97	6.59
			六孔（2×3 平铺）Φ110mm	7.99	7.42
			六孔（3×2 竖铺）Φ110mm	7.98	7.41
4	一般土（垫土 50mm）	0.6	一孔 Φ110mm	4.74	4.65
			二孔（平铺）Φ110mm	5.58	5.39
			二孔（竖铺）Φ110mm	5.57	5.38
			三孔（平铺）Φ110mm	6.41	6.13
			三孔（品铺）Φ110mm	6.53	6.24
			三孔（竖铺）Φ110mm	6.44	6.15
			四孔（2×2）Φ110mm	6.53	6.15
			六孔（2×3 平铺）Φ110mm	7.49	6.92
			六孔（3×2 竖铺）Φ110mm	7.52	6.95

序号	土质	埋深/m	项目	开挖土方量（百立方米）	回填土方量（百立方米）
5	石质土（垫土100mm）	0.7	一孔 Φ110mm	5.88	5.79
			二孔（平铺）Φ110mm	6.88	6.69
			二孔（竖铺）Φ110mm	6.76	6.57
			三孔（平铺）Φ110mm	7.89	7.60
			三孔（品铺）Φ110mm	7.88	7.60
			三孔（竖铺）Φ110mm	7.76	7.48
			四孔（2×2）Φ110mm	7.88	7.50
			六孔（2×3平铺）Φ110mm	9.01	8.44
			六孔（3×2竖铺）Φ110mm	9.02	8.45
6	一般土（垫土50mm）	0.7	一孔 Φ110mm	5.50	5.40
			二孔（平铺）Φ110mm	6.44	6.25
			二孔（竖铺）Φ110mm	6.36	6.17
			三孔（平铺）Φ110mm	7.39	7.10
			三孔（品铺）Φ110mm	7.43	7.14
			三孔（竖铺）Φ110mm	7.26	6.97
			四孔（2×2）Φ110mm	7.43	7.05
			六孔（2×3平铺）Φ110mm	8.49	7.92
			六孔（3×2竖铺）Φ110mm	8.45	7.88
7	石质土（垫土100mm）	0.8	一孔 Φ110mm	6.68	6.59
			二孔（平铺）Φ110mm	7.79	7.60
			二孔（竖铺）Φ110mm	7.59	7.40
			三孔（平铺）Φ110mm	8.90	8.62
			三孔（品铺）Φ110mm	8.83	8.54
			三孔（竖铺）Φ110mm	8.54	8.26
			四孔（2×2）Φ110mm	8.83	8.45
			六孔（2×3平铺）Φ110mm	10.06	9.49
			六孔（3×2竖铺）Φ110mm	9.90	9.33
8	一般土（垫土50mm）	0.8	一孔 Φ110mm	6.28	6.18
			二孔（平铺）Φ110mm	7.33	7.14
			二孔（竖铺）Φ110mm	7.17	6.98
			三孔（平铺）Φ110mm	8.39	8.11
			三孔（品铺）Φ110mm	8.35	8.07
			三孔（竖铺）Φ110mm	8.11	7.82
			四孔（2×2）Φ110mm	8.35	7.97
			六孔（2×3平铺）Φ110mm	9.53	8.96
			六孔（3×2竖铺）Φ110mm	9.40	8.83

序号	土质	埋深/m	项目	开挖土方量（百立方米）	回填土方量（百立方米）
9	石质土（垫土100mm）	1.2	一孔 Φ110mm	10.17	10.08
			二孔（平铺）Φ110mm	11.72	11.53
			二孔（竖铺）Φ110mm	11.22	11.03
			三孔（平铺）Φ110mm	11.03	10.74
			三孔（品铺）Φ110mm	12.89	12.60
			三孔（竖铺）Φ110mm	12.40	12.11
			四孔（2×2）Φ110mm	12.89	12.51
			六孔（2×3平铺）Φ110mm	14.56	13.99
			六孔（3×2竖铺）Φ110mm	14.20	13.63
10	一般土（垫土100mm）	1.2	一孔 Φ110mm	9.71	9.62
			二孔（平铺）Φ110mm	11.21	11.02
			二孔（竖铺）Φ110mm	10.74	10.55
			三孔（平铺）Φ110mm	12.70	12.42
			三孔（品铺）Φ110mm	12.36	12.07
			三孔（竖铺）Φ110mm	11.80	11.52
			四孔（2×2）Φ110mm	12.36	11.98
			六孔（2×3平铺）Φ110mm	13.97	13.40
			六孔（3×2竖铺）Φ110mm	13.54	12.97

表8-14 人（手）孔开挖土方量

序号	项目	体积/m³
1	手孔（900mm×1200mm）	4.97
2	手孔（1200mm×1700mm）	7.47
3	小号人孔（2200mm×1400mm）	10.00

④挡土板：使用挡土板可防止管道沟垮塌，提升施工安全性，遇到以下情况，在设计时应考虑使用挡土板。

✓ 沟深大于1.5m且沟边距建筑物小于1.5m时。

✓ 沟深低于地下水位且土质比较松软时。

✓ 沟深不低于地下水位但土质为松软的回填土、瓦砾、砂土、砂石等而不能用斜坡法挖沟时。

✓ 横穿马路，有车辆通过的管道沟。

✓ 平行的其他管线且相距不足0.3m时。

（2）管道沟开挖要求

①管道沟深度应满足管道最小埋深要求。

②管道沟应平直夯实，沟底平整无硬坎，无突出的尖石和砖块。

③ 管道沟沟底宽度应大于管群排列宽度，以方便施工人员下沟置放管道。管道基础宽630mm以下，沟宽应加宽300mm；管道基础630mm以上，沟宽应加宽600mm；无基础的管道，沟宽应比管群宽400mm。

④ 过河及特殊地区可用顶管。

⑤ 管道沟应有一定的坡度，使渗入管内的地下水流向人（手）孔，管道坡度可为3‰～4‰，不得小于2.5‰。管道坡度有一字坡、人字坡及斜形坡3种，管道坡度的建筑方法及优缺点见表8-15。

表8-15　管道坡度的建筑方法及优缺点

名称	图示	适用场合	优点	缺点
一字坡		管道段长较短及地下建筑物较少	1. 施工简单 2. 方便穿放光缆	1. 管道段较长时，一端埋深较浅，整个工程量增大 2. 与其他管线矛盾时，不易解决
人字坡		管道段长较长、地下障碍物较多，进入人（手）孔距上覆太近等	1. 平均开挖深度小 2. 方便穿越其他管线	1. 施工较困难 2. 顶点处理深较浅
斜形坡		倾斜路面	同一字坡	只适用于路面倾斜的情况

4. 管道地基

水泥管道及塑料管道均应考虑管道地基，管道地基分为天然地基和人工地基两种。

（1）天然地基

天然地基是指不经人工加固即可直接进行管道建设的地基。若土壤是稳定土壤，地下水位在基坑以下，土壤承载能力不小于两倍荷重，则可采用天然地基。

（2）人工地基

人工地基是指在不稳定的地基上建管道时，由于不稳定土壤紧密度差，必须经人加固后，才能建管道的地基。

人工地基的加固方法有碎石加固法、表层夯实法、换土法、木桩加固法和砂桩加固法等。

① 碎石加固法：该方法是指在基坑上放入直径10cm［人（手）孔20cm］碎石用机械夯实的一种方法。碎石加固法除了能增加土壤的紧密度，还可以防止制作混凝土构件时砂浆流失。

② 表层夯实法：在开挖基坑时，在设主标高之上预留一层土壤，然后夯打至原有设计标高。表层夯实法适用于黏土类土壤、大孔性土壤和填土地基。

③ 换土法：换土法主要为砂垫层法。砂垫层法应先夯实基坑，然后加入砂土，分层夯实至设计要求的基坑深度。每层回土20cm，最后加碎石夯实做成碎石地基。

④ **木桩加固法**：适用于软土地区和土质均匀性差的地区。木桩的平面布置形式一般为两行，木桩的大小、数量需要依据土质而定。打入木桩后，需要在其上铺一层碎石并用砂子铺平作为桩台，铺设厚度一般为 10cm。

⑤ **砂桩加固法**：该方法是指用一根引桩（引桩用木的或空心钢管做成）打入所要加固的土壤中。引桩打到应有深度后拔出，在土壤中形成垂直管洞，最后用砂子分层夯实将洞填满。这种方法适用于松软土壤，所用砂子可用中砂、粗砂或砂砾混合料，不得采用细砂。砂桩可用 1～2 根支撑，直径为 15～20cm。

5. 管道基础

管道基础是管道与地基的中间媒介，可以把管道荷重均匀地分布到地基中，并能扩散管道的荷重，从而减小地基土上的压力负载。

管道基础分为混凝土基础、钢筋混凝土基础和灰土基础 3 种。

（1）混凝土基础

根据地基土壤的承载能力，若稳定性地基土壤足以承载管道建筑的荷重，则可以把管道直接建在不经加固的天然地基上，但由于其他市政管线的建设可能在管道下穿越导致地基松动进而造成日后不均匀沉陷，因此，采用混凝土基础有一定的防御作用，有利于管道安全。

混凝土基础厚度一般为 80mm（塑料管道可为 50mm），标号为 150 号的混凝土，每侧宽度应相较于管道宽度加宽 50mm。

水泥管本身抗折强度小，接口强度更低，为保证管道敷设后长期使用质量，水泥管道一般用混凝土基础。

（2）钢筋混凝土基础

钢筋混凝土基础比混凝土基础抗压及抗拉能力强，在混凝土中加钢筋制成，主要在以下场景中应用。

① 基础在地下水位以下，冰冻层以内。

② 土质很松软的回填土。

③ 淤泥流沙。

④ 大跨度管道建筑。

⑤ 桩基基础。

（3）灰土基础

灰土基础是由消石灰与良好土壤及适量的水夯实而成，消石灰与良好土壤之比为 3：7。其特点是抗压强度大，但抗张强度小，不能用于有可能发生不均匀沉陷的地基，以及以后可能会有其他管线穿越的位置。另外，灰土基础的抗溶性及抗冻性差，必须建在地下水位以上、冰冻层以下。

塑料管道不做混凝土基础时，可用湿的中砂或粗砂做基础或在接续处做混凝土包封。遇到土质差，有流沙或淤泥且沟底渗水量较大的地方，管沟底需要做 80mm 厚 150 号混凝土基础；土质较好但有地下水时，要在沟底铺一层 10cm 碎石粉夯实，再铺 10cm 砂子夯实。

混凝土管道基础进入人（手）孔窗口的部分应按相关施工标准加配钢筋，钢筋应搭在窗口墙上不小于 100mm。

6. 各种土质下地基及基础的处理

（1）砂类土与黏类土（普通土、硬土、砂砾土）

一般砂类土与黏类土的承载能力是可以承载管道荷重的，当基础埋在地下水位以上，而土壤又较为稳定时，可采用天然地基＋混凝土基础；基础埋在地下水位以下时需要采用碎石地基＋混凝土基础；基础埋在地下水位以下、冰冻层以上时，可采用碎石地基＋钢筋混凝土基础。

（2）填土

如果填土为腐殖土、有机土、塑性高的湿黏土等可采用换土法，换以砂垫层或其他良好土壤，用混凝土基础。如填土土质较好，但紧密度不够，可采用表面夯实法，用混凝土基础。如果土质松软，则可采用砂桩或木桩加固法，用钢筋混凝土基础。

（3）淤泥

淤泥地段应尽量减轻各种荷重，不宜用水泥管道。采用塑料管道应加大管道埋深以扩散地面的荷重。

如果淤泥不深，则可将淤泥层挖掉，把基础建在坚硬土层或用换土法、混凝土基础。也可用木桩法，增加其承载力，用钢筋混凝土基础。如果淤泥过于稀烂，则还需要在桩与桩间填入大块碎石，木桩需要支撑在坚硬土层上，用钢筋混凝土基础。

（4）黄土

黄土在干燥时具有很高的强度，但若被水浸湿，易产生沉陷。因此，在湿陷性黄土地区建设管道时，需要采取对应措施，达到坚固要求。

① 应做到防水。应尽可能避免雨季施工，并在施工过程中，防止水源浸入沟槽。管道基础深度不小于 1m，与上下水道或其他输排水管线应保持不小于 3m 的距离。

② 地基应进行人工加固。可采用表层夯实法，大孔性土壤也可用木桩加固法。

③ 管道基础应采用混凝土基础，对于大孔性土壤应采用钢筋混凝土基础。

（5）流沙

在沙土类土壤地带，若地下水位较高，当挖基坑时，由于水头压力，所以会产生流沙现象。为防止流沙造成的影响，首先，应选择全年地下水位低的施工季节；其次，施工过程中可对基坑不断抽水，以便施工。最后，施工时，可使用挡土板支撑沟壁。另外，管道基础应采用钢筋混凝土基础，人（手）孔基础可采用预制品以加快进度。

（6）冻土

地基产生冻胀的条件如下所述。

✓ 在冰冻层深度范围内。

✓ 有一定数量的细颗粒土。

✓ 土中有一定的含水量。

为防止地基冻胀，可采取以下措施。

① 加大管道埋深，使管道埋置在冻结深度以下。

② 更换基土做砂砾垫层，管道四周也以砂换土。所使用的砂子宜用粗砂，砂粒径应为0.05～2mm，应尽量减少砂中含泥量及有泥物。基础及两侧砂砾垫层的厚度不小于300mm。砂砾垫层应分层夯实，每层以150～200mm为宜。

③ 采用刚性结构，即管道基础及包封均采用80mm厚的混凝土，使管道成为一个钢筋混凝土整体。

④ 管道基础采用碎石地基和钢筋混凝土基础，人（手）孔采用钢筋混凝土。

7. 管道铺设要求

（1）混凝土管道铺设要求

① 水泥管道安装在管道基础上，水泥管道与基础间用不小于15mm的砂浆固定，砂浆宽度超出管道宽度每侧20mm并八字抹平。安装多列水泥管块的管道时，行间管块用不小于15mm厚的砂浆连接。

② 每列管块应布放严密，管块顺向连接间隙不大于5mm。

③ 当管道有基础时，接口间一般可采用抹浆法。采用抹浆法的管块，其所衬垫纱布不应露在砂浆以外。水泥砂浆与管身黏接牢固、质地坚实、表面光滑，不鼓包、无飞刺、不断裂。管道应符合以下规定。

✓ 管块黏接处用纱布包宽为80mm，长为管块周长加80～120mm，均匀地包在管块接缝上。

✓ 包好接缝纱布后，应先在纱布上刷清水至管块饱和，再刷纯水泥浆。

✓ 接缝砂布刷完水泥浆后，立即抹1：2.5的水泥砂浆，水泥砂浆厚度为12～15mm，下宽100mm，上宽80mm。

④ 在某些特殊情况下，如果管道埋在较浅的地区、管道埋在土壤冻融严重地区的冰冻线以上、容易被刨开地区、与某些管道交越的地点或穿越下水道沟渠内部时，则水泥管道应以80mm的150号混凝土包封。

（2）塑料管道铺设要求

① 塑料管的接续宜采用承插法或双承插法使套管与连接管紧密黏合，不得出现漏水现象。采用承插法接续时，塑料管承插接续套管尺寸见表8-16。

表8-16　塑料管承插接续套管尺寸

套管外径/mm	25	32	40	50	65	80	100	125	150	200
套管长度/mm	56	72	94	124	146	172	220	272	330	436
套管壁厚/mm	3	3	3	4	4	5	5	6	6	7

② 多孔塑料管接续采用厂商提供的专用接续件，严禁将不同规格型号的管材对接。

③ 采用承插法接续管道，其承插部分可涂黏合剂，涂黏合剂应在距直管管口 10mm 处向管身涂抹，涂抹承插长度的三分之二。

④ 塑料管的组群管间缝隙宜为 10～15mm，接续管头必须错开，每隔 2～3m 可设衬垫物（不得使用钢筋）的支撑或绑扎一次，并保证管群的整体形状统一，进入人（手）孔窗口部分其形状仍应一致。

⑤ 在敷设塑料管道时，管沟底先铺 50mm（石质沟为 100mm）厚细砂或细土再铺塑料管，铺完塑料管后再铺 10cm 厚细砂或细土，然后回填土。敷设多层单孔管时，各子管之间及最上层和最下层，均需要做铺垫砂层等适当的处理。当沟底为岩石、半风化的石质土壤或砾石时，管沟底需要铺 10cm 厚的砂子或细土夯实。

⑥ 在某些特殊情况下，如果管道埋在较浅地区、管道埋在土壤冻融严重地区的冰冻线以上时、容易被刨开地区、与某些管道交越的地点或穿越下水道沟渠内部时，塑料管道应被 50mm 的 150 号混凝土包封。

⑦ 管道进入人（手）孔时，管口不应凸出人（手）孔内壁，应终止在距墙体内侧 100mm 处，并应将进入人（手）孔的管口封堵严密，管口做成喇叭口。管道基础进入人（手）孔时，在墙体上的搭接长度不应小于 140mm。

（3）钢管管道铺设要求

① 钢管管道的铺设方法、断面组合等均应符合设计要求。钢管接续应采用套管焊接，并应符合以下规定。

✓ 钢管接口应错开。

✓ 钢管套管长度不应小于 300mm，套管应做防腐处理。

✓ 两根钢管应分别插入套管长度的三分之一以上，两端管口应锉成坡边。

✓ 使用有缝管时，应将管缝置于上方。

✓ 钢管在接续前，应将管口磨圆或锉成坡边，管口应光滑、无棱和无飞刺。

✓ 不得将不等径钢管接续使用。

② 各种引上钢管引入人（手）孔、通道时，管口不应凸出墙面，应终止在墙体内 30～50mm 处，并应封堵严密、抹出喇叭口。

8. 回填土

通信管道的回填土应在管道或人（手）孔按施工顺序完成施工内容，并经过 24h 养护和隐蔽工程检验合格后才能进行。

回填土前，应先清除沟（坑）内的遗留木料、草帘等杂物。沟（坑）内如有积水和淤泥，必须排除后方可回填土。

（1）通信管道回填土要求

① 管道顶部 300mm 以内及靠近管道两侧的回填土内，不应含有直径大于 50mm 的砾石、碎砖等坚硬杂物。

② 管道两侧应同时回填土，每回填土高 150mm 左右，应夯实。

③ 管道顶部 300mm 以上，每回填土高 300mm 时要夯实，直至回填、夯实与原地表平齐。

（2）挖明沟穿越道路的回填土要求

① 夯实市内道路的回填土，应与路面平齐。

② 在郊区大地上的回填土，可高出地表。

（3）人（手）孔的回填土要求

① 靠近人（手）孔四周的回填土，要求不得含有直径大于 100mm 的砾石、碎砖等坚硬物。

② 人（手）孔四周每回填土高 300mm 时，应夯实。

③ 人（手）孔四周的回填土，严禁高出人（手）孔口圈的高程。

通信管道工程回土完毕后，应及时清理现场的碎砖、破管等杂物。

五、管道工程验收指标

新建管道施工及验收指标见表 8-17。

表 8-17　新建管道施工及验收指标

序号	项目	方法	指标
1	直线管道	使用比管道直径小 5mm，长度 900mm 的试通棒试通	90%～94% 通过，6%～10% 通过比管道直径小 6mm 的拉棒
2	弯曲管道	使用比管道直径小 6mm，长度 900mm 的试通棒试通	90%～94% 通过，6%～10% 通过比管道直径小 7mm 的拉棒

第三节　通信管道防护

一、管道防水

① 管道防水措施有防水砂浆抹面、油毡防水法、玻璃布防水法和聚氨酯防水法 4 类。

② 塑料管道可不做防水，管道人（手）孔和水泥管道需要考虑防水。

③ 防水砂浆抹面法需要涂 5 层防水砂浆，防水砂浆抹面法（5 层）见表 8-18。

表 8-18　防水砂浆抹面法（5 层）

层次	灰质	配合比		层厚/mm	施工方法
		水：灰	灰：砂		
1	素灰层	0.37～0.40	—	2	基层面浇水湿透后，用毛刷抹 1mm 厚的素灰层，再用铁抹子用力涂抹 5～6 遍，最后再抹 1mm 厚素灰层。此层起黏接作用
2	砂浆层	0.40～0.45	1：2.5	4	第 1 层初凝期间即抹，两层黏接牢固并扫出横向条纹
3	素灰层	0.37～0.40	—	2	第 2 层凝固后适当浇水湿润，再按第 1 层的方法抹面。此层为关键防水层，要抹实
4	砂浆层	0.40～0.45	1：2.5	4	第 3 层完成后即进行，做法同第 2 层，并要抹实压光
5	素灰层	0.37～0.40	—	1	用毛刷均匀涂刷，此层为直接与水接触的防水层，要与第 4 层一起压光

④ 油毡防水法、玻璃布防水法均为将沥青涂抹在基层上，再将油毡或玻璃布铺在沥青涂面上（接缝处重叠不少于 50mm），再在防水层上浇一层沥青，最后将颗粒为 2～4mm 的砂均匀撒一层，24h 后将多余的砂扫掉，即为二油一毡（或二油一布）防水层。也可根据设计要求做成三油二毡（或三油二布）防水层。

⑤ 聚氨酯防水法与玻璃布防水法相同，二者均使用玻璃布作为主要防水材料，不同之处在于，聚氨酯防水法使用聚氨酯代替沥青。

⑥ 目前，新建管道基本为塑料管道，人（手）孔一般采用 5 层防水砂浆抹面法进行防水处理。

二、管道防强电

① 与 35kV 以下电力电缆隔距要求不小于 0.5m。

② 与 35kV 以上电力电缆隔距要求不小于 2m。

③ 与大于 35kV 的高压铁塔基础的隔距不小于 2.5m。

三、管道防雷

对于管道防雷目前尚无具体措施，对于野外管道可采用排流线法防雷，布放原则如下。

① 在全年雷暴日大于 20 天的地区，按土壤电阻率确定敷设排流线地段，土壤电阻率 ρ_{10} 为 100 以上时布放一条。

② 防雷线使用 Φ6mm 镀锌铁线或 7/2.2mm 钢绞线，敷设在管道上方 30cm 处。排流线连续敷设地段应不小于 1km，人（手）孔处不应断开。其接续应采用焊接，遇有顶管施工的保护钢管时，应与钢管焊接。

第九章

光缆线路概预算分析

第一节 概预算概述

一、概预算定额的主要功能

1. 概预算定额的发展历程

通信建设工程定额是通信行业主管部门对建设项目投资效益进行宏观调控和管理的重要手段，对合理有效控制工程建设投资、规范通信工程计价行为起到了积极的作用。随着通信技术的发展，通信建设工程定额的制定与修订经历了以下 5 个阶段。

第一阶段（1985—1990 年），两册基础定额和《全国统一安装工程预算定额》（16 册）陆续颁布，其中适用通信建设工程的第四册《通信设备安装工程》和第五册《通信线路工程》，与 1986 年《通信建筑安装工程间接费定额及概预算编制办法》配合使用。

第二阶段（1990—1995 年）"433 定额"，《通信工程建设概算预算编制办法及费用定额》和《通信工程价款结算办法》颁布，适用通信工程的定额仍是第四册《通信设备安装工程》和第五册《通信线路工程》，费用定额与价款结算办法较前一阶段有较大改进。

第三阶段（1995—2008 年）"626 定额"，《通信建设工程概预算编制办法及费用定额》《通信建设工程价款结算办法》和《通信建设工程预算定额》颁布，贯彻了"量价分离""技普分离"的原则，进一步改进了定额。其间，1998 年发文，增补《微控定向地下钻孔敷管（补充定额）》。

第四阶段（2008—2017 年 5 月）"75 定额"，2008 年 5 月，工业和信息化部颁布《通信建设工程概算、预算编制办法》《通信建设工程费用定额》《通信建设工程施工机械、仪器仪表台班定额》和《通信建设工程预算定额》（共 5 册）。为了适应新的通信技术，2011 年增补《无源光网络（PON）等通信建设工程补充定额》；2014 年 2 月增补《住宅区和住宅建筑内光纤到户通信设施工程预算定额》。

第五阶段（2017 年 5 月至今）"451 定额"，2016 年 12 月，工业和信息化部颁布《信息通信建设工程费用定额》《信息通信建设工程概预算　编制规程》和《信息通信建设工程预算定额》（共 5 册），根据营改增政策，制定符合增值税制度的定额计价规则。

从以上 5 个阶段可以看出，我国整体经济发展水平、新的通信建设技术发展、国家政策等大环境的变化，推动了通信定额的适时修订和调整，从而保证了通信建设工程的造价得到合理控制，保证了通信行业的正常发展。

2. 概预算定额的主要作用

概预算定额的主要作用是规范通信建设工程造价标准体系，形成信息通信建设工程定额和信息通信建设工程量清单计价规范。造价标准的主要作用是保证项目形成合理的价格，保证造价形成的各环节符合国家相关法律法规及政策，不涉及违法。造价标准体系包含以下两个部分。

① 信息通信建设工程定额是编制投资估算、设计概算、施工图预算及招标控制价的重要依据。

② 信息通信建设工程量清单是编制投标报价、签订合同、价款结算的重要依据。

需要注意的是，由于通信行业的特点与习惯，现阶段在通信行业招投标基本采用的是定额计价的模式。这就使定额的作用从工程前期延伸到了整个工程造价的全过程中，使定额在通信工程中变得尤为重要。

行政许可和资质取消后，政府由事前监管改为加强事中、事后的监管。在质量监测检查的过程中，加大对工程造价的检查，检查概预算文件、招标合同、价款结算过程是否存在问题。对造价的监管不是要管价格的高低，而是要管价格形成的各个阶段是否合法合规。

因此，概预算定额体系是通信工程建设价格形成的主要依据，也是政府监管通信工程建设投资费用合法合规的主要依据。

二、"451定额"结构特点

1. "451定额"的构成

"451定额"主要由消耗量定额和费用定额两个部分组成，"451定额"的构成如图9-1所示。

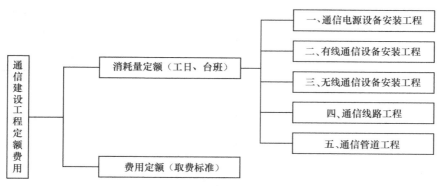

图9-1　"451定额"的构成

2. 概预算费用结构

（1）概预算表格

由于光缆线路工程一般无进口设备及服务，不产生进口费用，因此，光缆线路工程的概预算编制表格组成中无进口费用表格。光缆线路工程概预算结构见表9-1。

表9-1　光缆线路工程概预算结构

表格序号	表格名称	表格编号	内容说明
	汇总表	TXL-总	项目有多个预算时的费用汇总
表一	总表	TXL-1	单个预算的费用总表
表二	建筑安装工程费用表	TXL-2	表三工程量及表四主材总费用
表三甲	建筑安装工程量表	TXL-3-1	技工和普工工日，归至表二主算人工费
表三乙	建筑安装工程机械使用费表	TXL-3-2	机械台班及其费用，归至表二
表三丙	建筑安装工程仪器仪表使用费表	TXL-3-3	仪器仪表台班及其费用，归至表二
表四甲-1	国内器材表（主材表）	TXL-4-1	主材费用，归至表二
表四甲-2	国内器材表（需要安装的设备）	TXL-4-2	主要指ODF设备费，归至表一
表五甲	工程建设其他费表	TXL-5	其他费，归至表一
	小型建筑费用表	TXL-6	主要指新建机房费，归至表一

（2）概预算构成

"451定额"通信建设工程总费用由工程费、工程建设其他费、预备费、建设期贷款利息4个部分组成。概预算费用组成及与概预算表格关系如图9-2所示。

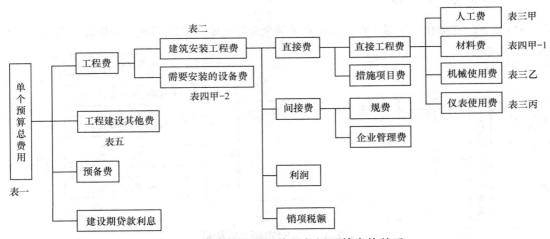

图9-2　概预算费用组成及与概预算表格关系

三、"451定额"的主要修编内容

与一版2008年"75定额"相比，2017年"451定额"的变化主要表现在以下几个方面。

1. 总体变化内容

① 依据《关于印发〈建筑安装工程费用项目组成〉的通知》等相关文件，全面调整了费用组成、结构、定义及取费标准。

② 本次定额将铁塔及铁塔基础安装等工作内容纳入定额体系，共增加定额子目 200 余条，为编制铁塔工程造价提供依据。

③ 本次修编与时俱进，将信息工程纳入定额体系中，新增了智慧城市、智慧交通、平安社区和智能办公等信息工程的内容，为企业应用提供了便利。

④ 通过深入调研，根据工程实际需要细化定额子目，使定额更加易用，将定额模块化，便于根据不同需求进行组价。本次定额修编共新增子目 500 余条，新增近 30%。

⑤ 根据施工效率提升、施工工艺改进及设备集成化程度提高等因素，经实地调研、测算，重新核算了人、材、机和仪的消耗量，使消耗量更符合工程实际。

⑥ 整体造价稳中有升。在各专业费用的基础上分别采用加权平均法、算术平均法测算得出提升比例，"451 定额"与"75 定额"造价提升比率见表 9-2。

表 9-2　"451 定额"与"75 定额"造价提升比率

名称	提升幅度	
	加权平均	算术平均
工程费	13.44%	12.84%
不含主材的建筑安装费	28.89%	31.17%

注：加权平均法权值的计算基于通信各专业工程总投资占年度总投资的比率。

⑦ 在营业税改增值税（营改增）政策下，总表按除税价、增值税、含税价分别计列。营改增主要变化如图 9-3 所示。

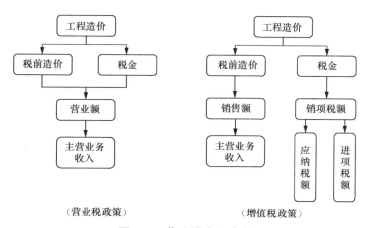

（营业税政策）　　　（增值税政策）

图9-3　营改增主要变化

2. 费用定额变化内容

（1）人工费

参照《关于印发〈建筑安装工程费用项目组成〉的通知》，结合信息通信工程的实际情况，确定人工费单价为技工 114 元 / 工日，普工 61 元 / 工日。一个技工工日费加上以其为基数的措施项目费、规费、企业管理费等费率，计算下来约为 276 元 / 工日（不含施工队伍调遣费）；一个普工工日费计算下来约为 147 元 / 工日，相较于 2008 版"75 定额"人工费单价的技工 112 元 / 工日、普工 44 元 / 工日（加费率后的综合工日单价）有大幅增加。

（2）措施项目费

① 将"环境保护费"与"文明施工费"合并，在"文明施工费"定义中加入环境保护的内容。

文明施工费（2008 版"75 定额"）：是指施工现场文明施工所需要的各项费用。

文明施工费（2017 版"451 定额"）：是指施工现场为达到环保要求及文明施工所需要的各项费用。

② 修改"特殊地区施工增加费"的定义，细化了"特殊地区施工增加费"和"冬雨季施工增加费"等计算规则。

特殊地区施工增加费（2008 版"75 定额"）：是指在原始森林地区、海拔 2000m 以上高原地区、化工区、核污染区、沙漠地区、山区无人值守站等特殊地区施工所需增加的费用。

特殊地区施工增加费（2017 版"451 定额"）：是指在原始森林地区、海拔 2000m 以上高原地区、沙漠地区、山区无人值守站、化工区、核工业区等特殊地区施工所需增加的费用。

（3）规费

根据《中华人民共和国社会保险法》《关于调整工伤保险费率政策的通知》规定，在社会保险费中增加"工伤保险""生育保险"项目。

（4）企业管理费

新增了地方教育费附加税，并将城市维护建设税、教育费附加税、地方教育费附加税纳入企业管理费中。

（5）税金

修改为销项税额，并修改定义为按国家税法规定应计入建筑安装工程造价的增值税销项税额。

（6）工程建设其他费

① 取消了"工程质量监督费""工程定额测定费""劳动安全卫生评价费"。

② 根据《国家发展改革委关于进一步放开建设项目专业服务价格的通知》文件要求，以下 4 项费用实行市场调节价。

✓ 可行性研究费。

✓ 勘察设计费。

✓ 建设工程监理费。

✓ 工程招标代理费。

在"集中招标 + 份额"的采购模式下，服务费可在依据原有办法的基础上打折扣。

③ 项目建设管理费（建设单位管理费）。

建设单位可根据《关于印发〈基本建设项目建设成本管理规定〉的通知》，结合自身的实际情况制定项目建设管理费收取规则。

如果建设项目采用工程总承包方式，其总包管理费由建设单位与总包单位根据总包工作范围在合同中商定，从项目建设管理费中列支。

项目建设管理费总额控制数费率见表 9-3。

表 9-3　项目建设管理费总额控制数费率

工程总概算 / 万元	费率	算例	
		工程总概算 / 万元	项目建设管理费 / 万元
1000 以下	2%	1000	$1000 \times 2\% = 20$
1001 ～ 5000	1.5%	5000	$20 + （5000-1000）\times 1.5\% = 80$
5001 ～ 10000	1.2%	10000	$80 + （10000-5000）\times 1.2\% = 140$
10001 ～ 50000	1%	50000	$140 + （50000-10000）\times 1\% = 540$
50001 ～ 100000	0.8%	100000	$540 + （100000-50000）\times 0.8\% = 940$
100000 以上	0.4%	200000	$940 + （200000-100000）\times 0.4\% = 1340$

④ 安全生产费。

参照《关于印发〈企业安全生产费用提取和使用管理办法〉的通知》财资规定执行。

原文第十七条 建设工程施工企业以建筑安装工程造价为依据，于月末按工程进度计算提取企业安全生产费用。提取标准如下。

（一）矿山工程 3.5%。

（二）铁路工程、房屋建筑工程、城市轨道交通工程 3%。

（三）水利水电工程、电力工程 2.5%。

（四）冶炼工程、机电安装工程、化工石油工程、通信工程 2%。

（五）市政公用工程、港口与航道工程、公路工程 1.5%。

建设工程施工企业编制投标报价应当包含并单列企业安全生产费用，竞标时不得删减。我国对基本建设投资概算另有规定的，应遵从其规定。

计算公式：安全生产费（不含税）= 建筑安装工程费（不含税）× 2%

3. 预算定额变化内容

① 总说明及册说明变化不大，部分章节说明有变化，并将补充定额纳入相应的专业册中，且细化了定额子目，使定额更加易用，将定额模块化，便于根据不同的需求进行组价。共新增子

目 500 余条，新增近 30%。

②《信息通信建设工程预算定额　第四册　通信线路工程》主要变化内容见表 9-4。

表 9-4　《信息通信建设工程预算定额　第四册　通信线路工程》主要变化内容

专业册	主要修编内容	新增定额 子目数量	修改定额 子目数量	子目总数
通信线路工程	1. 新增微管、微槽、微缆敷设，机械开挖路面，引上管道，敷设大芯数架空光缆，安装架空式和壁挂式光缆交接箱，光缆单盘测试等定额子目；取消了敷设光缆的仪表台班量。 2. 修改敷设管道及其他光（电）缆、光（电）缆接续与测试、安装线路设备等定额子目。 3. 重新核算定额子目的消耗量，如果涉及地下相对密闭空间的定额，则增加了有毒有害气体检测、可燃气体检测的仪表使用台班。直埋、立杆等动土的定额，减少了硝铵炸药、火雷管和导火索材料。涉及开挖部分，例如缆沟、立杆、拉线等，只按土质区分，不再考虑地形	52 条	652 条	877 条

③《信息通信建设工程预算定额　第五册　通信管道工程》主要变化内容见表 9-5。

表 9-5　《信息通信建设工程预算定额　第五册　通信管道工程》主要变化内容

专业册	主要修编内容	新增定额 子目数量	修改定额 子目数量	子目总数
通信管道工程	1. 新增塑料管道基础、铺设硅芯管管道、地下定向钻敷管、机械开挖、砌筑人（手）孔等定额子目。 2. 修改施工测量与挖、填管道沟及人（手）孔坑、铺设通信管道、砌筑人（手）孔等定额子目。 3. 重新核算定额子目的消耗量	72 条	263 条	335 条

第二节　光缆线路工程定额套用指导

一、直埋光缆套用定额

1. 定额说明

① 本小节从建设一个完整的直埋光缆工程的角度，按工作顺序及工作类别计列了所有的相关定额及用法。

② 本小节包含直埋管道化（长途塑料管道工程）的内容。

③ 直埋光缆工程中若有架空、管道等敷设方式的，定额套用参照本文其他相关部分。

④ 局内光缆安装的定额见本节第四部分。

定额中的直埋光缆敷设工程量类别见表9-6。

表9-6　定额中的直埋光缆敷设工程量类别

项目	定额内容	定额编号
施工准备	施工测量和GPS定位	TXL1-001、TXL1-005
	单盘检测	TXL1-006
直埋挖沟	开挖路面	TXL1-008～TXL1-022
	开挖光缆沟和接头坑	TXL2-001～TXL2-014
直埋敷设光缆	敷设埋式光缆	TXL2-015～TXL2-032
	气流法敷设光缆	TXL5-020～TXL2-034
	敷设水底光缆	TXL2-131～TXL2-152
直埋管道化	敷设小口径塑料管	TXL2-042～TXL2-089
	专用塑料管道手孔	TXL2-037～TXL2-041
	小口径塑料管道试通与充气试验	TXL2-090～TXL2-091
直埋光缆防护	定向钻敷管	TXL2-092～TXL2-103
	桥上钢管、塑料管、槽道	TXL2-104～TXL2-106
	人工顶管、机械顶管、铺管（钢、塑、大长度）	TXL2-015～TXL2-032
	铺砖（横、竖）、铺盖板、铺水泥槽	TXL2-112～TXL2-115
	石砌坡坎堵塞、三七土坎、封石沟、漫水坝及挡水墙	TXL2-116～TXL2-119
	埋设标石、安装宣传牌	TXL2-120～TXL2-123
水底光缆防护	水泥砂浆袋、关节套管、水线地锚、水下永久标桩	TXL2-175～TXL2-178
	安装水线标牌、霓虹灯标牌	TXL2-179～TXL2-188
防雷	安装绝缘监测标识、对地绝缘装置、对地绝缘检查处理	TXL2-124～TXL2-126
	安装排流线、安装消弧线、安装避雷针	TXL2-127～TXL2-130
光缆接续与测试	散纤光缆接续、带状光缆接续	TXL6-007～TXL6-042
	40km以上光缆测试、40km以下光缆测试	TXL6-043～TXL6-100

2. 套用说明

（1）施工准备

① 施工测量和GPS定位：施工测量分为直埋、架空和管道3种，套用时注意区分。直埋管道化及布放水线按直埋处理。以直埋为主的光缆工程中间有局部架空的地方，均按直埋施工测量处理。

施工测量长度为线路的地面长度，即图纸标注长度，图纸上的特殊预留均算在施工测量内，进出局及进出城管道的施工测量套用管道光缆测量定额。

图纸上有 GPS 定位标注的应计取 GPS 定位的定额。

② 单盘检测：线路工程均应计取单盘检测工程量，一般要求用 OTDR 测单盘衰耗（双窗口）及用偏振模色散测试仪测 PMD。定额中为单窗口的工日和台班，当需要双窗口测试时，工日和 OTDR 台班分别乘以 1.2 和 1.8。

（2）直埋挖沟

① 开挖路面：分为人工开挖路面和机械开挖路面两种，也可与管道沟开挖共用。此类开挖仅指人工硬化路面的开挖，例如混凝土、柏油、花砖、条石及砂石路面的开挖。

计算开挖路面的面积按开挖宽度为 0.6m 计算。

② 开挖光缆沟和接头坑：不同土质及不同埋深下每千米的开挖土方量可查本书第四章"表 4-3"。其中夯填比例按 3.8% 计算。

石质沟（软石、坚石）需要计列 TXL2-013 "石质沟铺盖细土"，城镇或其他运土地段需要计列 TXL2-014 "手推车倒运土方"，并在表二计列运土费。

直埋管道化工程应根据管孔数量及排列计算挖沟的土石方量，6 孔以下可套用直埋土石方量，并需要加上手孔开挖的土方量，手孔土方量可查阅本书"表 8-14"。

（3）直埋敷设光缆

① 敷设埋式光缆：各种芯数、各种地形下敷设直埋光缆套用相应的定额。注意，敷设钢丝铠装光缆时，10kN 和 20kN 光缆的工日系数为 1.2，40kN 光缆的工日系数为 1.5。

② 气流法敷设光缆：各种芯数、各种地形下气流法穿放光缆套用相应的定额，注意护缆塞按每千米 2 个计列。

气流穿放光缆需要根据工程情况确定是否需要手孔抽水，需要手孔抽水时套用定额 TXL4-003 "布放光缆手孔抽水"。

③ 敷设水底光缆：小河沟通常采用人工截流挖沟方式，铺设塑料管并压水泥砂浆袋。较大河流敷设采用水泵冲槽方式开沟，用人工布放方式放缆。对于大江大河通常不采用水底光缆，以桥梁为首选。

对于人工截流挖沟方式，计列 TXL2-137 和 TXL2-138 "人工截流挖沟"，并计列铺塑料管 TXL2-110，一般增加 TX2-175 "铺水泥砂浆袋"，此类河流可用普通直埋光缆。

对于水泵冲槽方式，计列 TXL2-134 和 TXL2-133（水泵冲槽和人工布放法敷设光缆船机具安装），TXL2-136 "水泵冲槽"，TXL2-143 ～ 144 "人工布放光缆"。此类河流一般用水底光缆（2t 或 4t）。

（4）直埋管道化（小口径塑料管）

① 敷设小口径塑料管：针对不同的地形和不同的管孔数量套用相应的定额。其中，接续器材按 0.5 套 / 孔千米、堵头按 2 套 / 孔千米、扎带按 100 条 / 千米计列。

② 专用塑料管道手孔：应根据设计的手孔大小套用定额。其中，I 型、II 型手孔分别是标准铁盖手孔（900mm×1200mm）和加长铁盖手孔（900mm×2600mm）；III 型、IV 型手孔分别是标准埋式手孔（900mm×1200mm）和加长埋式手孔（900mm×2600mm），距地面 30cm。

TXL2-041 "埋设定型手孔"是指安装非现场建筑的一体化手孔。

③ 小口径塑料管道试通与充气试验：安装完手孔及塑料管后需要全部试通，套用 TXL2-090；对于本工程所用管孔应进行充气试验，通用充气试验的管孔可穿放光缆，套用 TXL2-091。

（5）直埋光缆防护

① 定向钻敷管：针对不同孔径与长度套用相应的定额。

针对不同的土层情况，人工和机械台班应乘以相应的系数：当地下土层为回填垃圾时，系数为 1.2；当黏性土夹碎石土时，系数为 1.5；当纯砂层或碎石土时，系数为 2.0。

顶管长度超过 300m 时，微控钻孔敷设设备采用 25t 以上设备。

② 桥上钢管、塑料管、槽道：根据设计安装方式套用相应的定额，仅指在桥侧架挂或吊挂钢管、塑料管或槽道。

③ 人工顶管、机械顶管、铺管（钢、塑、大长度）、铺砖（横、竖）、铺盖板、铺水泥槽、石砌坡坎堵塞、三七土坎、封石沟、漫水坝及挡水墙、埋设标石、安装宣传牌等均为直埋光缆常用的保护措施，套用相应的定额即可。

做概预算时，需要注意主材的规格，特别是管材应与设计要求一致。"铺大长度塑料管"不同于"敷设小口径塑料管"，后者特指直埋管道化段落，与手孔配套使用，需要用气流法敷设，而前者为人工敷设光缆。

（6）水底光缆防护

① 水泥砂浆袋、关节套管、水线地锚、水下永久标桩。

截流挖沟的河道应铺水泥砂浆袋，较大河流若采用截流方式施工时，应安装关节套管（大河不推荐截流方式施工）。

岸滩埋设深度达不到设计要求时，可安装关节套管。

安装 2t 以上水底光缆时，需要安装水线地锚或水下永久标桩（二选一）。

对于冲刷严重的河流应按照"TXL2-119 安装漫水坝、挡水墙"。

② 安装水下标牌、霓虹灯标牌。安装 2t 以上水底光缆时，需要安装水线标牌，主要通航河流及大江大河（例如长江、淮河等）采用水线过河时，还应安装霓虹灯标牌。

（7）防雷

① 安装绝缘监测标识、对地绝缘装置、对地绝缘检查处理：直埋光缆接头处应安装绝缘监测标识及对地绝缘装置，两者配套使用。有对地绝缘装置的直埋线路应进行对地绝缘检查。

② 安装排流线、消弧线、避雷针：这是直埋光缆的直接防雷措施，按设计要求套用相应的定额。其中，排流线较常用，消弧线和避雷针较少使用。

（8）光缆接续与测试

① 散纤光缆接续、带状光缆接续：光缆接续的工程量根据线路长度除以平均盘长计算，即接头数量。

② 40km 以上光缆测试、40km 以下光缆测试：为一个完整中继段测试，不区分敷设方式，一

个中继段计列一次，涵盖4～576芯。干线光缆测试是按中继段测试，40km以上的段和40km以下的段套用不同的定额，需要测双窗口时，应计列1.8的调整系数。干线光缆工程一般要求测PMD，需要计列相应的偏振模色散测试仪表台班。

二、管道光缆套用定额

1. 定额说明

① 本节从建设一个管道光缆工程的角度，按工作顺序及工作类别计列了所有的相关定额及用法。

② 管道光缆工程中若有直埋、管道等敷设方式的，定额套用参照本书其他相关部分。

③ 局内光缆安装的定额见本节第四部分。

定额中的管道光缆敷设工程量分类见表9-7。

表 9-7　定额中的管道光缆敷设工程量分类

项目	定额内容	定额编号
施工前准备	施工测量和GPS定位	TXL1-003、TXL1-005
	单盘检测	TXL1-006 ～ TXL1-007
人（手）孔抽水	人孔抽水、手孔抽水	TXL4-001 ～ TXL1-003
敷设子管	人工敷设塑料子管	TXL4-004 ～ TXL1-008
	人工敷设纺织子管	TXL4-009 ～ TXL1-010
敷设光缆	敷设管道光缆	TXL4-011 ～ TXL1-018
敷设微管	气流法敷设微管	TXL5-001 ～ TXL5-006
	人工布放微管	TXL5-007 ～ TXL5-012
	微管连接	TXL5-014
	人（手）孔内安装微管保护装置	TXL5-015
敷设微缆	气流法敷设微缆	TXL5-037 ～ TXL5-040
常用光缆建设其他内容	墙壁光缆	TXL4-053 ～ TXL4-056
	安装室外线路设备及光分线设备	TXL7-020 ～ TXL7-026
光缆接续与测试	散纤光缆接续、带状光缆接续	TXL6-007 ～ TXL6-042
	40km以上光缆测试、40km以下光缆测试	TXL6-043 ～ TXL6-100

2. 套用说明

（1）施工前准备

与直埋光缆工程相同，施工前应进行路由复测及单盘检测。

① 施工测量和GPS定位：施工测量分为直埋、架空和管道3种，套用时注意区分。进出局及进出城管道的施工测量套用管道测量定额。

图纸上有GPS定位标注的应计取GPS定位的定额。

② 单盘检测：线路工程均应计取单盘检测工程量，一般要求用 OTDR 测单盘衰耗（双窗口）及用偏振模色散测试仪测 PMD。定额中为单窗口的工日和台班，需要双窗口测试时工日和 OTDR 台班分别乘以 1.2 和 1.8。

（2）人（手）孔抽水

人孔抽水分积水和流水，手孔抽水不分积水和流水。

若管道要穿放塑料子管时，则需要对人（手）孔抽两次水，人孔抽水一般按一半积水一半流水来考虑。

（3）敷设子管

① 人工敷设塑料子管：对于 Φ90mm 以上的管孔，若无塑料子管，穿放光缆前应穿放塑料子管，子管规格一般为 Φ34/28mm，子管数量可按 Φ90mm 穿放 3 孔、Φ100mm 穿放 4 孔、Φ110mm 穿放 5 孔考虑。

② 人工敷设纺织子管：根据每带包含的孔数分为 1 孔纺织子管（1 带 1 孔）、2 孔纺织子管（1 带 2 孔）和 3 孔纺织子管（1 带 3 孔），套用时均按 1 带计列。已有光缆或子管的管孔应套用"非空闲管孔中 TXL4-010"。

（4）敷设光缆

敷设管道光缆为人工敷设。套用定额时，注意根据当地习惯确定是否列主材"余缆架"，注意增加主材"光缆牌"。

进局部分可能会有槽道，可以套用"TXL5-044 槽道光缆"，一般不用。

（5）敷设微管

① 气流法敷设微管：微管一般用于大长度硅芯管道内，段长通常在 1000m 左右，应采用气流法敷设。

② 人工布放微管：对于段长 100m 左右的短距管道，可用人工法敷设微管。对于已穿放子管或光缆的短距管道，也可在其空隙内穿放微管以提升管道价值。

③ 微管连接：对于在已有的微管内穿放微缆的项目，可能需要将人（手）孔中断开的微管连通，以便连续吹放。

④ 人（手）内安装微管保护装置：人（手）孔内的微管应使用微管（微缆）保护盒将微管盘留并加强保护。

（6）敷设微缆

气流法敷设微缆：由于微缆抗张强度小，所以只能使用气流法敷设，不可采用人工法敷设。微缆在人（手）孔内的保护，应套用定额"人（手）内安装微管保护装置 TXL5-015"。

（7）常用光缆建设其他内容

① 墙壁光缆：本地网建设光缆时，经常需要在墙壁侧安装，主要分为吊线式、自承式和钉固式等安装方式，套用时，注意定额所带主材应与设计要求的安装方式一致。

② 安装室外线路设备及光分线设备：本地网线路的一些常用设备，例如室外综合机柜、光缆

终端盒、分纤箱和接线箱等设备的安装可套用该定额。

（8）光缆接续与测试

管道光缆接续与测试和直埋、架空光缆方式相同。

三、架空光缆套用定额

1. 定额说明

① 本节从建设一个架空光缆工程的角度，按工作顺序及工作类别计列了所有相关定额及用法。

② 架空光缆工程中若有采用直埋、管道等敷设方式的情况，则定额套用参照本文其他相关部分。

③ 注意定额中立杆、撑杆、拉线为平原地区定额；用于丘陵、水田、城区时，取系数的 1.3 倍；用于山区时，取系数的 1.6 倍。

④ 局内光缆安装的定额见本节第四部分。

定额中的架空光缆敷设工程量分类见表 9-8。

表 9-8 定额中的架空光缆敷设工程量分类

项目	定额内容	定额编号
施工前准备	施工测量和 GPS 定位	TXL1-002、TXL1-005
	单盘检测	TXL1-006 ～ TXL1-007
立杆	立杆	TXL3-001 ～ TXL3-033
	杆根加固与保护	TXL3-034 ～ TXL3-044
	装撑杆	TXL3-035 ～ TXL3-050
	电杆接高	TXL3-144 ～ TXL3-145
安装拉线	安装拉线	TXL3-051 ～ TXL3-134
	制作横木拉线地锚	TXL3-135 ～ TXL3-141
	拉线隔电子与保护套管	TXL3-142 ～ TXL3-143
架设吊线	架设吊线装置	TXL3-156 ～ TXL3-180
	吊线保护装置（保护管、警示管等）	TXL3-150
杆路附属装置	光缆预留架	TXL3-149
	安装电杆地线	TXL3-146 ～ TXL3-148
架设光缆	架设自承式光缆	TXL3-181 ～ TXL3-186
	挂钩法架设架空光缆	TXL3-187 ～ TXL3-202
	缠绕法架设架空光缆	TXL3-203 ～ TXL3-217
引上钢管与引上光缆	安装引上钢管，穿放引上光缆	TXL4-043 ～ TXL4-046 TXL4-050
光缆接续与测试	散纤光缆接续、带状光缆接续	TXL6-007 ～ TXL6-042
	40km 以上光缆测试、40km 以下光缆测试	TXL6-043 ～ TXL6-100

2. 套用说明

（1）施工前准备

与直埋、管道光缆工程相同，架空光缆施工前，应进行路由复测及单盘检测。

（2）立杆

① 立杆：立杆定额分为水泥电杆和木电杆，并按杆高和土质分类，土质分为综合土、软石和坚石 3 类。水泥电杆不同杆高包括 9m、11m、13m 以下及相应的 H 杆；木电杆不同杆高包括 8.5m、10m、15m、24m 以下及相应的 H 杆。

② 杆根加固与保护：杆根加固方式包括护桩、木围桩、石笼、石护墩、卡盘、底盘、水泥帮桩、木帮桩和打桩杆等方式。

定额打桩单杆 TXL3-042、打桩品接杆 TXL3-043、打桩分水架 TXL3-044 是指用打桩法加强电杆的基础，在淤泥、沼泽等松软地段可采用打桩法。打桩单杆是指在电杆位置打一根长 8m 直径 16cm 的电杆作为桩基桩，杆根应打入地下不小于 4m。基桩位置应准确，不得有位移及扭向。基桩不得有劈裂，基桩桩顶应锯平，并加铁桩箍。桩尖应削成圆锥形，抛光，并加铁桩鞋。打桩品接杆、打桩分水架安装方式如图 9-4 所示。

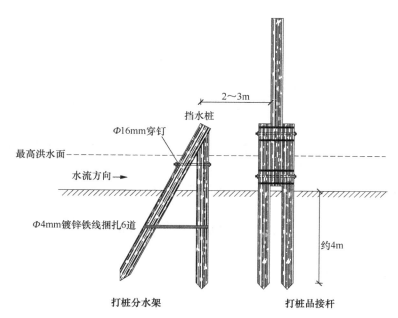

图9-4　打桩品接杆、打桩分水架安装方式

③ 装撑杆：撑杆包括水泥撑杆和木撑杆。

④ 电杆接高：电杆接高主要是指在水泥电杆上部接单槽钢或双槽钢。接高方式见本书第六章。

（3）安装拉线

① 安装拉线：是按电杆、土质、拉线种类、拉线安装方式等分为多个条目，V 形拉线、吊板拉线也有相应的条目。土质与立杆一样，分为综合土、软石和坚石。套用时注意夹板法、卡固法、另缠法套用不同定额。

② 制作横木拉线地锚：用木电杆时可以用横木拉线地锚，也可以用水泥地锚。用横木拉线地锚可套用 TXL3–135 ～ TXL3–141，也可以将其作为主材直接在主材表中给出价格。

③ 拉线隔电子与保护套管：拉线需要加装隔电子及保护套管时套用。

（4）架设吊线

① 架设吊线装置：架设吊线装置定额按电杆、地形、吊线种类区分。

架设辅助吊线专有定额 TXL3–180。需要注意的是，该定额的主材缺钢绞线。打星号的三眼单槽夹板视吊线安装方式确定是否用夹板法，茶托拉板要注意填上数量，一般每 20m 一块。

② 吊线保护装置：是指安装电力保护管、机械保护管或吊线警示管，主材视不同保护方式而定。

（5）杆路附属装置

① 光缆预留架：架空光缆的预留分为接头预留、固定预留和特殊预留，均需要安装预留架。

② 安装电杆地线：根据地线安装方式的不同可套用拉线式 TXL3–146、直埋式 TXL3–147 和延伸式 TXL3–148。

（6）架设光缆

① 架设自承式光缆：自承式光缆按芯数分类，不常用。

② 挂钩法架设架空光缆：国内架空光缆建设一般采用挂钩法，用挂钩将光缆吊挂在吊线下方。定额按不同芯数、不同地形（平原、丘陵城区水田、山区 3 类）套用，套用时，注意光缆牌的数量。

③ 缠绕法架设架空光缆：该方法一般不常用。套用时，注意芯数和地形及光缆牌数量。

（7）引上钢管和引上光缆

管道或直埋变为架空时，需要安装引上钢管和引上光缆。

（8）光缆接续与测试

架空光缆接续与测试的方式，与直埋、管道光缆的方式相同。

四、局内光缆套用定额

1. 定额说明

① 光缆从局前井至 ODF 的段落为局内光缆段。

② 除了局内光缆段光缆的敷设安装，还有进线室管孔的封堵、楼层间封堵、安装走线架、安

装 ODF、防雷地线、光缆成端和中继段测试等内容。

定额中的局内光缆敷设工程量分类见表 9-9。

表9-9　定额中的局内光缆敷设工程量分类

项目	定额内容	定额编号
施工前准备	施工测量	TXL1-003
成端接头与测试	成端接头	TXL6-005 ～ TXL6-006
	40km 以上光缆测试、40km 以下光缆测试	TXL6-043 ～ TXL6-100
局内光缆及设备	室内通道光缆、槽道光缆	TXL5-041 ～ TXL5-046
	安装进线室设备（安装铁架、托架）	TXL7-001 ～ TXL7-003
	打穿楼墙洞、打穿楼层洞	TXL4-037 ～ TXL4-040
	进局光（电）缆防水封堵、光（电）缆楼层间防火封堵	TXL4-048 ～ TXL4-049
	安装 ODF 及抗震底座	TXL7-004 ～ TXL7-006 TSY1-029
	ODF 布放防雷线	TSY1-090

2. 套用说明

（1）施工前准备

局内光缆的施工复测可套用管道光缆施工测量定额。

（2）成端接头与光缆测试

① 成端接头：光缆在 ODF 上固定，并将光纤与尾纤熔接后，将尾纤固定安装在托盘上。成端接头为光缆线路工程与设备工程的分界点，套用时，按芯计列工程量。

② 光缆测试：经过成端后的光缆方可测试，一个完整的中继段是指两端成端接头间的段落。线路工程的中继段测试按一次测试计列，按验收标准要求，一般应测试中继段光纤衰减和 PMD，需要计列相应的仪表台班。

（3）局内光缆及设备

① 室内通道光缆、槽道光缆：局前井至 ODF 的光缆敷设一般套用敷设室内通道光缆（托板式或钉固式），局前至进线室间若为槽道，则应套用"槽道光缆"。

② 安装进线室设备（安装铁架、托架）：需要安装铁架、托架时，应计列该定额。

③ 打穿楼墙洞、打穿楼层洞：室内光缆若需要打楼墙洞或楼层洞时，应计列该定额。

④ 进局光（电）缆防水封堵、光（电）缆楼层间防火封堵：光（电）缆由局前井进入进线室的管孔、楼层间的孔洞均应进行防火、防水封堵。

⑤ 安装 ODF 及抗震底座：干线工程一般新配 ODF 供进局光缆成端。安装 ODF 时，应根据机房要求确定是否安装抗震底座。安装 ODF 可套用《信息通信建设工程预算定额　第二册 有线通信设备安装工程》TSY1-029(整架)、TSY1-030(子架)。

⑥ ODF 布放防雷线：新立的 ODF 应布放防雷线至机房防雷地线端子，套用《信息通信建设工程预算定额　第二册 有线通信设备安装工程》"布放电力电缆（单芯相线截面积）35mm² 以下" TSY1–090。

五、新建管道套用定额

1. 定额说明

① 本节从新建管道工程的角度，按工作顺序及工作类别计列了所有相关定额及用法。

② 根据目前管道建设情况，新建管道一般为塑料管道，本节只对混凝土管道相关工作内容做简要说明。

③ 定额中未包括管道工程用水，可按管道（不论管孔多少）每百米用水 5m³ 列入工程措施费。

④ 定额中未包括人（手）孔工程用水，设计可按人孔（不论人孔形式）每个用水 3m³，手孔每个用水 1m³，列入工程措施费。

定额中的新建管道工程量分类见表 9–10。

表 9–10　定额中的新建管道工程量分类

项目	定额内容	定额编号
施工前准备	施工测量	TGD1–001
挖沟与回填	人工开挖路面	TGD1–002 ～ TGD1–010
	机械开挖路面	TGD1–011 ～ TGD1–016
	人工开挖管道沟及人（手）孔坑	TGD1–017 ～ TGD1–022
	机械开挖管道沟及人（手）孔坑	TGD1–023 ～ TGD1–026
	回填土石方	TGD1–027 ～ TGD1–033
	手推车倒运土方	TGD1–034
	碎石底基	TGD1–035
	挡土板	TGD1–036 ～ TGD1–037
	管道沟、人（手）坑抽水	TGD1–038 ～ TGD1–046
塑料管道铺设安装	塑料管道基础	TGD2–036 ～ TGD2–053
	塑料管道基础加筋	TGD2–054 ～ TGD2–065
	铺设塑料管道	TGD2–085 ～ TGD2–102
	铺设镀锌钢管管道	TGD2–112 ～ TGD2–123
	地下定向钻敷管	TGD2–124 ～ TGD2–135

续表

项目	定额内容	定额编号
塑料管道铺设安装	管道填充水泥砂浆	TGD2-136 ～ TGD2-137
	管道混凝土包封	TGD2-138 ～ TGD2-141
	安装引上钢管	TGD2-142 ～ TGD2-145
砖砌人（手）孔	砖砌人（手）孔（现场浇筑上覆）	TGD3-001 ～ TGD3-027
	砖砌人（手）孔（现场吊装上覆）	TGD3-028 ～ TGD3-057
管道防水	管道防水	TGD4-001 ～ TGD3-010

2. 套用说明

（1）施工前准备

施工测量长度为线路的地面长度，即图纸标注长度。

（2）挖沟与回填

① 人工开挖路面：对于砂石、混凝土砌块、水泥花砖、条石等路面可用人工开挖。开挖宽度需要根据沟宽计算。

② 机械开挖路面：对于混凝土、沥青柏油、砂石等路面可用人工开挖。砂石路机械开挖工日较人工开挖工日少，但用的机械及台班不同。机械开挖路面方式的面积计算方法与人工方式相同。

③ 人工开挖管道沟及人（手）孔坑：开挖土方量需要按管道沟截面计算。开挖土方量应计入开挖人（手）孔土方量。

塑料管道沟底宽为管群宽度加40cm，再根据土质确定放坡系数计算路面宽度。普通土放坡系数为0.33，砂砾土放坡系数为0.25。普通土1m以上放坡，硬土1.5m以上放坡，砂砾土2m以上放坡。管道沟需要支撑挡土板时，沟宽增加10cm。开挖土方量见"表8-13 1000m管道沟开挖土方量"和"表8-14 人（手）孔开挖土方量"。

④ 机械开挖管道沟及人（手）孔坑：与人工开挖相比，不能采用机械开挖软石、坚石，且机械开挖工人费远小于全人工开挖方式的工人费。在设计时，应注意区分采用的是人工开挖方式还是机械开挖方式，对于不同的开挖方式，预算中人工费用有较大的差别。

⑤ 回填土石方：与直埋挖沟不同，管道沟回填需要单独计列工日。根据管道施工地点的不同，管道沟回填可用松填、原土夯填及各种不同土质要求的夯填，其工程量的计列应遵照设计要求。

⑥ 手推车倒运土方：施工地点不能堆放开挖出来的管道沟土时，需要倒运土方，并计列运土费。

⑦ 碎石底基：对于土质松软的地段，设计中计列碎石底基时，应套用该定额。

⑧ 挡土板：挖沟时，需要用到挡土板时，应计列挡土板定额。

⑨ 管道沟、人（手）坑抽水：当地下水位较高时，应计列管道沟及人（手）孔抽水，水流又分为弱水流、中水流和强水流：弱水流是指当天抽水后可正常施工；中水流是指当天抽完水后仍有渗水，需要断续抽水；强水流是指必须持续抽水才能施工的情况。

（3）铺设塑料管道

① 塑料管道基础：塑料管道需要安装混凝土基础的地段主要是指土质松软、易塌方地段，可使用 C15（150 号）、C20（200 号）或 C25（250 号）的混凝土。一般使用 C15 混凝土。

定额中的工日及材料是按 80mm 取定的，当基础厚度为 100mm、120mm 时，应乘以 1.25 或 1.50 的系数。

不同强度（不同标号）的混凝土每立方米用料量见表 9-11。

表 9-11　不同强度（不同标号）的混凝土每立方米用料量

混凝土强度	混凝土标号（老标准）	水 /kg	425 号水泥 /kg	砂子 /kg	石子 /kg	配合比
C15	150 号	180	310	645	1225	0.58：1：2.08：3.95
C20	200 号	175	330	621	1260	0.51：1：1.81：3.68
C25	250 号	175	398	566	1261	0.44：1：1.42：3.17
C30	300 号	175	461	512	1252	0.38：1：1.11：2.72

② 塑料管道基础加筋：塑料管道基础需要加筋时的增加定额，与塑料管道基础配合使用，使用的段落按设计要求。在管道基础靠近人（手）孔时，应单独计列（单位是 10 处），每人（手）孔应计列 2 处（工程量为 0.2）。

③ 铺设塑料管道：塑料管道包括滑壁管、波纹管、栅格管、蜂窝管等所有管孔规格及管材。多孔复合管（栅格管、蜂窝管）按一孔计算。

④ 铺设镀锌钢管管道：根据地形不同，塑料管道中间有部分钢管时可套用该定额。钢管管道较长时，应在两端设置人（手）孔；较短时，可用较大的管孔内径，套在塑料管材外部。

⑤ 地下定向钻敷管：管道沟不具备开挖条件或成本较高时，需要采用非开挖方式建设管道时可用地下定向钻敷管，定额中定向钻孔径为 120 ～ 950mm，根据管孔数量确定。

⑥ 管道填充水泥砂浆：强度为 M7.5 的水泥砂浆是水泥、砂、水按 1：6.3：1.35 的比例来调配，用于安装水泥管块后的管道加强。强度为 M10 的水泥砂浆是水泥、砂、水按 1：5.27：1.13 的比例来调配，其强度高于 M7.5。管道填充水泥砂浆一般用于水泥管道加固，塑料管道较少使用。

⑦ 管道混凝土包封：定额中有 C15、C10、C25、C30 的混凝土包封管道，一般用于水泥管道，塑料管道较少使用。

水泥砂浆及混凝土包封的体积需要根据管道沟的截面、包封的厚度及长度计算。

混凝土比水泥砂浆更坚固，因为其需要承受更大的重量和反复的压力。混凝土的制作需要更多的混合时间和粉状材料，所以会更加昂贵。水泥砂浆的成本相对较低，颗粒较细，容易涂刷，应用更广泛。

⑧ 安装引上钢管：安装由管道引上至墙上或杆上的钢管时可用此定额。

（4）砖砌人（手）孔

① 砖砌人（手）孔（现场浇筑上覆）：砖砌人孔定额按大中小号人孔分类，种类齐全。砖砌手孔规格有 70×90、90×120、120×170(定额单位为 cm)，常用手孔为 90cm×120cm 规格。

② 砖砌人（手）孔（现场吊装上覆）：与现场浇筑上覆的人（手）孔型号相同，其上覆部分为成品吊装。套用时以现场浇筑上覆为主。

有些人（手）孔需要做碎石底基，套用定额 TGD1–035。

所有人（手）孔均需要用 1:2.5 砂浆抹面，套用定额 TGD4–012。

新旧管道相连时，需要对旧人（手）孔壁开窗口，套用定额 TGD4–014。

每个人孔按用水 $3m^3$，每个手孔按用水 $1m^3$，计入工程措施费内（施工用水电蒸气费）。

人（手）孔基础需要加筋时，每 100kg 钢筋技工、普工各按 0.25 工日计取。

（5）管道防水

塑料管道不需要防水。人（手）孔可根据需要做防水。防水方法分为防水砂抹面法、油毡防水法、玻璃布防水法和聚氨酯防水法 4 种，常用防水方法为防水砂抹面法。具体做法见第八章相关内容。

六、特殊地区调整系数说明

特殊地区包括高原地区、原始森林地区、沼泽地区、非固定沙漠地带等，在这些环境下施工，根据"451 定额"总说明，人工工日和机械台班消耗量需要按规定统一上浮，调整要求如下。

① 高原地区施工时，定额人工工日、机械台班消耗量乘以表 9–12 的系数。高原地区调整系数见表 9–12。

表 9–12　高原地区调整系数

海拔高程		2000m 以上	3000m 以上	4000m 以上
调整系数	人工	1.13	1.30	1.37
	机械	1.29	1.54	1.84

② 原始森林地区（室外）及沼泽地区施工时，人工工日、机械台班消耗量乘以系数 1.30。

③ 非固定沙漠地带，进行室外施工时，人工工日乘以系数 1.10。

④ 其他类型的特殊地区按相关部门规定处理。

以上 4 类特殊地区若在施工中同时存在两种以上情况，则只能参照较高标准计取一次，不应重复计列。

第三节　光缆线路工程定额费用测算

一、光缆线路工程施工费取费标准

本标准施工费用是以《工业和信息化部关于印发信息通信建设工程预算定额、工程费用定额及工程概预算编制规程的通知》所发布的"451 定额"为基础进行测算的。

本施工取费标准中不含光缆、光缆接头盒及备注中明确不含的主材，所含主材费运杂费率均按 500km 取定。

下表中不全项目的请按技工费单价为 276 元 / 工日，普工费单价为 147 元 / 工日估算。

二、直埋光缆线路

直埋光缆线路施工费取费标准见表 9–13。

表 9–13　直埋光缆线路施工费取费标准

序号	项目	单位	计算标准 / 元	备注
1	敷设直埋光缆（24 芯平原）	千米条	12932	包括测试、接续、施工测量、对地绝缘检查
2	敷设直埋光缆（36 芯平原）	千米条	13404	包括测试、接续、施工测量、对地绝缘检查
3	敷设直埋光缆（48 芯平原）	千米条	14907	包括测试、接续、施工测量、对地绝缘检查
4	敷设直埋光缆（60 芯平原）	千米条	15305	包括测试、接续、施工测量、对地绝缘检查
5	敷设直埋光缆（72 芯平原）	千米条	15868	包括测试、接续、施工测量、对地绝缘检查
6	敷设直埋光缆（96 芯平原）	千米条	17675	包括测试、接续、施工测量、对地绝缘检查
7	敷设直埋光缆（144 芯平原）	千米条	23304	包括测试、接续、施工测量、对地绝缘检查
8	敷设直埋光缆（24 芯丘陵水田市区）	千米条	13795	包括测试、接续、施工测量、对地绝缘检查
9	敷设直埋光缆（36 芯丘陵水田市区）	千米条	14267	包括测试、接续、施工测量、对地绝缘检查

续表

序号	项目	单位	计算标准／元	备注
10	敷设直埋光缆（48芯丘陵水田市区）	千米条	15935	包括测试、接续、施工测量、对地绝缘检查
11	敷设直埋光缆（60芯丘陵水田市区）	千米条	16334	包括测试、接续、施工测量、对地绝缘检查
12	敷设直埋光缆（72芯丘陵水田市区）	千米条	16896	包括测试、接续、施工测量、对地绝缘检查
13	敷设直埋光缆（96芯丘陵水田市区）	千米条	18973	包括测试、接续、施工测量、对地绝缘检查
14	敷设直埋光缆（144芯丘陵水田市区）	千米条	24763	包括测试、接续、施工测量、对地绝缘检查
15	敷设直埋光缆（24芯山区）	千米条	15444	包括测试、接续、施工测量、对地绝缘检查
16	敷设直埋光缆（36芯山区）	千米条	15916	包括测试、接续、施工测量、对地绝缘检查
17	敷设直埋光缆（48芯山区）	千米条	17829	包括测试、接续、施工测量、对地绝缘检查
18	敷设直埋光缆（60芯山区）	千米条	18228	包括测试、接续、施工测量、对地绝缘检查
19	敷设直埋光缆（72芯山区）	千米条	18789	包括测试、接续、施工测量、对地绝缘检查
20	敷设直埋光缆（96芯山区）	千米条	21109	包括测试、接续、施工测量、对地绝缘检查
21	敷设直埋光缆（144芯山区）	千米条	27190	包括测试、接续、施工测量、对地绝缘检查
22	公路边沟敷设光缆（大长度）48芯	km	24228	放塑管（管材 Φ40/33 硅芯管）、人工穿缆、施工测量、接续、测试
23	公路边沟敷设光缆（大长度）96芯	km	26884	放塑管（管材 Φ40/33 硅芯管）、人工穿缆、施工测量、接续、测试
24	光缆挖沟（普通土）	km	28464	埋深1.2m，埋深1.5m时，取1.39系数
25	光缆挖沟（硬土）	km	38571	埋深1.2m，埋深1.5m时，取1.39系数
26	光缆挖沟（砂砾土）	km	36074	埋深1.0m，埋深1.2m时，取1.27系数
27	光缆挖沟（冻土）	km	80470	埋深1.0m，埋深1.2m时，取1.27系数
28	光缆挖沟（软石）	km	123998	埋深0.8m，埋深1.0m时，取1.33系数
29	光缆挖沟（坚石人工）（包括砌石公路边沟）	km	171750	埋深0.4m，含封沟
30	公路边沟（非砌石边沟）	km	127174	埋深0.8m，封沟按砂砾土计，含封沟
31	直埋光缆防护费用（平原）	km	12000	北方平原地形（地形以河北、河南、内蒙古、东北平原为主）

序号	项目	单位	计算标准／元	备注
32	直埋光缆防护费用（水网）	km	30000	南方水网地形
33	直埋光缆防护费用（丘陵）	km	45000	丘陵地形（胶东半岛、湖北、湖南、皖南、江西、西南等，护坎较多）
34	直埋光缆防护费用（山区）	km	22000	较大山区（以公路路肩为主）
35	平原吹放光缆（24芯）	km	8363	包括测试、接续、施工测量、对地绝缘检查
36	平原吹放光缆（36芯）	km	8835	包括测试、接续、施工测量、对地绝缘检查
37	平原吹放光缆（48芯）	km	9713	包括测试、接续、施工测量、对地绝缘检查
38	平原吹放光缆（60芯）	km	10111	包括测试、接续、施工测量、对地绝缘检查
39	平原吹放光缆（72芯）	km	10673	包括测试、接续、施工测量、对地绝缘检查
40	平原吹放光缆（96芯）	km	11953	包括测试、接续、施工测量、对地绝缘检查
41	平原吹放光缆（144芯）	km	16825	包括测试、接续、施工测量、对地绝缘检查
42	丘陵吹放光缆（24芯）	km	8640	包括测试、接续、施工测量、对地绝缘检查
43	丘陵吹放光缆（36芯）	km	9112	包括测试、接续、施工测量、对地绝缘检查
44	丘陵吹放光缆（48芯）	km	10037	包括测试、接续、施工测量、对地绝缘检查
45	丘陵吹放光缆（60芯）	km	10435	包括测试、接续、施工测量、对地绝缘检查
46	丘陵吹放光缆（72芯）	km	10997	包括测试、接续、施工测量、对地绝缘检查
47	丘陵吹放光缆（96芯）	km	12304	包括测试、接续、施工测量、对地绝缘检查
48	丘陵吹放光缆（144芯）	km	17176	包括测试、接续、施工测量、对地绝缘检查
49	山区吹放光缆（24芯）	km	9106	包括测试、接续、施工测量、对地绝缘检查
50	山区吹放光缆（36芯）	km	9578	包括测试、接续、施工测量、对地绝缘检查
51	山区吹放光缆（48芯）	km	10653	包括测试、接续、施工测量、对地绝缘检查

序号	项目	单位	计算标准 / 元	备注
52	山区吹放光缆（60 芯）	km	10941	包括测试、接续、施工测量、对地绝缘检查
53	山区吹放光缆（72 芯）	km	11503	包括测试、接续、施工测量、对地绝缘检查
54	山区吹放光缆（96 芯）	km	12875	包括测试、接续、施工测量、对地绝缘检查
55	山区吹放光缆（144 芯）	km	17746	包括测试、接续、施工测量、对地绝缘检查
56	平原敷设埋式小口径塑料管（1 孔）	km	15707	主材按 Φ40/33mm 硅芯管（8 元 /m 计），含手孔
57	平原敷设埋式小口径塑料管（2 孔）	km	27481	主材按 Φ40/33mm 硅芯管（8 元 /m 计），含手孔
58	平原敷设埋式小口径塑料管（3 孔）	km	39627	主材按 Φ40/33mm 硅芯管（8 元 /m 计），含手孔
59	平原敷设埋式小口径塑料管（4 孔）	km	51213	主材按 Φ40/33mm 硅芯管（8 元 /m 计），含手孔
60	丘陵敷设埋式小口径塑料管（1 孔）	km	16239	主材按 Φ40/33mm 硅芯管（8 元 /m 计），含手孔
61	丘陵敷设埋式小口径塑料管（2 孔）	km	28475	主材按 Φ40/33mm 硅芯管（8 元 /m 计），含手孔
62	丘陵敷设埋式小口径塑料管（3 孔）	km	41170	主材按 Φ40/33mm 硅芯管（8 元 /m 计），含手孔
63	丘陵敷设埋式小口径塑料管（4 孔）	km	53215	主材按 Φ40/33mm 硅芯管（8 元 /m 计），含手孔
64	山区敷设埋式小口径塑料管（1 孔）	km	16889	主材按 Φ40/33mm 硅芯管（8 元 /m 计），含手孔
65	山区敷设埋式小口径塑料管（2 孔）	km	29683	主材按 Φ40/33mm 硅芯管（8 元 /m 计），含手孔
66	山区敷设埋式小口径塑料管（3 孔）	km	43117	主材按 Φ40/33mm 硅芯管（8 元 /m 计），含手孔
67	山区敷设埋式小口径塑料管（4 孔）	km	55554	主材按 Φ40/33mm 硅芯管（8 元 /m 计），含手孔
68	定向钻（120mm 以下）30m 以下	m	190	主材按 Φ40/33mm 硅芯管（8 元 /m 计），3 孔
69	定向钻（120mm 以下）每增 10m	m	147	主材按 Φ40/33mm 硅芯管（8 元 /m 计），3 孔
70	敷设水线光缆（钢丝铠装光缆）			20000N 以内按相应直埋光缆的 1.2 倍计；40000N 按相应直埋光缆的 1.5 倍计

三、架空光缆线路

架空光缆线路施工费取费标准见表 9-14。

表 9-14　架空光缆线路施工费取费标准

序号	项目	单位	计算标准 / 元	备注
1	敷设架空光缆（12 芯以下平原）	千米条	5682	包括测试、接续、施工测量
2	敷设架空光缆（24 芯平原）	千米条	6207	包括测试、接续、施工测量
3	敷设架空光缆（36 芯平原）	千米条	6699	包括测试、接续、施工测量
4	敷设架空光缆（48 芯平原）	千米条	7710	包括测试、接续、施工测量
5	敷设架空光缆（60 芯平原）	千米条	8108	包括测试、接续、施工测量
6	敷设架空光缆（72 芯平原）	千米条	8670	包括测试、接续、施工测量
7	敷设架空光缆（96 芯平原）	千米条	9988	包括测试、接续、施工测量
8	敷设架空光缆（144 芯平原）	千米条	11689	包括测试、接续、施工测量
9	敷设架空光缆（12 芯以下丘陵水田市区）	千米条	6479	包括测试、接续、施工测量
10	敷设架空光缆（24 芯丘陵水田市区）	千米条	7005	包括测试、接续、施工测量
11	敷设架空光缆（36 芯丘陵水田市区）	千米条	7496	包括测试、接续、施工测量
12	敷设架空光缆（48 芯丘陵水田市区）	千米条	9160	包括测试、接续、施工测量
13	敷设架空光缆（60 芯丘陵水田市区）	千米条	9228	包括测试、接续、施工测量
14	敷设架空光缆（72 芯丘陵水田市区）	千米条	9509	包括测试、接续、施工测量
15	敷设架空光缆（96 芯丘陵水田市区）	千米条	10956	包括测试、接续、施工测量
16	敷设架空光缆（144 芯丘陵水田市区）	千米条	12657	包括测试、接续、施工测量
17	敷设架空光缆（12 芯以下山区）	千米条	7006	包括测试、接续、施工测量
18	敷设架空光缆（24 芯山区）	千米条	7531	包括测试、接续、施工测量
19	敷设架空光缆（36 芯山区）	千米条	7496	包括测试、接续、施工测量
20	敷设架空光缆（48 芯山区）	千米条	9160	包括测试、接续、施工测量
21	敷设架空光缆（60 芯山区）	千米条	9559	包括测试、接续、施工测量
22	敷设架空光缆（72 芯山区）	千米条	10121	包括测试、接续、施工测量
23	敷设架空光缆（96 芯山区）	千米条	11726	包括测试、接续、施工测量
24	敷设架空光缆（144 芯山区）	千米条	13426	包括测试、接续、施工测量
25	敷设自承式架空光缆（36 芯）	千米条	8824	包括测试、接续、施工测量
26	敷设自承式架空光缆（72 芯）	千米条	10738	包括测试、接续、施工测量
27	敷设自承式架空光缆（96 芯）	千米条	12319	包括测试、接续、施工测量
28	平原安装杆路（9m 以下水泥电杆）	km	10248	按 50m 杆档，包括拉线、电杆加固（不含水泥电杆）中低负荷区

序号	项目	单位	计算标准／元	备注
29	丘陵安装杆路（9m以下水泥电杆）	km	12252	按50m杆档，包括拉线、电杆加固（不含水泥电杆）中低负荷区
30	山区安装杆路（9m以下水泥电杆）	km	14255	按50m杆档，包括拉线、电杆加固（不含水泥电杆）中低负荷区
31	市内安装吊线（7/2.2mm）	千米条	3604	不含钢绞线
32	长途安装吊线（7/2.2mm 平原）	千米条	2582	不含钢绞线
33	长途安装吊线（7/2.2mm 丘陵）	千米条	3097	不含钢绞线
34	长途安装吊线（7/2.2mm 山区）	千米条	3838	不含钢绞线

四、管道光缆线路

管道光缆线路施工费取费标准见表9-15。

表9-15　管道光缆线路施工费取费标准

序号	项目	单位	计算标准／元	备注
1	敷设管道光缆（24芯）	千米条	8688	包括测试、接续、施工测量、人孔抽水等
2	敷设管道光缆（36芯）	千米条	9774	包括测试、接续、施工测量、人孔抽水等
3	敷设管道光缆（48芯）	千米条	10401	包括测试、接续、施工测量、人孔抽水等
4	敷设管道光缆（60芯）	千米条	11358	包括测试、接续、施工测量、人孔抽水等
5	敷设管道光缆（72芯）	千米条	11919	包括测试、接续、施工测量、人孔抽水等
6	敷设管道光缆（96芯）	千米条	12968	包括测试、接续、施工测量、人孔抽水等
7	敷设管道光缆（144芯）	千米条	15322	包括测试、接续、施工测量、人孔抽水等
8	敷设管道光缆（288芯）	千米条	21009	包括测试、接续、施工测量、人孔抽水等
9	人工敷设塑料子管（1孔）	千米条	6700	子管3.3元/米，含人孔抽水
10	人工敷设塑料子管（2孔）	千米条	10886	子管3.3元/米，含人孔抽水
11	人工敷设塑料子管（3孔）	千米条	15095	子管3.3元/米，含人孔抽水
12	人工敷设塑料子管（4孔）	千米条	19293	子管3.3元/米，含人孔抽水
13	人工敷设塑料子管（5孔）	千米条	23357	子管3.3元/米，含人孔抽水
14	建设塑料管道（1孔）	km	124602	不含塑料管材、手孔，含挖沟、管道沟抽水、布放塑料管等施工费，埋深0.7m
15	建设塑料管道（2孔）	km	160324	不含塑料管材、手孔，含挖沟、管道沟抽水、布放塑料管等施工费，埋深0.7m

序号	项目	单位	计算标准 / 元	备注
16	建设塑料管道（4 孔）	km	228739	不含塑料管材、手孔，含挖沟、管道沟抽水、布放塑料管等施工费，埋深 0.7m
17	建设塑料管道（6 孔）	km	390602	不含塑料管材、手孔，含挖沟、管道沟抽水、布放塑料管等施工费，埋深 0.7m
18	建管道手孔 I 型（1.2×0.9×1.0）	个	4444	含挖人（手）坑、建人（手）孔
19	建管道手孔 II 型（2.6×0.9×1.0）	个	5863	含挖人（手）坑、建人（手）孔
20	建管道手孔 III 型埋式（1.2×0.9×0.7）	个	3357	含挖人（手）坑、建人（手）孔
21	建管道手孔 IV 型埋式（2.6×0.9×0.7）	个	4140	含挖人（手）坑、建人（手）孔
22	建管道人孔（小号 24 孔以下）	个	36000	含挖人（手）坑、建人（手）孔
23	水泥路面	km	44207	仅开挖（恢复应计列于赔补费中）
24	花砖路面	km	4765	仅开挖（恢复应计列于赔补费中）
25	柏油路面	km	24142	仅开挖（恢复应计列于赔补费中）
26	砂石路面	km	11736	仅开挖（恢复应计列于赔补费中）

注：1. 在某些特殊情况下，例如埋深较浅地区、管道埋在土壤冻融严重地区的冰冻线以上时，容易被刨开地区，与某些管道交越的地点或穿越下水道沟渠内部时，水泥管道应以 80mm 的 150 号混凝土包封。

2. 本标准不含包封内容，做投资估算时，若认为需要，则可酌情增加投资。

五、光缆线路工程主要材料单价

塑料管及其他主材单价取定见表 9–16，估算时可直接引用。

表 9–16　塑料管及其他主材单价取定

序号	项目	单位	单价/元	备注
1	聚乙烯塑料子管（Φ34/28mm）	km	3600	
2	聚乙烯塑料子管（Φ32/28mm）	km	3600	
3	高密度聚乙烯塑料管（Φ40/33mm）	km	8400	
4	高密度聚乙烯硅芯塑料管（Φ40/33mm）	km	8400	
5	高密度聚乙烯塑料管（Φ46/38mm）	km	9200	
6	高密度聚乙烯硅芯塑料管（Φ46/38mm）	km	9200	
7	高密度聚乙烯塑料管（Φ60/50mm）	km	11000	
8	PVC 梅花管	km	23000	

续表

序号	项目	单位	单价/元	备注
9	PVC 单壁波纹管（Φ110/100mm）	km	25000	
10	PE 塑料管（Φ110/100mm）	km	25000	
11	水泥电杆（8m）	km	5800	每千米 20 根
12	镀锌钢绞线（7/2.2mm）	km	1860	
13	镀锌钢绞线（7/2.6mm）	km	2700	

六、投资估算表格

1. 通用表格

光缆线路投资估算见表 9–17。若需要含税价，则可在除税价投资估算后增加"增值税"和"含税价"两列。

表 9–17　光缆线路投资估算

序号	费用类别	规模容量				除税价投资估算/万元	备注
		项目名称	单位	单价/万元	数量		
1	主设备	48 芯管道光缆	km				
		24 芯直埋光缆	km				
		24 芯管道光缆	km				
		小计 1					
2	安装工程	管道光缆安装费	km				
		直埋光缆安装费	km				
		管道施工费	km				
		小计 2					
3	工程建设其他费						详见注
		小计 3					
4	预备费						根据建设单位要求计列
5	建设期贷款利息						根据投资方式计取
6	运营费					（　）	加括号，并在备注中明确内容
	合计						

注：工程建设其他费应包括综合赔补，过公路、铁路、林业及其他赔补，设计费、监理费、管道租用费、安全生产费、建设单位管理费等。

2. 投资估算示例

下表为典型工程光缆线路投资估算示例，供大家使用时参考。在实际工程中，除了直埋、架空、高速公路管道、长途直埋硅芯管道等长距离主要敷设方式，还有进出城新建管道、新建机房、敷设管道光缆、安装子管、光缆进出局等不同类型的工作量，投资估算时应组合使用。

（1）直埋光缆示例

平原地区直埋光缆投资估算（示例）见表 9-18。

表 9-18　平原地区直埋光缆投资估算（示例）

序号	费用类别	规模容量				除税价投资估算 / 万元	备注
		项目名称	单位	单价 / 万元	数量		
1	主设备	96 芯直埋光缆	km	0.95	100	95	含光缆接头盒
		小计 1				95	
2	安装工程	直埋光缆敷设费（96 芯平原）	km	1.768	100	176.8	含测试、接续、施工测量
		挖沟费	km	3.857	100	385.7	按硬土计
		直埋光缆防护费	km	1.2	100	120	
		小计 2				682.5	
3	工程建设其他费	其他费	km	2	100	200	含赔补、设计、监理、安全生产等
		小计 3				200	
4	预备费					39.1	光缆线路取 4%
5	建设期贷款利息					3.0	年利率 0.311% 按一年计
	合计					1019.6	

（2）架空光缆示例

平原地区架空光缆投资估算（示例）见表 9-19。

表 9-19　平原地区架空光缆投资估算（示例）

序号	费用类别	规模容量				除税价投资估算 / 万元	备注
		项目名称	单位	单价 / 万元	数量		
1	主设备	96 芯架空光缆	km	0.78	100	78	含光缆接头盒
		小计 1				78	
2	安装工程	架空光缆安装费（96 芯平原）	km	0.999	100	99.9	含测试、接续、施工测量
		7/2.2 吊线安装费	km	0.258	100	25.8	含吊线及施工
		7/2.2 吊线	km	0.186	100	18.6	
		杆路建设费	km	1.025	100	102.5	含水泥电杆、木电杆安装，以及拉线保护等

序号	费用类别	规模容量				除税价投资估算/万元	备注
		项目名称	单位	单价/万元	数量		
2	安装工程	8m 水泥电杆	km	0.58	100	58	
		小计 2				304.8	
3	工程建设其他费	其他费	km	1.2	100	120	含赔补、设计、监理、安全生产
		小计 3				120	
4	预备费					20.1	光缆线路取 4%
5	建设期贷款利息					1.6	年利率 0.311% 按一年计
	合计					524.5	

（3）高速公路管道光缆示例

高速公路管道光缆投资估算（示例）见表 9-20。

表 9-20　高速公路管道光缆投资估算（示例）

序号	费用类别	规模容量				除税价投资估算/万元	备注
		项目名称	单位	单价/万元	数量		
1	主设备	96 芯管道光缆	km	0.78	100	78	含光缆接头盒
		小计 1				78	
2	安装工程	气流法敷设高速公路管道光缆（96 芯）	km	1.195	100	119.5	含测试、接续、施工测量
		小计 2				119.5	
3	工程建设其他费	其他费	km	1	100	100	含赔补、设计、监理、安全生产等
		高速公路安全措施费	km	1	100	100	
		高速公路管道租用费	km	5.5	100	550	10 年租期
		小计 3				750	
4	预备费					37.9	光缆线路取 4%
5	建设期贷款利息					3.0	年利率 3% 按半年计
	合计					988.4	

七、光缆线路全生命周期费用比较

各种不同建设方式的光缆线路，统一按 96 芯 G.652D 光纤光缆，使用周期为 25 年。不同建设方式的光缆线路全生命周期使用成本比较见表 9-21。

表 9-21　不同建设方式的光缆线路全生命周期使用成本比较

敷设方式	光缆建设费 /（万元 /km）					25 年运营费 /（万元 /km）	总计 /（万元 /km）	费用比较
	敷设安装费	其他费	高速公路 / 高铁安全措施费	高速公路 / 高铁管道租用费	合计			
架空	3.8	1.5			5.3	2.4	7.7	1
直埋	7.8	2.4			10.2	2.4	12.6	1.64
硅芯管直埋	8.9	2.5			11.4	2.4	13.8	1.79
高速公路	2.0	1.5	1	11	15.5	2.4	17.9	2.32
高铁（新建线）	3.1	0.9	1	6	11	3.3	14.3	1.86
高铁（既有线）	5.4	1.2	1	6	13.6	3.3	16.9	2.19

综合比较，利用高速公路管道建设光缆整体造价最高，其次为高铁和直埋方式的整体造价，架空方式整体造价最低。

当今，信息化浪潮汹涌澎湃，通信光缆作为信息传输的高速通道，其重要性不言而喻。《通信光缆线路设计手册》凝聚了以张曜晖、甘泉两位老师为代表的众多通信领域专业人士的智慧和经验，旨在为通信工程技术人员提供一本实用的、权威的设计参考指南。

编写《通信光缆线路设计手册》的过程是对通信光缆技术的一次全面梳理和总结。在深入研究通信光缆基础理论的基础上，本书详细分析了各类光缆的特性和适用场景，充分探讨了设计过程中的关键技术和难点问题。同时，结合大量的实际工程案例，力求使本书中的内容兼具理论性和实用性，切实指导工程设计人员解决实际问题。

通信技术日新月异，这本《通信光缆线路设计手册》可以说做到了兼具现实性与前瞻性，是一本可以长期使用的工具书。通信光缆的设计工作责任重大，关系到通信网络在传输过程中信号的稳定性、可靠性。希望本书能够成为广大通信工程技术人员的得力助手，帮助他们在设计工作中科学规划、精心设计，相信本书可以为建设更加高效、智能、安全的通信网络贡献一定的力量。

愿《通信光缆线路设计手册》如同通信领域中的一颗启明星，为您的工作带来光明和指引。让我们携手共进，共同开创通信事业的美好未来！

陆 壮

2024 年 6 月